Franz von Kobell

Die Mineralogie

Leichtfaßlich dargestellt mit Rücksicht auf das Vorkommen der Mineralien

Franz von Kobell

Die Mineralogie
Leichtfaßlich dargestellt mit Rücksicht auf das Vorkommen der Mineralien

ISBN/EAN: 9783743652958

Hergestellt in Europa, USA, Kanada, Australien, Japan

Cover: Foto ©berggeist007 / pixelio.de

Weitere Bücher finden Sie auf **www.hansebooks.com**

Die Mineralogie.

Von

Franz von Kobell.

Die

Mineralogie.

Leichtfaßlich dargestellt

mit Rücksicht auf

das Vorkommen der Mineralien, ihre technische Benützung,
Ausbringen der Metalle ꝛc.

Von

Franz von Kobell.

Vierte vermehrte Auflage.

Mit 5 Tafeln Abbildungen.

Leipzig.

Friedrich Brandstetter,

1871.

Vorwort zur 4. Auflage.

Die gegenwärtige Auflage hat mit Rücksicht auf den neuesten Stand der Wissenschaft mehrfache Bereicherung erhalten und sind manche Artikel, so von der Polarisation des Lichtes, ausführlicher als früher geschehen, bearbeitet worden. Auch die Zahl der aufgenommenen Mineralspecies wurde vermehrt, um das Buch als Handbuch dienlich zu machen. Dem Lehrer muß natürlich überlassen bleiben, je nach dem Zwecke seiner Vorlesungen von dem Mitgetheilten angemessenen Gebrauch zu machen.

München, im November 1870.

v. Kobell.

Inhalt.

Die Produkte der Natur sind entweder organische, d. h. solche, welche mit verschiedenartigen zu einem Entwicklungs= und Lebens= proceß nothwendigen Theilen (Organen) versehen sind, Thiere und Pflanzen, oder sie sind unorganische, denen keine Entwicklung und kein Leben und daher auch keine solche Organisation eigen= thümlich ist.

Diese unorganischen Naturprodukte, in so ferne sie die feste Erdrinde bilden, heißen Mineralien und die Wissenschaften, die sich mit ihnen beschäftigen, sind vorzüglich die Mineralogie, Geognosie und Geologie. Die Mineralogie betrachtet die aus (physisch) gleichartigen Theilen bestehenden oder die ein= fachen Mineralien und zwar nur an sich oder unter solchen Ver= hältnissen, welche zu ihrer Bestimmung und Unterscheidung dienen, die Geognosie und Geologie betrachten sowohl die einfachen Mineralien, als auch ihre Gemenge in dem Vorkommen in der Natur und letztere beschäftigt sich insbesondere mit der Art ihrer Entstehung und Veränderung.

Der Granit besteht aus Quarz, Glimmer und Feldspath. Jeder dieser Gemengtheile für sich ist Gegenstand der Mineralogie, das Gemenge selbst (der Granit) Gegenstand der Geognosie. — Es ist klar, daß die Mineralogie der Geognosie vorausgehen müsse und daß diese ohne jene nicht bestehen könne, wohl aber umgekehrt.

Die Mineralogie zerfällt in den vorbereitenden und angewandten Theil. Der erstere begreift die Terminologie, Systematik und No= menklatur, der letztere die Charakteristik und Physiographie.

I. Terminologie.

Die Terminologie charakterisirt, benennt und klassificirt die Eigenschaften im Allgemeinen, welche zur Erkennung und Unter= scheidung der Mineralien dienen. Diese Eigenschaften sind physi= sche oder solche, welche unmittelbar oder nur durch mechanische Mittel an den Mineralien wahrgenommen werden, und chemische, welche nur durch Veränderung des innern materiellen Wesens der betreffenden Substanz aufzufinden sind. Zu den physischen Eigen= schaften, welche bei den Mineralien vorzüglich in Betracht kommen,

1

gehören: Gestalt, Spaltbarkeit und Bruch, Härte und Verschieb=
barkeit, specifisches Gewicht, Pellucidität und Strahlenbrechung,
Glanz, Farbe, Phosphorescenz, Elektricität und Magnetismus,
Geruch, Geschmack und Anfühlen.

Von den physischen Eigenschaften der Mineralien.

1. Von der Gestalt.

Die Mineralien kommen entweder k r y st a l l i s i r t oder a m o r p h
vor. Unter K r y st a l l e n versteht man feste Körper, welche bei ihrer
Bildung mit einer bestimmten Anzahl gesetzmäßig zu einander ge=
neigter Flächen begränzt wurden. Den Akt der Entstehung der
Krystalle nennt man K r y st a l l i s a t i o n. — Der A m o r p h i s =
m u s ist der Zustand des Starren ohne Krystallisation. Wenn z. B.
flüssiges Fichtenharz allmälig erstarrt, so haben die Theilchen der
Masse nur ihre Beweglichkeit verloren, es zeigt sich aber dabei keine
krystallinische Gestaltung an denselben; wenn aber geschmolzenes
Schwefelantimon allmälig erstarrt, so tritt mit dem Erstarren eine
regelmäßige Gestaltung der Massentheilchen ein, eine Krystallisation
derselben — Beispiele von amorphen Mineralien sind: Opal, Chry=
sokoll, Obsidian, Pittizit ꝛc. — Der Amorphismus ist zuerst nach
allen seinen Beziehungen von F u c h s nachgewiesen worden.
Krystalle bilden sich auf sehr verschiedene Weise, aus Auflö=
sungen, aus dem Schmelzflusse, aus dem dampfförmigen Zustande,
aus dem amorphen ꝛc. So krystallisiren z. B. Kochsalz, Alaun ꝛc.
aus der wässrigen Auflösung beim Verdampfen des Wassers, Chlorsilber aus der ammoniakalischen Auflösung, Schwefel aus der Auf=
lösung im Schwefelalkohol; aus dem Schmelzflusse krystallisiren
Schwefelantimon, Kochsalz, Schwefel ꝛc.; aus dem dampfförmigen
Zustande krystallisiren durch Erkalten: arsenichte Säure, Jod, Sal=
miak ꝛc. — Schwefel, Zucker ꝛc. gehen allmälig aus dem amorphen
Zustande, wenn sie in diesem dargestellt werden, in den krystalli=
sirten über. Ein interessantes Beispiel dieses Ueberganges führt
H a u s m a n n an. Ein Stück amorpher glasartiger arsenichter
Säure hatte nach einigen Jahren nicht allein eine stänglichte Struc-
tur und porcellanartiges Ansehen bekommen, sondern es wurden

später baran sogar auf der freien Oberfläche viele deutliche Oktaeber
sichtbar. Hermann beobachtete, daß eine ursprünglich plastische
Masse ohne Spur von Krystallisation (aus dem Basalt von Stolpen
in Sachsen) allmälig in ein Aggregat nadelförmiger Krystalle von
Natrolith sich umwandelte. Bei raschem Erkalten geschmolzener
Substanz entstehen öfters amorphe Massen, während sich beim langsamen Abkühlen krystallisirte bilden, so beim Schwefelantimon,
Schwefel u. a. Krystallbildungen sind ferner durch langsame Wirkung galvanischer Ströme beobachtet worden. Becquerel experi-
mentirte mit einer in Uform gebogenen Röhre, welche er an der
Biegung mit Thon oder Sand (als Diaphragma) füllte und in
die beiden Schenkel verschiedene Flüssigkeiten goß, die er mit einem
Kupferstreifen verband. Er erhielt in dieser Weise Krystalle verschiedener Salze und Schwefelverbindungen. Ebelmen löste künst-
liche Mischungen im Schmelzflusse in Borsäure und verflüchtigte in
anhaltender gesteigerter Hitze das gebrauchte Lösungsmittel, er stellte
auf diese Weise Krystalle dar von Spinell, Gahnit, Chrysoberill ꝛc.
oder es krystallisirten die gelösten Mischungen aus dem Lösungsmittel im Schmelzflusse durch Ausscheidung beim Erkalten, so erhielt
Manroß Krystalle von Baryt durch Zusammenschmelzen von
schwefelsaurem Kali und Chlorbaryum, ebenso Krystalle von Cölestin
und Anhydrit. Durch Zersetzung flüchtiger Substanzen bei erhöhter
Temperatur oder deren Einwirkung auf bestimmte Mischungen wurden
ebenfalls Krystalle erhalten, so von Wöhler Krystalle von Chromoxyd durch Zersetzung des Dampfes von Chromsuperchlorid im
Glühen; von Daubrée Krystalle von Wollastonit, Disthen, Diopsid,
Orthoklas ꝛc. durch Einwirkung von Chlorsilicium auf die roth-
glühenden basischen Mischungstheile dieser Mineralien u. s. w. —
Eine und dieselbe Species kann auf sehr verschiedene Weise in Krystallen erhalten werden. — Eine langsame Krystallisation giebt
immer vollkommener ausgebildete Krystalle, als eine beschleunigte.
Die Lehre von den Krystallen heißt Krystallographie.

A. Von den einfachen Krystallgestalten und ihren Combinationen.

§. 1. Bei der Bestimmung der Krystalle kommen in Betracht:
1. die Flächen oder die Ebenen, die einen Krystall umschließen,
2. die Kanten oder die Durchschnittslinien zweier zu einander geneigten Flächen,
3. die Ecken oder die Durchschnittspunkte von drei oder
mehr Flächen, die sich gegen einander neigen,

1 *

— 4 —

4. die **Axen** oder geraden Linien, welche durch den Mittel-
punkt eines Krystalls gehen und sich in zwei gegenüber-
stehenden Flächen, Kanten, oder Ecken endigen: **Flächen-
axen, Kantenaxen, Eckenaxen.**

Wenn man von der Summe der Zahl der Ecken und der Zahl
der Flächen 2 abzieht, so erhält man die Zahl der Kanten.

Diese Begränzungselemente, wie auch die Axen, sind an einem
Krystalle entweder **gleichartig** oder **ungleichartig.** Die gleich-
artigen müssen sich, unter denselben Verhältnissen betrachtet, **gleich**
verhalten, die Flächen also dieselbe Form und Lage (auch physische
Beschaffenheit) zeigen, die Kanten dieselben Bildungsflächen und
Winkel, die Ecken ebenfalls dieselben Bildungsflächen, Kanten,
Winkel rc. **Gleichartige Axen** sind diejenigen, welche sich in
gleichartigen Krystalltheilen endigen.

Am Würfel oder Hexaeder Fig. 1 sind die Flächen alle gleichartig,
ebenso die Kanten und ebenso die Ecken, am Trapezoeder Fig. 10 sind die
Flächen gleichartig, die Kanten zweierlei, a die längern und b die kürzern;
die Ecken dreierlei, e von den gleichartigen Kanten a gebildet, g von den
gleichartigen Kanten b gebildet und f von zwei Kanten a und zwei Kanten b gebildet. — Fig. 23 zeigt dreierlei Flächen, b, d und o, deren
Verschiedenartigkeit leicht zu erkennen ist.

Wenn an den Ecken nur einerlei Kanten zusammenstoßen, so
heißen diese Ecken **einkantige,** stoßen aber zwei- oder dreierlei rc.
zusammen, so nennt man sie **zweikantige, dreikantige** rc.
Fig. 10 sind die Ecken e und g einkantige (obwohl unter sich verschieden), die Ecken f aber zweikantige. Bei der Beschreibung der
Krystalle wird die Gestalt in eine solche Lage gebracht, daß eine
bestimmte Axe vertikal steht, welche man die **Hauptaxe** nennt.
Bei denjenigen Krystallen, in welchen drei rechtwinklich aufeinanderstehende und gleichartige Axen vorkommen, kann jede von diesen
Hauptaxe sein; bei den übrigen ist immer eine solche Axe Hauptaxe,
welche die einzige ihrer Art in der Gestalt ist. Dergleichen Axen
heißen **einzelne.** Wo unter mehreren solchen die Wahl bleibt,
wird derjenigen für die Hauptaxe der Vorzug gegeben, welche für
die Betrachtung des Krystalls, seine Bezeichnung rc. die geeignetste ist.

Beim Oktaeder Fig. 9 gehen drei rechtwinklich auf einander stehende
Axen durch die Ecken und sind wie diese selbst gleichartig. Das Oktaeder
wird daher bei der krystallographischen Betrachtung nach einer dieser Axen
vertikal gestellt und es ist gleichgiltig, nach welcher von diesen dreien. Bei
der Quadratpyramide Fig. 24 sind die durch die Ecken gehenden Axen
auch rechtwinklich auf einander, aber sie sind nicht gleichartig, da nur 4
Ecken (r) unter sich gleichartig sind und die übrigen 2 (s) davon verschieden. Hier ist die Axe, welche durch die Ecken s geht, die einzige ihrer Art
in der Gestalt und daher die Hauptaxe.

Diejenigen Krystallgestalten, in welchen ein Axenkreuz von drei gleichartigen rechtwinklichen Axen gefunden werden kann, heißen Polyaxieen, die übrigen Monoaxieen. Fig. 1—23 sind Polyaxieen, Fig. 24—54 Monoaxieen. An den Polyaxieen kommen keine einzelnen Axen vor.

Bei den Monoaxieen erhalten die Flächen, Kanten und Ecken je nach ihrer Lage zur Hauptaxe noch besondere Benennungen. Flächen, in welchen sich die Hauptaxe endigt, heißen Endflächen, auch basische Flächen, solche Kanten Endkanten und solche Ecken Scheitelecken oder Scheitel. Flächen und Kanten, welche die Scheitelecken bilden, also in ihnen zusammenstoßen, heißen Scheitelflächen und Scheitelkanten. Flächen und Kanten, welche der Hauptaxe parallel liegen, heißen Seitenflächen oder prismatische und Seitenkanten. Kanten, welche der Hauptaxe nicht parallel liegen, sie aber bei gedachter Verlängerung auch nicht schneiden (wie die Scheitelkanten), heißen Randkanten und Ecken, in welchen (nebst andern) solche Randkanten zusammenstoßen, heißen Randecken.

Fig. 36 geht die Hauptaxe (die einzige ihrer Art) durch die Ecken s, diese sind also die Scheitelecken und daher p die Scheitelflächen und t die Scheitelkanten. Die der Hauptaxe parallelen Flächen m sind Seitenflächen oder prismatische und die ebenso liegenden Kanten q Seitenkanten; die Kanten d sind Randkanten und die Ecken r Randecken.

Schnitte heißen die Ebenen, die eine Krystallform halbiren. Wird dabei keine Kante durchschnitten, so heißt der Schnitt ein Hauptschnitt, sonst ein Querschnitt. Fig. 1 ist der Schnitt aaaa ein Hauptschnitt, der Schnitt bbbb ein Querschnitt.

Horizontale Projection heißt die Figur, welche entsteht, wenn man aus den Ecken einer Gestalt in aufrechter Stellung Perpendikel auf eine horizontale Ebene fällt und die dadurch bestimmten Punkte mit Linien verbindet.

§. 2. Es giebt Krystallgestalten, welche als die Hälften oder auch als die Viertel von andern erscheinen, solche heißen hemiebrische oder tetartoebrische. Die Hemiedrie findet gesetzmäßig in der Weise statt, daß an einer vollzähligen (holoebrischen) Gestalt die abwechselnden Flächen, Flächenpaare oder Flächengruppen wachsen und dadurch die übrige Hälfte verdrängt wird, und daß dabei Gestalten entstehen, deren Flächen einen Raum vollkommen umschließen.

Wenn am Oktaeder Fig. 9 (mit 8 gleichseitigen Dreiecken) die abwechselnden Flächen zum Verschwinden der übrigen vergrößert werden, so entsteht ein Körper von 4 gleichseitigen Dreiecken begränzt, das Tetraeder Fig. 15, und je nachdem man so die eine oder die andere Hälfte wachsen oder verschwinden läßt, müssen zwei solche Tetraeder zum Vorschein kommen, die sich nur, in Beziehung auf das Oktaeder, aus dem sie hervorgehen, in der Stellung unterscheiden, wie die Fig. 16 und 17 zeigen.

§. 3. Kryſtallgeſtalten, welche ungleichartige Flächen zeigen, heißen Combinationen, und die Verſchiedenheit der Flächen kündet verſchiedene Formen an, die in der Combination vereinigt ſind. Dieſe Formen werden erkannt und damit die Combination entwickelt, wenn man der Reihe nach die gleichartigen Flächen ſo vergrößert, daß ſie zum Durchſchnitt kommen und alle übrigen verdrängt werden. Eine Combination von zweierlei Flächen enthält alſo zwei Geſtalten und heißt eine zweizählige, eine von dreierlei Flächen enthält drei Geſtalten und heißt dreizählig u. ſ. w.

Fig. 6 zeigt eine zweizählige Combination. Werden, um ſie zu entwickeln, die gleichartigen Flächen h zum Durchſchnitt gebracht, ſo entſteht die Geſtalt Fig. 1, werden aber die Flächen d zum Verſchwinden der Flächen h vergrößert, ſo entſteht die Geſtalt Fig. 13. Dieſe beiden Geſtalten bilden daher die Combination. Fig. 23 zeigt eine dreizählige Combination. Die Flächen h gehören dem Heraeder Fig 1, die Flächen d dem Rhombendodekaeder Fig. 13 und die Flächen o dem Oktaeder Fig. 9.

Man hat ſich bei Entwicklung von Combinationen zu erinnern, daß 2 Flächen, welche ſich zuſammenneigen, bei ihrer Vergrößerung, bis ſie ſich ſchneiden, eine Kante bilden müſſen, 3, 4 oder mehrere ſich unter gleichen Winkeln zuſammenneigende Flächen aber Ecken hervorbringen, welche ſonach 3flächig, 4fl. nfl. ſein werden. Man hat ferner zu beachten, daß wenn ſich Flächen gegen eine und dieſelbe Axe oder Linie unter ungleichen Winkeln neigen, bei der Vergrößerung diejenigen eher zum Durchſchnitt kommen müſſen, welche unter dem ſtumpferen Winkel zu dieſer Axe geneigt ſind, als die unter dem ſpitzeren Winkel zu ihrer geneigten. So geſchieht es, daß 4 Flächen, die bei gleicher Neigung und ihrer Vergrößerung ein 4fl. Eck bilden würden, bei zweierlei Neigung kein Eck, ſondern eine Kante bilden.

Geſtalten mit gleichartigen Flächen heißen einfache und umſchließen entweder einen Raum vollſtändig oder nicht. Erſtere heißen geſchloſſene, letztere offene Geſtalten.

Wie in den Combinationen offene Priſmen und einzelne Flächenpaare zu deuten ſind, wird bei den Kryſtallſyſtemen angegeben werden. Einfache Geſtalten ſind Fig. 1, 9, 10, 11, 12, 22, 32, 33 ꝛc.

Bildet ſich eine Combination, ſo werden die Kryſtalltheile einer einfachen Geſtalt verändert und dieſe Veränderung beſteht in Abſtumpfung, Zuſchärfung und Zuſpitzung.

Wenn an die Stelle eines Eckes oder einer Kante eine Fläche kommt, ſo heißt dieſe Veränderung Abſtumpfung. Fig. 1 iſt

in Fig. 2 mit abgestumpften Ecken, in Fig. 6 mit abgestumpften
Kanten dargestellt.

Wenn eine Abstumpfungsfläche mit den anliegenden Flächen
gleiche Winkel bildet so sind diese Fälchen gleichartig, bildet sie
mit ihnen verschiedene Winkel so sind die Flächen ungleichartig,
es wäre denn daß die Abstumpfungsfläche einer halben Zuschär=
fung entspräche, d. i. einer hemiedrischen Gestalt angehörte. S. §. 5.

Wenn an die Stelle eines Eckes oder einer Kante z w e i
gleichartige sich zusammenneigende und also eine Kante bil=
bende Flächen treten, so heißt dieses Z u s c h ä r f u n g. Fig. 1 ist
in Fig. 7 mit zugeschärften Kanten, Fig. 9 in Fig. 22 mit zu=
geschärften Ecken dargestellt.

Die Zuschärfungsflächen bilden mit den Flächen oder Kanten,
auf welchen sie ruhen, immer gleiche Winkel; sind letztere nicht
gleich, so ist keine eigentliche Zuschärfung vorhanden, sondern nur
eine scheinbare, entstanden durch zwei ungleichartige Abstumpfungs=
flächen. Aehnliches gilt von der Zuspitzung. Die Zuspitzflächen
bilden mit den Flächen, auf welchen sie ruhen immer gleiche Winkel;
sind diese nicht gleich, so ist die scheinbare Zuspitzung durch ver=
schiedene ungleiche Abstumpfungsflächen entstanden oder auch durch
zweierlei Zuschärfungen.

Wenn an die Stelle eines Eckes drei oder mehr gleichartige
Flächen treten, die also ein neues (stumpferes) Eck bilden, so
heißt diese Veränderung Z u s p i t z u n g.

Bei Zuschärfung und Zuspitzung beachtet man auch, ob die
neuen Flächen auf den Flächen der veränderten Gestalt oder auf
den Kanten derselben aufsitzen und unterscheidet danach v o n d e n
F l ä c h e n a u s oder v o n d e n K a n t e n a u s zugeschärft oder
zugespitzt. Fig. 1 ist in Fig. 3 an den Ecken 3flächig von den F l ä c h e n
aus, Fig. 4 ebenso von den K a n t e n a u s z u g e s p i t z t dargestellt.

Bei combinirten Gestalten beobachtet man auch ihre gegenseitige
S t e l l u n g, wie bei den Krystallsystemen weiter angegeben ist.

Ein Complex von mehreren Flächen, welche sich in lauter
parallelen Kanten schneiden, heißt eine Z o n e und die Linie,
welche die Lage dieser Kanten bestimmt, Zonenlinie oder Zo=
nenaxe. Fig. 52 bilden die Flächen l, m, o eine Zone; eine
andere wird gebildet von den Flächen l, k, p.

§. 4. W i n k e l m e s s e n. Um eine Krystallgestalt speciell und
genau zu bestimmen, sind Winkelmessungen erforderlich. Man mißt
die Neigungswinkel der Flächen und berechnet daraus die ebenen
Winkel, die Axenlängen rc. Die dazu dienenden Instrumente heißen
Goniometer und sind deren zweierlei, das A n l e g g o n i o m e t e r und

das Reflexionsgoniometer. Das Anleggoniometer zeigt Fig. 67 tab. III. Es ist eine Scheere mit einem grabuirten Bogen verbunden. Die Arme der Scheere werden beim Messen der Krystallfläche genau angelegt und so, daß sie auf der Kante, deren Winkel bestimmt werden soll, rechtwinklich stehen (in der Lage, wo der Winkel am größten ist). Um dieses auszuführen, ist der Arm ab am Bogen herum beweglich, der Arm cd aber nur in einer Richtung verschiebbar, um ihn länger oder kürzer zu machen. Die Krystalle, welche mit diesem Instrument gemessen werden sollen, dürfen natürlich nicht zu klein sein. Die Messungen sind nur annähernd genau. Bei weitem genauere Resultate erhält man mit dem Reflexionsgoniometer Fig. 80 tab. IV. Es besteht in einem verticalen, in Grade getheilten, Kreisbogen von Metall, welcher um die horizontale Axe beweglich und mit einem feststehenden Nonius zum Ablesen versehen ist. In der Richtung der Axe kann der zu messende Krystall so befestigt werden, daß die Kante, deren Winkel bestimmt werden soll, in diese Axe fällt. Man läßt nun von der einen Krystallfläche das Bild eines entfernten Gegenstandes, z. B. eines der auf einer Glastafel befindlichen Quadrate, Fig. 60 tab. II. (sie können 2 bis 3 Zoll Seitenlänge haben), reflectiren, bemerkt dabei die Stellung des Kreises am Nonius und dreht nun den in der Axe befestigten Krystall zugleich mit dem Kreisbogen, bis das Bild (obiges Quadrat) auf der zweiten Fläche sichtbar wird. Man kann diese Quadrate aus schwarzem Papier ausschneiden. Zur Bequemlichkeit für das Einstellen und Ablesen ist das Instrument meistens so eingerichtet, daß die Axe mit dem Krystall durch Drehen der Griffscheibe A für sich allein beweglich ist, während beim Drehen von B der Krystall zugleich mit dem Kreisbogen gedreht wird. Um auf beiden Krystallflächen das Bild genau an derselben Stelle zu beobachten, z. B. die Berührungslinie der beiden Quadrate, zieht man auf eine weiße Tafel einen schwarzen Strich und legt die Tafel so auf den Tisch, der zum Experimentiren dient, daß der direct neben dem Reflectionsbild gesehene Strich mit der Berührungslinie der Quadrate zusammenfällt. Beim Ablesen erhält man je nach der ersten Stellung des Kreises den Winkel unmittelbar oder dessen Supplement. Dieses Instrument ist von Wollaston erfunden und um so wichtiger, als damit auch kleine Krystalle, welche meistens die ebensten Flächen zeigen, gemessen werden können.

Wenn die Flächen kein Bild reflectiren, so muß man sich mit dem intensivsten Lichtschein begnügen und wendet am besten dazu, bei sonst dunklem Raume, Kerzenlicht an, indem man den Krystall mit einer Lupe beobachtet. Man kann auch befriedigende Resultate in diesen Fällen erhalten, wenn man den Krystall so dreht, bis die

Fläche dem in der Entfernung von 1 — 1½ Fuß befindlichen Auge als Linie erscheint und Gleiches bei der zweiten Fläche vornimmt. In dieser Weise kann auch die Neigung zweier sich in einem Eck berührender Kanten zu einander gemessen werden, indem man diese rechtwinklich gegen die Axe des Instruments und den Kryrstall so einstellt, daß das Eck, wo sich die beiden Kanten berühren, genau in diese Axe fällt. Man dreht dann zum Einstellen bis die Kante zum Punkt verkürzt erscheint, und wiederholt dieses (mit Drehen des Kreises) für die zweite Kante. Bei allen Messungen hat man Repetitionen vorzunehmen und das Mittel aus den nicht zu sehr differirenden zu rechnen. —

Die zu einer Zone gehörigen Flächen können mit dem Reflexions= goniometer (die Zonenaxe rechtwinklich zum Kreise) erkannt werden, da sie beim Drehen nacheinander das Reflexionsbild zeigen.

Zu feinen Messungen dienen zwei Fernrohre mit Fadenkreuzen und von 2 — 3maliger Vergrößerung. Durch das eine wird mit einer am Ocular stehenden Flamme das Bild des Fadenkreuzes auf die Kryrstallfläche geworfen, dann dreht man den Kryrstall ohne den Kreisbogen, bis das Fadenkreuz des anderen Rohres, durch welches man sieht, das reflectirte im Centrum schneidet, dann wird der Kryrstall mit dem Kreisbogen gedreht, bis die sich schneidenden Kreuze auf der zweiten Fläche ebenso erscheinen. —

§. 5. Die allgemeinen Gesetze, die wir an den Kryrstallen und ihren Combinationen beobachten, sind folgende:

1) Das Gesetz des Flächenparallelismus. Es lautet: Jeder Fläche eines Kryrstalls steht eine parallele gleichartige Fläche gegenüber oder jede Fläche ist in einer parallelen gleichartigen am Kryrstall wiederholt. Pyramidale Gestalten Fig. 24, 25, 32 etc. sind daher immer Doppel= pyramiden, die Flächen an einem Ende eines Prismas repetiren sich am andern Ende etc. Fig. 29, 30, 36, 37 etc. Dieses Gesetz erleidet bestimmte Ausnahmen beim Auftreten geneigtflächiger hemiedrischer Gestalten. Beim Tetraeder Fig. 15, beim Tri= gonbodekaeder Fig. 17 etc. findet sich kein Flächenparallelismus, da diese Gestalten Hemiedrieen (von Fig. 9 und 10) sind. Daher sind auch dergleichen Ausnahmen von dem Gesetze als Hemiedrieen leicht zu erkennen. — Dieses Gesetz wurde zuerst von Steno und Romé de l'Jsle ausgesprochen.

2) Das Gesetz der Symmetrie. (Von Hauy aufge= funden.) Es lautet: Gleichartige Theile einer Kryrstall= gestalt (Flächen, Kanten, Ecken und daher auch Axen) erleiden bei eintretenden Combinationen gleiche Veränderung. Gleichartige Ecken z. B. werden bei eintreten=

der Abstumpfung oder Zuspitzung immer auf gleiche Weise abge=
stumpft oder zugespitzt sein, gleichartige Axen müssen für irgend
eine der Natur der Krystalle entsprechende Construction,
die wir vornehmen wollen, auf gleiche Weise verlängert oder ver=
kürzt werden ꝛc.

In diesem Gesetze ist also ein wesentlicher Unterschied einer
rein mathematischen und der krystallographischen Formenableitung
begründet. Es ist z. B. klar, daß wir durch willkürliche Verän=
derungen aus irgend einer einfachen Kryftallgeftalt jede andere ab=
leiten und conftruiren könnten, beachten wir aber das Gefetz der
Symmetrie, so kann folches nicht geschehen. Da am Oktaeder Fig. 9
alle Kanten gleichartig sind, so können wir nicht 4 derselben
allein abstumpfen, wodurch wir eine Combination ähnlich Fig. 29
hervorbringen würden; wollen wir eine solche Veränderung vor=
nehmen, so müssen alle Kanten auf dieselbe Weise abgestumpft
werden und die Gestalt, welche die neuen Flächen bilden, ist das
Rhombendodekaeder Fig. 13 und kann keine andere sein. Wir
können dem Gesetze gemäß aus einem Quadrat keinen Rhombus
conftruiren oder umgekehrt, weil wir es nur vermöchten, wenn wir
Gleichartiges ungleichartig verändern oder auch dadurch Ungleich=
artiges gleichartig machen würden. Es läßt sich daher aus einer
Pyramide, deren Basis ein Quadrat ist, kryftallographisch keine
Pyramide conftruiren, deren Basis ein Rhombus, es läßt sich aus
einem Rhombus kein Rhomboid conftruiren u. f. w.

Dieses wichtige Gesetz erleidet wie das vorige Ausnahmen
von sehr beftimmter Art bei dem Erscheinen hemiedrischer oder
tetartoedrischer Geftalten, wie folches für sich klar ist.
Es werden durch dieses Verhältniß also auch hemiedrische Gestalten
leicht erkannt.

Es sind z. B. am Würfel Fig. 1 die Ecken gleichartig und ebenso
die Kanten, und dieses gilt auch vom Oktaeder Fig. 9. Finden wir nun
die Combination Fig. 8 oder Fig. 22, so zeigt sich schon in der Erscheinung, daß die Flächen $^{o}/_{2}$ einer Hemiedrie angehören und ebenso die Fläche
$\frac{ph}{2}$. Erftere verändern nur die Hälfte der Würfelecken, letztere bilden an
den Oktaederecken eine Zuschärfung, wo nach dem Gesetze keine ftattfinden
kann, da in jedem Ecke vier gleichartige Flächen und Kanten zusammen-
ftoßen, eine Zuschärfung aber nur von zwei Kanten oder Flächen aus-
gehen kann. Die hier auftretenden Hemiedrieen sind das Tetraeder Fig. 15
und das Pentagondodekaeder Fig. 21.

3) Das Gesetz der Axenveränderung. Es ist zuerst
von Hauy nachgewiesen worden und lautet: Gleichliegende Axen
combinirter Geftalten zeigen sich immer als Vielfache von einander
nach einer ganzen oder gebrochenen Zahl, die meistens sehr einfach

ift. Die Ableitungscoefficienten find daher rationale Zahlen, fie heißen Indices, die Axenabschnitte Parameter. Irrationale Ableitungscoefficienten kommen nicht vor.

Wenn man z. B. die Hauptaxen mehrerer Quadratpyramiden a, b, c durch folgende Werthe bestimmt findet, indem man ihre Längen für übrigens gleiche Basis aus den Winkeln berechnet,

a.	b.	c.
1,7670	0,5890	0,3534

fo ftehen fie unter fich in einem rationalen Verhältniffe, denn fetzt man die Axenlänge von a $=1$, fo ift die von b $= \frac{1}{3}$, die von c $= \frac{1}{5}$. Beobachtet man folche Pyramiden d, e, f, deren Axenlängen folgende:

d.	e.	f.
1,5740	3,1480	0,5247

fo ftehen diefe auch in einem rationalen Verhältniffe, denn fetzt man d $= 1$, fo ift e $= 2$ und f $= \frac{1}{3}$, man kann aber die Axenlängen der Pyramiden a, b, c nicht nach rationalen Coefficienten aus denen von d, e, f ableiten oder umgekehrt, daher combiniren fich diefe Pyramiden nicht.

Diefes Gefetz befchränkt alfo die Combinationsfähigkeit von Geftalten noch in Fällen, wo fie das Gefetz der Symmetrie zuließe. — Jede Kante kann als eine Axenlinie betrachtet werden; die drei gleichen Eckenaxen des Oktaeders entfprechen den ein Eck des Würfels bildenden Kanten. Die Seiten eines Zonenquerfchnitts können auch als Kanten auftreten und folche Schnitte find vorzüglich geeignet das Gefetz der Axenveränderung nachzuweifen. Dabei find zwei Fälle zu unterfcheiden.

I. Kommen an einem folchen Schnitte gleichartige gegen einander geneigte Seiten (vergl. Flächen entfprechend) vor, wie Fig. 61 am Baryt die Seiten aa, bb, cc, fo verzeichnet man in der Figur ein rechtwinkliches Kreuz, welches die Winkel folcher gehörig verlängerter Seiten halbirt. Es find dann die Tangenten diefer halbirten Winkel commenfurabel. Zieht man vom Punkte B parallel mit a die Linie BA'', ebenfo parallel mit b die Linie BA' und verlängert c zu BA, fo find, BC $= 1$ gefetzt, die Linien (Axen) AC, A'C und A''C commenfurabel. Die Meffung am Kryftall giebt

$$a : o = 158^0 \; 4'$$
$$b : o = 141^0 \; 8'$$
$$c : o = 121^0 \; 25',$$ die Supplemente davon find

A''BC $= 21^0 \; 56'$ und	tang. $21^0 \; 56' = 0 . 4026 \ldots \frac{1}{2}$
A'BC $= 38^0 \; 52'$ „	tang. $38^0 \; 52' = 0 . 8059 \ldots \frac{1}{2}$
ABC $= 58^0 \; 10'$ „	tang. $58^0 \; 10' = 1 . 6107 \ldots 1$

Man sieht, daß die Tangenten sich verhalten wie $1 : \frac{1}{2} : \frac{1}{4}$, wenn tang. 58° 10‘ = 1 gesetzt wird, oder will man tang. 38° 52‘ als Einheit nehmen, so wird A"C = 4 und AC = 2 oder das Verhältniß ½ : 1 : 2 u. s. w.

Durch dieses Gesetz weiß man zum Voraus, daß noch viele andere Flächen dazu vorkommen können und man wäre nicht über= rascht, solche zu beobachten, wo die Ableitungscoefficienten $\frac{1}{3}$, $\frac{1}{4}$, 3, 4 ꝛc. wären.

II. Kommen an den erwähnten Zonenschnitten keine zu ein= ander geneigten gleichartigen Seiten (solchen Flächen entsprechend) vor, wie tab. V. Fig. 84 an einer Zone des Axinit, so bildet man aus 3 zu einander geneigten Seiten, durch deren Verlängerung ein Dreieck, Messungsdreieck, z. B. aus γ = ab, aus z = bc und aus m = ac. Man läßt dann von einem Winkel des Dreiecks aus die übrigen verlängerten Seiten des Zonenschnitts eine Seite dieses Dreiecks schneiden und stehen nun die erhaltenen Abschnitte in commensurablem Verhältnisse.

Um z. B die Gesetzmäßigkeit der Flächen i, f und o zu er= weisen, zieht man ihre Parallelen von a nach bc, welches sie in b‘, b“ und b‘“ schneiden. Man hat nun am Dreieck bac die Seite bc zu berechnen, weiter am Dreieck bab‘ die Seite bb‘, am Dreieck bab“ die Seite bb“ und an bab‘“ die Seite bb‘“. Dabei ist für alle diese Dreiecke eine Seite ab oder C = 1 zu setzen und findet die Formel der Trigonometrie, aus einer bekannten Seite und den anliegenden Winkeln a und b, eine Seite A, dem Winkel a gegen= überliegend, zu bestimmen, ihre Anwendung, wobei für A nachein= ander bc, bb‘, bb“ und bb‘“ in Rechnung kommen. Es ist aber

$$A = \frac{\sin. a}{\sin. (a + b)}.$$

Für den Zonenschnitt am Axinit Fig. 84 ist (nach Desaizeaur):

mo =	155° 27‘	bac =	79° 10‘
mf =	146° 42‘ daraus folgen die Winkel:	abc =	36° 14‘
mi =	130° 37‘	bab‘ =	29° 47‘
mγ =	100° 49‘	bab“ =	45° 52‘
mz =	64° 35‘	bab‘“ =	54° 37‘

Die Rechnungen sind:

1) für bc . log. sin. 79° 10‘ = 9.9921
log. sin. 64° 36‘ = 9.9558
0.0363
bc = 1.0872

2) für bb'. log. sin. 29° 47' $=$ 9.6961

log. sin. 66° 1' $=$ 9.9607

9.7354 — 10

bb' $=$ 0.5437

3) für bb''. log. sin. 45° 52' $=$ 9.8559

log. sin. 82° 6' $=$ 9.9958

9.8601 — 10

bb'' $=$ 0.7246

4) für bb'''. log. sin. 51° 37' $=$ 9.9113

log. sin. 89° 9' $=$ 9.9999

9.9114 — 10

bb''' $=$ 0.8154

Die Rechnung zeigt, daß wenn bc $=$ 1

bb' $= \frac{1}{2}$

bb'' $= \frac{2}{3}$

bb''' $= \frac{3}{4}$

Der in I. angegebene Fall eines Zonenschnittes kommt viel häufiger vor als der zuletzt erwähnte, kann übrigens auch diesem untergeordnet werden. Mit Rücksicht auf das Gesetz der Axenveränderung können die Krystallmessungen einer Prüfung unterworfen und Flächen und Gestalten weit sicherer bestimmt werden, als außerdem möglich wäre.

Eine Consequenz dieses Gesetzes ist, daß die Größen verschiedenartiger Axen an einer einfachen Gestalt in irrationalen Verhältnissen stehen müssen, weil sonst durch die zulässigen Veränderungscoefficienten ungleichartige Axen gleichartig werden könnten. Wäre z. B. an einer Quadratpyramide die halbe Diagonale der Basis zur halben Hauptaxe $=$ 1 : 2, so könnte letztere durch den zulässigen Ableitungscoefficienten $\frac{1}{2}$ zu 1 werden, also das Oktaeder entstehen. Irrationale Zahlen mit rationalen multiplicirt bleiben irrational.

4) Das vierte Gesetz lautet: Ungleichartige Gestalten können unabhängig von einander für sich oder in solchen Combinationen auftreten, die nach den vorhergehenden Gesetzen möglich sind. Wenn wir z. B. an einem Mineral eine Combination von drei verschiedenen Formen beobachten, so können wir schließen, daß dieses Mineral auch in jeder dieser Formen für sich vorkommen könne. Die Erfahrung liefert dafür hinreichende Belege.

5) Das fünfte Gesetz ist das Gesetz der Beständigkeit der Neigungswinkel. Es lautet: Die Neigungswinkel der Flächen einer Gestalt sind beständig und unver-

änderlich, wie ungleichmäßig auch diese Flächen aus=
gedehnt oder in Combinationen verändert erschei=
nen mögen.

Wir sind durch die Kenntniß dieses Gesetzes im Stande, die=
selbe Form in den mannigfaltigsten Combinationen wieder zu er=
kennen und den Normaltypus auch da aufzufinden, wo ihn ab=
norme Flächenausdehnung verwischt hat. — Dieses Gesetz ist zuerst
von Steno und Romé de l'Jsle erkannt worden.

———

Auf diese Gesetze gründet sich das Wesentlichste der Erschei=
nung der einfachen Krystall-Jndividuen und aus einigen wenigen
gegebenen Gestalten läßt sich mittelst dieser Gesetze der ganze For=
menreichthum der unorganischen Natur a priori construiren und
daher auch die Kenntniß möglicher Vorkommnisse anticipiren.

———

§. 6. Unter Krystallsystem versteht man den Jnbegriff
von Gestalten, welche nach dem Gesetze der Symmetrie in
einander übergehen können.

Unter Krystallreihe versteht man den Jnbegriff von Ge=
stalten eines Krystallsystems, welche nach dem Gesetze der
Axenveränderung von einander ableitbar und daher combi=
nationsfähig sind. Die Gestalt, welche man bei der Ableitung
zum Grunde legt, heißt die Stammform.

Die Gestalten also, welche mit Beachtung des Gesetzes der
Symmetrie aus einer gegebenen Gestalt abgeleitet werden können,
gehören mit dieser zu einem und demselben Krystallsystem. Solcher
Systeme sind sechs bekannt und diese heißen:

1. das tesserale System,
2. das quadratische,
3. das hexagonale,
4. das rhombische,
5. das klinorhombische und
6. das klinorhomboidische.

———

Im Folgenden bedeutet

Kll. = Kryſtall,
Abſt. = Abſtumpfung,
Zuſchärf. = Zuſchärfung,
Zuſpz. = Zuſpitzung,
3fl, 4fl. = dreiflächig, vierflächig ꝛc.,
Schtlkt. = Scheitelkanten,
Rdkt. = Randkanten.

§. 7. Das teſſerale Kryſtallſyſtem.

Die Geſtalten dieſes Syſtems unterſcheiden ſich auffallend von denen aller übrigen Syſteme dadurch, daß ſie drei rechtwinklich auf= einander ſtehende Axen gleicher Art haben, deren jede Hauptaxe ſein kann. Es kommen an ihnen keine einzelnen Axen vor.

Die einfachen vollzähligen Geſtalten dieſes Syſtems ſind ſieben. Von dieſen erſcheinen einige hemiedriſch, wodurch die Zahl aller bis auf dreizehn vermehrt wird.

☞ Wir wollen, um eine Anwendung der oben erwähnten Kllgeſetze zu zeigen, zunächſt eine der ſieben einfachen Geſtalten näher betrachten und aus den daran möglichen Veränderungen die übrigen ableiten und kennen lernen. Dieſe Geſtalt ſei der Würfel oder das Hexaeder Fig. 1.

Das Hexaeder iſt von 6 gleichen Quadraten begränzt, hat 12 Kanten und 8 3fl. Ecken von gleicher Art. Die Kantenwinkel meſſen 90°. Die Hauptaxen gehen durch die Flächen. — Findet ſich häufig beim Steinſalz, Liparit, Pyrit, Galenit, Gold, Silber ꝛc.

Wenn wir nun an dieſer Geſtalt die Veränderungen an= bringen, welche nach dem Geſetze der Symmetrie daran auftreten können, ſo beſtehen dieſe in Abſtumpfung und Zuſchärfung der Kanten und Abſtumpfung und Zuſpitzung der Ecken*).

Die Abſtumpfung der Kanten Fig. 6, welche wegen der Gleich= artigkeit der Würfelflächen eine gleichwinklige ſein muß, d. h. ſo, daß die Abſtfl. zu den beiden anliegenden Würfelflächen gleiche Neigung hat, bringt die Flächen einer neuen Form hervor und dieſe iſt das Rhombendodekaeder Fig. 13.

Es iſt von 12 Rhomben begränzt, deren Kantenwinkel alle 120° meſſen. Es hat 24 gleichartige Kanten und 14 Ecken von zweierlei Art. 6 ſind 4fl., durch dieſe gehen die Hauptaxen, die

---

*) Eine Zuſchärfung der Ecken kann hier nicht vorkommen, weil drei gleichartige Flächen und Kanten die Ecken bilden, alſo nicht zwei Flächen ſie verändern können, wie es eine Zuſchärfung erfordern würde.

übrigen sind 3flächig. In dieser Form kystallisiren Granat, Amal=
gam, Cuprit, Magnetit ꝛc.

Die zweite Veränderung, die an den Kanten des Würfels ein=
treten kann, ist Zuschärfung derselben Fig. 7. D.; die dadurch
entstehende Gestalt ist

         das Tetrakishexaeder Fig. 14,

oder der Pyramidenwürfel (Pyramidenhexaeder), wovon es je nach
dem Winkel der Zuschärfung (der natürlich immer größer als 90 °
und kleiner als 180 ° sein muß) mehrere Varietäten giebt. Diese
Tetrakishexaeder sind von 24 gleichschenklichen Dreiecken begränzt.
Sie haben 36 Kanten, wovon 12 längere a und 24 kürzere b.
Die Ecken, 14 an der Zahl, sind ebenfalls zweierlei, 6 sind 4fl.
und 1kantig, durch diese gehen die Hauptaxen, 8 sind 6fl. und
2kantig. Diese Form kommt ziemlich selten vor beim Liparit, Gold,
Kupfer ꝛc. Die Varietäten folgen dem Gesetz der Axenveränderung.
In Fig. 62 tab. III. sind die bisher beobachteten in der Art ver=
zeichnet, daß die Veränderung der Axe ab zu ersehen ist. Wenn
nämlich f, f, f, f Flächen des Hexaeders, so erscheinen dessen Kan=
ten in a und c zum Punkt verkürzt; die Zuschärfungsflächen an
diesen Kanten, woraus die Tetrakishexaeder entstehen, sind durch die
Linien a'c, a''c, a''' c ꝛc. angegeben. Die beobachteten Zuschär=
fungswinkel sind

$$ca'c = 112° 37'$$
$$ca''c = 126° 52' 12''$$
$$ca'''c = 133° 36'$$
$$ca''''c = 143° 7' 48''$$
$$ca'''''c = 157° 22' 48''.$$

Am Hexaeder ist ab = tang. acb = tang. 45° = 1.

Am Tetrakishexaeder a'c ist a'b = tang. a'cb; a'cb aber ist
der halbe Zuschärfungswinkel von 90 ° abgezogen oder = 33° 41' 30'',
dessen Tangente = 0,6667. Ebenso ist

am Tetrakishexaeder a''c die Axe a''b = tang. 26° 33' 54'' = 0,4999,
an der Variet. a'''c ist a'''b = tang. 23° 12' = 0,4286,
= = = a''''c = a''''b = tang. 18° 26' 6'' = 0,3333,
= = = a'''''c = a'''''b = tang. 11° 18' 36'' = 0,2000.

Die Axenlängen sind also

$$ab = 1,$$
$$a'b = 0,6667 = \tfrac{2}{3},$$
$$a''b = 0,4999 = \tfrac{1}{2},$$
$$a'''b = 0,4286 = \tfrac{3}{7},$$
$$a''''b = 0,3333 = \tfrac{1}{3},$$
$$a'''''b = 0,2000 = \tfrac{1}{5}.$$

Diese Bruchzahlen sind demnach die (rationalen) Ableitungs=
coefficienten für die betreffenden Tetrakishexaeder. Wenn man die
Flächen der Tetrakishexaeder ü b e r die Würfelflächen u m f ch r e i =
b e n d legen will, wie in der Fig. für a'c durch die Parallele ac'
und für a''c durch ac'' angedeutet ist, so wächst die Axe bc eben=
falls nach rationalen Coefficienten. Man hat dabei nur die Tan=
genten der halben Zuschärfungswinkel oder der Winkel an den Kanten a
Fig. 14 aufzusuchen. Diese Coefficienten werden für das Te=
trakishexaeder ca'c bis zu dem ca''''''c $= \frac{3}{2}$; 2; $\frac{7}{3}$; 3; 5, wenn
bc $= 1$.

Die Veränderungen an den E ck e n des Würfels betreffend, so
kann ihre A b ft u m p f u n g Fig. 2, welche nach dem Gesetz der
Symmetrie wegen der Gleichartigkeit der Würfelfläche gegen jede
dieser Flächen gleiche Neigung haben muß, nur zu e i n e r Gestalt
führen und diese ist
das O ck ta e b e r Fig. 9.

Es ist von 8 gleichseitigen Dreiecken begränzt und hat 12 Kan=
ten und 6 Ecken von gleicher Art. Die Kantenwinkel messen 109 °
28' 16''. Die Hauptaxen gehen durch die Ecken. In dieser Ge=
stalt krystallisiren häufig Magnetit, Cuprit, Spinell, Gold, Diamant rc.

Eine Z u f p i tz u n g der Ecken des Würfels kann auf dreierlei
Art stattfinden, ohne daß dadurch das Gesetz der Symmetrie ver=
letzt wird, nämlich
1) 3flächig von den Flächen aus Fig. 3,
2) 3fl. von den Kanten aus Fig. 4,
3) 6fl. von den Kanten aus Fig. 5.

Die Veränderung 1) führt zum
T r a p e z o e b e r Fig. 10.

Dieses besteht aus 24 symmetrischen Trapezen, mit 24 längern
(a) und 24 kürzern (b) Kanten. Die Ecken sind dreierlei. 6 sind
4fl. und 1kantig, durch diese gehen die Hauptaxen, 12 sind 4fl. und
2kantig und 8 sind 3flächig. Je nach dem Winkel der Zuspitzung
giebt es mehrere Varietäten dieser Gestalt, welche beim Granat,
Leucit, Analcim, Gold rc. vorkommt. Die Winkel der am häufig=
sten beobachteten Varietät sind an den Kanten a $= 131$° 48' 36'',
an den Kanten b $= 146$° 26' 33''. An einer andern Varietät
ist a $= 144$° 54' 12'' und b $= 129$° 31' 16''. Man kann
auf verschiedene Art das Gesetz ihrer Axenverhältnisse nachweisen.
Am einfachsten ist es, die Veränderungen der Eckenaxe des Hexaeders
zu bestimmen, welche die Flächen eines Trapezoeders schneiden.
Stellt man das Hexaeder nach einer Eckenaxe vertikal, so ist Fig. 63
tab. III. k eine Kante des Hexaeders und f eine Fläche desselben
oder deren Diagonale (k f k f sein Hauptschnitt). a'c und a''c

2

sind die Flächen der genannten Trapezoeder. An 3flächigen einkan=
tigen Ecken berechnet sich die Neigung der Fläche zur Eckenaxe durch
die Formel cos. a $= \dfrac{\cos. \, a}{\sin. \, 60^0}$, wo a der verlangte Winkel und
a der halbe Kantenwinkel.

Man findet die Neigung der Würfelfläche ac zur Eckenaxe ab
$= 35^0$ 16', also ist der Winkel acb $= 54^0$ 44'. Die Tang=
ente dieses Winkels giebt den Werth von ab. Es ist tang. 54^0
44' $= 1,4140$.

Am Trapezoeder, wo der Kantenwinkel der 3fl. Ecken $= 129^0$
31' 16'', findet man den Neigungswinkel der Fläche (a'c) zur Ecken=
axe $= 60^0$ 30' 14'', also den Winkel a'cb $= 29^0$ 29' 46''.
Die Axenlänge a'b ist die Tangente dieses Winkels $= 0,5656$.
Am Trapezoeder, wo der Kantenwinkel der 3fl. Ecken $= 146^0$
26' 34'', findet man ebenso den Winkel a''cb $= 19^0$ 28' 16'',
dessen tang. $= 0,3535 = $ a''b. Setzt man am Hexaeder ab
$= 1,4141 = 1$, so ist die Axenlänge a'b $= \frac{2}{3}$ und a''b $= \frac{1}{4}$,
womit die gesetzlichen Ableitungscoefficienten erkannt sind.

Die Veränderung 2) führt zum

Triakisoktaeder Fig. 11.

Es heißt auch Pyramidenoktaeder. Es besteht aus 24 gleich=
schenklichen Dreiecken, hat 36 Kanten und 14 Ecken. Die Kanten sind
zweierlei, 12 längere a und 24 kürzere b. Die Ecken sind ebenfalls
zweierlei. 6 sind 8fl. und 2kantig; durch diese gehen die Hauptaxen, die
übrigen sind 3fl. und 1kantig. Man kennt mehrere Varietäten dieser
Form, welche aber nur selten und untergeordnet am Galenit, Liparit,
Cuprit u. a. beobachtet ist. Die Winkel einiger Varietäten sind

an a $= 129^0$ 31' 14''; an b $= 162^0$ 39' 31'',

141^0 3' 28''; $\qquad$ 152^0 44' 2''.

Die Veränderung 3) führt zum

Hexakisoktaeder Fig. 12.

Diese Gestalt, wovon es mehrere in den Winkeln abweichende
Varietäten giebt, besteht aus 48 ungleichseitigen Dreiecken, hat 72
Kanten und 26 Ecken. Die Kanten sind dreierlei, ebenso die Ecken,
worunter 6 8fl., und durch diese gehen die Hauptaxen. — Findet
sich beim Diamant, Liparit, Magnetit 2c. Die Winkel einiger
Varietäten sind

an a $= 158^0$ 12' 48''; an b $= 148^0$ 59' 50''; an c $= 158^0$ 12' 48'',

152^0 20' 22''; $\qquad$ 160^0 32' 13''; $\qquad$ 152^0 20' 22''.

Mit diesen Veränderungen ist die Reihe der Gestalten erschöpft,
welche nach dem Gesetze der Symmetrie aus dem Würfel entwickelt
werden können, es sind (den Würfel selbst mitgerechnet) die oben
angeführten 7 Gestalten. Andere Gestalten können daraus nicht ab=

geleitet werden, wohl aber können mehrere der angegebenen hemiedrisch auftreten und die wichtigsten dieser Hemiedrieen sind folgende:

1) Das Oktaeder Fig. 9 giebt durch Ausdehnung und Verschwinden der abwechselnden Flächen

das Tetraeder Fig. 15 und 16.

Es ist von vier gleichseitigen Dreiecken begränzt, hat 6 Kanten und 4 Ecken gleicher Art. Die Kantenwinkel messen 70⁰ 31′ 44″. Die Hauptaxen gehen durch die Kanten. Findet sich beim Fahlerz, Helvin, Boracit.

2) Die Trapezoeder Fig. 10 geben, indem daran abwechselnd je eine um die 3fl. Ecken liegende Flächengruppe (Fig. 10 tz, tz, tz) wächst und die andere verschwindet,

die Trigondodekaeder Fig. 17.

Sie heißen auch Pyramidentetraeder und sind von 12 gleichschenklichen Dreiecken eingeschlossen, haben 18 Kanten und 8 Ecken. Von den Kanten sind 6 (a) längere, durch welche die Hauptaxen gehen, und 12 (b) kürzere; die Ecken sind auch zweierlei, 4 sind 6fl., 4 sind 3fl. Kommt beim Tennantit Sphalerit ꝛc. vor.

Die öfter vorkommenden Varietäten haben die Winkel

$$\text{an a} = 109^0 \ 28′ \ 16″; \ \text{an b} = 146^0 \ 26′ \ 34″,$$
$$129^0 \ 31′ \ 16″; \qquad\qquad 129^0 \ 31′ \ 16″.$$

3) Die Triakisoktaeder Fig. 11 geben, dem vorigen ähnlich hemiedrisch erscheinend,

die Trapezdodekaeder Fig. 18.

Sie sind von 12 symmetrischen Trapezen umschlossen, haben 24 längere und 24 kürzere Kanten a und b und viererlei Ecken. 6 derselben sind 4fl. und 2kantig, durch diese gehen die Hauptaxen. Sehr selten am Fahlerz (Tennantit und Tetraedrit).

Beobachtet sind die Winkel

$$\text{an a} = 82^0 \ 9′ \ 45″; \ \text{an b} = 162^0 \ 39′ \ 30″,$$
$$90^0 \ 0′ \ 0″; \qquad\qquad 152^0 \ 44′ \ 2″.$$

4) Die Hexakisoktaeder Fig. 12 geben durch abwechselndes Wachsen je einer um die 6fl. Ecken liegenden Flächengruppen

die Hexakistetraeder Fig. 19.

Sie sind von 24 ungleichseitigen Dreiecken eingeschlossen und haben 36 Kanten und 14 Ecken. Von letzteren sind 6 4fl. und durch diese gehen die Hauptaxen. Selten am Diamant, Fahlerz, Sphalerit.

2*

Beobachtet sind die Winkel (s. Fig. 19)

an a = 158° 12' 48"; an b = 158° 12' 48"; an c = 110° 55' 29",
152° 20' 22";   152° 20' 22";   122° 52' 42".

Diese Hemiedrieen werden leicht als solche schon dadurch er=
kannt, daß sie keine parallelen Flächen haben (§. 5, 1).

Es entstehen aber auch dergleichen mit parallelen Flächen aus
den folgenden Formen.

5) Die Tetrakishexaeder Fig. 14 geben durch Ausdehnung und
Verschwinden der abwechselnden Flächen

die Pentagondodekaeder Fig. 21.

Diese sind von 12 Pentagonen umschlossen, welche 4 gleiche
Seiten (b) und eine einzelne von diesen verschiedene (a) haben, da=
her auch die Kanten zweierlei. 6 fallen mit den einzelnen Seiten
der Pentagone zusammen und durch diese gehen die Hauptaxen, die
übrigen 24 entsprechen den übrigen gleichen Seiten. Die Ecken
sind 3fl. und zweierlei; 8 sind 1kantig, die 12 übrigen 2kantig.
Da es mehrere Varietäten von Tetrakishexaeder giebt, so giebt es
auch mehrere Varietäten von Pentagondodekaeder. Die Winkel der
am öftersten vorkommenden Varietät sind: an den Kanten a = 126°
52' 12", an den Kanten b = 113° 34' 41". Zwei andere
Varietäten messen

an a = 143° 7' 48"; an b = 107° 27' 27",
112° 37' 12";   117° 29' 11".

Vergleicht man die Tangenten der halben Winkel an den Kan=
ten a, so verhalten sie sich bei den drei Varietäten = 2 : 3 : ¾.
Häufig beim Pyrit und Kobaltin.

6) Die Hexakisoktaeder Fig. 12 geben außer der 4) angeführ=
ten noch eine andere Hemiedrie durch abwechselndes Wachsen
und Verschwinden der an den Kanten b liegenden Flächen=
paare. Diese Gestalt ist (in mehreren Varietäten)

das Diakisdodekaeder Fig. 20.

Es ist von 24 mit einem Paar gleicher Seiten (c, c) charak=
terisirten Trapezoiden umschlossen. Die Kanten, 48 an der Zahl,
sind dreierlei, ebenso die 26 Ecken. 6 dieser Ecken sind 4fl. und
2kantig, durch diese gehen die Hauptaxen. Findet sich beim Pyrit,
Kobaltin und Hauerit.

Die Winkel zweier am Pyrit ausgebildet vorkommender Va=
rietäten sind (Fig. 20)

an a = 115° 22' 37"; an b = 148° 59' 50"; an c = 141° 47' 12",
128° 14' 48";   154° 47' 28";   131° 48' 37".

Das Hexakisoktaeder kann möglicher Weise noch auf eine an=
dere Art hemiedrisch und auch tetartoedrisch oder viertelflächig er=
scheinen, indessen sind nur die oben angeführten Hemiedrieen bis
jetzt in der Natur beobachtet.

Es ist einleuchtend, daß wir statt des Würfels, von welchem
wir bei der Ableitung ausgegangen sind, jede andere der genannten
sieben Gestalten anwenden können und daß wir zu denselben Resul=
taten kommen müssen. Es ist auch begreiflich, daß die Combina=
tionen dieses Systems, der vielen einfachen Gestalten wegen, sehr
mannigfaltig sein können und ihre Entwicklung hat dem Anscheine
nach viele Schwierigkeiten. Wenn man aber die Zahl, Art und
Neigung der Flächen gehörig berücksichtigt, so kann man mit Be=
achtung weniger Regeln sehr leicht die complicirtesten Combinationen
entwickeln, da das Kreuz der rechtwinklichen gleichartigen Axen für
alle in einer Combination vereinigten Gestalten ein gemeinschaft=
liches ist. Wird eine tesserale Gestalt irgend einer Art nach einer
dieser Axen vertical gestellt, so gilt Folgendes:

1) 4 als gleichartig erkannte Flächen (wenn deren nur vier
vorhanden) gehören immer dem Tetraeder an.
2) 6 als gleichartig erkannte Flächen gehören immer dem Hexa=
eder an.
3) 8 dergleichen Flächen gehören immer dem Oktaeder an.
4) 12 gleichartige Flächen mit Parallelismus gehören
    a) dem Rhombendodekaeder, wenn die Haupt=
       axen durch (4flächige) Ecken gehen,
    b) einem Pentagondodekaeder, wenn die Haupt=
       axen durch Kanten gehen.
  12 gleichartige Flächen ohne Parallelismus gehören
    a) einem Trigondodekaeder, wenn die Hauptaxen
       durch Kanten gehen,
    b) einem Trapezdodekaeder, wenn die Hauptaxen
       durch Ecken gehen.
5) 24 gleichartige Flächen ohne Parallelismus gehören
    immer einem Hexakistetraeder, mit Parallelis=
    mus gehören sie
    a) einem Triakisoktaeder, wenn die Hauptaxen
       durch 8fl. Ecken gehen,
    b) einem Tetrakishexaeder, wenn die Hauptaxen
       durch 4fl. 1kantige Ecken gehen, die Flächen der
       Gestalt aber bei ihrer Ausdehnung außerdem noch
       6fl. Ecken bilden,
    c) einem Trapezoeder, wenn die Hauptaxen durch
       4fl. 1kantige Ecken gehen, wie bei b, die Flächen

aber bei ihrer Ausdehnung keine 6fl. Ecken bilden
können,

d) einem Dialisdodekaeder, wenn die Hauptaxen
durch 4fl. und 2kantige Ecken gehen.

6) 48 gleichartige Flächen gehören immer einem Hexakis=
oktaeder an.

Beispiele. Man habe die Combination Fig. 4. Die 3 rechtwinklichen gleichartigen Hauptaxen gehen durch die Flächen h. Diese Flächen
sind 6 an der Zahl, sie gehören also dem Hexaeder. Die Flächen po sind
24 an der Zahl und es neigen sich immer 8 derselben über den h Flächen
gegen die Hauptaxen. Bei ihrer Ausdehnung werden sie daher 8fl. Ecken
bilden müssen, durch welche die Hauptaxen gehen, diese Flächen gehören
daher (nach 5 a) einem Trialisoktaeder an.

Fig. 22 ist eine 2zählige Combination der Flächen o und der Flächen $\frac{ph}{2}$.
Die gleichartigen Flächen o sind 8 an der Zahl, sie gehören also dem
Oktaeder an. Die gleichartigen Flächen $\frac{ph}{2}$ sind 12 an der Zahl mit
Parallelismus. Da die Hauptaxen an der Gestalt, welche sie bilden, durch
Kanten gehen, so gehören diese Flächen (nach 4, b) einem Pentagon-
dodekaeder an.

Fig. 23 ist eine 3zählige Combination. Die Flächen h, 6 an der
Zahl und von gleicher Art, gehören (nach 2) dem Hexaeder an. Die
Flächen o, 8 an der Zahl und von gleicher Art, gehören (nach 3) dem
Oktaeder an. Die Flächen d, 12 an der Zahl und mit Parallelismus,
gehören (nach 4, a) dem Rhombendodekaeder an, weil sich immer ihrer 4
über den h Flächen zusammenneigen, also bei ihrer Ausdehnung daselbst
4fl. Ecken bilden werden, durch welche die Hauptaxen gehen müssen.

Am Liparit oder Flußspath, Cuprit und Granat finden sich
sämmtliche holoedrische Formen des tesseralen Systems. Am Boracit
kommen vor: Hexaeder, Oktaeder, Rhombendodekaeder, Trapezoeder,
Hexakisoktaeder, Tetraeder, Trigondodekaeder und Hexakistetraeder.
Bei manchen Combinationen steigt die Zahl der Flächen auf 62.

Am Perowskit hat Descloizeaux eine Combination beobachtet,
bestehend aus Würfel, Oktaeder, Rhombendodekaeder, Trialisoktaeder,
2 Trapezoedern und 3 Tetrakishexaedern, also 170 Flächen.

§. 8. Das quadratische System.

Den Gestalten dieses Systems liegt ein rechtwinkliches Axen=
kreuz zum Grunde, an welchem 2 Axen einander gleich sind, die
dritte aber verschieden. Die letztere ist die Hauptaxe (die einzige
ihrer Art in der Gestalt). Außer dieser Hauptaxe kommt keine an=

bere einzelne Axe vor. Diesen Charakter hat das quadratische System mit dem hexagonalen gemeinschaftlich und beide sind dadurch leicht von allen andern Systemen zu unterscheiden, unter sich aber schon dadurch, daß im Auftreten gleichartiger Flächen, im quadratischen System die Zahlen 4, 8, 16, im hexagonalen aber 6, 12, 24 zu beobachten sind. Die einfachen vollflächigen Gestalten des quadratischen Systems sind wesentlich nur zwei, und diese erscheinen nur sehr selten hemiedrisch. Es sind die Quadratpyramiden*) und die Dioktaeder.

1. Die Quadratpyramiden. Fig. 24.

Sie sind von 8 gleichschenklichen Dreiecken begränzt und haben 12 Kanten und 6 Ecken von zweierlei Art. Diejenigen Ecken, durch welche die Hauptaxe geht, die 2 Scheitelecken s, sind 1kantig, die übrigen Randecken r sind 2kantig. Die Scheitelkanten a sind 8, die Randkanten b 4 an der Zahl; letztere entsprechen den Seiten der Basis oder des horizontalen Hauptschnitts, welcher ein Quadrat ist.

Diese Gestalten kommen von den verschiedensten Winkeln vor und haben in den Combinationen verschiedene Stellungen gegen einander, nämlich 1) parallele, wenn die Seiten ihrer Basis parallel, 2) diagonale, wenn die Seiten der Basis der einen Pyramide parallel den Diagonalen der Basis einer andern, und 3) abnorme, wenn die Seiten der Basis einer Pyramide weder den Seiten noch den Diagonalen der Basis einer andern parallel liegen. Denkt man sich eine Gestalt dieser Art mit unendlich langer Hauptaxe, so daß der Randkantenwinkel 180° mißt, so bildet sich das offene quadratische Prisma, welches sich in denselben Stellungen befinden kann, wie die Pyramiden. Denkt man sich aber die Hauptaxe unendlich klein, so bleibt nur die Basis übrig, entsprechend einer horizontalen Fläche, und diese heißt daher auch die basische Fläche. Mit dieser Vorstellung erläutert sich und wird allgemein giltig, was §. 3 über die Combinationen und ihre Entwicklung gesagt worden.

2. Die Dioktaeder. Fig. 25.

Sie sind von 16 ungleichseitigen Dreiecken umschlossen, die Basis oder der horizontale Hauptschnitt ist ein Oktogon von abwechselnd gleichen Winkeln. Die 2 Scheitelecken, wodurch die Hauptaxen gehen, sind 8flächig, die 8 Randecken sind zweierlei und abwechselnd gleich. Die Scheitelkanten (a und b) sind ebenfalls zweierlei und abwechselnd gleich. Die Randkanten (c) entsprechen

---

*) Quadratpyramiden, welche sich in Combinationen als von abnormer Stellung zeigen, sind hemiedrische Gestalten, halbe Dioktaeder. S. u.

ben Seiten der Basis. Wird die Hauptaxe einer solchen Gestalt unendlich lang gedacht, so bildet sich das oktogonale Prisma, von abwechselnd gleichen Seitenkanten; wird die Hauptaxe unendlich klein gedacht, so entsteht die basische Fläche.

Es kommt kein Dioktaeder mit gleichwinklicher Basis vor und kann nach dem Gesetze der Symmetrie, wie auch nach dem der Axenveränderung von der Quadratpyramide nicht abgeleitet werden, wie sich leicht zeigen läßt. Es sei Fig. 26 aaaa ein Quadrat. Um ein Oktogon von gleichartigen Seiten aus demselben zu construiren, hat man die Linien bb nach c zu verlängern und von c nach a Linien zu ziehen, welche nun ein solches Oktogon darstellen. Da ob = der halben Seite des Quadrats aa mit oa = der halben Diagonale desselben nicht gleichartig ist, so kann es nach dem Gesetze der Symmetrie auch durch Veränderung demselben nicht gleich werden. oc wird also immer verschieden von oa sein müssen, ein gleichwinkliches Oktogon dieser Art würde aber erfordern, daß sie gleich würden. Man sieht auch ein, daß ein gleichwinkliches Oktogon ddd 2c., welches vorkommen kann, keine gleichartigen Seiten hat und also in eine Combination zweier Quadrate in diagonaler Stellung zerfällt.)

Hemiedrieen sind in diesem System selten. Die wichtigsten sind die Quadratpyramiden von abnormer Stellung, welche aus den Dioktaedern durch Wachsen der an den abwechselnden Randkanten gelegenen Flächenpaare entstehen. Sie sind nur in Combinationen zu erkennen. Scheelit, Fergusonit, Sarkolith.

Eine Hemiedrie nach den abwechselnden Flächen der Quadratpyramide giebt die tetraederähnlichen Sphenoeder, deren Dreiecke gleichschenklich sind. Chalkopyrit.

Eine Hemiedrie des Dioktaeders nach den an gleichnamigen Scheitelkanten gelegenen Flächenpaaren giebt die quadratischen Skalenoeder. Sie sind wie die Sphenoeder nicht parallelflächig. Chalkopyrit.

Ohngeachtet die Hauptformen dieses Systems wesentlich nur zwei sind, so ist die Mannigfaltigkeit der vorkommenden Combinationen doch sehr groß, weil es unendlich viele in den Winkeln und Längen der Hauptaxen verschiedene Varietäten dieser Formen giebt und sie in den verschiedenen angegebenen Stellungen erscheinen. Die Entwicklung der Combinationen ist übrigens sehr einfach und gelten dafür folgende Regeln:

Ist die Gestalt nach der Hauptaxe (der einzigen ihrer Art in der Gestalt) vertical gestellt, so gehören

1) je 4 gleichartige, nach dem Axenende geneigte Flächen (mit Parallelismus) immer einer Quadratpyramide an. Die Beurtheilung und Angabe der Stellung hängt von der gewählten Stammform ab;

2) je 8 gleichartige, nach dem Axenende geneigte Flächen gehören immer einem Dioktaeder an;

3) je 4 gleichartige, der Axe parallele Flächen gehören einem

quabratiſchen, je 8 bergleichen einem oktogonalen
Prisma an;

4) die baſiſche Fläche liegt immer rechtwinklich zur
Hauptage.

———

Beiſpiele für die Entwicklung der Combinationen.

1) Fig. 27 zeigt 4 zum Axenende geneigte Flächen b, 4 andere bergleichen a und noch 4 andere bergleichen c. Dieſe Flächen gehören
daher (nach 1) drei verſchiedenen Quabratpyramiden an und wenn
a die Stammform, alſo in normaler Stellung, ſo iſt leicht zu er-
ſehen, daß b mit ihrer in paralleler, c aber in biagonaler Stellung
befinblich.

2) Fig. 28 zeigt die horizontale Fläche c. Dieſe iſt alſo die baſiſche.
Ferner neigen ſich 4 gleichartige Flächen a und noch 4 andere b
zum Axenende, gehören daher (nach 1) zwei verſchiedenen Quabratpyramiden an, die ſich, wie leicht zu ſehen, gegenſeitig in biagonaler
Stellung befinden.

Fig. 29 4 gleichartige Flächen p neigen ſich zum Axenende, gehören
daher einer Quabratpyramide an, 4 andere m liegen ber Hauptage parallel,
gehören daher einem quabratiſchen Prisma, welches mit p in paralleler
Stellung.

Fig. 30 4 gleichartige Flächen p neigen ſich zum Axenende, gehören
alſo einer Quabratpyramide, 8 gleichartige Flächen d neigen ſich zum Axenende,
gehören alſo (nach 2) einem Dioktaeder an, die 4 Flächen m ſind ber Axe
parallel, daher von einem quabratiſchen Prisma, welches gegen die Pyramide
p in biagonaler Stellung befinblich.

Fig. 31 iſt eine Combination von 4 Quabratpyramiden, a, b, c und
d. Wenn a die Stammform, iſt b damit in paralleler, c und d ſind
aber in biagonaler Stellung befinblich.

Im quabratiſchen Syſtem kryſtalliſiren Zirkon, Anatas, Rutil,
Apophyllit, Kaſſiterit, Schelit ꝛc. Die Geſtalten und Combina=
tionen ſind bei mancher Species ſehr zahlreich. So finden ſich
(n. Zepharovich) am Veſuvian 17 Quabratpyramiden von normaler und 5 von biagonaler Stellung, 17 Dioktaeder und 4 okto=
gonale Prismen, nebſt den quabratiſchen und der baſiſchen Fläche.

§. 9. Das hexagonale Syſtem.

Dieſem Syſtem liegt ein Axenkreuz zum Grunde, an welchem
3 gleichartige, ſich unter 60° ſchneidende Axen von einer vierten
verſchiedenen unter einem rechten Winkel geſchnitten werden. Die
letztere iſt immer die Hauptage.

Die einfachen vollzähligen Geſtalten dieſes Syſtems ſind
nur zwei, nämlich die hexagonalen Pyramiden (Fig. 32)
und die bihexagonalen Pyramiden (Fig. 35).

1. Die hexagonalen Pyramiden. Fig. 32.

Sie sind von 12 gleichschenklichen Dreiecken eingeschlossen, haben 18 Kanten und 8 Ecken. Von den Ecken sind zwei 6fl. Scheitelecken, durch diese gehen die Hauptaxen. Die übrigen Randecken sind 4fl. und unter sich gleichartig. Von den Kanten sind 12 Scheitelkanten gleicher Art und 6 Randkanten, ebenfalls unter sich gleich, in einer Ebene liegend und den Seiten der Basis entsprechend, welche ein regelmäßiges Hexagon (ebene Winkel = 120°) ist.

Wie bei den Quadratpyramiden unterscheidet man für combinirte Gestalten dieser Art die Stellung, welche wieder parallel, diagonal und abnorm sein kann.

Wie bei jenen erhält man Prismen, wenn die Hauptaxe dieser Pyramide unendlich lang wird, und diese sind die hexagonalen Prismen, welche dieselbe Stellung haben können, wie die Pyramiden. Wird die Hauptaxe = o, so entsteht eine horizontale Fläche, welche, wie im quadratischen System, die basische Fläche heißt. Diese Gestalten erscheinen häufig durch Ausdehnung und Verschwinden der abwechselnden Flächen hemiedrisch und geben dann

die Rhomboeder Fig. 33 und 34.

Sie sind von 6 gleichen und ähnlichen Rhomben begränzt, haben 12 Kanten und 8 Ecken. 2 dieser Ecken sind 1kantig und gleichwinklich. Diese sind die Scheitelecken und durch sie geht die Hauptaxe. Die übrigen 6 Randecken sind 2kantig. Von den Kanten sind 6 Scheitelkanten (a) und 6 Randkanten (b). Letztere liegen im Zickzack. Zwei aus einer Hexagonpyramide entstehende Rhomboeder befinden sich gegenseitig um die Hauptaxe um 60° gedreht und man nennt dieses in verwendeter Stellung. S. Fig. 33 und 34.

2. Die bihexagonalen Pyramiden.

Sie sind von 24 ungleichseitigen Dreiecken umschlossen, haben daher breierlei Kanten, 12 längere schärfere und 12 kürzere stumpfere Scheitelkanten und 12 Randkanten. Die Basis ist ein Zwölfeck von abwechselnd gleichen Winkeln. Ein dergleichen von gleichen Winkeln (und gleichartigen Seiten) kann nicht vorkommen und ist das Verhältniß ganz analog, wie bei der Ableitung des Oktogon's mit gleichartigen Seiten aus dem Quadrat. Wird die Hauptaxe ∞, so entsteht das bihexagonale Prisma mit abwechselnd gleichen Seitenkantenwinkeln. Die bihexagonalen Pyramiden sind bis jetzt nur untergeordnet am Smaragd und sehr selten am Apatit beobachtet worden. Von ihren Hemiedrieen sind zunächst beachtenswerth

die Skalenoeder Fig. 39.

Sie sind von 12 ungleichseitigen Dreiecken begränzt, haben 18 Kanten und 8 Ecken. Von den Ecken sind zwei 6fl., die Scheitel= ecken, durch welche die Hauptaxe geht, die übrigen 6 Randecken sind 4fl. Die Scheitelkanten a und b sind zweierlei und abwechselnd gleich, die Randkanten c liegen im Zickzack. Diese Gestalten ent= stehen durch Hemiedrie aus den bihexagonalen Pyramiden durch Ausdehnung der an den gleichartigen Scheitelkanten gelegenen Flächenpaare und wird dieses Verhältnisses hier hauptsächlich des= wegen erwähnt, weil sich in Combinationen diese Skalenoeder, wie alle Hemiedrieen, in Beziehung auf das Gesetz der Symmetrie abnorm verhalten, aber eben dadurch auch leicht als solche erkannt und von den hexagonalen Pyramiden unterschieden werden. Die zwei aus einer bihexagonalen Pyramide entstehenden Skalenoeder erscheinen gegeneinander um die Hauptaxe um 60° gedreht und man nennt diese Stellung, wie bei den Rhomboedern, die verwen= dete. (Dabei kommen die Scheitelkanten a des einen an die Stelle der Scheitelkanten b des andern zu liegen.)

Selten vorkommende Hemiedrieen sind folgende:

1) **Hexagonale Pyramiden von abnormer Stellung** sind die parallelflächigen Hemiedrieen der bihexagonalen Pyramide nach den an den abwechselnden Randkanten gelegenen Flächenpaaren. Apatit.

2) **Trigonale Pyramiden** sind die geneigtflächigen Hemiedrieen der hexagonalen Pyramide nach den an den abwechselnden Rand= kanten gelegenen Flächenpaaren. Quarz.

3) **Hexagonale Trapezoeder** sind die geneigtflächigen Hemiedrieen der bihexagonalen Pyramiden nach einzelnen Flächen. Quarz.

4) **Trigonale Trapezoeder** sind die geneigtflächigen Tetartoedrieen der bihexagonalen Pyramide nach einzelnen Flächen oder die He= miedrieen der hexagonalen Skalenoeder. Quarz, Dioptas. Diese Hemiedrieen treten in Combinationen und meistens nur sehr unter= geordnet auf.

Da die angeführten Gestalten, obwohl nur wenige an der Zahl, von den verschiedensten Axenlängen und Winkeln vorkommen, so ist die Mannigfaltigkeit der Combinationen dieses Systems sehr groß und man kennt von Calcit allein gegen 700 Combinationen. Die allgemeine Entwicklung ist übrigens einfach und man hat, wenn die Gestalt nach der Hauptaxe vertikal gestellt, wie im vorigen System, vorzüglich die Zahl und Neigung der Flächen dabei zu beobachten. Es gelten folgende Regeln:*)

---

*) Diese Regeln gelten für die Gestalten mit Flächenparallelismus. Die seltenen Hemiedrieen und Tetartoedrieen ohne Flächenparalle= lismus sind zwar ebenso leicht zu bestimmen, wegen ihrer Selten= heit aber hier übergangen.

1) Je drei zum Axenende geneigte gleichartige Flächen gehören einem **Rhomboeder** an.

2) Je 6 zum Axenende geneigte gleichartige Flächen gehören einer **Hexagonpyramide** an, wenn ihre Scheitelkanten= winkel alle gleich, einem **Skalenoeder**, wenn sie nur abwechselnd gleich.

3) 12 gleichartige, zum Axenende geneigte Flächen gehören immer einer **bihexagonalen Pyramide** an.

4) 6 gleichartige, der Hauptaxe parallele Flächen, gehören einem **hexagonalen Prisma**, 12 dergleichen einem **bihexagonalen Prisma** an.

5) Die auf der Hauptaxe rechtwinklich stehende Fläche ist die **basische Fläche**.

Die Angabe der Stellung hängt von der Wahl der Stamm= form an.

Beispiele für die Entwicklung der Combinationen:

Fig. 36. 6 gleichartige Flächen p neigen sich zum Axenende und ihre Kanten t sind gleichartig, die Gestalt ist also (nach 2) eine Hexagon= pyramide; 6 gleiche Flächen m sind der Axe parallel, die Gestalt ist also (nach 4) das hexagonale Prisma.

Fig. 37. Die Fläche c liegt rechtwinklich zur Hauptaxe, sie ist daher die basische Fläche; 6 gleichartige Flächen a, 6 andere dergleichen b und noch 6 dergleichen d neigen sich zum Axenende, ihr symmetrisches Erschei= nen am Prisma m zeigt schon, daß sie dreien Hexagonpyramiden angehö= ren (nicht Skalenoedern); 12 gleichartige Flächen e neigen sich zum Axen= ende und gehören also (nach 3) einer bihexagonalen Pyramide an; die der Axe parallelen Flächen m sind (nach 4) die des hexagonalen Prisma's. Man sieht leicht, daß die Pyramide d in diagonaler Stellung gegen die Pyramide a und h befindlich ist.

Fig. 38. 3 gleichartige Flächen c neigen sich zum Axenende, ebenso 3 andere dergleichen a und noch 3 dergleichen b. Diese Flächen gehören also (nach 1) 3 verschiedenen Rhomboedern an und zeigt sich, daß a gegen b und c (oder auch umgekehrt) in verwendeter Stellung befindlich.

Fig. 40. 3 gleichartige Flächen a und noch 3 dergleichen b neigen sich zum Axenende, gehören daher zwei verschiedenen Rhomboedern an; 6 gleichartige Flächen d und noch 6 andere dergleichen e neigen sich zum Axenende, ihre Scheitelkanten sind nur abwechselnd gleich, sie gehören also (nach 2) zwei verschiedenen Skalenoedern an; 6 gleichartige Flächen c lie= gen der Axe parallel, gehören also dem hexagonalen Prisma an.

In diesem System krystallisiren Calcit, Korund, Hämatit, Quarz, Smaragd, Apatit 2c.

---

§. 10. Das rhombische System.

Den Gestalten dieses Systems liegt ein Axenkreuz von 3 ein= zelnen rechtwinklich aufeinanderstehenden Axen zum Grunde. Außer diesen kommen an ihnen keine andern einzelnen Axen vor, wodurch

sie von den Gestalten der folgenden, wie von denen der vorher=
gehenden Systeme leicht zu unterscheiden sind. Jede der 3 einzel=
nen Axen kann Hauptaxe sein. Die möglichst einfache Ableitung
der Krystallreihe bestimmt gewöhnlich diese Wahl.

In diesem System findet sich nur e i n e Art einfacher voll=
zähliger Gestalten und diese bilden

die Rhombenpyramiden Fig. 41.

Sie sind von 8 ungleichseitigen Dreiecken begränzt, haben 12
Kanten und 6 Ecken, beide von dreierlei Art. Die Hauptaxe geht
immer durch 2 Ecken und wird gewählt. Die Scheitelkanten a und
b sind kürzere stumpfere und längere schärfere, die Randkanten c
liegen in e i n e r Ebene und entsprechen den Seiten der Basis,
welche ein Rhombus. Die lange Diagonale der Basis heißt M a =
k r o b i a g o n a l e , die kurze heißt B r a c h y b i a g o n a l e. Die
verticalen Hauptschnitte sind Rhomben, in den einen d m d m Fig. 41
fällt die Makrobiagonale mm und die schärfern Schtlkt. b bilden
seine Seiten, in den andern d β d β fällt die Brachybiagonale β β
und die stumpferen Schtlkt. a bilden seine Seiten, diese Schnitte
heißen daher auch der makro= und der brachybiagonale Hauptschnitt.
Der horizontale Hauptschnitt m β m β ist ein Rhombus = der
Basis der Pyramide. Die Rhombenpyramide kommt für sich allein
selten vor am Schwefel, Cerussit und Bleivitriol (Anglesit, mit
Prismen am Topas, Cölestin, Liebrit 2c.)

Wird die Hauptaxe dieser Gestalt unendlich lang, so bildet
sich ein (offenes) r h o m b i s c h e s P r i s m a ; wird sie unendlich
klein, so entsteht die b a s i s c h e F l ä c h e , wie in den vorigen Sy=
stemen. Was aber von dieser Art der Verlängerung und Verkürzung
der Hauptaxen gilt, kann auch auf die Makro= und Brachybiagonale
angewendet werden. Wird jene oder auch diese unendlich lang, so
entstehen ebenfalls rhombische Prismen, welche aber h o r i z o n t a l
liegen. Solche nennt man D o m e n und wird ein Doma ein
m a k r o b i a g o n a l e s genannt, wenn seine Kanten der Makro=
biagonale parallel liegen, ein b r a c h y b i a g o n a l e s , wenn sie der
Brachybiagonale parallel liegen. Fig. 44 sind die Flächen m die
eines rhombischen Prisma's, die Flächen a und b gehören zwei
verschiedenen Domen an, welche in Beziehung auf das Prisma
brachybiagonale sind, denn ihre horizontalen Kanten haben die
Lage der Linie, welche die stumpfen Seitenkanten des rhombischen
Prisma's verbindet, und diese Linie ist die Brachybiagonale. Denkt
man sich an der Rhombenpyramide die Makrobiagonale m m
(Fig. 41) = o oder unendlich klein, so entsteht eine verticale Fläche,
dem Hauptschnitt d β d β entsprechend, in welchem die Brachy=

diagonale $\beta\beta$ liegt, und eine Fläche, welche diese Lage hat, heißt die **brachybiagonale Fläche**. Wird ebenso die Brachybiago= nale $\beta\beta$ = 0, so entsteht rechtwinklich auf die vorige eine ähnliche vertikale Fläche, welche dem Hauptschnitte d m d m entspricht, in welchem die Makrobiagonale m m liegt, diese Fläche heißt daher die **makrobiagonale Fläche**. Kommen beide miteinander vor, so bilden sie ein rechtwinkliches Prisma, aber von zweierlei Seiten= flächen, das **rectanguläre Prisma**, welches also eine Com= bination ist. Fig. 47 zeigt in r r r r den Querschnitt eines solchen in die rhombische Basis eingezeichnet.

Die Rhombenpyramiden kommen nur äußerst selten hemie= brisch vor als rhombische Sphenoeder, welche ähnlich entstehen, wie das Tetraeder aus dem Oktaeder. Ihre Dreiecke sind ungleich= seitig. Epsomit.

Die Mannigfaltigkeit der Combinationen dieses Systems ist nicht minder groß, als bei den vorigen, da Rhombenpyramiden, Prismen und Domen der verschiedensten Winkel und Axenlängen vorkommen. Gleichwohl sind die Combinationen leicht zu entwickeln und die Gestalten allgemein sehr einfach zu bestimmen. Ist die Ge= stalt nach der gewählten Hauptaxe vertikal gestellt, so gilt Folgendes:

1) Je 4 gleichartige, zum Axenende geneigte Flächen gehören einer **Rhombenpyramide** an.
2) Je 2 gleichartige, zum Axenende geneigte Flächen gehören einem **Doma** an. Die Bestimmung von makro= und brachybiagonal hängt von der Wahl der Stammform und ihrer Stellung zu dieser ab.
3) Je 4 gleichartige, der Hauptaxe parallele Flächen sind die eines **rhombischen Prisma's**.
4) 2 gleichartige, der Hauptaxe parallele Flächen sind entweder das **makrobiagonale** oder das **brachybiagonale Flächenpaar**, je nach der Stellung zur Stammform.
5) Eine zur Hauptaxe rechtwinklich liegende Fläche ist die **basische Fläche**.

Beispiele für die Entwicklung der Combinationen:

Fig. 42. Die Fläche d, rechtwinklich zur Hauptaxe, ist die basische; 4 gleichartige Flächen a und 4 andere dergleichen b neigen sich zum Axen= ende, sie gehören also (nach 1) zwei verschiedenen Rhombenpyramiden an; 2 gleichartige Flächen c neigen sich zum Axenende, sie gehören also (nach 2) einem Doma an und wenn die Pyramide b zur Stammform gewählt wird, so ist dieses Doma ein brachybiagonales, wie nach dem oben Gesagten leicht zu ersehen.

Fig. 43. 4 gleichartige Flächen p neigen sich zum Axenende, gehören also einer Rhombenpyramide an; 4 gleichartige Flächen m sind der Axe parallel und ebenso 4 andere dergleichen n, diese gehören daher (nach 3) zweien verschiedenen rhombischen Prismen an.

Fig. 45. 4 gleichartige Flächen p neigen sich zum Axenende, gehören also einer Rhombenpyramide an, 2 gleichartige Flächen o sind der Axe parallel und ebenso 2 andere q, von diesen gehört das eine Paar der makrodiagonalen Fläche an, das andere der brachydiagonalen. Wird die Pyramide p zur Stammform gewählt, so zeigt eine Messung, daß die Kanten a die stumpfern und b die schärfern Scheitelkanten; da jene in den brachydiagonalen Hauptschnitt fallen, und diese in den makrodiagonalen, wie oben gesagt wurde, so ist o die makrodiagonale und q die brachydiagonale Fläche.

Fig. 46. Die Fläche b, rechtwinklich zur Hauptaxe, ist die basische Fläche, 4 gleichartige Flächen p neigen sich zum Axenende, gehören also einer Rhombenpyramide an; 2 gleichartige Flächen o d neigen sich zum Axenende, und ebenso 2 andere dergleichen q d, diese gehören also Domen an und mit Beachtung der Lage der Basis von p bestimmt sich o d als makrodiagonales und qd als brachydiagonales Doma; 2 gleichartige Flächen o liegen der Axe parallel und ihre Lage zu p bestimmt sie als das makrodiagonale Flächenpaar, während die Flächen q sich als das brachydiagonale ergeben und die 4 gleichartigen, der Axe parallelen Flächen m einem rhombischen Prisma (von der Basis der Pyramide p) angehören.

In diesem System krystallisiren Topas, Chrysolith, Schwefel, Baryt, Cölestin, Liebrit ꝛc.

---

§. 11. Das klinorhombische System.

In diesem System erscheinen keine einfachen geschlossenen Gestalten und sämmtliche Combinationen bestehen aus rhombischen Prismen und einzelnen Flächenpaaren, welche bald vertical, bald geneigtliegend vorkommen. Sie sind, wie die Gestalten des rhombischen Systems, durch 3 rechtwinklige, ungleichartige Axen bestimmbar, von welchen eine zur Hauptaxe gewählt wird; sie unterscheiden sich aber sehr bestimmt von den Formen des rhombischen Systems dadurch, daß bei diesen außer den rechtwinklich aufeinanderstehenden Axen keine andern einzelnen vorhanden, während bei den klinorhombischen Gestalten die Zahl der einzelnen Axen wenigstens 5 ist, deren aber auch mehr vorkommen können. Von den Gestalten des folgenden klinorhomboidischen Systems, welche auch mehr als 3 einzelne Axen haben, unterscheiden sich die klinorhombischen leicht dadurch, daß an letzteren immer noch Paare gleichartiger Axen (durch gleichartige Paare von Flächen, Kanten oder Ecken gehend) auffindbar, an jenen aber nicht.

Die einfachsten bestimmbaren Gestalten dieses Systems sind

bie Hendyoeber Fig. 48.

Sie bestehen aus einem rhombischen Prisma m, mit einer

schief liegenden Fläche p geschlossen, letztere ist ein Rhombus, die Flächen m erscheinen als Rhomboide. Sie haben 5 einzelne Axen. Zur Hauptaxe wird immer diejenige gewählt, welche durch die rhombischen Flächen p parallel mit m geht, und die Gestalt so gestellt, daß die obere dieser Flächen, Endflächen, gegen den Beobachter gekehrt ist. Bei aufrechter Stellung liegt eine Diagonale dieser Flächen (hh) horizontal, diese heißt die Orthobiagonale und bildet mit den Seitenkanten cc (Fig. 49) den orthobiagonalen Hauptschnitt hhhh, die andere Diagonale kk liegt geneigt, heißt die Klinobiagonale und bildet mit den Seitenkanten bb den klinobiagonalen Hauptschnitt kkkk. Eine Fläche, welche dem ersten Hauptschnitt parallel liegt, heißt die orthobiagonale Fläche, eine Fläche, die dem letztern parallel liegt, die klinobiagonale Fläche oder auch die Symmetrie-Ebene, weil sie den Krystall symmetrisch in gleiche Hälften theilt. Beide schneiden sich rechtwinklich. Die Randkanten des Hendyoeders sind zweierlei aa und dd, die Seitenkanten auch zweierlei b und c, wie am rhombischen Prisma. Die Randecken sind dreierlei, 2 verschiedene liegen an der Klinobiagonale, 2 gleiche an der Orthobiagonale.

Um das Hendyoeder vollkommen bestimmen zu können, wird das Prisma m so verkürzt angenommen, daß eine die Ecken k verbindende Linie oder Axe auf der Hauptaxe rechtwinklich steht. Gewöhnlich sind die m Flächen in der Richtung der Hauptaxe verlängert.

Alle Veränderungen, welche nach dem Gesetze der Symmetrie am Hendyoeder hervorgebracht werden können*), führen zu rhombischen Prismen und einzelnen Flächenpaaren. Die rhombischen Prismen liegen vertikal (sind Seitenflächen) oder sie liegen geneigt und letztere heißen Klinobomen; die einzelnen Flächenpaare sind entweder die oben genannten verticalen, oder die Axe schief schneidend, wie die Endfläche, und diese heißen auch Hemibomen. Man unterscheidet je nach der Neigung der Hemibomen und Klinobomen nach vorne oder nach der Rückseite der Stammform vordere oder hintere.

Für die Entwicklung der Combinationen, wenn die Gestalt nach der gewählten Hauptaxe vertical gestellt ist, ergiebt sich aus dem Gesagten Folgendes:

---

*) Diese Veränderungen können nur in Abstumpfung und Zuschärfung bestehen; Zuspitzung kann nicht vorkommen, da keine Ecken vorhanden, welche 3 oder mehr gleichartige Flächen und Kanten haben, und eine Zuspitzung nur an solchen auftreten kann.

1) Je eine einzelne, zum Axenende geneigte Fläche gehört einem Hemidoma an, oder ist die Endfläche eines Hendyoeders.

2) Je 2 gleichartige, zum Axenende geneigte Flächen gehören einem Klinodoma an.

3) Je 4 gleichartige, der Axe parallele Flächen gehören einem rhombischen Prisma an oder sind Seitenflächen eines Hendyoeders (prismatische Flächen).

4) Je 2 gleichartige, der Axe parallele Flächen gehören entweder der orthobiagonalen oder der klinobiagonalen Fläche an und zwar der erstern, wenn die Endfläche oder ein anderes Hemidoma schiefwinklich gegen sie geneigt ist oder auch die Kante eines Klinodoma's, der letzteren aber, wenn dieses nicht der Fall. (Jede Endfläche bildet mit der klino= biagonalen Fläche immer einen rechten Winkel.)

Da die Kante eines Klinodoma's über der Hauptaxe auch durch eine Fläche ersetzt sein kann, so läßt sich, im Fall keine Endfläche zu beobachten, durch eine dergleichen Abstumpfungsfläche ein zu weiterer Bestimmung dienendes Hendyoeder herstellen.

Beispiele für die allgemeine Entwicklung der Combinationen:

Fig. 50. Die Fläche p, r und s sind einzelne, zur Axe geneigte Flächen, gehören also 3 verschiedenen Hemidomen an, die der Axe parallelen Flächen m sind prismatische und bilden mit p. oder r oder s geschlossene Hendyoeder. Wählt man das aus p und m bestehende Hendyoeder zur Stammform, so ist r ein vorderes, s ein hinteres Hemidoma.

Fig. 49. Die Flächen p, s und t sind einzelne, zur Axe geneigte Flächen, gehören also 3 verschiedenen Hemidomen an. Construirt man aus p und m die Stammform, so ist s ein vorderes, t ein hinteres Hemidoma. Die Flächen d d, zwei gleichartige zum Axenende geneigt, gehören einem Klinodoma (nach 2) und in Beziehung auf die gewählte Stammform einem vorderen; die Flächen k, der Axe parallel, sind (nach 4) die klinobiagonalen Flächen.

Fig. 51. 2 gleichartige Flächen k k neigen sich zum Axenende, gehören also einem Klinodoma an; 4 gleichartige, der Axe parallele m sind prisma= tische; die Fläche b (nach 4) ist die klinobiagonale. Ein Hendyoeder ist aus den Flächen m und der Abstumpfungsfläche der Kante $\frac{k}{k}$ zu bilden.

Fig. 52. Die Fläche p ist eine einzelne, zum Axenende sich neigend, also Endfläche oder Hemidoma, und da die Fläche m, wie im vorigen Bei= spiel, als prismatische zu erkennen, so kann aus p und m ein Hendyoeder als Stammform construirt werden; die Flächen k k, 2 gleichartige zum Axenende geneigt, gehören einem Klinodoma an, dessen Kante die Lage von p hätte, also einem vorderen; von den Flächen o und l ist o die ortho= biagonale (nach 4) und l die klinobiagonale Fläche.

In diesem System krystallisiren Amphibol, Augit, Sphen, Gyps, Datolith, Kupferlasur, Eisenvitriol, Orthoklas 2c.

Mehrere Krystallographen beziehen die Gestalten des klinorhom=
bischen Systems auf ein Axensystem, an welchem 2 Axen sich
schiefwinklich schneiden, die dritte aber zu beiden rechtwinklich steht.
Als Grundform nehmen sie eine diesem Axensysteme entsprechende
Pyramide, die klinorhombische Pyramide, Fig. 81, an,
welche aus beobachteten (oder möglichen) Klinodomen oder aus den
Fl. eines Prisma's und eines Klinodoma's construirt wird, voll=
zählig in der Natur gewöhnlich für sich nicht vorkommt.

Für eine solche Grundgestalt beschränkt sich der Begriff von
Klinodoma auf die Domen, deren Kante der geneigten Diagonale
der Basis parallel liegt, andere Flächen dieser Art gelten als halbe
oder Hemi = Pyramiden. —

§. 12. Das klinorhomboidische System.

Die Gestalten des klinorhomboidischen Systems unterscheiden
sich wesentlich von allen vorhergehenden dadurch, daß sie nur aus
einzelnen Flächen bestehen, welche also (die parallelen ausgenommen)
alle von einander verschieden sind. Es kommen ferner keine recht=
winklich sich schneidenden Flächen vor und alle Axen sind einzelne,
deren die einfachste Combination, das klinorhomboidische
Prisma, 13 zählt. An dieser Gestalt Fig. 53 sind sämmtliche
Flächen Rhomboide, ebenso sämmtliche Schnitte. Es werden davon
2 Flächenpaare m und t zu Seitenflächen gewählt und die ihnen
parallele Axe zur Hauptaxe, auf der die Endfläche p schief steht.
Diese Endfläche hat viererlei (nicht wie am Hendyoeder zweierlei)
Neigung zu den Seitenflächen, so daß die Randkanten viererlei sind
und ebenso die Randecken. Die Seitenkanten r und s sind zweier=
lei, abwechselnd gleich. Alle Kantenaxen schneiden sich schiefwinklich.

Nach dem Gesetze der Symmetrie können, der beständigen Un=
gleichartigkeit anliegender Flächen wegen, keine Zuspitzungen oder
Zuschärfungen vorkommen, sondern nur Abstumpfungen, welche
aus demselben Grunde stets ungleichwinklige sein müssen.

So schwer es auch ist, den innern Zusammenhang der Flächen
dieses Systems nachzuweisen, so ist die Bestimmung des Systems
selbst und die Unterscheidung desselben von ähnlichen bei ausge=
bildeten Krystallen ziemlich leicht und dient außer dem bereits An=
geführten noch Folgendes:

Die als 6seitige Prismen erscheinenden Combinationen
haben dreierlei Seitenkantenwinkel und die als 8seitige
erscheinenden viererlei dergleichen.

Die den rhombischen Prismen ähnlichen Combinationen haben zweierlei Flächen, die sich als solche charakterisiren, wenn schließende Endflächen vorkommen. Wenn solches nicht der Fall ist, können sie nur durch Differenzen ihrer physischen Beschaffenheit, Spaltbarkeit, Glanz, Streifung, und wo diese nicht hervortreten, nur auf optischem Wege im Stauroskop als ungleichartig erkannt werden.

Die Gestalten dieses Systems können nicht auf ein recht= winkliches Axenkreuz bezogen werden. Zur speciellen krystallo= graphischen Ableitung wird gewöhnlich eine klinorhom= boidische Pyramide, Fig. 82, gewählt, welche aus ein= zelnen beobachteten Flächen construirt wird, in der Natur als solche aber nicht vorkommt. Die Axen einer solchen Pyramide schneiden sich alle schiefwinklich und sind zu ihrer Bestimmung 5 von einander unabhängige Winkel erforderlich *).

In diesem System krystallisiren Axinit, Disthen, Albit, Kupfervitriol ꝛc.

Den innern Zusammenhang der Gestalten einer Krystallreihe erkennt man seinen Gesetzen nach am deutlichsten, wenn man diesen Gestalten Zeichen giebt und die Ableitungszahlen, nach welchen sie aus der Stammform durch Veränderung der Axen hervorgehen, schicklich beifügt. Bezeichnungen dieser Art sind von Weiß, Mohs, Naumann u. A. gegeben worden. Diese letztern zeichnen sich durch Einfachheit und Kürze vorzüglich aus und sind in den meisten Fällen ohne besondere Schwierigkeiten zu entwerfen, da die Bestim= mung vieler Flächen aus dem Parallelismus ihrer Combinations= kanten mit andern bekannten Flächen ohne weitere Messung ge= schehen kann. Man hat übrigens dergleichen Zeichen mitunter einen zu großen Werth beigelegt, denn ihre Angaben enthalten wesentlich nur für specielle Fälle, was man im Allgemeinen schon durch das Gesetz der Axenveränderung weiß; um ferner aus ihnen für die Praxis brauchbare Elemente zu einer Krystallbestimmung zu erhalten, hat man daraus immer die Winkel zu berechnen, da nur diese und nicht die Axenlängen unmittelbar gemessen werden können. Diese Berechnungen sind zwar in den meisten Fällen ziemlich einfach, im klinorhomboidischen System aber so weitläufig, daß sich schwerlich

*) Bei dieser Grundgestalt ebenso wie bei der klinorhombischen Pyramide ist die Ableitung insofern nicht naturgemäß, als die Prismen (∞ P) Flächen erhalten, welche gleichsam aus ungleichartigen Hälften be= stehen.

3*

Jemand die Winkel, die er verlangt, aus den Zeichen berechnen wird. Winkelangaben können daher durch die Angabe der Axen= verhältnisse einer Stammform und der bezüglichen Ableitungs= zahlen der Zeichen nicht entbehrlich gemacht werden.

Als Beispiele, wie die Naumann'schen Zeichen sich begründen, mögen hier das quadratische und rhombische System entwickelt werden.

Bezeichnet man die zur Stammform gewählte Quadratpyramide mit P, so ergiebt sich eine Reihe abgeleiteter Pyramiden in paralle= ler Stellung durch Veränderung ihrer Hauptaxe nach einem ratio= nalen Coefficienten m. Dabei wird die Hauptaxe der Stammform als Einheit genommen und kann m größer oder kleiner als diese Einheit sein, auch ∞, d. i. unendlich groß, und o oder unendlich klein. ∞P ist das quadratische Prisma von normaler Stellung, oP die basische Fläche.

Zur Ableitung der Dioktaeder werden die Diagonalen des Quadrats Fig. 26 nach einem rationalen Coefficienten n verlängert und die Linien af gezogen. Mit dem Winkel fao oder cao ist das Oktogon der Basis eines Dioktaeders bestimmt. Den Coeffi= cienten n schreibt man hinter das Zeichen von P, also ist Pn ein Dioktaeder von derselben Hauptaxe wie die von P und von einer durch n bestimmten Basis. Was von P gilt, gilt auch für jede mP, man hat also auch mPn, ∞Pn (das oktogonale Prisma) und oPn, gleichbedeutend mit oP. Wird n = ∞, so sieht man, daß der Winkel fao oder cao = 90° wird, und es baut sich um das Quadrat aaaa das diagonal stehende gggg (von doppeltem Flächeninhalt) und ergiebt sich somit die Bestimmung der Quadrat= pyramiden von diagonaler Stellung, deren Zeichen also P∞, mP∞ und ∞P∞ (= dem diagonalen quadratischen Prisma). — Das Zeichen für Fig. 29 ist demnach P . ∞P; Fig. 31 vom

$$\text{Wulfenit erhält den Messungen zufolge die Zeichen } \overset{p}{P} . \overset{m}{\infty P} . \tfrac{1}{4}\underset{c}{P} . \tfrac{7}{4}\underset{c}{P\infty} .$$

Im rhombischen System sind die Pyramiden durch 3 ungleiche, rechtwinklich aufeinanderstehende Axen bestimmt, nämlich durch die Hauptaxe a, die Makrobiagonale b und die Brachybiagonale c. Diese 3 Axen sind daher unabhängig von einander jede für sich veränderlich. Wenn P die Stammform, ist mP das Zeichen einer Rhombenpyramide von gleicher Basis wie die von P, aber mit einer anderen durch den Coefficienten m bestimmten Hauptaxe. m kann > 1 oder < 1 sein (die Hauptaxe von P nämlich als Einheit genommen); wird m = ∞, so entsteht ein rhombisches Prisma, dessen horizontaler Querschnitt gleich ist der Basis von P, wird m = o, so entsteht die basische Fläche. Entstehen Pyramiden durch

Verlängerung der Brachydiagonale von P bei unveränderter Makro=
diagonale nach einem rationalen Coefficienten n, so ergeben sich die
Zeichen P̆n, mP̆n und P̆∞, mP̆∞, ferner ∞P̆n und ∞P̆∞.

P̆∞ ist das brachydiagonale Doma für die Hauptaxe von P;
mP̆∞ ein dergleichen für die Hauptaxe einer mP̄n ∞P̄n ist ein
rhombisches Prisma, dessen horizontaler Querschnitt gleich ist der
Basis der betreffenden P̆n und ∞P̆∞ ist die brachydiagonale
Fläche. Aehnlich ist es, wenn die Makrodiagonale von P bei
unveränderter Brachydiagonale verlängert wird. Das ganze Sy=
stem ist in nachstehenden Reihen vollständig dargestellt.

	m < 1		m > 1	
oP	mP̄∞	P̄∞	mP∞	∞P̄∞
oP	mP̄n	P̄n	mP̄n	∞P̄n
oP	mP	P	mP	∞P
oP	mP̆n	P̆n	mP̆n	∞P̆n
oP̆	mP̆∞	P̆∞	mP̆∞	∞P̆∞

Fig. 42 vom Schwefel erhält den Messungen zufolge die

Zeichen P . ⅓P . P̆∞ . oP. ; Fig. 46 vom Chrysolith erhält die
    b   a   c   d

Zeichen P . ∞P . P̄∞ . ∞P̄∞ . 2P̆∞ . ∞P̆∞. — In ähnlicher
    p m o d   o   q d   q

Weise werden die übrigen Systeme bezeichnet und können die tesse=
ralen Gestalten mit gewissen Rücksichten ganz analog den quadra=
tischen behandelt werden. Für ein weiteres Studium siehe Nau=
mann's Elemente der theoretischen Krystallographie. — Die wich=
tigsten zur Berechnung der Krystalle dienenden Formeln und eine
darauf gegründete Ableitung der Naumann'schen Zeichen giebt
meine Schrift „Zur Berechnung der Krystallformen", München 1867.
J. Lindauer'sche Buchhandlung. — Ein Auszug davon im An=
hang dieses Buches.

Zur Uebersicht der Flächen und Zonen einer Krystallcombi=
nation haben Quenstedt und Miller Projectionsmethoden aus=
gebildet, welche ursprünglich von Neumann vorgeschlagen worden
sind. Zur Entwerfung der sog. Linearprojection Quenstedt's denkt
man sich parallele Krystallflächen einander so genähert, daß sie nur
eine Fläche bilden, und läßt diese die Projectionsebene schneiden,
auf welcher sie dann als eine Linie erscheint.

Zur Projectionsebene wählt man eine geeignete Krystallfläche,
bei den monoaxen Systemen gewöhnlich die basische, welche die

Fläche des Papiers darstellt, auf welcher die Projection angelegt wird. Bei allen abgeleiteten Formen wird deren Hauptaxe von gleicher Größe mit der Hauptaxe der Stammform angenommen und danach ihre Nebenaxen verlängert oder verkürzt. Wenn daher in einer rhombischen Combination 3 Rhombenpyramiden P, 2P, 3P vorkommen, deren Hauptaxenlängen bei gleicher Basis sich verhalten, wie 1 : 2 : 3 und es wird P als Stammform gewählt, so erscheinen in der Projection die Nebenaxen (Diagonalen der Basis) für 2P als die Hälfte derer von P und für 3P als ⅓ derselben. Umgekehrt sind (für P als Stammform) Pyramiden wie ½P, ⅓P mit doppelter und dreifacher Länge der Diagonalen einzuzeichnen. Die Hauptaxe selbst erscheint als Punkt verkürzt, der das Centrum der Projectionsfigur bildet, rhombische Prismen stellen sich als 2 im Centrum unter dem Prismenwinkel gekreuzte Linien dar, die makro- und brachydiagonalen Flächen fallen mit den Diagonalen der Stammform zusammen ɔc. Zur Erläuterung diene ein Beispiel am Chrysoberill, von welchem v. Kokscharow folgende Gestalten angiebt:

$$P . 2\breve{P}2 . \infty P . \infty \breve{P}2 . \breve{P}\infty . \infty \breve{P}\infty . \infty \bar{P}\infty. \quad \text{Fig. 92. An}$$
$$ \quad o \qquad n \qquad m \qquad s \qquad i \qquad b$$

P verhält sich die Hauptaxe a : Makrobiagonale b : Brachybiagonale c = 0,58 : 1 : 0,47.

Aus dem Verhältniß b : c = 1 : 0,47 geht hervor, daß 0,47 die Tangente des halben spitzen Winkels der Basis ist = 25° 11′; der ganze Winkel ist demnach 50° 22′ und der betreffende Rhombus cbcb auf das rechtwinkliche Kreuz bc Fig. 93 einzutragen. Seinen Seiten parallel gehen die Kreuzarme von ∞ P (m) und mit den Linien b und c fallen ∞ P̄ ∞ (b) und ∞ P̆ ∞ (c) zusammen. 2P̆2 (n) ist eine Pyramide mit 2facher Länge der Hauptaxe und der Brachybiagonale von P oder ihre Axen sind 2a : b : 2c; reducirt man die Hauptaxe dieser 2P̆2 auf die von P (als Einheit), so werden die Axen a : ½ b : c. Beim Verzeichnen der Basis von 2P̆2 wird also das b der Stammform von halber Länge genommen oder der neue Rhombus mit Beibehaltung der Brachybiagonale der Stammform nach seinen Winkeln (93° 33′, 86° 27′) eingetragen; ∞ P̆2 (s) ist das zugehörige Prisma, dessen Kreuzarme daher parallel mit den Seiten der Basis dieser 2P̆2; P̆ ∞ (i) ist ein brachybiagonales Doma, welches die Diagonale b berührt und parallel mit der Brachybiagonale sich zeichnet. Sein Winkel d über der basischen Fläche ist bestimmt durch die halbe

Hauptaxe 0,58 und die halbe Diagonale b; da letztere = 1, so ist cotang. ½ d = 0,58 und d = 119° 46'. Ist die Zonenaxe in der Ebene der Projectionsfläche oder ihr parallel, so bildet ein Zonensystem parallele Linien, außerdem schneiden sich die Linien eines solchen Systems in einem Punkt. Daher bilden auf der basischen Fläche (als Projectionsfläche) die Domen einer Zone parallele Linien, die Prismen aber Linien, die sich in einem Punkt und zwar im Centrum kreuzen, weil ihre Zonenaxe rechtwinklich zur Projectionsebene. —

Die Entwerfung der stereographischen Projection Miller's ist umständlicher, hat übrigens auch keine besonderen Schwierigkeiten. Man denkt sich dabei in dem Krystall eine Kugel, welche dessen umgebende Flächen berühren. Gerade Linien von diesen Berührungspunkten (Flächenorten) nach dem Centrum der Kugel sind die Normalen der Krystallflächen und ist der Winkel zweier anliegenden Flächen das Supplement des Winkels ihrer Normalen. Indem man die in der oberen Kugelhälfte gelegenen Flächenorte mit dem Pole der unteren Kugelhälfte durch gerade Linien (Fahrstrahlen) verbindet, projicirt man sie als Punkte auf dem Grundkreis (Aequatorialkreis), welcher eine Krystallfläche, gewöhnlich die basische vorstellt. Durch Linien=Verbindung der Projectionspunkte auf dem Grundkreis mit den an seiner Peripherie gelegenen Flächenorten verzeichnen sich die verschiedenen Zonen, welche als gerade Linien erscheinen, wenn sie durch's Centrum gehen, außerdem als Kreis-bogen, die nach der Regel der Geometrie (durch drei nicht in ge-rader Linie gehenden Punkten einen Kreis zu ziehen) construirt werden. — Die Miller'sche Projection hat besondere Vorzüge für die Bestimmung der Neigungswinkel der Flächen einer Combination, indem man diese in vielen Fällen aus den in der Projection er-scheinenden sphärischen Dreiecken nach bekannten Formeln berechnen kann. Auch durch Abmessen der Distanzen jener Flächenorte, welche in einer als Diameter erscheinenden Linie liegen und leicht auf den entsprechenden Kreisbogen zu reduciren sind, lassen sich mit-telst des Transporteurs aus einer solchen Projection viele Winkel-verhältnisse ableiten, was jedoch natürlich eine correcte Zeichnung erfordert. Uebrigens ersieht man wohl, daß für mehrzählige Com-binationen dergleichen Projectionen in einem großen Maaßstab angelegt werden müssen, da sonst das nothwendig entstehende Liniengewirr nur schwer zu verfolgen und zu deuten ist. —

Vergl. F. A. Quenstedt, Methode der Krystallographie und W. H. Miller's A. treatise on crystallographie, deutsch von J. Grailich. —

B. Von den Unvollkommenheiten der Krystalle.

Die Krystalle in der Natur erscheinen nur selten so vollkom=
men, daß alle gleichartigen Flächen daran auch gleiche Größe hätten,
und dadurch entstehen oft die seltsamsten Entstellungen und Verzer=
rungen einer Gestalt. Dazu kommt noch, daß die Flächen häufig
uneben, rauh, gestreift und gekrümmt erscheinen. Diese Unregel=
mäßigkeiten erklären sich aus der Art, wie die Krystalle überhaupt
sich bilden. Es geschieht ihre Vergrößerung, wie die Vergrößerung
einer Mauer, die man aufbaut, nämlich durch Zusatz von Außen,
und es ist ein großer Krystall immer aus unendlich vielen kleinen
zusammengesetzt. Wenn wir uns eine Anzahl kleiner Würfel den=
ken, so werden wir einen dergleichen durch geeignetes Ansetzen an=
derer vergrößern können und zwar so, daß sein ursprüngliches Bild
dabei nicht verändert, nur vergrößert wird. Wenn wir aber z. B.
nur in einer Richtung, nur auf einer Fläche den Bau fortfüh=
ren, so wird die entstehende Gestalt nicht mehr das Bild eines
Würfels geben, sondern eher das eines quadratischen Prisma's,
und gleichwohl sind es doch nur Würfel, welche die Gestalt zu=
sammensetzen. In dieser Weise sind alle Abnormitäten der Flächen=
ausdehnung zu erklären, welche übrigens nur in der Art an den
Krystallen vorkommen, daß die Neigungswinkel der Flächen
gegen die normalen Hauptdimensionen dabei nicht
verändert werden.*) In den Winkeln also und durch die
Beobachtung des physischen Charakters der Flächen, welcher bei
gleichartigen immer auch derselbe ist, haben wir ein Mittel, eine
durch diese Aggregation entstellte Form wieder auf ihr normales
Bild zurückzuführen. Durch Ausdehnung zweier paralleler Flächen
erscheinen die Krystalle oft tafelförmig, durch Krümmung der
Flächen bauchig, kugelförmig, cylindrisch, linsen=
förmig c.

Von besonderer Wichtigkeit und ein Beleg für die erwähnte
Aggregation ist die Streifung der Krystallflächen. Die Linien,
welche diese Streifen bilden, haben immer die Bedeutung von
Kanten und Durchschnittslinien unendlich vieler in einer bestimm=
ten Richtung verbundener Individuen. Die dabei vorkommenden
einspringenden Winkel sind wegen der Kleinheit der sie bildenden
Flächen oder ihrer vorragenden Theile nicht immer zu sehen. So
sind die horizontalen Streifen an den prismatischen Krystallen des
Quarzes nicht anders, als die Combinationskanten der pyramidalen

---

*) Kleine Differenzen der Winkel, die an ganz normal gebildeten Kry-
stallen gleich sind, werden durch die Aggregation hervorgebracht.

und prismatischen Flächen unendlich vieler in derselben Richtung mit gemeinschaftlicher Hauptaxe verbundener Individuen und die Linien der dabei entstehenden einspringenden Winkel, wie solches Fig. 54 anschaulich macht.

An andern Gestalten deutet die Streifung auch eine Combination an, die sich in der Art zeigt, daß die Flächen treppenförmig zum Vorschein kommen und wegen der Kleinheit der von ihnen vorspringenden Theile diese Treppe nur als eine gestreifte Fläche erscheint, so beim Chabasit, Magnetit, Granat ꝛc.

Die Streifung ist entweder einfach oder federartig, wie der Bart einer Feder nach zwei Richtungen von einer gemeinschaftlichen Linie ausgehend. Dergleichen am Chabasit, Harmotom, Scheelit ꝛc.

Aus ähnlichen Verhältnissen unregelmäßiger Aggregation erscheinen Krystalle auch geflossen, treppenförmig, trichterförmig, eingedrückt ꝛc.

C. Von den Verbindungen der Krystalle.

Wir haben so eben gesehen, daß sämmtliche Krystalle eigentlich Aggregate unendlich vieler kleiner Individuen sind. Diese Krystalle geben uns gleichwohl das Bild dieser Individuen, nur mehr oder weniger vergrößert und in so fern können wir sie selbst für Individuen nehmen und weiter von ihnen als solchen sprechen, wenn wir ihr Zusammenvorkommen, ihre Verbindung und ihre Verwachsung betrachten. Diese haben entweder eine gesetzliche Regelmäßigkeit oder sind ganz zufällig.

§. 1. Zu den regelmäßigen Verbindungen der Krystalle gehören die Hemitropieen und Zwillingskrystalle. Man versteht darunter solche Verwachsungen zweier Individuen, wo bei gemeinschaftlicher Verbindungsfläche das eine gegen das andere um 180° gedreht erscheint oder bei gemeinschaftlicher Axe eine solche Drehung (öfters von 60° und 90°) um diese Axe stattfindet.

Dabei herrscht durchgehends das Gesetz, daß die Verbindungsfläche eine der Krystallreihe der verbundenen Gestalten angehörende ist und daß die verbundenen Gestalten nicht verschieden, sondern einerlei sind. Es ist übrigens keine Nothwendigkeit, daß die Verbindungsfläche äußerlich am Krystall sichtbar sei. Der Unterschied zwischen Hemitropieen und Zwillings-, Drillings- und Vierlingskrystall besteht nur darin, daß erstere auch aus einem einzigen Individuum erklärt werden können, indem es den Anschein hat, als sei ein solches nach einer bestimmten Richtung halbirt und die eine Hälfte auf der andern halb (um 180°) herumgedreht (hemitropirt) worden. Zur Erklärung der Zwillinge 2c. werden immer zwei oder mehr Individuen erfordert.

Zur Angabe des Gesetzes, nach welchem eine Hemitropie gebildet ist, gehört die Bestimmung der Zusammensetzungs = oder Drehungsfläche, auf welcher die Drehungsaxe rechtwinklich steht, bei den Zwillingen 2c. giebt man ihre gegenseitige Stellung an. Drillinge, Vierlinge 2c. bestehen aus 3 und 4 Individuen und das Gesetz ihrer Verwachsung ist gewöhnlich nur eine Wiederholung des Gesetzes für die Zwillinge, indem sich z. B. das vierte Indi= viduum gegen das dritte verhält, wie dieses zum zweiten und das zweite zum ersten.

Beispiele von dergleichen Verbindungen sind folgende:

Fig. 59. Die oft vorkommende Hemitropie des Oktaeders, wobei die Drehungsfläche parallel einer Oktaederfläche o. Am Magnetit, Spinell, Gahnit 2c.

Fig. 58. Eine Hemitropie des Skalenoeders, wobei die Drehungsfläche die basische, an der Gestalt nicht erscheinende, Fläche. Calcit.

Fig. 57. Eine Hemitropie an einer Combination der Quadratpyra= mide p mit dem quadratischen Prisma m. Die Drehungsfläche liegt pa= rallel einem Paar der Scheitelkanten s oder der Pyramidenflächen, welche diese abstumpfen können (von der nächst stumpferen diagonalen Pyramide). Kommt häufig am Kassiterit, auch am Rutil vor.

Fig. 55. Eine Hemitropie an einer Combination des rhombischen Prisma's m mit dem brachydiagonalen Doma d und der brachydiagonalen Fläche q. Die Drehungsfläche ist parallel einer Fläche des Prisma's m. Aragonit, Cerussit.

Fig. 56. Zwillingskrystall des Stauroliths, die beiden prismatischen Individuen mit rechtwinklich gekreuzten Hauptaxen verwachsen.

Außer diesen erwähnen wir noch der im hexagonalen Systeme häufig vorkommenden Hemitropieen, wo die Drehungsfläche parallel einer Rhomboederfläche und der im klinorhombischen vorkommenden, wo die Drehungsfläche parallel der orthobiagonalen Fläche (Gyps, Augit, Amphibol) oder parallel einer Endfläche (Orthoklas, Sphen) oder parallel der Fläche eines Klinodoma's (Orthoklas).

Zwillingsbildungen kommen häufig beim Hexaeder vor, indem zwei Individuen eine Eckenaxe gemeinschaftlich oder doch parallel haben und eines gegen das andere um diese Axe um 60° gedreht ist. Liparit, Eisenkies 2c.

Dasselbe Gesetz am Rhombendodekaeder. Granat.

Aehnliches findet sich bei Rhomboedern, wobei die Hauptaxe die gemeinschaftliche, Chabasit, Bitterspath 2c.

Zwei Pentagondodekaeder kommen öfters so verwachsen vor, daß bei gemeinschaftlicher Hauptaxe eines gegen das andere um

90° um diese Axe gedreht ist. **Pyrit.** Dasselbe Gesetz für 2 Tetraeder, Trigondodekaeder am Tennantit und Tetraedrit.

Im rhombischen Systeme sind Zwillingskrystalle für den Harmotom charakteristisch. Zwei rectanguläre Prismen mit den Rhombenpyramiden haben gemeinschaftliche Hauptaxe und ist ein Individuum gegen das andere um diese Axe um 90° gedreht.

Im klinorhombischen Systeme kommen am Orthoklas häufig Zwillinge vor, wobei zwei Individuen parallele Hauptaxe haben und das eine gegen das andere um diese Axe um 180° gedreht ist. Die Zusammensetzungsfläche ist die klinodiagonale Fläche und es zeigt sich ein Unterschied, ob das rechte oder linke Individuum herumgedreht wird.

Die hemitropischen und Zwillingsbildungen sind gewöhnlich an den vorkommenden einspringenden Winkeln zu erkennen, auch an der verschiedenen Bildung an den Enden prismatischer Krystalle, im polarisirten Lichte u. s. w.

§. 2. Zu den unregelmäßigen Verwachsungen gehören die Aggregationen und Zusammenhäufungen, welche nach keinem bestimmten Gesetze erfolgen. Sie werden oft nach der Aehnlichkeit mit andern Gestaltungen benannt und sonach hat man büschel=, garben=, rosen=, fächerförmige, wulstige 2c. Aggregate, ferner drahtförmige, blechförmige, moosartige, dendritische, gestrickte u. s. w., welche vorzüglich bei gediegenen dehnbaren Metallen vorkommen, Gold, Silber, Kupfer 2c. Mit der Loupe sieht man oft, daß die Drähte aus aneinandergereihten Krystallen, Oktaeder, Hexaeder 2c., die Bleche aus dergleichen tafelförmigen Krystallen bestehen.

Mehrere ringsum ausgebildete verwachsene Krystalle nennt man eine **Krystallgruppe**, mehrere auf einer gemeinschaftlichen Unterlage aufgewachsene eine **Krystalldruse**. Sehr oft sind Krystalle so zusammengehäuft, daß sie sich in ihrer Ausbildung gegenseitig gestört haben und nach den verschiedensten Richtungen um einander gelagert sind. Solche Aggregate nennt man krystallinische Massen und unterscheidet:

1) das **körnige**, wenn die Theile wie Körner aussehen;
2) das **stänglige**, wenn die Theile aus Stängeln zu bestehen scheinen. Strahlig heißt eine Masse, wenn nach der Länge der Stängel Flächen (von Blätterdurchgängen) wie Strahlen erscheinen;
3) das **faserige**, wenn die Theile aus Fasern bestehen;
4) das **schalige**, wenn die Theile aus dünnern oder dickern Platten bestehen.

Dabei bestimmt man wieder grob= und feinkörnige, lang= oder kurzfaserige 2c.

Werden bei einer krhstallinischen Masse die Theile bis zur Un-
kenntlichkeit klein, so geben sie die dichten ober, wenn kein oder
nur ein geringer Zusammenhang stattfindet, die erdigen Massen.
Die dichten Massen gleichen oft vollkommen den amorphen.

Die äußere Gestalt, unter welcher krhstallinische und dichte
Massen erscheinen, ist öfters ganz unbestimmt, öfters kann sie bezeichnet werden mit: kuglig, knollig, nierenförmig, traubig, zapfenförmig, röhrenförmig, tropfsteinartig 2c. Eine dichte Masse ist
öfters porös, durchlöchert, zerfressen 2c. Kommt ein Mineral (krh-
stallinisch oder dicht) als eine nußgroße Masse vor, so sagt man,
es komme derb vor, in geringer Menge in ein Gestein eingestreut
oder als dünner Ueberzug darauf, nennt man solches eingesprengt, angeflogen 2c.

D. Von den Pseudomorphosen.

Unter Pseudomorphosen versteht man jene Gestalten, welche
auf ein Mineral von Krhstallen eines anderen übergegangen und
daher seiner Mischung fremdartig sind, oder welche, wie bei den
Petrefacten, von zerstörten Organismen herrühren.

Die Krhstallpseudomorphosen entstehen entweder dadurch, daß
eine Mineralmasse die Eindrücke ausfüllt, welche zerstörte oder aus-
gebrochene Krhstalle in einem andern Mineral zurückgelassen haben,
oder daß sie Krhstalle eines fremden Minerals incrustirt, oder daß
die Mischung sich verändert, die Form aber dieselbe bleibt, wie am
unveränderten Mineral. Diese letztere Art ist von besonderem Interesse. Die Vorgänge sind sehr mannigfaltig und in vielen Fällen
zur Zeit nicht erklärt. Man kann mit Winkler unterscheiden:

1) Pseudomorphosen, in benen Bestandtheile des
alten Minerals zur Bildung des neuen mit gedient
haben. Beispiele sind Calcit, kohlensaurer Kalk, in der Form von
Gahlussit. Der letztere besteht aus kohlensaurem Kalk mit kohlensaurem Natrum und Wasser. Bei der Zersetzung ist das kohlensaure Natrum ausgelaugt worden und der an sich rhomboedrisch
krhstallisirende Calcit erscheint nun in der klinorhombischen Form
des Gahlussits. — Bleivitriol, schwefelsaures Bleiorhd, in der Form
von Galenit, Schwefelblei. Die Umwandlung geschah durch Orhda-
tion des letztern; die neue Verbindung, an sich rhombisch krhstalli-
sirend, erscheint äußerlich in der tesseralen Form des frühern Galenit. — Malachit, kohlensaures Kupferorhd mit Wasser, in der Form
von Cuprit, Kupferorhbul. Die Umänderung geschieht durch Orh-

bation des Kupferoxydul zu Kupferoxyd und gleichzeitigen Zutritt von Kohlensäure und Wasser. Der Malachit, dessen Krystallsystem klinorhombisch, erscheint in der tesseralen Form des Cuprits. — Bei dergleichen Umwandlungen hat die neue Substanz der Pseudo= morphose innerlich ihre eigenthümliche Krystallisation und nur die äußern Umrisse des Krystalls haben die Form des frühern Minerals. Wenn also Calcit pseudomorph in Formen des Gayluffit erscheint, so sind die Calcittheilchen wie gewöhnlich rhomboedrisch, nicht klinorhombisch krystallisirt, ihr Gesammtaggregat hat aber äußerlich die Gayluffit=Form.

2) Pseudomorphosen, bei denen nichts vom Ma= terial des zerstörten Minerals zur Bildung des neuen verwendet wurde.

Bei diesen Pseudomorphosen war das verschwundene Mineral häufig ein Präcipitationsmittel für das neue, dessen Substanz in irgend einer Auflösung mit jenem in Berührung kam. So findet sich Limonit und Hämatit (Eisenoxydhydrat und Eisenoxyd) in Formen, welche dem Calcit (der ihr Fällungsmittel war) angehören, Quarz ebenfalls in Formen des Calcit, aber auch Calamin (Zink= silicat) in Formen von Galenit, Kassiterit (Zinnoxyd) in Formen von Orthoklas (Thon=Kali=Silicat) 2c., welche Bildungen noch un= erklärt sind. Die pseudomorphen Krystalle sind meistens von den ächten leicht zu unterscheiden, indem ihre Flächen gewöhnlich rauh und Ecken und Kanten stumpf sind, oder indem sie hohl sind, oder durch erdige, faserige und strahlige Structur im Innern und da= durch sich erkennen lassen, daß sie häufig mit den von einem Mineral als ächt bekannten Krystallen nicht combinationsfähig erscheinen.

2. Von der Spaltbarkeit und dem Bruche.

§. 1. Unter Spaltbarkeit versteht man die Eigenschaft eines Krystalls oder einer krystallinischen Masse, sich nach gewissen Rich= tungen so theilen zu lassen, daß dabei ebene Flächen, wie die Kry= stallflächen selbst, zum Vorschein kommen. Diese Richtungen heißen Spaltungsrichtungen oder auch Blätterdurchgänge, weil sich sehr vollkommen spaltbare Mineralien, wie z. B. die Glim= mer=Arten, in diesen Richtungen abblättern lassen und aus Blättern zusammengesetzt erscheinen. Die Untersuchung der Spaltbarkeit ge= schieht bei den meisten Mineralien mit einem Meißel und Hammer auf einem kleinen Ambos. Je nach Art der Spaltung unterscheidet man sehr vollkommen, vollkommen, unvollkommen, wenig 2c. spaltbar und berücksichtigt auch die Beschaffenheit der Spaltungsflächen, ob sie eben, abgerissen und unterbrochen, glatt oder gestreift ꝛc.

Jede Spaltungsfläche kann als identisch mit einer Krystall= fläche angesehen werden und auch als solche äußerlich erscheinen, und Spaltungsflächen, die sich gleichartig verhalten, haben daher die Bedeutung gleichartiger Krystallflächen, Spaltungsflächen ver= schiedener Art entsprechen ungleichartigen Krystallflächen. Ein würfelähnlicher Krystall, welcher nur in einer Richtung spaltbar ist oder in zweien mit verschiedener Vollkommenheit, ist daher kein ächter Würfel des tesseralen Systems, denn die Spaltung verräth nicht einerlei Flächen, wie sie dem Würfel zukommen, sondern verschiedenartige. So dient diese Eigenschaft häufig dazu, Krystall= flächen und deren Gleichartigkeit oder Verschiedenartigkeit zu be= stimmen und kenntlich zu machen.

Kommen an einem Mineral drei oder mehr Spaltungsrich= tungen vor, welche also wegen des Parallelismus 6 Flächen geben oder die doppelte Zahl an Flächen, so ist die Spaltungsform öfters vollkommen bestimmbar und dieses ist deshalb besonders beachtenswerth, weil die Spaltungsrichtungen bei einer und der= selben Mineralspecies immer constant sind, wenn sie sich zeigen, was freilich an einem Individuum nicht immer so deutlich vor= kommt, als an einem andern.

Eine Spaltungsform, welche also für sich krystallographisch vollkommen bestimmbar ist, giebt uns die Stammform zur Ent= wicklung der ganzen Krystallreihe des betreffenden Minerals. Die Spaltungsform des Calcits ist z. B. ein Rhomboeder von 105° 5′ Scheitelkantenwinkel und ist damit vollkommen bestimmbar; indem wir nun die krystallographischen Gesetze darauf anwenden, sind wir im Stande, den ganzen Formenreichthum dieses Minerals zu entwickeln und darzustellen, wie er in der Natur auch wirklich beobachtet wird. Es ist dieses um so wichtiger, als solche Spal= tungsformen öfters aus derben Massen erhalten werden können, an welchen äußerlich gar keine Krystallfläche zu sehen ist.

Wo Spaltungsrichtungen keine geschlossenen Gestalten, wie das Oktaeder, die Pyramiden, Rhomboeder ꝛc. geben, da bezeichnet man ihre Lage an der Stammform. Dergleichen kommt nur in den monoaxen Systemen vor. So ist z. B. die Stammform basisch spaltbar, oder prismatisch nach irgend einem Prisma, makrodiagonal oder brachydiagonal, zuweilen beides, im rhombischen System, domatisch nach einem Doma, klinobo= matisch, hemidomatisch, ortho= und klinodiagonal ꝛc. im klinorhombischen System.

Bei Untersuchung der Spaltbarkeit hat man darauf zu sehen, alle Spaltungsrichtungen, die an einem Mineral vorkommen, auf= zufinden und die als gleichartig sich zeigenden Flächen gleich groß zu denken, um das normale Bild der Gestalt zu erhalten, welche sie zusammensetzen. Nach Reusch werden, sonst unbemerkbare, Spaltungsrichtungen kenntlich, wenn man einen spitzen Stahlstift auf eine Krystallfläche setzt und leichte Hammerschläge darauf giebt. Es findet nur bei weichen Substanzen statt. Auf einer Würfel= fläche des Steinsalzes entstehen rechtwinkliche nach den Diagonalen gestellte Kreuze als Andeutung einer Spaltung nach dem Rhomben= dodecaeder, auf den Fl. des Spaltungsrhomboeders vom Calcit entstehen gleichschenkliche Dreiecke, die einzelne Seite parallel der Richtung der basischen Fläche 2c.

Aus dem bisher Gesagten ergiebt sich die Regel, bei der Wahl der Stammform, auf welche die Entwicklung der Kry= stallreihe gegründet wird, vorzüglich Spaltungsformen zu beachten, wenn sie an sich bestimmbar sind, und wo dergleichen fehlen, solche vollkommen bestimmbare äußere Gestalten zu wählen, welche häufig in den Combinationen vorkommen und eine möglichst einfache Ab= leitung gestatten.

§. 2. Wenn man ein Mineral nach Richtungen zerschlägt, nach welchen keine der besagten Spaltungsflächen zum Vorschein kommen, so nennt man die erhaltenen Flächen Bruchflächen oder den Bruch. In Beziehung der Beschaffenheit der Bruch= fläche unterscheidet man muschligen Bruch, wenn die Bruch= fläche muschlig aussieht, splittrigen, wenn Splitter darauf haften, ebenen, unebenen, erbigen und hackigen Bruch. Die letztere Art findet sich nur bei dehnbaren Metallen und ist mehr ein Zerreißen, als ein Brechen. Auch die Beschaffenheit der Bruchstücke kommt in Betracht, ob sie scharf= oder stumpfkantig, keilförmig, plattenförmig u. s. w.

3. Von der Härte und Verschiebbarkeit.

Unter Härte versteht man den Widerstand eines Körpers, welchen er gegen das Eindringen eines andern in seine Masse äußert. Man kann mit einem Feuerstein den Marmor ritzen, aber nicht umgekehrt, sonach ist jener härter, als dieser. Um den Härtegrad eines Minerals zu bestimmen, bedient man sich einer Vergleichungs=Skala von Mineralien, welche man als normal hart annimmt. Diese sind nach Mohs:

1. Talk,	6. Orthoklas,
2. Steinsalz,	7. Quarz,
3. Calcit,	8. Topas,
4. Liparit (Flußspath),	9. Korund,
5. Apatit,	10. Diamant.

Die Untersuchung geschieht bei den weicheren Mineralien von 1. anfangend bis 5. incl. auf einer guten Feile durch vergleichendes Streichen der Probe und der Mineralien der Skale, bei den härteren durch Ritzen mit scharfen Ecken auf diesen Mineralien oder umgekehrt. Die Härtegrade werden mit obigen Nummern angegeben und ein Mittel durch Decimalen bezeichnet. So ist z. B. die Härte des Spinells = 8, des Serpentins = 3, des Vesuvians = 6,5 u. s. f. Die Prüfung mit der Feile ist für die weniger harten Mineralien sicherer, als das Ritzen, denn ein Pyramideneck des Harmotoms ritzt z. B. den Orthoklas und selbst den Quarz, während die Feile nur 5 angiebt.

Auch bei dieser Eigenschaft beobachtet man, daß gleichartige Flächen sich gleich verhalten und daß Flächen, welche ungleiche Härte zeigen, nicht krystallographisch gleichartig sind. So zeigt der Calcit auf den Flächen des hexagonalen Prisma's größere Härte, als auf denen des Spaltungsrhomboeders, der Disthen auf den zweierlei Flächen seines Spaltungsprisma's merklich verschiedene Härte, der Liparit ist härter auf den Hexaederflächen, als auf den Oktaederflächen rc.

Diese Unterschiede sind übrigens meistens so fein, daß sie bei der gewöhnlichen Art, die Härte zu prüfen, nicht wahrgenommen werden. Mit dem sogenannten Sklerometer von Grailich und Pekárek zeigen sie sich aber sogar auf derselben Fläche, je nachdem man die Prüfung in der Richtung ihrer Seiten oder nach den Diagonalen rc. vornimmt. So sind die Flächen des Rhombendodekaeders am Sphalerit nach der langen Diagonale härter, als nach der kurzen, die Hexaederflächen des Liparits parallel den Kanten am weichsten, in den Diagonalen am härtesten und so umgekehrt am Steinsalz.

———————

Verschiebbarkeit der Theile, ohne zu brechen, gestatten bis zu einem gewissen Grade alle festen Körper, am meisten die geschmeidigen und dehnbaren, welche sich platt schlagen und strecken lassen (gediegen Gold, Silber, Kupfer, Argentit), am wenigsten die spröden. Letztere geben beim Schaben mit dem Messer ein knirschendes Geräusch und die Theilchen springen weg.

Ist dieses nur in einem geringen Grade der Fall, so nennt man solche Mineralien milde (Galenit, Antimonit 2c.). Biegsam= keit läßt sich nur in größern Blättern und Fasern erkennen und man unterscheidet elastisch= und gemein=biegsam (Musko= vit, Biotit, — Talk, Ripibolith).

4. Vom specifischen Gewichte.

Specifisches Gewicht nennt man das Gewicht eines Körpers, verglichen mit dem eines gleichgroßen Volumens Wasser, wobei das Gewicht des Wassers = 1 gesetzt wird. Wenn z. B. ein Würfel von (reinem, destillirtem) Wasser 10 (Loth, Gran 2c.) wiegt, so wird ein gleichgroßer Würfel von Quarz 26, von Topas 36, von Silber 105, von Gold 196 u. s. w. wiegen und das Gewicht des Wassers, in diesem Beispiel 10 als Einheit genommen und = 1 gesetzt, wird das specifische Gewicht von Quarz = 2,6 sein, von Topas = 3,6, von Silber = 10,5, von Gold = 19,6 u. s. w. Die Bestimmung des specifischen Gewichtes eines Körpers setzt also voraus, daß man sein absolutes Gewicht = p und das Gewicht eines seinem Volumen gleichen Volumens Wasser = q kenne, dann

ist $q : p = 1 : s$ und daher das spec. Gewicht s desselben $= \frac{p}{q}$.

Das Gewicht eines gleichen Volumens Wasser kann man leicht auf mehrere Arten erfahren. Die eine ist folgende: Man tarirt ein wohl verschließbares, mit Wasser gefülltes Gläschen, wiegt daneben wie gewöhnlich das betreffende Mineral und bringt es dann in das Gläschen. Da dieses voll Wasser war, so ist klar, daß bei dem Hineinbringen des Minerals ein diesem gleiches Volumen Wasser daraus verdrängt werden muß, und hat man das Gläs= chen wie vorher verschlossen und natürlich das außen abhärirende Wasser gehörig entfernt, so muß der Gewichtsverlust des Ganzen das Gewicht des verlangten gleichen Volumens Wasser (des ver= drängten) angeben. Ein Stück Kupferkies z. B. wiege in der Luft 37,8 Gran = p und verdränge aus dem Gläschen 9 Gran Wasser = q, so ist $9 : 37,8 = 1 : s$ und $s = 4,2$ = dem specifischen Gewichte des Kupferkieses.

Ein solches Gläschen soll nicht über eine Unze schwer sein und ungefähr 200 Gran Wasser fassen, der Stöpsel muß gut ein= geschliffen sein und natürlich beim Wägen darauf geachtet werden, daß Luftblasen, die sich beim Hineinbringen des Minerals anhän= gen, zu entfernen sind, ebenso außen abhärirendes Wasser 2c.

Statt dieser Art zu wägen kann man sich mit großen Vortheilen des von Prof. Jolly construirten Apparates bedienen, welcher keine Gewichte erfordert, die Operation sehr vereinfacht und noch ein Milligramm deutlich anzeigt. Fig. 94 Tafel V. zeigt diesen Apparat. An einem Stabe von 1½ Meter Länge ab befindet sich, etwa von c bis d reichend eine in Millimeter getheilte Skale, welche auf einem Spiegel angebracht ist. In a ist eine spiralförmig gewundene Claviersaite e befestigt (wie man sie durch Abrollen einer Spule erhält), welche an feinen Platinbrähten zwei kleine Teller von Glas, einen über dem andern trägt und in o und o' Marken hat. Der untere Teller taucht in Wasser, welches sich in einem bis etwas über o' angefüllten Glase g befindet und kann dieses Glas durch Verschieben des Trägers h, auf welchem es steht, am Stabe ab höher und tiefer gestellt werden. Beim Wägen beobachtet man zuerst den Stand eines als Marke dienenden kleinen Dreiecks an der Skale, indem man dessen direct gesehene Spitze mit der im Spiegelbilde erscheinenden für das Auge zu gleicher Höhe bringt. Der Stand sei z. B. 45 Theilstriche; man legt nun die Mineralprobe auf den oberen Teller und schiebt den Träger am Stabe herunter bis die Marke ruhig steht und liest die Grade ab, man habe 75 Theilstriche, so ist das absolute Gewicht der Probe durch 75 — 45 = 30 bezeichnet. Legt man dann die Probe auf den im Wasser befindlichen Teller, so wird die Marke steigen und man schiebt den Träger wieder aufwärts bis sie ruhig steht. Geschieht dieses z. B. bei 69 Theilstrichen, so ist der Gewichtsverlust 75 — 69 = 6 und das spec. Gewicht der Probe = $\frac{30}{6}$ = 5. Die Marke o' muß immer etwas unter den Wasserspiegel zu stehen kommen. Von spec. leichteren Substanzen genügt zu solcher Wägung ¼ Gramm, von schwereren 1—½ Grammen. Für letztere nimmt man eine etwas stärkere Drahtspirale als für erstere. —

Wenn ein Mineral im Wasser auflöslich ist, so wiegt man es in einer Flüssigkeit, in der es sich nicht auflöst, und berechnet dann das specifische Gewicht für das des Wassers als Einheit. 50 Theile Steinsalz (p) z. B. in Terpentinöl gewogen, verdrängen eine Menge, deren Gewicht q' = 19,53; das specifische Gewicht des Terpentinöls verhält sich aber zu dem des Wassers = 0,872 : 1, man hat also

0,872 : 1 = 19,53 : q, daher q = 22,396 = dem Gewichte eines gleichen Volumens Wasser. Da nun

$$s = \frac{p}{q}, = \frac{50}{22,396} = 2,232,$$ so ist 2,232 das specifische Gewicht des Steinsalzes.

Am besten eignen sich zur Bestimmung des specifischen Ge=
wichtes reine Krystalle oder Krystallbruchstücke. Poröse Substanzen
müssen als Pulver gewogen werden.

5. Pellucidität, Asterismus, Strahlenbrechung, Polarisation des Lichtes.

Pellucid sind alle Mineralien, deren Masse das Licht
durchläßt, opak oder unburchsichtig diejenigen, deren Masse
es nicht durchläßt oder absorbirt.

Bei den pelluciben Mineralien unterscheidet man: durch=
sichtig, halbburchsichtig, burchscheinenb, wobei man
kein Bild mehr erkennt, und wenig oder an den Kanten
burchscheinenb, eigentlich in bünnen Splittern. Das Pellucib=
sein und das Opaksein sind meistens wesentlich, die Grade der
Pellucibität aber meistens zufällig.

Pellucibe Krystalle zeigen öfters eine eigenthümliche Lichterscheinung, wenn man durch dieselben nach der Flamme eines Kerzenlichts
oder eines Gasbrenners bei sonst nicht beleuchtetem Raume sieht
oder auch den Reflex einer solchen Flamme von den Krystallflächen
(bei nahegebrachtem Auge) beobachtet. Es zeigen sich theils einzelne
Lichtstreifen, theils mehrere dergleichen, welche sich in einem Kreuz
oder Stern schneiden oder es erscheint auch zuweilen ein Lichtring,
sog. parhelischer Kreis. Diese Lichtfiguren gehören zu den Gitter=
oder Beugungserscheinungen und lassen sich leicht künstlich darstellen,
wenn die geeigneten Systeme paralleler Linien in eine Spiegelbe-
legung rabirt werden. Solche Linien und Gitter werden an den
Krystallen durch äußere Flächenstreifung oder auch durch eine ana=
loge innere Structur gebildet. Die Lichtlinien stehen immer recht=
winklig auf den Streifen. Die prismatischen Flächen des Quarzes
sind rechtwinklig zur Prismenaxe gestreift, beim Durchsehen gegen
ein Licht zeigt sich daher eine der Prismenaxe parallele Lichtlinie,
beim brasilianischen Topas, wo die Streifung nach der Prismenaxe
geht, ist es umgekehrt und sieht die Lichtlinie rechtwinklig zu dieser
Axe. An den tafelförmigen Krystallen des Apophyllit von Fassa
sieht man oft durch die basischen Flächen ein Lichtkreuz in der Rich=
tung der Diagonalen, an ähnlichen Apatitkrystallen einen schönen

6ſtrahligen Stern, ebenſo an manchem Biotit; einen parhelischen
Kreis zeigen manche Berillkryſtalle durch die baſiſchen Flächen ꝛc.

An Spaltungstafeln von Gypskryſtallen iſt eine Faſerſtructur
ſichtbar und bilden die Faſern mit der orthobiagonalen Fläche
einen Winkel von 113° 46′. Es zeigt ſich dann, ſ. Fig. 85, ein
Lichtſtreifen in der Richtung ab; öfters kommt eine Streifung nach
der orthobiagonalen Fläche dazu, und dann entſteht ein Lichtkreuz
ab, cd mit Winkeln von 113° 46′ und 66° 14′; bei Zwillings=
kryſtallen von Gyps, wo zwei Blätter, ſ. Fig. 86, um 180° ge=
dreht auf einander liegen, entſteht durch die Faſerſtructur ein
Lichtkreuz von 132° 28′ und 47° 32′ und wenn der Lichtſtreifen
von cd noch dazu kommt, ein 6ſtrahliger Stern mit 4 Winkeln
von 66° 14′ und zwei von 47° 32′. Man darf, um die Er=
ſcheinung zu ſehen, nur zwei einfache Gypsplatten, welche die er=
wähnte Streifung zeigen, nach dem Zwillingsgeſetz auf einander
legen. Man muß beim Beobachten die Lichtflamme nicht zu nahe
haben, aus einer Entfernung von einigen Schritten ſieht man die
Lichtfigur meiſtens am beſten.

Kryſtalle, welche dergleichen Lichtlinien nicht unmittelbar wahr=
nehmen laſſen, zeigen ſie oft, wenn durch ein Aetzmittel ihre Flächen
corrodirt werden und entſtehen dann je nach der Art des Aetzmit=
tels oder dem Grade des Aetzens die verſchiedenſten Figuren, welche
nach ihrem Entdecker auch die Brewſter’ſchen Lichtfiguren ge=
nannt werden. Beiſpiele ſolcher Figuren ſind folgende. Wenn
man eine glatte Fläche eines Alaunoktaeders, welche das Kerzenlicht
wie ein Spiegel deutlich reflectirt, mit einem naſſen Tuche über=
fährt und dann mit einem andern weichen Tuche durch leichtes
Reiben ſogleich trocknet, ſo erblickt man ſtatt der Lichtflamme, wie
vorher, einen 3ſtrahligen Stern Fig. 87, wenn man ſtatt Waſſer
Salzſäure anwendet, ſo entſteht der 6ſtrahlige Stern Fig. 88.
Auf der Fläche erkennt man mit der Loupe eingeätzte Dreiecke
Fig. 89. Wenn man ein Spaltungsſtück von isländiſchem Calcit
mit Salzſäure einigemale (auf einer Fläche) überfährt und dann
mit Waſſer und die Fläche wieder trocknet, ſo entſteht die 3ſtrahlige
Fig. f 90, welche beſonders ſchön beim Durchſehen gegen ein Ker=
zenlicht ſich zeigt; wird aber zum Aetzen ſtatt der Salzſäure Sal=
peterſäure angewendet, ſo ändert ſich die vorige Figur in f 91
mit Ranken, welche herzförmig zuſammenlaufen. So einfach in
den meiſten Fällen die Erklärung der Streifung und der durch
ſie bedingten Lichtlinien, ſo räthſelhaft iſt eine Erſcheinung wie
die zuletzt genannte und deutet auf eine Lagerung der Molecüle
und ein verſchiedenartiges Verhalten ihrer Theile hin, welche den
Kryſtallbau in ſeinem innerſten Weſen geradezu als ein unergründ=

liches Räthsel darstellen. Bei diesen Erscheinungen verhalten sich gleichartige Flächen immer gleich und verschiedenartige häufig verschieden. So bringt Aetzen mit Wasser auf den am Alaun oft vorkommenden Würfelflächen ein rechtwinkliches Kreuz hervor, auf den Flächen des Rhombendodekaeders eine Lichtlinie, welche die Lage der kurzen Diagonale der Rhombenflächen hat. —

Strahlenbrechung und Polarisation des Lichtes.

Wenn ein schief einfallender Lichtstrahl das Medium wechselt, durch welches er geht, so wird er von seiner ursprünglichen Richtung abgelenkt, er wird gebrochen. Der Winkel, welchen er mit einer auf die Fläche des brechenden Mediums gefällten Senkrechten macht, heißt der Einfallswinkel, der Winkel, welchen er in dem brechenden Medium mit dieser Senkrechten bildet, heißt der Brechungswinkel. Wenn ein Lichtstrahl von einem dünneren Medium durch ein dichteres geht, z. B. von Luft durch Wasser, so ist der Brechungswinkel kleiner als der Einfallswinkel, wenn er aber aus einem dichteren Medium in ein dünneres tritt, so ist es umgekehrt und der Brechungswinkel ist größer als der Einfallswinkel. Ein Lichtstrahl der rechtwinklich auf die Fläche des Mediums fällt erleidet keine Brechung.

Bei der gewöhnlichen Strahlenbrechung steht der Sinus des Einfallswinkels, sin i, zum Sinus des Brechungswinkels, sin r, in einem constanten Verhältniß und wenn man den ersteren durch letzteren dividirt so erhält man den Brechungs= exponenten oder Brechungsindex. Wird dieser mit n bezeichnete so ist daher

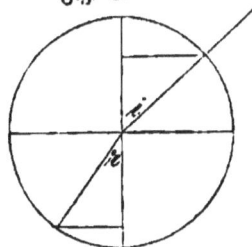

Fig. 1.

$$n = \frac{\sin i}{\sin r}.$$ S. Fig. 1.

Dieses ist die einfache Strahlenbrechung und unter den Krystallen kommt sie in jeder Richtung denen zu, welche das tesserale System bilden; die Krystalle der übrigen Systeme zeigen aber nur in einer oder in zwei Richtungen die einfache Brechung, in anderen theilt sich ein einfallender Strahl in zwei Strahlen und dieses ist die doppelte Strahlenbrechung, zuerst am isländischen Kalkspath von dem Dänen Erasmus Bartholin um das Jahr 1670 beobachtet.

Bei der Doppelbrechung folgt bei den Krystallen des quadratischen und hexagonalen Systems der eine der gebrochenen Strahlen dem gewöhnlichen Brechungsgesetz und zeigt dasselbe Brechungsverhältniß für verschiedene Einfallswinkel; dieses ist der orbinäre ober O Strahl; bei dem extraordinären E Strahl besteht kein constantes Verhältniß zwischen dem Sinus des Einfallswinkels und dem des Brechungswinkels. Bei den Krystallen der Systeme, welche drei oder mehr einzelne krystallographische Axen haben, folgt keiner der doppelt gebrochenen Strahlen dem gewöhnlichen Brechungsgesetz.

Die Richtungen oder die sie bestimmenden Linien, in welchen die doppeltbrechenden Krystalle nur einfache Brechung zeigen, heißen optische Axen und theilen sich die Krystalle nach der Zahl dieser Axen in zwei Gruppen, nämlich in solche mit einer optischen Axe; optisch einaxige, und in solche mit zwei optischen Axen, optisch zweiaxige.

Zu der ersten Gruppe gehören die Krystalle des quadratischen und des hexagonalen Systems und ist deren krystallographische Hauptaxe zugleich optische Axe. Zu den optisch zweiaxigen gehören die Krystalle des rhombischen, klinorhombischen und klinorhomboidischen Systems.

Bei den rhombischen Krystallen liegen die optischen Axen in einem der Schnitte, in welchen die drei einzelnen krystallographischen Axen liegen oder es ist die basische oder die makrobiagonale oder die brachybiagonale Fläche die optische Axenebene. Von den drei einzelnen krystallographischen Axen halbirt eine den spitzen Winkel, unter welchem sich die optischen Axen im Innern des Krystalls kreuzen, eine zweite halbirt ihren stumpfen Winkel und die dritte steht auf ihrer Ebene rechtwinklich. Die erstere heißt die Mittellinie (Bisectrix).

Bei den klinorhombischen Krystallen liegen die optischen Axen in einer dem klinobiagonalen Hauptschnitt oder der Symmetrie-Ebene parallelen oder auch in einer der Endfläche oder eines Hemidomas parallelen Ebene. Die Mittellinie ist nicht zum voraus zu bestimmen. In den klinorhomboidischen Krystallen besteht keine allgemeine Regel für die Lage der optischen Axen.

Die optischen Axen sind nicht einzelne Linien, sondern Richtungen und es zeigt daher jeder Punkt einer Fläche, durch welche eine optische Axe geht, die von einer solchen abhängigen Erscheinungen, ein Beweis, daß jeder Krystall ein regelmäßiges Aggregat unendlich vieler kleiner Krystallindividuen ist. Man kann sich von dem eigenthümlichen Verhältniß der Doppelbrechung leicht überzeugen, wenn man ein klares Spaltungsrhomboeder von Calcit auf ein Blatt Papier, welches mit einem Punkt bezeichnet ist, auflegt, man sieht dann den Punkt doppelt, legt man aber ein solches Rhomboeder, an welchem die basischen Flächen angeschliffen sind, auf das Blatt, so sieht man durch diese das Zeichen nur einfach, da man nun in der Richtung der optischen Are sieht, in welcher keine Doppelbrechung stattfindet.

Welches der Doppelbilder dem ordinären und welches dem extraordinären Strahl angehört, läßt sich erkennen, wenn man als Zeichen eine gerade Linie mit einem Punkt in der Mitte wählt und die Linie so lang macht, daß sie über das aufgelegte Calcit= rhomboeder hinausreicht. Man dreht dann den Krystall auf der Unterlage bis die Bilder übereinander fallen, also die gerade Linie gemeinschaftlich zu haben scheinen; man fixirt nun mit unverrück=tem Auge die Punkte auf der Linie und dreht den Krystall wieder. Dabei bleibt ein Punkt stehen und die ganze Linie ist sichtbar, wie beim Durchsehen durch ein aufgelegtes Glas, der andere Punkt mit seiner Linie bewegt sich aber von der Stelle und die Linie setzt nicht wie die erste über den Krystall hinaus fort, sondern endet an der Gränze des Krystalls. S. Fig. 2 und 3. In der Richtung der langen Diagonale der Rhomboederfläche sind die Bilder am weitesten von einander entfernt. Der bei solchem Drehen stehenbleibende Punkt gehört dem O Strahl, der bewegliche dem E Strahl; der erstere liegt dem Scheiteleck, der zweite dem Randeck näher und das Bild des letzteren ist blasser als das des O Strahls.

Fig. 2.

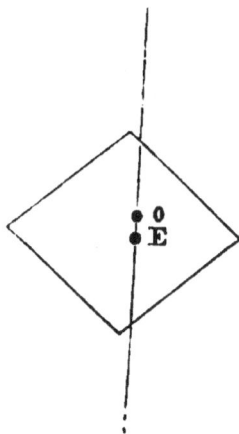

Fig. 3.

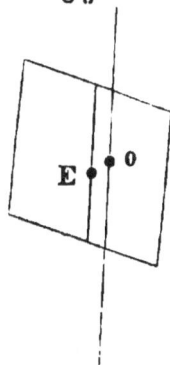

Man kann Doppelbrechung an allen Kry=stallen beobachten, welche nicht zum tesseralen System gehören, wenn man durch Flächen sieht, welche die gehörige Neigung zu den op=tischen Aren haben; da diese Flächen aber mei=stens künstlich angeschliffen werden müssen und auch die Doppelbrechung oft nur schwach ist und die Bilder nur wenig auseinander treten, so wäre von dieser Eigenschaft als Kennzeichen nur ein sehr beschränkter Gebrauch zu machen, wenn wir nicht auf einem anderen Wege zu ihrer Kenntniß gelangen könnten. Dieses geschieht aber durch das Verhalten im polarisirten Lichte und ist damit nicht nur die Doppelbrechung leicht nachzuweisen, sondern auch die Zahl und Lage der optischen Aren zu bestimmen.

Polarifirtes Licht entsteht sowohl durch Reflexion als beim Durchgehen durch gewisse Substanzen. Wenn man aus einem durchsichtigen Prisma von grünem oder braunem Turmalin der Hauptaxe parallel zwei dünne Tafeln herausschneidet, so werden sie, in derselben Richtung wieder aufeinander gelegt, das Licht wie vorher durchlassen; dreht man aber die eine Tafel um 90° herum, so bemerkt man, daß nun das Licht nicht mehr oder nur sehr wenig durchfällt, daß es absorbirt wird. Lichtstrahlen, welche dieses Verhalten von Durchgehen und Absorbtion unter den geeigneten Umständen zeigen, heißen polarifirte und diese Eigenschaft Polarifation des Lichtes.

Wenn man durch eine der erwähnten Turmalintafeln auf einen schwarzen Glasspiegel unter etwa 33° sieht, so ist der Effect derselbe, nämlich in einer Richtung fällt Licht durch die Turmalin=tafel und beim Drehen derselben um 90° wird es absorbirt und die Tafel erscheint dunkel. Diese Methode mit Spiegel und Turmalin zu beobachten, ist für die hier anzustellenden Versuche die bequemste. Dabei heißt der Spiegel oder das Medium, welches zuerst das Licht polarifirt, Polarisator, der Turmalin oder sonst ein entsprechendes polarifirendes Medium, durch welches man beobachtet, Analysator.

Fig. 4.

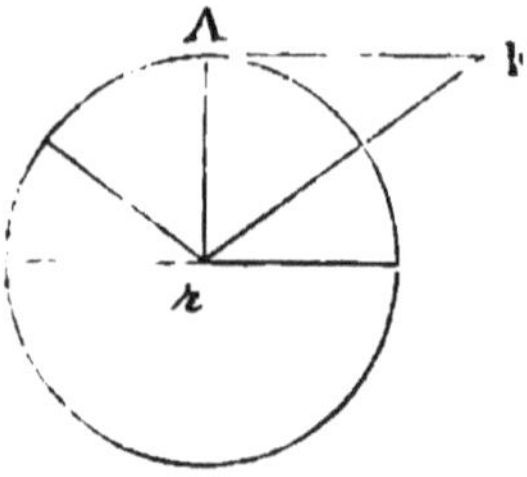

Der Winkel, unter welchem reflectir=tes Licht polarifirt wird, ist für verschie=bene Substanzen verschieden. Brewster nennt Polarifationswinkel den Winkel, welchen bei der Polarisation der einfallende Strahl mit einer zu der re=flectirenden Ebene senkrechten Linie bil=det Fr A; er ist für Glas 56° 45'. Die Tangente (AF) dieses Polari=fationswinkels (FrA) ist gleich dem Brechungs=Index. S. Fig. 4.

Der vorhergenannte Winkel von 33° ist das Compl. zu dem Brewster'schen Polarifationswinkel (33° 15'). —

Um mittelst des polarifirten Lichtes die Art der Strahlen=brechung an einem Krystall auszumitteln, hat man nur zwischen dem Turmalin, der zum Dunkelwerden gestellt worden, und dem Spiegel einen durchsichtigen Krystall zu bringen und zu sehen ob der Turmalin in irgend einer Lage dieses Krystalls erhellt wird oder nicht. Im ersteren Fall besitzt er Doppelbrechung, im letzte=ren ist er einfach brechend.

Es erklärt sich dieses aus Folgendem:

Man nimmt an, daß in einem polarisirten Strahl die Aether= schwingungen nur in einer Richtung stattfinden, während sie in einem nicht polarisirten nach verschiedenen Richtungen erfolgen. Befinden sich zwei polarisirende Substanzen in einer solchen Stellung gegeneinander, daß das durchfallende Licht in beiden in gleicher Richtung schwingt, so bemerkt man keine Absorbtion; es zeigt sich aber diese, wenn der polarisirte Strahl der ersten Platte rechtwinklich schwingt gegen den der zweiten. In einer Turmalin= tafel, geschnitten wie vorher gesagt, nimmt man die Schwingun= gen parallel der Krystallhauptaxe an, es tritt also die Verdunklung ein, wenn sich die Hauptaxen beider Platten rechtwinklich kreuzen oder wie man sagt, bei rechtwinklich gekreuzten Polarifations= ebenen, worunter man die Ebenen versteht, gegen welche die Schwingungen rechtwinklich stattfinden.*) Nun sind in allen doppeltbrechenden Körpern die beiden Strahlen polarisirt und zwar beide entgegengesetzt und schwingen rechtwinklich gegeneinander. Dreht man also eine doppeltbrechende Platte zwischen den gekreuz= ten auf dunkel gestellten Turmalinen (oder so gestelltem Turmalin und Spiegel), so werden zwei Richtungen sein, wo das Dunkel unverändert bleibt, in allen übrigen aber und besonders in den um 45° dazwischen liegenden wird mehr oder weniger Helligkeit eintreten, weil die Mittelplatte weder gegen die erste Turmalin= platte, durch welche das Licht einfällt, noch gegen die zweite, durch welche man sieht, rechtwinklich schwingt. Daß aber die beiden Strahlen einer doppeltbrechenden Substanz entgegengesetzt polarisirt sind, davon kann man sich leicht überzeugen. Man nehme ein Spaltungsstück von Calcit, welches hinlänglich dick ist um zwei Bilder deutlich nebeneinander zu zeigen. Man klebe ein schwarzes Papier, an welchem ein kleines Loch durchgestochen, auf eine Fläche des Krystalls, so erblickt man, indem man durch die parallele nicht beklebte Fläche gegen die Luft sieht, zwei Lochbilder. Sieht man aber gegen einen horizontalen schwarzen Spiegel und hält den Krystall so, daß die kurze Diagonale der Rhombenfläche ebenfalls horizontal liegt, so verschwindet eines der Lochbilder und zwar das dem Scheiteleck des Rhomboeders näher liegende, welches dem O Strahl angehört, während das andere dem E Strahl an= gehörende Bild verschwindet, wenn man die kurze Diagonale aus der horizontalen Richtung um 90° dreht. Der Strahl des ver= schwindenden Bildes hat also eine Schwingung, welche der des

---

*) Beim sog. Nikol geht die Schwingung des polar. Strahls parallel der kurzen Diagonale des Spaltungsrhomboeders wie am E Strahl.

vom Spiegel reflectirten Strahls entgegengesetzt ist, sie unter 90°
kreuzt; steht aber die Calcitplatte so, daß eine ihrer Diagonalen
aus der horizontalen Stellung um 45° gedreht wird, so zeigen
sich beide Lochbilder gleich hell.

Die Polarisationsebenen der beiden Strahlen eines doppelt=
brechenden Krystalls oder ihre Schwingungsrichtungen haben eine
bestimmte Lage gegen die Begränzung seiner Flächen, gegen seine
Kanten und Axen und bezeichnen (Grailich) die Lage der sog.
optischen Hauptschnitte (Ebenen, welche auf der Einfalls=
ebene des Strahls normal und zugleich in der Richtung der opti=
schen Axe liegen). Diese Lage läßt sich durch das Stauroskop
bestimmen. Das Wesentliche dieses Apparates besteht in drei
Cylindern, deren einer, a a a a, Fig. 72, die Turmalinplatte in 1
und unter dieser eine Calcitplatte mit angeschliffenen basischen
Flächen in 2 trägt, ferner ist daran ein feststehender Zeiger Z
angebracht; in diesem Cylinder ist ein zweiter b b b b drehbar,
welcher einen Gradbogen trägt, Fig. 74., mit dem o Punkt in
der Mitte und nach links und rechts in 90° getheilt; dieser Bogen
liegt am Zeiger an; in diesen Cylinder ist ein dritter c c c c ein=
schiebbar und mit ihm durch einen eingreifenden Schieber in d so
verbindbar, daß beide mit einander gedreht werden können. Dieser
dritte Cylinder trägt an einem Ende eine Platte, in welcher in
der Mitte eine runde Oeffnung von dem Durchmesser einer Linie
(nach Bedürfniß größer oder kleiner), um welche ein Quadrat gra=
virt ist, Fig. 73. Der Turmalincylinder wird auf einem schwar=
zen Brettchen, in welches ein schwarzer Spiegel eingelassen ist, mit
einem Schraubenring, Fig. 75 befestigt. Der Turmalin ist gegen
den Spiegel zur Absorbtion gestellt und man erblickt beim Durch=
sehen das Polarisationsbild des Calcits, wovon unten noch die
Rede sein wird und welches in einem von concentrisch farbigen
Ringen umgebenen schwarzen Kreuze besteht. Das dunkle Feld,
welches sich ohne die Calcitplatte zeigen würde, ist durch diese im
Kreuze schärfer bestimmt. Wenn der dritte Cylinder eingeschoben
und dessen Schieber in den zweiten eingepaßt und der Gradbogen
auf o gedreht wird, so ist die Construction der Art, daß dann
zwei Seiten des besagten gravirten Quadrats die=
selbe Lage haben wie die Turmalinaxe und folglich die
zwei anderen zu dieser rechtwinklich liegen.

Wenn man nun die Richtungen, in welchen die polarisirten
Strahlen eines doppeltbrechenden Krystalls zu den Seiten einer
beobachteten Fläche schwingen, bestimmen will, so legt man die
Krystallplatte auf die Oeffnung des Trägers, an dem sie mit
etwas weichem Wachs befestigt wird und schiebt sie so, daß eine

ihrer Seiten die Lage einer Seite des gravirten Quadrats hat, schiebt den Cylinder ein, dreht auf Null und beobachtet. Sieht man das Kreuz unverändert in seiner Stellung, so schwingen die polarisirten Strahlen des Krystalls in der Richtung der eingestellten Seite der Fläche und rechtwinklich zu ihr, erscheint aber kein Kreuz oder ein in seiner Lage verändertes, so schwingen die Strahlen nicht in der Richtung der eingestellten Seite und man hat um einen bestimmten Winkel zu drehen, bis dieses geschieht und das Kreuz wieder normal erscheint. Der Winkel wird am Nonius des Zeigers abgelesen.

Ein Beispiel wird das erläutern. Es sei Fig. 76. a b c d die Seitenfläche eines Topasprisma's und mit der Seitenkante a c parallel der Quadratseite a'b' eingestellt. Für diese Stellung sieht man im Stauroskop das schwarze Kreuz unverändert, die polari-sirten Strahlen schwingen also im Topasprisma in der Richtung der Hauptaxe o o und rechtwinklich zu ihr; wäre aber a b c d die Fläche eines Prisma's von Gyps und wie die vorige nach der Seitenkante oder nach der Krystallhauptaxe o o mit a'b' parallel eingestellt, so zeigt sich das Kreuz im Stauroskop gedreht (wie Fig. 69) und hat nicht die Lage a'b' oder o o, sondern die Lage x x Fig. 77, welche man durch den Winkel kennen lernt, um welchen gedreht werden muß, bis das Kreuz normal erscheint. Am Gyps schwingen also die polarisirten Strahlen nicht in der Rich-tung der Krystallhauptaxe, wie man diese gewöhnlich wählt, son-dern machen mit ihr Winkel von 44° und 46° (die beiden beim Links= und Rechtsbrechen sich zu 90° ergänzenden Drehwinkel.*)

In dieser Weise erhält man durch das Stauroskop eine optische Charakteristik der Krystallsysteme, welche in vielen Fällen noch Entscheidung giebt, wo die mathematische nicht mehr ausreicht.

I. System der einfachstrahlenbrechenden Krystalle.
Tesserales System.

Die tesseralen Krystalle zeigen in jeder Lage, welche man ihnen auf dem Träger giebt, das Kreuz im Stauroskop normal und beim Drehen des Trägers unverändert.

Steinsalz, Alaun, Spinell, Liparit ꝛc.

Ebenso verhalten sich amorphe Massen.

---

*) Statt des Turmalins kann man besser einen sog. Nikol anwenden und durch ein kleines Fernrohr eine schärfere Beobachtung der Erscheinun-gen erzielen. Mechanikus Stollnreuther in München liefert ein dergl. vollständiges Stauroskop für 25 fl.

II. **System der doppeltbrechenden Krystalle.**

Alle doppelt brechenden Krystalle zeigen in gewissen Richtungen das Kreuz gedreht oder löschen beim Drehen das normale Kreuzbild aus, nur in der Richtung der optischen Axen verhalten sie sich zum Theil wie die tesseralen.

Systeme mit einer optischen Axe.
1. Quadratisches System.

1) Auf den Flächen der Quadratpyramide stellt sich das Kreuz nach den Höhenlinien der Dreiecke oder rechtwinklich auf die Randkante.
2) Auf allen vorkommenden Prismen hat das Kreuz die Lage der Hauptaxe.
3) Auf den basischen Flächen erscheint das Kreuz normal und beim Drehen des Krystalls unverändert.

Apophyllit, Vesuvian, Zirkon. Mejonit 2c.

2. Hexagonales System.

1) Auf den Flächen der Hexagonpyramide stellt sich das Kreuz nach den Höhenlinien der Dreiecke oder rechtwinklich auf die Randkante.
2) Auf den Flächen des Rhomboeders stellt sich das Kreuz nach den Diagonalen.
3) Auf den Flächen des Skalenoeders stellt sich das Kreuz nach den Höhenlinien der Flächen seiner holoedrischen dihexagonalen Pyramide oder rechtwinklich auf die Seite seines horizontalen 12seitigen Querschnitts.
4) Auf allen vorkommenden Prismenflächen erscheint das normale Kreuz in der Richtung der Hauptaxe.
5) Auf der basischen Fläche erscheint das Kreuz normal und beim Drehen des Krystalls unverändert.

Apatit, Quarz, Calcit, Smaragd 2c.

Systeme mit zwei optischen Axen.
3. Rhombisches System.

1) Auf den Flächen der Rhombenpyramide steht, entsprechend dem ungleichseitigen Dreieck, das Kreuz mit dreierlei Winkeln auf den Seiten.
2) Auf den Prismenflächen, wie auf der makro- und brachydiagonalen Fläche, steht das Kreuz in der Richtung der Hauptaxe, entsprechend auf den Domen in der Richtung der Domenkante.
3) Auf der basischen Fläche, wenn sie als Rhombus erscheint,

steht das Kreuz nach den Diagonalen und entsprechend in der Richtung der Seiten, wenn sie als Rectangulum erscheint.

(Beim Drehen des Kryftalls wird das Kreuz gebleicht oder mit Farben veränort.)

Baryt, Topas, Epsomit, Aragonit, Chrysolith 2c.

4. Klinorhombisches Syftem.

1) Auf den Seitenflächen des Hendyoeders erscheint das Kreuz gegen die Hauptaxe (Prismenkante) gedreht, ebenso auf den Flächen eines Klinodoma's gegen die Domenkante. Die Drehwinkel sind auf den zusammengehörenden Flächen gleich und die Kreuze dem klinodiagonalen Hauptschnitt von links und rechts mit gleichem Winkel zu= oder abgeneigt, wechselnd auf der Vorder= und Rückseite des Kryftalls.

2) Auf der orthodiagonalen Fläche erscheint das Kreuz in der Richtung der Hauptaxe normal.

3) Auf der klinodiagonalen Fläche erscheint das Kreuz gegen die Hauptaxe gedreht.

4) Auf der Endfläche des Hendyoeders ftellt sich das Kreuz nach den Diagonalen, ebenso auf den Hemidomen.

Diopfid, Gyps, Orthoklas, Epidot, Tinkal 2c.

5. Klinorhomboidisches Syftem.

Das Kreuz erscheint auf jeder Fläche mit einem besonderen Winkel gedreht, wenn irgend eine ihrer Seiten oder entsprechenden Kanten vertikal oder horizontal auf dem Träger eingeftellt wird.

Disthen, Albit, Chalkanthit 2c.

Man erfieht, daß mittelft des Stauroskops Kryftallverhält=niffe beftimmbar find, welche durch die Form felbft, durch Meffen der Winkel und durch die Spaltbarkeit nicht erkannt werden können. Mit Zuziehung der Spaltung und der physikalischen Beschaffenheit der Flächen erweitert sich solche Kenntniß.

Ein als rhombisches Prisma erscheinender Kryftall, wenn weiter an ihm keine Flächen vorhanden, wird als dem rhombischen Syftem angehörig erkannt, wenn bei fonft gleichem physi=kalischem Charakter der Flächen das Kreuz die Lage der Prismenkante hat; hat es diese Lage bei verschiedenem physi=kalischem Charakter der Flächen, so beftebt das Prisma aus Hemidomen des klinorhombischen Syftems; hat es das Kreuz gegen die Prismenkante gedreht und ift der Drehwinkel nach derselben Richtung, z. B. nach links auf jeder Fläche ein anderer, so gehört das Prisma in's klinorhomboidische Syftem, find aber die Winkel der gedrehten Kreuze auf je zwei Flächen, ebenfalls nach derselben Richtung, gleich, so gehören die Flächen einem Prisma oder Doma des klinorhombischen Systems.

Wie man aus der Lage der Kreuze an einem klinorhombischen Prisma die Lage des klinobiagonalen Hauptschnitts bestimmen kann, ist schon oben angegeben.

Kennt man bei einem klinorhombischen oder klinorhomboidischen Prisma auch eine Endfläche und sind die Drehungen mit Rücksicht auf die Lage dieser Endfläche bestimmt, so ergeben sich solche Unterschiede der Drehwinkel auf den prismatischen Flächen, daß man daraus auch an Individuen derselben Art, wo die Endflächen fehlen, auf ihre Lage schließen kann. Auf den Seitenflächen m des Hendyoeders vom Orthoklas (Fig. 49) sind die Drehwinkel an der stumpfen Seitenkante, zu welcher die Endfläche p unter dem stumpfen Winkel geneigt ist, 32°, auf der linksstehenden m Fläche beim Drehen nach rechts gegen die Kante und auf der rechtsstehenden m Fläche beim Drehen nach links; auf den m Flächen an der Rückseite, wo p den spitzen Winkel mit der Seitenkante bildet, sind diese Drehungen für 32° in entgegengesetzter Richtung; beobachtet man daher auf einer solchen links an der stumpfen Seitenkante gelegenen Fläche das normale Kreuz, wenn man nach links um 32° gedreht hat, so weiß man, daß mit dieser Seitenkante die p Fläche den spitzen Winkel bilden würde. Für dieselbe Richtung des Drehens ergänzen sich die Drehwinkel paralleler Flächen (vorne und hinten am Krystall) zu 90°.

Die gegebene stauroskopische Charakteristik der Krystalle führt in Betreff der Kreuzstellung zu dem allgemeinen, von Quenstedt ausgesprochenen Satze, daß bei allen symmetrisch halbirbaren Flächen ein Arm des Kreuzes mit der Halbirungslinie zusammenfällt.

Man kann daher, wie ich schon früher gezeigt habe, mittelst des Stauroskops auch bestimmen, ob eine Fläche im normalen Zustand einem Rhombus oder einem Rhomboid angehört, indem bei dem ersten die Drehwinkel zweier zusammengeneigter Seiten, auf jeder derselben gleich, bei letzterem aber verschieden sind. Mit dergl. Beobachtungen lassen sich annähernd auch ebene Winkel messen.

Es ist nothwendig, daß zu der Fläche, welche man im Stauroskop beobachten will, eine parallele angeschliffen werde, im Fall solche nicht von Natur vorhanden. Dieses Anschleifen*) geschieht

*) Vergl. darüber J. Grailich, Krystallographisch = optische Untersuchungen p. 10. Daselbst auch dessen mathematische Theorie des Stauroskops p. 26.

bei den weicheren Salzen mit einer Feile und einem mit Waſſer
befeuchteten feinen Wetzſtein; durch Reiben auf Taffet mit ſog.
Eiſenroth bekommt die Fläche leicht die gehörige Politur. Kann
man die Kryſtallfläche ſelbſt auf den Träger legen und
einſtellen, wie es oft vorkommt, ſo iſt nicht von Belang, wenn
die angeſchliffene, dem Auge zugekehrte Fläche nicht vollkommen
parallel iſt. —
Wenn man im gewöhnlichen Polariſationsapparat zwiſchen
Turmalin oder Nikol und Spiegel einen Kryſtall des quadratiſchen
oder hexagonalen Syſtems, alſo einen optiſch einaxigen, in eine Lage
bringt, daß man durch deſſen baſiſche Flächen ſehen kann, ſo bemerkt man ein ſchönes Polariſationsbild beſtehend in farbigen
concentriſchen Ringen, welche von einem ſchwarzen Kreuze durchſchnitten ſind, wenn der Turmalin zur Abſorbtion geſtellt war,
während wenn dieſes nicht der Fall, das Kreuz weiß erſcheint.*)
Die Farben der Ringe (iſochromatiſche Curven) ſind für die beiderlei
Stellungen complementär, roth und grün, blau und orange,
gelb und violett. Dieſe Farben und die Größe der Ringe ändern
ſich mit der Dicke der Platten; dünnere Platten zeigen die Ringe
größer als dickere. Bei gleich dicken Platten zeigen kleinere Ringe
eine größere Doppelbrechung an.
Beiſpiele ſind Calcit, Eis, Biotit, Apophyllit, Veſuvian ꝛc.
Wenn der Kryſtall optiſch zweiaxig iſt, ſo ſieht man durch Flächen,
durch welche die Axenebene geht, in der Richtung der beiden Axen
ein ähnliches Syſtem von Ringen, welche aber etwas elliptiſch
und nur von einem dunklen Strich oder zwei Büſcheln ähnlich
Fig. 70 durchſchnitten ſind. Die Richtung des dunklen Striches
giebt die Richtung der optiſchen Axenebene an.
Bei den einaxigen Kryſtallen iſt das Polariſationsbild leicht
zu finden, weil die optiſche Axe und die Kryſtallhauptaxe eines
ſind, bei den zweiaxigen iſt darüber keine allgemeine Regel aufzu-
ſtellen und das Betreffende oben geſagt worden.

*) Man kann durch Benutzung dieſes Bildes ebenfalls deutlich zeigen,
daß die beiden durch Doppelbrechung erzeugten Strahlen entgegen-
geſetzt oder rechtwinklich aufeinander polariſirt ſind. Man belege,
wie oben erwähnt, ein dickes Spaltungsſtück von Calcit auf einer
Fläche mit einem durchſtochenen Papier, halte es ſo, daß die kurze
Diagonale aufrecht und ſchalte zwiſchen dieſes Stück und den Spiegel eine Calcitplatte mit den baſiſchen Flächen ein. Sieht man
nun durch die parallele nicht belegte Fläche und durch die beiden
Lochbilder, ſo erblickt man in dem Bilde O Fig. 66 das weiße
Kreuz mit den Farbenringen, in E aber das ſchwarze Kreuz mit
dieſen Ringen. Es iſt dazu nur ein kleines Verrücken des Auges
und eine kleine Neigung des Calcitſtückes erforderlich.

Beim Topas und Muskowit wird die optische Axenebene von der basischen Fläche, welche die Hauptspaltungsfläche ist, rechtwinklich geschnitten und man sieht daher durch diese Fläche bei geeigneter Neigung derselben nach einer und der andern Seite das Polarisationsbild; manchmal steht eine der optischen Axen ziemlich rechtwinklich auf einer einzelnen Spaltungsfläche (doppelt chromsaures Kali) oder auf einer prismatischen Fläche (unterschwefelsaures Natron) zc.

Die Winkel, welche die optischen Axen unter sich bilden, kann man durch geeignetes Anbringen einer Krystallplatte an ein Reflexionsgoniometer messen, indem man (den Kreisbogen auf Null gestellt) das Polarisationsbild einer Axe beobachtet und dann den Kreisbogen mit dem Krystall dreht bis das Polarisationsbild der zweiten Axe an demselben Platze erscheint. Man erhält so den sog. scheinbaren Winkel der optischen Axen, da die Lichtbrechung eine Ablenkung der Strahlen verursacht, der wirkliche Winkel daher mit Rücksicht auf diese Brechung berechnet werden muß. Man bestimmt aber gewöhnlich nur den scheinbaren Winkel.

Wenn sich die zwei optischen Axen unter einem sehr spitzen Winkel schneiden, so fließen ihre Ringsysteme öfters zusammen und schließen zwei dunkle Hyperbeln ein, Fig. 71, die manchmal ein Kreuz zu bilden scheinen, aber beim Drehen des Krystalls um die Axe der beobachteten Fläche auseinander treten; Talk, Phlogopit, Salpeter zc.

Besondere Erscheinungen zeigt der Quarz in Platten, welche rechtwinklich zur Krystallhauptaxe geschnitten sind. Man bemerkt Farbenringe, welche eine einfarbige Scheibe umschließen und die Kreuzarme sind nur nach Außen sichtbar ohne bis in's Centrum fortzusetzen (Fig. 78). Die Farbe dieser Scheibe ändert sich, je nachdem der Analysator nach links oder nach rechts gedreht wird und Krystalle, an welchen die Flächen des trigonalen Trapezoeders entgegengesetzt liegen (Fig. 64 und Fig. 65) verhalten sich dabei entgegengesetzt; verändert z. B einer beim Linksdrehen des auf Dunkel gestellten Nikols*) die Farbe der Mittelscheibe von Gelb in Violett und Blau, so verändert sie ein Krystall mit entgegengesetzt geneigten Trapezflächen in dieser Farbenfolge beim Rechtsdrehen des Nikols. Für denselben Krystall, der beim Linksdrehen das Violett zeigt, erscheint dieses nicht beim Rechtsdrehen, sondern an seiner Stelle ein blasses Grün oder blasses Grünlichblau.

Biot nennt linksdrehende Krystalle diejenigen, deren Trapeze (für den Beschauer) nach rechts geneigt sind (Fig. 64) und rechtsdrehende, wo diese Flächen nach links geneigt

---

*) Polarisationsfarben werden besser durch einen farblosen Nikol als durch einen selbstgefärbten Turmalin beobachtet.

sind Fig. 65. Die angegebene Farbenfolge von Gelb, Violett und Blau beim Linksdrehen des Nikols gehört also einem linksdrehenden Krystall zu oder einem von der Form Fig. 64, während dieselbe Farbenfolge beim Rechtsdrehen des Nikols einen rechtsdrehenden Krystall Fig. 65 anzeigt. Linksdrehende Krystalle zeigen beim Linksdrehen des Nikols auch eine Erweiterung der Ringe und beim Rechtsdrehen ein Verengen derselben, rechtsdrehende verhalten sich entgegengesetzt, verengen die Ringe beim Linksdrehen des Nikols und erweitern sie beim Rechtsdrehen.

Legt man zwei solche Quarzplatten von gleicher Dicke aufeinander, deren eine von einem Krystall mit linksliegenden, die andere mit rechtsliegenden Trapezflächen, so sieht man das Bild Fig. 79 mit vier vom Centrum ausgehenden Spiralen; je nachdem eine links- oder eine rechtsdrehende Platte dem Auge zunächst liegt sind die Spiralen in ihrer Richtung entgegengesetzt. Es kommen in der Natur auch Combinationen links- und rechtsdrehender Individuen vor, welche stellenweise das Bild der Spiralen zeigen. Solche Krystalle sind aber sehr selten. Am Amethyst ist an manchen Platten das schwarze Kreuz bis in's Centrum gehend, beim Drehen der Platte aber sich in zwei dunkle Hyperbeln öffnend wie bei zweiaxigen Krystallen. Die Verwachsung links- und rechtsdrehender Individuen kann hier auch im polarisirten Lichte nachgewiesen werden.

Die erwähnte Polarisation im Quarz ist die von Arago und Biot (1811 und 1812) entdeckte Circularpolarisation; im Gegensatz heißt die gewöhnliche die geradlinige.*) Descloizeaux fand ähnliche Circularpolarisation am Zinnober, bei welchem übrigens keine Trapezflächen vorkommen.**)

Zwillingsbildungen zeigen im polarisirten Licht öfters Erschei-

---

*) Dove bezeichnet die Art der Circularpolarisation in folgendem Bilde: „Die Schwingungsrichtungen eines polarisirten Strahls liegen sämmtlich in einer Ebene, wie die Sprossen einer Leiter, während ein unpolarisirter Strahl einem Stamme zu vergleichen ist, dessen Aeste sich horizontal nach allen Richtungen verbreiten. Jene Leiter, deren Sprossen in einer Ebene liegen, verwandelt sich, geht polarisirtes Licht durch die Axe eines Bergkrystalls, in eine Wendeltreppe." Farbenlehre p. 103.

**) Marbach entdeckte die Circularpolarisation am Chlorsauren Natron, bromsauren Natron und Essigsauren Uranoxyd-Natron, welche tesseral kryst. Descloizeaux entdeckte sie auch am quadratisch kryst. schwefelsauren Struchnin und am hexagonalen Benzil, beide zeigen keine Hemiedrie, die dem Quarz analog wäre. Das schwefelsaure Struchnin ist bis jetzt der einzige Körper, welcher sowohl in Krystallen als auch in Lösung die Polarisationsebene dreht.

zungen, welche sie von einfachen Krystallen unterscheiden. Eine Combination dieser Art am Calcit, wo die Drehungsfläche die Rhomboederfläche ist, welche die Scheitelkante der Stammform abstumpft (— $\frac{1}{4}$ R) zeigt durch angeschliffene basische Flächen das schwarze Kreuz mit einem etwas gebogenen Arm, welcher der Zwillingsstreifung entspricht und statt der Ringe ein buntes Farbengewirr zwischen den Kreuzarmen. Wird die Platte um die Axe gedreht, so bleibt das Kreuz nicht unverändert wie bei einem einfachen Krystall, sondern wird bei einer Drehung von 45° nach links oder rechts gebleicht.

Am Disthen können die Zwillinge, an welchen sich die Schwingungsrichtungen auf der vollkommenen Spaltungsfläche schief kreuzen, im Stauroskop leicht erkannt werden, indem sie nach der Prismenkante eingestellt ein normales, meist farbloses oder gelbliches, Kreuz zeigen, welches beim Drehen des Krystalls sich dreht oder sie zeigen auch die seltsame Erscheinung eines schief stehenden Kreuzes, welches beim Drehen des Krystalls seine Stellung nicht verändert.

Die an sich sowohl, als zur Charakteristik der Krystalle so interessanten Erscheinungen, welche durch Turmalin oder Nikol und Spiegel oder durch das Stauroskop sich zeigen, werden mit Anwendung eines Polarisations-Mikroskops noch vermehrt und können damit auch sehr kleine Krystalle untersucht werden. Dabei gelangt das gewöhnlich von einem Spiegel polarisirte Licht durch ein geeignetes Linsensystem zur Krystallplatte und wird nach dem Durchgang in ähnlicher Weise dem Nikol zugeführt und analysirt. Das von Nörrenberg construirte Polarisations-Mikroskop wird vielfach angewendet und entspricht den nächsten Anforderungen.

Mittelst dieses Apparates zeigen die zweiaxigen Krystalle, wenn man in der Richtung der Mittellinie*) durchsieht und wenn der Winkel der optischen Axen nicht zu groß, beide ihnen angehörende Polarisationsbilder neben einander und bilden ihre dunklen, die Axenebenen bezeichnenden Striche den einen Arm eines Kreuzes, während zwischen den beiden Ringsystemen rechtwinklich ein zweiter dicker solcher Arm erscheint.

---

*) Im klinorhombischen System wird die Lage der Mittellinie meistens durch die Kreuzrichtung angedeutet, welche man im Stauroskop auf der klinodiagonalen Fläche beobachten kann, wenn diese zugleich Axenebene; durch Flächen, rechtwinklich zu dieser Kreuzrichtung geschliffen, sieht man die beiden Ringsysteme. Steht die Axenebene auf der klinodiagonalen Fläche rechtwinklich, so sieht man unmittelbar durch diese das Bild.

Im rhombischen System zeigen sich die Ringe und deren Farben gegen den dicken Mittelarm des Kreuzes ganz gleich und symmetrisch*) angeordnet, in den klinischen Systemen finden sich mancherlei Verschiedenheiten des links und rechts stehenden Ringsystems, theils in der Größe, theils in der Farbenanordnung. Beim Drehen der Platten um 45° treten die Kreuzarme in hyperbolisch gekrümmten Büscheln auseinander und verfließen die Ringe beider Systeme zu lemniskatischen Curven in Form eines liegenden ∞. Von vorzüglicher Schönheit zeigen sich die Erscheinungen der Circularpolarisation am Quarz und die erwähnten Disthenzwillinge sowie ähnliche Combination am Gyps zeigen, in nicht zu dünnen Platten das eigenthümliche Bild eines meist farbigen Kreuzes, zwischen dessen Armen nach auswärts geöffnete hyperbolische Farbencurven liegen.

Die Polarisationsbilder dienen auch zur Bestimmung, ob in einem einaxigen Krystall der ordentliche oder der außerordentliche Strahl stärker gebrochen wird; man nennt im ersten Fall den Krystall n e g a t i v, im zweiten p o s i t i v. Das Polarisationsbild mit dem schwarzen Kreuze zeigt nämlich an diesen Krystallen entgegengesetzte Veränderungen, wenn man in das Polarisationsmikroskop ein sehr dünnes Blatt von Muskowit oder zweiaxigem Glimmer einschaltet und dreht. Krystalle, welche sich in dieser Beziehung wie Calcit verhalten sind n e g a t i v, wenn sie sich wie Quarz verhalten, p o s i t i v. Das Verfahren ist folgendes: Man legt ein sehr dünnes, mit Canadabalsam auf eine Glasplatte befestigtes, Blatt von Muskowit unter den Nikol des Polarisationsmikroskops und auf dessen Träger eine dünne Calcitplatte mit den basischen Flächen oder eine Lamelle von Biotit. Man dreht dann, durch den Nikol sehend, das Muskowitblatt in seiner Ebene, bis das schwarze Kreuz der untern Platte vollkommen erscheint, dann dreht man noch (nach links oder rechts) um 45° weiter und dabei löst sich das Kreuz in zwei dunkle Punkte. Die Richtung dieser Punkte oder ihrer Verbindungslinie bemerkt man auf dem Muskowitblatt durch einen entsprechenden Strich an den Rändern des Blattes. Diese Richtung ist die der Axenebene des angewendeten Muskowits und jeder Krystall, an welchem die besagten Punkte i n diese Richtung fallen, ist n e g a t i v, während der Kry=

---

*) Dabei ist die Art der Axenzerstreuung für verschiedene Farben bemerkenswerth und zeigen sich z. B in dem innersten Ring zunächst der Mittellinie nach links und rechts rothe Flecken, wenn der Winkel der Axen für Roth kleiner ist als für andere Farben (Aragonit), oder blaue, wenn für Blau der Winkel kleiner (Topas) ꝛc.

stall positiv, wenn die Verbindungslinie der Punkte zu der vori=
gen rechtwinklich steht, bei manchem Quarz auch schiefwinklich.

negativ.　　positiv.

Negativ verhalten sich Calcit, Apatit, Biotit, Smaragd
(die klaren sibirischen Berylle), positiv Quarz, Brucit, Eis
(durch die Tafeln gesehen, welche beim Gefrieren von ruhig stehen=
dem Wasser sich bilden). Beim Quarz sind die erwähnten Punkte
Ausgangspunkte von Spiralen, welche nach links laufen ~
wenn der Krystall ein linksdrehender (Biot), an welchem die
Trapezflächen für den Beobachter nach rechts geneigt sind; oder
die Spiralen sind nach rechts laufend ~, wenn der Krystall
ein rechtsdrehender dessen Trapezflächen nach links ge=
neigt sind.

Die Deutlichkeit der Erscheinungen ist nicht immer gleich,
dünnere Platten eignen sich besser dafür als dickere.*)

Zur Charakteristik einer Species kann die Bestimmung des
+ oder — der Doppelbrechung nicht dienen, da Individuen der=
selben Species bald + bald — zeigen, wie Apophyllit, Chabasit,
Pennin u. a.

Untersucht man in ähnlicher Weise das Kreuz zwischen den
Ringsystemen zweiaxiger Krystalle, wenn man durch Flächen sieht,
welche auf der Mittellinie rechtwinklich stehen, so zeigen sich eben=
falls Verschiedenheiten, welche eine Theilung in positive und nega=
tive veranlaßt haben, doch ist die Bestimmung weniger sicher als
bei den vorigen.**)

Der Winkel der optischen Axen und selbst die Lage der
Axenebene ist für dieselbe Species nicht immer constant. Bei den
Muskowiten wechselt der Axenwinkel zwischen wenigen bis zu 76
Graden und liegt die Axenebene bei vielen in der Richtung der
langen, bei andern in der Richtung der kurzen Diagonale der
rhombischen basischen Fläche; beim Topas wechselt der Axenwinkel
zwischen 49° und 65°.

Ausnahmen von dem gewöhnlichen Verhalten sind nicht selten.
So zeigen sich zuweilen Krystalle des tesseralen Systems doppelt=
brechend, wie manche Granaten, Boracit, Leucit, Senarmontit,
Alaun u. a.; quadratisch und hexagonal krystallisirende Mineralien
zeigen zuweilen den Charakter zweiaxiger Krystalle, so mancher

---

*) Die wichtigsten Apparate und Präparate zu krystalloptischen Unter=
suchungen liefert sehr gut und billig der Optiker W. Steeg in
Homburg v. d. Höhe.

**) S. Krystalloptische Untersuchungen von J. Grailich p. 204.

Mejonit, Scheelit, Mimetesit, oder auch nur stellenweise, wie manche Berylle; der klinorhombische Sphen zeigt in Beziehung auf die Farbenvertheilung 2c. das Polarisationsbild rhombischer Krystalle 2c.

Diese Ausnahmen erklären sich zum Theil durch besondere Blätterschichtungen; auch hat man beobachtet, daß Druck und Temperaturerhöhung solche hervorbringen. Descloizeaux hat am Orthoklas, Zoisit und Chrysoberill durch hohe Temperatur bleibende Winkelveränderung der optischen Axen hervorgebracht; durch einseitigen Druck erlangen Liparit, Steinsalz und auch amorphe Gläser Doppelbrechung. Pfaff hat dadurch am Calcit eigenthümliche und bleibende Polarisationsbilder bekommen, welche auf eine innere durch den Druck entstandene Zwillingsbildung schließen lassen 2c. Diese Erscheinungen constatiren die Bewegungs= fähigkeit der physischen Molecüle in einem starren Körper.

6. Vom Glanze.

Wir unterscheiden an den Mineralien verschiedene Arten des Glanzes und zwar: Metallglanz (Gold, Silber, Fahlerz, Arse= nopyrit 2c.); Diamantglanz (Diamant, Weißbleierz 2c.); Glas= glanz (Quarz, Topas 2c.); Perlmutterglanz (Apophyllit, Talk 2c.); Seidenglanz (Asbest, Fasergyps); Fettglanz, wozu auch der Wachsglanz gehört (Pechstein, Halbopal 2c.). Die Pellu= cibität hat großen Einfluß auf die Art des Glanzes, so daß z. B. ein und dasselbe Mineral, wenn es durchsichtig vorkommt, Glas= glanz zeigen kann, während es durchscheinend vorkommend, Perl= mutter= oder auch Fettglanz zeigt. Ebenso ist die Structur der Substanz von Einfluß; die Kieselerde zeigt als Quarz Glasglanz, auch Fettglanz, als Opal Wachsglanz; aus Biotit, der durch Schwe= felsäure zersetzt wurde, dargestellt zeigt sie Perlmutterglanz und durch ähnliche Zersetzung von Chrysotil erhalten, ist sie seidenglänzend. Der vollkommene Metallglanz ist immer mit Undurchsichtigkeit ver= bunden. Der Perlmutterglanz wird manchmal metallähnlich (Broncit) und es finden überhaupt Uebergänge des Glanzes statt, wie denn auch der Glanz der Krystallflächen und der Bruchflächen öfters ver= schieden ist. Es zeigt sich hier wieder das Gesetz, daß die Art des Glanzes auf gleichartigen Flächen (an demselben Individuum) immer dieselbe und daß Flächen, welche im Glanze verschieden, auch krystallographisch un= gleichartig sind. Die prismatischen Flächen von Calcit sind z. B. immer glasglänzend, die basischen perlmutterglänzend; ähnliche

Unterschiede finden sich an den Flächen des Apophyllits, Desmins, Stilbits ꝛc. Sehr auffallend ist auch die Verschiedenheit des Glanzes auf den Würfel= und Oktaederflächen eines Alauns, welcher aus einer wässrigen Lösung krystallisirt, in die man ein Eisenblech gelegt, bis sie eine gelbliche Farbe angenommen hat. Die Würfel= flächen zeigen Perlmutterglanz, die Oktaederflächen Glasglanz.

7. Von der Farbe.

Man unterscheidet je nach der Art des dabei vorkommenden Glanzes metallische und nichtmetallische Farben. Die Arten der metallischen Farben sind:

1. **Weiß.**
a. Silberweiß (gediegen Silber).
b. Zinnweiß (Quecksilber).

2. **Gelb.**
a. Goldgelb (gediegen Gold).
b. Messinggelb (Chalkopyrit).
c. Speisgelb (Pyrit).
d. Broncegelb (Pyrrhotin).

3. **Roth.**
Kupferroth (gediegen Kupfer).

4. **Grau.**
a. Bleigrau (Galenit).
b. Stahlgrau (Tennantit).

5. **Schwarz.**
Eisenschwarz (Magnetit).

Diese Farben sind als Kennzeichen von Wichtigkeit, da sie bei derselben Species ziemlich constant sind. Die nichtmetallischen Far= ben sind weniger wesentlich und werden oft durch ganz zufällige Spuren von Metalloxyden hervorgebracht, in einigen Fällen sind sie aber ebenso constant, wie die metallischen. Ihre Arten sind:

1. **Weiß.** Schneeweiß, röthlich=, gelblich=, graulichweiß, milch= weiß (Calcit, Chalcedon, Opal ꝛc.)

2. **Grau.** Bläulichgrau, perlgrau (Perlstein), rauchgrau (man= cher Feuerstein), grünlichgrau, gelblichgrau (mancher Mergel).

3. **Schwarz.** Graulichschwarz, sammetschwarz, pechschwarz (Stein= kohlen), rabenschwarz (manche Hornblende), bläulich= schwarz.

4. **Blau.** Schwärzlichblau, lasurblau (Lasurit), violblau (Lipa= rit, Amethyst), lavendelblau (manches Steinmark), pflaumenblau, berlinerblau, smalteblau (mancher Chalcedon), indigoblau, himmelblau (Saphir, Disthen).

5. **Grün.** Spangrün (Chrysokoll), selabongrün (mancher Beryll), lauchgrün (Prasem), smaragdgrün, apfelgrün (Chry= sopras), grasgrün (Pyromorphit), pistaziengrün,

spargelgrün, schwärzlichgrün, olivengrün, (Olivin), ölgrün (mancher Sphalerit), zeisiggrün (mancher Chalcolith).

6. **Gelb.** Schwefelgelb, strohgelb, wachsgelb, honiggelb, citrongelb (Operment), ockergelb, weingelb (Topas), isabellgelb (Siderit), pomeranzgelb (mancher Wulfenit).

7. **Roth.** Morgenroth (Krokoit), hyazinthroth (Hyazinth), ziegelroth, scharlachroth (mancher Zinnober), blutroth (Pyrop), fleischroth, karminroth (rother Korund), koschenillroth (Zinnober), rosenroth, karmesinroth (rother Korund), pfirsichblüthroth, kolombinroth (mancher Granat), kirschroth, bräunlichroth.

8. **Braun.** Röthlichbraun, nelkenbraun (Axinit), kohlbraun, kastanienbraun (mancher Jaspis), gelblichbraun, schwärzlichbraun.

Die Zwischen=Nüancen bezeichnet man mittelst der Ausdrücke: „die Farbe geht über, zieht sich in —, die Farbe hält das Mittel ꝛc.", die Intensität wird bezeichnet mit hoch, dunkel, blaß ꝛc.

Kommen mehrere Farben zusammen vor, so bilden sie öfters eine Art von Zeichnung, dahin gehört das Gestreifte, Geflammte, Punktirte, Dendritische ꝛc. (Achat, Marmor ꝛc.). Die Farbe des Pulvers oder des Striches ist oft anders, als die der compacten Masse, und dieses Verhältniß ist oft charakteristisch; so z. B. hat Hämatit (von eisenschwarzer Farbe) kirschrothen Strich, Limonit (von brauner Farbe) ockergelben Strich ꝛc.

Bei den meisten Mineralien sind metallische Verbindungen die Ursache der Farbe; Eisenoxyd färbt roth und braun, Eisenoxydhydrat gelb, Chromoxyd grün ꝛc. Die blaue Farbe des Disthen, Spinell und Korund, des Liparit und Apatit rührt nach Forchhammer von einer Spur von phosphorsaurem Eisenoxydul her, ebenso nach Wittstein die blaue Farbe des Cölestin von Jena. An manchem Amethyst, Chalcedon, am nelkenbraunen Quarz, rührt die Farbe von organischen Substanzen her.

Die Farbe kann, auch bei ganz durchsichtigen Krystallen von einer mechanischen Einmengung herrühren. So erhält man, wenn Wolframsäure aus der Kalilösung mit Salzsäure gefällt und das Präcipitat mit concentrirter Salzsäure und Staniol gekocht wird, eine blaue Flüssigkeit, welche verdünnt, vollkommen klar und doch nur von fein zertheilt suspendirtem blauem Wolframoxyd gefärbt ist und farblos filtrirt. Ebenso kann suspendirter Goldpurpur eine Flüssigkeit roth färben und diese vollkommen klar erscheinen, selbst so filtriren; einige Zeit ruhig stehend setzt sie aber den Purpur ab und wird farblos. —

Manche Mineralien zeigen in bestimmten Richtungen bei auf=
fallendem Lichte, andere bei durchfallendem Lichte verschiedene Far=
ben. Man nennt erstere Erscheinung Farbenwandlung (Labrador), letztere Dichroismus, Trichroismus. So zeigen
manche Turmaline rechtwinklich zur Prismenaxe eine grüne Farbe,
parallel dieser Axe aber sind sie fast schwarz; so zeigt der Cordierit
nach den drei rechtwinklichen einzelnen Axen eine tiefviolblaue Farbe
oder ein blaßbläuliche oder eine gelbliche, mancher Topaskrystall
vom Ural in der Richtung der Hauptaxe eine dunkel röthlichgelbe
Farbe, in der Richtung der Makrodiagonale eine blaß bläulich=
grüne, in der Richtung der Brachydiagonale eine dunkel weingelbe
Farbe. (v. Kokscharow.) Diese Erscheinungen hängen mit der Polarisation des Lichtes innig zusammen und werden unter dem all=
gemeinen Namen Pleochroismus zusammengefaßt. Pleochroische
Krystalle sind doppeltbrechende Krystalle, deren entgegengesetzt
polarisirte Strahlen verschiedene Farben haben, und zwar, wie
beim Cordierit, nach verschiedenen Richtungen auch andere. Die
beim Durchsehen unmittelbar beobachtete Farbe besteht aus zwei
Componenten, deren eine dem O Strahl, die andere dem E Strahl
angehört. Diese Componenten kann man kennen lernen, wenn ein
solcher Krystall mit einer andern Quelle polarisirten Lichtes in
Berührung und Wirkung kommt, z. B. mit einer Turmalinplatte,
deren Schwingungen nach der Krystallhauptaxe gehen. Geht das
Licht durch eine solche Platte und den pleochroischen Krystall und
liegt die Turmalinaxe horizontal, so wird die Farbe eines ebenso
schwingenden Strahles durchgehen und sichtbar werden, die Farbe
des entgegengesetzt schwingenden Strahles wird aber wegen der
Kreuzung absorbirt. Stellt man die Turmalinaxe senkrecht, ohne
den vorhin beobachteten Krystall aus seiner Lage zu bringen, so
wird die Farbe des vertical schwingenden Strahles nur durchgehen
und die erstere absorbirt werden. Ist die Stellung so, daß die
polarisirten Strahlen des beobachteten Krystalls und des Turmalins unter 45° gegen einander schwingen, so gehen beide Farb=
componenten durch, wie beim Durchsehen ohne Turmalin. Es ist
dabei gleichgültig, ob man den Krystall als Polariseur oder als
Analyseur gebraucht, d. h. ob man ihn mit dem Turmalin beob=
achtet oder den Turmalin mit ihm. Am zweckmäßigsten bedient
man sich zu derlei Untersuchungen der dichroskopischen Loupe, welche
Haidinger beschrieben hat. Sie besteht wesentlich in einem
kleinen Cylinder von Messing, welcher ein geeignetes Spaltungs=
stück von Calcit einschließt und beim Durchsehen zwei quadratische
Bilder, den beiden Strahlen der Doppelbrechung entsprechend, zeigt.
Stehen diese Bilder senkrecht über einander, so ist das eine wie

ein Turmalin mit verticaler, das andere aber wie ein solcher mit horizontaler Axe anzusehen. Bringt man vor diese Quadratbilder einen pleochroischen Krystall, so kann man, wie aus dem eben Gesagten klar ist, die beiden Farbcomponenten in den beiden Quadraten erkennen. Das Maximum der Farbendifferenz kann man natürlich nur dann beobachten, wenn die Farbstrahlen auch wie die der Bilder vertical und horizontal schwingen, über welche Richtungen das Stauroskop Aufschluß giebt.

Manche Topaskrystalle von honiggelber Farbe, durch die basischen (Spaltungs=) Flächen gesehen, zeigen in dem einen Feld der Loupe eine fast rosenrothe, im andern eine gelbe Farbe, aber nur, wenn die Diagonalen dieser rhombischen Fläche, nach welcher die polarisirten Strahlen schwingen, die Lage der Quadratseiten der Bilder der Loupe haben. Blauer Disthen zeigt auf der vollkommenen Spaltungsfläche ein dunkelblaues und ein lichtblaues Feld, wenn die Axe seines Prisma's um 30° gegen die Seiten der Quadratbilder gedreht wird, weil nicht in der Richtung der Prismenaxe seine doppeltgebrochenen Strahlen vertical und horizontal schwingen, sondern in einer zu dieser unter 30° geneigten, wie das Stauroskop angiebt.

Einen lebhaften Farbenwechsel, wie ihn der edle Opal zeigt, nennt man Farbenspiel und das Erscheinen prismatischer Farben auf Sprungflächen durchsichtiger Mineralien — Irisiren.

Unter Opalisiren versteht man die Entstehung eines Lichtscheins in bestimmten Richtungen. Orthoklas, Chrysoberill 2c. — Mancher Liparit oder Flußspath hat die Eigenschaft, die Farbe auffallenden Lichtes im Innern zu verändern. Man nennt diese Erscheinung Fluorescenz. —

Farben, die sich nur auf der Oberfläche eines Minerals befinden, heißen angelaufene, sie sind einfache oder bunte und rühren nach Hausmann öfters von einem sehr dünnen Ueberzuge eines andern Minerals her, z. B. von Limonit oder, wie auf arsenikalischen Erzen, Wismuth 2c., von einem dünnen Ueberzuge von Oxyd, welches sich besonders unter Zutritt feuchter Luft bildet.

Die Farben mancher Mineralien bleichen sich am Lichte, so beim gelben Topas und Phenakit vom Ural, beim Rosenquarz 2c., bei manchen ändert sich die Farbe durch Zersetzung unter dem Einfluß des Lichtes so beim Realgar, dessen rothe Farbe in Orange sich verändert, während sich die Mischung in Operment und Arsenik zersetzt.

Der Chalkopyrit läuft mit schönen bunten Farben an, wenn man eine Fläche mit Kupfervitriollösung befeuchtet und dann einige Male mit Zink berührt, abwäscht und trocknet. Es kommen dann purpurfarbige Stellen vor und wenn man diese wieder mit Kupfervitriol befeuchtet, so überlaufen sie beim Berühren mit Zink augenblicklich mit einem prachtvollen Blau.

8. Phosphorescenz, Elektricität, Galvanismus, Magnetismus.

§. 1. Die Eigenschaft der Körper, nach einer gewissen Behandlung im Dunkeln einen leuchtenden Schein ohne Flamme und Wärme zu verbreiten, nennt man Phosphorescenz.

Die Phosphorescenz wird entweder durch Erwärmen oder durch Schlagen und Reiben hervorgebracht. Beim Erwärmen phosphoresciren Liparit, Apatit 2c. mit grünem, blauem, röthlichem Lichtschein, beim gegenseitigen Reiben oder Schlagen der Quarz, Feuerstein, beim Schlagen mit einem Hammer der Pektolith 2c. Der Diamant phosphorescirt, wenn man ihn einige Zeit den Sonnenstrahlen ausgesetzt hat.

Das durch Erwärmen erregte Phosphoresciren nimmt bei mehrfacher Wiederholung ab und muß die Hitze immer mehr gesteigert werden, noch vor dem Glühen der Substanz aber hört die Erscheinung ganz auf. Bei diesem Abnehmen ändert sich auch die Farbe des Lichtscheins zuweilen, so bei einem Flußspath aus dem Salzburgischen, wo sie anfangs grün, dann blasser, dann in's Violette übergeht, ähnlich beim sog. Chlorophan und Strontianit aus Schottland, der mit rosenrothem Scheine phosphorescirt. Die Phosphorescenz hat ihren Grund nicht in einer Art von Verbrennen, sondern gehört zu den Erscheinungen der Molecularbewegungen, es wird dabei nicht Elektricität frei, durch elektrische Schläge kann aber die verlorene Eigenschaft einer Substanz, zu phosphoresciren, wieder hergestellt werden. —

Die Phosphorescenz ist nur für wenige Mineralien charakteristisch, denn sie kommt bei derselben Species oft nur einzelnen Varietäten zu und andern wieder nicht. Der Calcit, welcher den Sphenoklas von Gjellebäck in Norwegen begleitet, phosphorescirt beim Erwärmen mit auffallend röthlichgelbem Lichte, der feinkörnige Dolomit vom St. Gotthard, in welchem der grüne Tremolit vorkommt, phosphorescirt mit schönem rosenfarbenem Lichte, während andere Calcite und Dolomite keine Phosphorescenz zeigen. Um die mitunter sehr schönen Erscheinungen zu beobachten, bediene ich mich des kleinen Apparates Fig. 92, bestehend in einer Röhre a (von 7″ Länge und ¾″ Durchmesser) von geschwärztem

Messing, an deren einem Ende rechtwinklich die kleine Röhre b befindlich, in welche man ein Glasröhrchen c mit Bruchstücken der Probe einschieben und dieselbe mit einem Deckel schließen kann. Der Apparat wird von einem Träger gehalten und die Röhre b mit der Probe durch eine Gasflamme erhitzt, während man durch den Trichter d sieht und mit den Händen das Seitenlicht abhält.

§. 2. Man nennt Elektricität die Eigenschaft der Körper, nach einer gewissen Behandlung andere leichte Körper anzuziehen und auch wieder abzustoßen. Die Elektricität wird durch Reiben (Druck, Schlag) und durch Erwärmen erregt. Dabei behalten die Nichtleiter oder Isolatoren die in ihnen erregte Elektricität mehr oder weniger lang, die Leiter aber behalten den elektrischen Zustand nur, wenn sie mit Nichtleitern umgeben oder isolirt worden sind. Es geschieht dieses, indem man sie mit Wachs oder Schellack auf einer Unterlage von Glas oder Siegellack befestigt, oder auf die Fläche eines Wachskuchens, der in eine kleine flache Schachtel gegossen ist, festdrückt. Für die Beobachtung der Reibungselektricität ist eine gleichförmige Beschaffenheit der geriebenen Fläche und des Reibzeuges zu beachten. Die Flächen sollen glatt sein, als Reibzeug dient Hirschleder, welches über ein in Form eines Pistills gedrehtes Holz gespannt wird.

Um zu erkennen, ob ein Mineral durch Reiben oder Erwärmen elektrisch geworden, kann man sich der von Hauy eingeführten elektrischen Nadel bedienen, welche in einem Messingdraht mit kleinen Knöpfchen an den Enden besteht und sich mittelst eines Hütchens wie eine Magnetnadel auf einem Stift bewegen kann. Ein elektrisch gemachtes Mineral wirkt anziehend auf die Nadel. Da es zweierlei einander entgegengesetzte Elektricitäten giebt, die positive oder + Elektricität, wie sie von geriebenem Glas entwickelt wird, und die negative oder − Elektricität, wie sie beim Reiben von Siegellack entsteht, so hat man an einem elektrisch gemachten Mineral auch die Art der Elektricität zu bestimmen. Dazu muß man der erwähnten Nadel eine bekannte Elektricität, z. B. durch Berühren mit geriebenem Siegellack, ertheilen; ein gleichnamig elektrischer Krystall stößt dann die Nadel ab, ein ungleichnamig elektrischer zieht sie an. Es können aber dabei leicht Täuschungen vorkommen, welche sich vermeiden lassen, wenn man ein Gemsbartelektroskop anwendet. Die langen Haare, welche einem vierjährigen Gemsbock im Spätherbst über den Rücken hinstehen und Gemsbart heißen, werden zwischen den Fingern von ihrer Wurzel nach der Spitze gestrichen, stark + elektrisch, von der Spitze gegen die Wurzel gestrichen werden sie aber,

jedoch schwächer, — elektrisch*). Man befestigt zu Unter=
suchungen ein solches Haar mit der Wurzel mittelst Wachs an eine
Siegellack= oder Glasstange und dieses heißt der plus (+) Zeiger,
ein zweites befestigt man umgekehrt ebenso mit der Spitze und die=
ses heißt der minus (—) Zeiger, ein drittes solches Haar wird
vergoldet gebraucht. Dazu zieht man es durch Damarfirniß und
legt es auf Goldblatt, bedeckt es auch mit solchem durch leichtes
Andrücken unter Papier und hängt es dann zum Trocknen auf.
Wenn der Firniß trocken, werden die nicht haftenden Flitter mit
den Fingern abgestreift und das Haar etwas gequirlt. Dieses
Haar heißt der Fühler. Ein elektrisch gemachtes Mineral zieht
den Fühler an und wenn dieses beobachtet worden, kann die weitere
Untersuchung mit den Zeigern geschehen. Dabei giebt nur das
Abgestoßenwerden der Zeiger sichere Anzeige, die betreffende
Stelle des Krystalls ist dann mit dem Zeiger von gleichem Zeichen.
Das Angezogenwerden eines Zeigers kann zwar von entgegengesetzter
Elektricität der Probe herrühren, es kann aber auch davon her=
rühren, daß die Probe nicht elektrisch ist oder ihre Elektricität wäh=
rend des Versuches verloren hat. — Trockene Luft ist eine Haupt=
bedingung für das Gelingen der betreffenden Experimente.

Von besonderem Interesse sind die mit der Elektricität durch
Erwärmen, Pyroelektricität, verbundenen Erscheinungen.
Pyroelektrische Krystalle zeigen nämlich an bestimmten Axenenden
beide Arten der Elektricität und ist an den verschiedenen Polen
auch öfters eine ungleiche Flächenbildung bemerkbar. Dabei wech=
seln die Pole bei zu= und abnehmender Temperatur. Man nennt
den Pol, der bei zunehmender (+) Temperatur positiv elektrisch
wird, den analogen (+) Pol, denjenigen aber, der beim Er=
wärmen des Krystalls negativ wird, den antilogen (—) Pol.

Der zu untersuchende Krystall wird von einer gestielten Pin=
cette mit langen Spitzen festgehalten und der Stiel in eine Kork=
scheibe gebohrt, welche in eine Metallkapsel gefaßt an einem Stativ
höher und niederer gestellt werden kann. Man erwärmt den Kry=
stall mit einer Weingeistlampe und wenn er ziemlich heiß gewor=
den, wird, nach Entfernung der Lampe, die Elektricität gewöhnlich
beim Erkalten beobachtet. Dabei wird nur der + Zeiger ge=
braucht. Er wird vom + Pol des Krystalls deutlich abgestoßen
und nach dem — Pol geworfen.

---

*) Durch öfteren Gebrauch werden die Haare auch + elektrisch, wenn
sie von der Spitze nach der Wurzel gestrichen werden. Soll ein
Haar als — Zeiger dienen, so muß es elektrisirt von einer gerie=
benen Siegellackstange abgestoßen werden.

Der Turmalin zeigt Pyroelektricität an allen Varietäten, die elektrische Axe fällt mit der Krystallhauptaxe zusammen, an Boracit sind 4 elektrische Axen bemerkbar, welche den Eckenaxen des Würfels entsprechen, seine Krystalle sind aber nicht immer in gleichem Grade elektrisch; am Topas finden sich zwei gegen einander gekehrte elektrische Axen, deren analoge Pole im Inneren des Krystalls zusammenfallen, seine Krystalle von verschiedenen Fundorten sind aber sehr ungleich elektrisch, die brasilianischen stark elektrisch, die sächsischen und sibirischen fast gar nicht. Außer diesen werden noch Stolezit, Calamin, Prehnit und Rhodizit pyroelektrisch.

§. 3. Die Eigenschaft, ein Isolator oder ein Leiter zu sein, und der Grad der Leitungsfähigkeit giebt in manchen Fällen sehr brauchbare Kennzeichen. Man gebraucht zu solcher Untersuchung das vergoldete Gemshaar, den Fühler, welchem man Elektricität ertheilt. Es geschieht dieses, indem man eine auf Tuch geriebene Siegellackstange dem Fühler nähert, bis er abgestoßen wird, oder einen mit den Fingern gestrichenen Streifen von Muskowit von Grafton, welcher dadurch sehr stark (+) elektrisch wird. Wird dann dem elektrisirten Fühler ein nichtelektrisches Mineral genähert, so wird er immer angezogen, er springt aber von der Probe sogleich wieder ab, wenn diese ein Leiter ist (da sie ihn rasch entladet), bleibt dagegen auf der Probe liegen, wenn sie ein Isolator, indem er durch einen solchen nur langsam entladen wird. Manche Mineralien, wie Topas und Saphir bleiben, gerieben, mehrere Stunden lang elektrisch, andere, wie der Diamant, unter gleichen Verhältnissen nur eine halbe Stunde oder weniger. Auffallend zeigt sich auch der Unterschied für galvanische Elektricität. Die mineralischen Leiter erregen nämlich mit metallischem Zink, gegen welches sie alle negativ sind, in Verbindung gebracht und in eine Lösung von Kupfervitriol getaucht, einen galvanischen Strom, der öfters stark genug ist, die Flüssigkeit zu zersetzen und das Mineral mit metallischem Kupfer zu belegen. Man bedient sich dabei eines Streifens von Zinkblech, welchen man zu einer Kluppe zusammenbiegt, faßt damit frisch geschlagene Bruchstücke der Probe und taucht Zink und Probe etwa eine Minute lang in die Vitriollösung. Alle guten Leiter werden mehr oder weniger schnell mit glänzendem metallischem Kupfer überzogen. Man kann auf diese Weise sogleich Galenit, Magnetit und Graphit, welche gute Leiter, von Antimonit, Franklinit und Molybdänit unterscheiden, da letztere schlechte Leiter sind und nicht oder nur sehr langsam mit Kupfer belegt werden.

Um zu vermeiden, daß sich auf dem Zink selbst Kupfer fälle, kann man auch ein Diaphragma anwenden, in welches man einen Zinkcylinder stellt, an dem ein dicker Messingdraht anzuschrauben,

welcher gebogen in eine federnde Pincette endigt, welche die Mine=
ralprobe festhält. Der Cylinder des Diaphragma's steht in einem
hinlänglich weiten Glascylinder, welcher mit Kupfervitriollösung
gefüllt ist, während zum Zink verdünnte Schwefelsäure gegossen
wird. Man muß die Probe zum Eintauchen in den Vitriol bringen,
ohne daß die Pincette mit eingetaucht wird. Der Cylinder des
Diaphragma's kann etwas über einen Zoll im Durchmesser haben
und 2½ Zoll Höhe, der äußere Glascylinder hat gegen 3 Zoll
Durchmesser und dieselbe Höhe.

Nach ihrem elektrischen und galvanischen Verhalten bilden
die Mineralien folgende Gruppen:

I. Gruppe der guten Isolatoren.

Sie wirken für sich gerieben anziehend auf den Fühler.

1) Positiv elektrische Isolatoren.

Sie wirken, elektrisirt, abstoßend auf den + Zeiger.

Beispiele: Calcit, Aragonit, Liparit, Baryt (Cölestin, schwach),
Brongniartin, Gyps, Anhydrit, Apatit, Quarz, Topas, Smaragd, Grossu=
lar, Vesuvian, Disthen, Orthoklas, Albit, Turmalin, Axinit, Zirkon, Mus=
kowit, Spinell, Alaun, Steinsalz 2c.

2) Negativ elektrische Isolatoren.

Sie wirken, elektrisirt, abstoßend auf den — Zeiger.

Beispiele: Talk, Schwefel, Operment, Bernstein, Asphalt.

II. Gruppe der guten Leiter.

Sie wirken, für sich gerieben, nicht anziehend auf den Fühler
und belegen sich, mit einer Zinkkluppe gefaßt und in Kupfervitriol=
lösung getaucht, mehr oder weniger schnell mit metallischem Kupfer.

Beispiele: Graphit, gediegen Gold, Silber, Platin, Galenit, Pyrit,
Arsenopyrit, Chalkopyrit, Kobaltin, Smaltin, Magnetit, Glaukodot, Do=
meykit 2c.

III. Gruppe der (relativ zu II.) schlechten Leiter (und schlechten Isolatoren).

Sie wirken, für sich gerieben, nicht oder nur sehr schwach an=
ziehend auf den Fühler und belegen sich nicht mit Kupfer, wenn
sie mit der Zinkkluppe in eine Lösung von Kupfervitriol getaucht
werden.

Beispiele: Diamant, Cölestin, Almandin, Melanit, Biotit und
Phlogopit, Ripidolith und Klinochlor, Pennin, Analcim, Sphen, Antimo=
nit, Hämatit, Franklinit, Zinkenit, Jamesonit, Enargit, Chromit, Cuprit,
Pyrolusit, Manganit, Psilomelan, Hausmannit 2c.

Um die Art der Elektricität bei den Mineralien der Gruppen
II. und III. zu bestimmen, müssen die Proben isolirt werden. —

Durch Galvanismus vermittelt ist die Erscheinung, daß viele Sulphurete, welche für sich von Salzsäure nicht zersetzt werden, diese Zersetzung und Entwicklung von Schwefelwasserstoff zeigen, wenn ihr Pulver, mit Eisen gemengt, mit der Säure (1 vol. concentrirte Salzsäure, 1 vol. Wasser) geschüttelt wird. Am besten macht man den Versuch in einem Cylinderglas von 2¼" Höhe und 1" Durchmesser, welches man mit einem Kork schließt, um welchen ein Streifen Bleipapier *) gelegt und eingeklemmt wird, so daß der Streifen auf der in's Glas hineinragenden Korkfläche liegt. Innerhalb e i n e r Minute wird das Papier gebräunt oder geschwärzt. So mehr oder weniger bei allen Sulphureten, mit Ausnahme von Realgar, Operment und Molybdänit. Man kann damit sehr ähnliche Mineralien sogleich unterscheiden, z. B. Clausthalit und Galenit, Chloanthit und Arsenopyrit zc.

§. 4. M a g n e t i s m u s heißt die Eigenschaft gewisser Mineralien, auf die Magnetnadel zu wirken. Solche Mineralien sind manchmal polarisch und ziehen dann an einzelnen Stellen einen Pol der Nadel an, während sie ihn an andern abstoßen.

Nach D e l e s s e besteht keine bestimmte Beziehung der Lage der magnetischen Axen zu den krystallographischen. — Glühen zerstört die Polarität.

Das Kennzeichen des Magnetismus ist für diejenigen Mineralien von Wichtigkeit, welche zu den Eisen= und Nickelerzen gehören, oder welche überhaupt viel Eisen und Nickel enthalten. Dergleichen sind manchmal schon unmittelbar magnetisch, wie Magneteisenerz, Franklinit, Magnetkies zc., theils werden sie es, wenn sie vorher gehörig erhitzt oder geschmolzen wurden, wovon bei den Löthrohrversuchen noch die Rede sein wird.

9. Von den Kennzeichen des Geruchs, Geschmacks und Anfühlens.

Für sich besitzen die eigentlichen Mineralien wenig Geruch, entwickeln aber zuweilen einen solchen beim Reiben, so empyreumatischen oder brenzlichen der Quarz, chlorartigen mancher Liparit (Antozonit), Thongeruch die Thone, bituminösen Geruch mancher Kalkstein, Mergel zc., oder sie entwickeln einen eigenthümlichen, oft

---

*) Man tränkt Filtrirpapier mit Bleizuckerlösung, trocknet das Papier und bewahrt daraus geschnittene Streifen in einem verschlossenen Glase. Das Eisenpulver muß frei von Schwefel sein. Es eignet sich dazu meistens das sog. ferrum alcoholisatum der Apotheker.

sehr charakteristischen Geruch beim Erhitzen 2c., wovon bei den Löthrohrproben.

Geschmack erregen alle im Wasser auflöslichen Salze und man unterscheidet süßsalzig (Steinsalz), süßzusammenzie= hend (Alaun), tintenartig herb (Kupfervitriol), salzig= bitter (Bittersalz), salzigkühlend (Salpeter), laugenartig (Soda), stechendscharf (Salmiak).

In Beziehung auf den Eindruck des Anfühlens unterscheidet man: fett anzufühlen, mager anzufühlen und kalt anzufühlen. (Letzteres unterscheidet ächte Steine, welche als Edelsteine gelten, ziemlich bestimmt von nachahmenden Glasflüssen.)

Von den chemischen Eigenschaften der Mineralien.

A. Von den chemischen Eigenschaften auf trockenem Wege.

§. 1. Die chemischen Eigenschaften auf trockenem Wege wer= den durch die Veränderungen erkannt, welche die Mineralien durch Erhitzen und Zusammenschmelzen mit gewissen Zuschlägen zeigen. Zu diesen Untersuchungen dient das Löthrohr. Das Brenn= material ist eine Wachs= oder Stearinkerze oder eine Oellampe. Beim Blasen, welches mit den Wangenmuskeln geschieht, hat man an der Flamme zwei verschiedene Theile zu beachten.

Es bilden sich nämlich zwei Flammenkegel, wovon der innere blau, der äußere gelblich ist. Die Spitze des blauen Kegels ist die Reductionsflamme, denn sie entzieht einer besorhbirbaren Substanz den Sauerstoff, die Spitze des äußern Kegels (überhaupt der Saum der Flamme) ist Oxydationsflamme, in welcher eine oxydable Substanz bei Luftzutritt erhitzt und so oxydirt wird.

Als Träger oder Unterlage für die Probe dient eine Pincette mit Platinspitzen, eine gut gebrannte Holzkohle, manchmal ein Pla= tindraht, eine Glasröhre 2c. Zum nöthigsten Löthrohr=Apparat ge= hört ferner: Hammer und Ambos, ein Mikroskop, eine Reibschale von Chalcedon, Magnetnadel, Spritzflasche und von Reagentien: Soda (rein und besonders frei von Schwefelsäure), Borax, Phos= phorsalz, Salpeter, saures schwefelsaures Kali, Cyankalium, salpeter= saure Kobaltauflösung, Salzsäure und Schwefelsäure, Flußspath=

pulver, Zinn, Silber (wofür jede blanke Silbermünze brauchbar), Kupferoxyd und Reactionspapiere von Curcuma und Lakmus.

§. 2. Zu den Schmelzversuchen, wobei die Pincette zu ge= brauchen, wählt man möglichst feine Splitter und bestimmt den Schmelzgrad vergleichungsweise mit ähnlichen Splittern der folgen= den Mineralien.

1. **Antimonit.** ⎫ In dickern oder dünnern Splittern ohne
2. **Natrolith.** ⎬ Blasen, schon am Saume einer Wachs=
             ⎭ flamme schmelzend.

3. **Almandin.** Nicht mehr am Kerzenlicht, leicht auch in stum= pfen Stücken vor dem Löthrohre schmelzbar.

4. **Amphibol** (sog. Strahlstein aus dem ⎫ Ziemlich schwer und nur
   Zillerthale). ⎬ in dünnen Splittern vor
5. **Orthoklas** (Adular vom St. Gotthard). ⎭ dem Löthrohre schmelz= bar.

6. **Broncit** (von Kupferberg, Ultenthal). Nur in den feinsten Spitzen vor dem Löthrohre etwas abzurunden.

Die Schmelzbarkeit muß bei einer guten raschen Flamme untersucht werden, durch längeres schwaches Glühen können manche Verbindungen, wie z. B. Schwefelmangan, zersetzt und dadurch un= schmelzbar werden, während sie, sogleich mit rascher Flamme ange= blasen, schmelzen.

Beim Schmelzen oder überhaupt beim Erhitzen zeigen die Mineralien verschiedene Erscheinungen, welche wohl zu beachten sind, Anschwellen, Bersten, Aufblähen, Schäumen und Sprudeln, Verpuffen (auf Kohle), Krystallisiren 2c. Es ist dabei die Ver= änderung der Farbe oft charakteristisch: alle farbigen Liparite, Quarze, Zirkone u. a. werden durch Glühen weiß oder farblos; die gelben brasilianischen Topase brennen sich weiß, nehmen aber beim Erkalten eine Rosenfarbe an, Siderite werden schwarz 2c., andere, wie die grünen brasil. Turmaline behalten beim Glühen Farbe und Durchsichtigkeit, die rothen Pyrope werden beim Glühen schwarz, beim Erkalten wieder roth 2c.

Manche metallische Verbindungen werden auf Kohle reducirt, z. B. Oxyde und viele Oxyd=, auch andere Verbindungen von Blei, Kupfer, Zinn, Silber 2c. Das erhaltene Metallkorn nennt man Regulus und hat auf dem Ambos mit dem Hammer zu untersuchen, ob es geschmeidig oder spröde 2c. Das Schmelzpro= duct ist auch näher, seinem Aussehen nach, zu bestimmen, es ist glasartig, porcellanartig, schlackig, porös 2c.

Viele Mineralien scheiden beim Erhitzen flüchtige Substanzen aus und daran werden mancherlei Mischungstheile erkannt.

6

Schwefelverbindungen entwickeln, im Oxydationsfeuer auf Kohle oder an dem Ende einer offenen Glasröhre erhitzt, den Geruch der schweflichten Säure.

Selenverbindungen geben so behandelt den Geruch von verfaultem Rettig.

Arsenikverbindungen entwickeln, auf der Kohle erhitzt, knoblauchartigen Geruch.

Hydrate geben, in einer Glasröhre oder im Glaskolben erhitzt, Wasser an den kältern Theilen des Rohres, manche Queck = silberverbindungen ebenso metallisches Quecksilber.

Auf Kohle erhitzt, werden durch den Beschlag, welchen ihre Oxyde um die Probe geben, erkannt:

Antimonverbindungen. Der Beschlag ist weiß und leicht flüchtig und färbt die Löthrohrflamme nicht merklich, wäh = rend der ähnliche von Tellurverbindungen die Reductions = flamme schön blau und grün färbt.

Zinkverbindungen. Der Beschlag ist in der Hitze gelb = lich, nach dem Erkalten weiß und schwer flüchtig.

Wismuthverbindungen. Der Beschlag ist theils weiß, theils orangegelb und färbt die Flamme nicht. Werden Wis = mutherze mit Schwefel zusammengeschmolzen und dann mit Job = kalium, so erhält man einen zum Theil hochroth gefärbten Beschlag.

Bleiverbindungen. Der Beschlag ist grüngelb.

Auch die Färbung, welche manche Mineralien der Löthrohr = flamme ertheilen, ist bemerkenswerth.

So ertheilen Strontianit und Lithionit eine schöne rothe Färbung, Chlorkupfer eine blaue, Boracit eine grüne, Baryt eine gelblichgrüne u. s. w.

Charakteristisch ist ferner die alkalische Reaction mancher Mineralien nach dem Glühen oder Schmelzen und die magne = tische Reaction nach dieser Behandlung. Zur Ausmittelung der alkalischen Reaction wird die geglühte oder geschmolzene Probe auf Curcumapapier gelegt und mit einem Tropfen Wasser befeuchtet, es bilden sich dann bräunliche oder röthlichbraune Flecken auf dem Papier, wenn alkalische Reaction stattfindet. Das Glühen muß anhaltend geschehen. Diese Reaction zeigen alle Verbindun = gen der Alkalien und alkalischen Erden mit Kohlen = säure, Schwefelsäure, Salpetersäure, Chlor und Fluor und Wasser. Auch Silicate reagiren oft alkalisch (vor oder nach dem Schmelzen) jedoch nur, wenn sie zu feinem Pul = ver zerrieben, auf Curcumapapier mit Wasser befeuchtet wor = den. Auf die Magnetnadel wirken nach anhaltendem Glühen oder Schmelzen im Reductionsfeuer fast alle Eisen = und Nickelerze.

§. 3. Die Wichtigkeit der Löthrohrversuche steigert sich noch
durch die Anwendung gewisser Flußmittel und Zuschläge, mit
welchen man die Probe schmilzt oder erhitzt. Dabei kommt in
Betracht:

1. Das Verhalten zum Borax und Phosphorsalz*).

Die meisten Mineralien sind in diesen Flüssen beim Schmelzen, welches in dem Oehr eines Platindrahts geschieht, auflöslich,
nur die Kieselerde und viele kieselsaure Verbindungen
sind im Phosphorsalz nicht oder nur wenig auflöslich und können
daran erkannt werden. Charakteristische Färbung ertheilen den
Gläsern dieser Flüsse die nachstehenden Metallverbindungen:

Die Manganerze färben das Glas von Borax und Phosphorsalz im Oxydationsfeuer violettroth und diese Farbe kann,
wenn nur wenig von der Probe eingeschmolzen wurde, im Reductionsfeuer ganz fortgeblasen werden.

Alle kobalthaltigen Mineralien färben diese Flüsse
schön saphirblau, alle chromhaltigen smaragdgrün, alle Eisenerze und überhaupt eisenhaltige Mineralien ertheilen ihnen
im Reductionsfeuer eine bouteillengrüne Farbe, die sich beim Erkalten des Glases bleicht oder auch ganz verschwindet. Viele Kupfer-
verbindungen geben mit Borax im Oxydationsfeuer ein blaues
oder grünes Glas, welches im Reductionsfeuer braun und trübe
wird; die meisten Uranverbindungen geben mit Phosphorsalz im Oxydationsfeuer ein dunkelgelbes, im Reductionsfeuer schön grünes Glas, dessen Farbe sich beim Abkühlen erhöht.

Die Vanadin-Verbindungen geben mit Borax im Reductionsfeuer ein smaragdgrünes Glas, wie die Chromverbindungen, es
färbt sich aber im Oxydationsfeuer gelb und bleicht sich. Mit
Salpeter im Platinlöffel geschmolzen, ist der Fluß bei Chrom-Ver-
bindungen schwefelgelb und ertheilt, in Wasser gebracht, diesem
eine gelbe Farbe; salpetersaures Silberoxyd bringt darin ein rothes
Präcipitat hervor. Vanadin-Verbindungen ertheilen dem Wasser
keine Farbe und Silberauflösung giebt ein blaßgelbliches Präcipitat.
Die Farben der Niederschläge werden deutlicher, wenn nach der
Fällung etwas Schwefelsäure zugesetzt wird.

Von mehreren Verbindungen kann mit Borax bei gutem Feuer
ein klares Glas, auch bei großem Zusatz der Probe erhalten werden,
welches aber dann, mit einer flackernden Flamme angeblasen, trüb

---

*) Borax ist zweifach borsaures Natrum, Phosphorsalz — phosphor-
saures Ammoniak — Natrum.

6*

und emailartig wird. Man nennt dieses Blasen Flattern, das Glas kann unklar geflattert werden.

2. Das Verhalten zur Soda*).

Man behandelt feine Splitter oder das Pulver der Probe mit der Soda gewöhnlich auf Kohle und nimmt etwa das 3fache Volum an Soda.

Die Kieselerde und mehrere Silicate schmelzen damit unter Brausen zu einem auch nach dem Erkalten klar bleibenden Glase zusammen.

Schwefel= und schwefelsäurehaltige Mineralien geben, auf Kohle damit geschmolzen und anhaltend erhitzt, eine Masse (Hepar), welche, auf Silber gelegt und mit Wasser befeuchtet, auf diesem (von sich entwickelndem Schwefelwasserstoff) bräunliche oder schwärzliche Flecken hervorbringt. Wird die Masse mit etwas Wasser übergossen und dann ein Tropfen Nitroprussidnatrium zugesetzt, so nimmt die Flüssigkeit eine schöne violettrothe Farbe an**).

Aus sehr vielen Verbindungen können durch Schmelzen mit Soda auf Kohle regulinisch dargestellt werden: Wismuth, Zinn, Blei, Silber, Gold, Kupfer, Nickel u. a. Die Soda kann auch hier durch Cyankalium ersetzt oder damit gemengt angewendet werden, da dieses noch kräftiger reducirend wirkt. Zinnoxyd wird damit sehr leicht reducirt.

Die Quecksilber=Verbindungen geben, mit Soda gemengt und im Glaskolben oder einer Glasröhre erhitzt, metallisches Quecksilber, welches sich in kleinen Kügelchen sublimirt, die beim Auswischen des Rohres mit einer Feder leicht erkannt werden. Statt mit Soda kann man noch besser dergl. Verbindungen mit Eisenpulver mengen, das Gemenge in Kupferfolie wickeln und so in die Glasröhre schieben und glühen. Aus Zinnober, Selenqueck= silber 2c. erhält man auf diese Weise das Quecksilber sehr rein.

3. Das Verhalten zur Kobaltauflösung.

Die Probe wird mit der Kobaltauflösung befeuchtet und in der Pincette als Splitter oder auch auf der Kohle als Pulver

---

*) Man gebraucht gewöhnlich das zweifach kohlensaure Natrum.

**) Um natürliche Schwefelverbindungen, die nur sehr wenig Schwefel enthalten, z. B. Hauyn, von schwefelsauren Verbindungen zu unter-scheiden, schmilzt man ihr Pulver im Platinlöffel mit Kalihydrat, stellt dann den Löffel in ein kleines Glas mit Wasser, säuert dieses mit etwas Salzsäure an und stellt dazu eine blanke Silberspatel. Wenn Schwefel vorhanden, läuft das Silber nach einiger Zeit gelb-lich an; bei einem bloßen Gehalt an Schwefelsäure läuft es nicht an.

scharf geglüht. Die Reactionen sind nur bei unschmelzbaren Mine=
ralien sicher.

Die Thonerde und mehrere Verbindungen derselben nehmen
dabei eine schöne blaue Farbe an, das Zinkoryd und viele
Zinkverbindungen eine grüne (auch der Zinkbeschlag auf der
Kohle wird damit grün), die Talkerde und mehrere ihrer Ver=
bindungen eine blaßfleischrothe. Die Proben, welche diese Reactio=
nen zeigen sollen, müssen für sich geglüht weiß oder nur wenig
gefärbt sein. Die Kieselerde wird auch mit Kobaltauflösung bläu=
lich, doch wenig und lichter als die Thonerde.

4. Das Verhalten zu Reagentien, welche eine Fär=
bung der Flamme hervorbringen.

Alle kupferhaltigen Mineralien färben, nach vorher=
gegangenen Schmelzen mit Salzsäure befeuchtet, die Löthrohr=
flamme schön blau.

Strontianverbindungen, nach starkem Glühen oder
Schmelzen mit einem Tropfen Salzsäure befeuchtet, färben die
Flamme eines Kerzenlichtes (ohne Löthrohrblasen) roth, wenn sie
an den Saum des blauen Theiles gehalten werden.

Phosphorsaure und borsaure Verbindungen färben,
mit Schwefelsäure befeuchtet, die Löthrohrflamme blaß bläulich=
grün oder rein grün.

Lithionhaltige Mineralien, mit saurem, schwefelsaurem
Kali geschmolzen, färben die Flamme roth, und kieselborsaure
Verbindungen, damit gemengt und mit Zusatz von Flußspath,
färben sie vorübergehend grün. Dazu kann der Platindraht an=
gewendet werden und die Proben in Pulverform.

Der Gebrauch des Löthrohrs, des für den Mineralogen und
Chemiker wichtigsten und unentbehrlichsten Instrumentes, ist vor=
züglich durch die Schweden Cronstedt, Gahn und Berzelius
zu wissenschaftlichen Untersuchungen eingeführt worden. Ausführ=
liche Arbeiten darüber geben Berzelius: „Anwendung des Löth=
rohrs in der Chemie und Mineralogie“, und Plattner: „Die Pro=
birkunst mit dem Löthrohre.“

B. Von den chemischen Eigenschaften auf nassem Wege.

§. 1. Wo die Versuche vor dem Löthrohre nicht ausreichen,
die Mischungstheile eines Minerals auszumitteln, da giebt ihr Ver=

halten auf nassem Wege die ergänzenden Kennzeichen. Für die da=
bei anzustellenden Versuche ist die Probe meistens zu einem feinen
Pulver zu zerreiben und bei den Auflösungen die Wärme anzuwen=
den. Wo mit den geeigneten Auflösungsmitteln kein Angriff statt=
findet, muß die Probe aufgeschlossen, d. h. mit dem 3—4fachen
Gewichte von kohlensaurem Kali oder Natrum oder mit Kalihydrat
oder mit dem 5—6fachen Gewichte von kohlensauerm Baryt ge=
glüht oder geschmolzen und dadurch eine in Säuren auflösliche Ver=
bindung künstlich hergestellt werden. Dazu werden Platin= und
Silbertiegel angewendet. Die gewöhnlichen Auflösungsmittel sind:
Wasser, Salzsäure für die meisten nichtmetallischen und Salpeter=
säure, zuweilen Salpetersalzsäure für die meisten metallischen Ver=
bindungen, Schwefelsäure, Kalilauge, Aetzammoniak. Die Gefäße,
deren man sich bedient, sind Glaskolben, Porzellanschalen, Platin=
und Silbertiegel, Cylindergläser, Filtrirtrichter ꝛc.

Bei Präcipitationen ist darauf zu achten, ein zweites Präci=
pitationsmittel nicht eher zuzusetzen, bevor man sich überzeugt hat,
daß das erste keinen Niederschlag mehr hervorbringt, und die
Niederschläge dabei jedes Mal zu filtriren. Die Wahl und Reihen=
folge der Präcipitationsmittel lehrt die analytische Chemie und kann
hier nur das zur Bestimmung der Mineralien Wichtigste angeführt
werden. —

§. 2. Es lassen sich auf dem nassen Wege folgende Mischungs=
theile erkennen, welche vor dem Löthrohr nicht oder nicht sicher
ausgemittelt werden können:

Die Kohlensäure wird in ihren Verbindungen leicht durch
das Brausen erkannt, welches entsteht, wenn das Probepulver mit
verdünnter Salzsäure behandelt wird. Das sich entwickelnde Gas
ist geruchlos. Manche kohlensaure Verbindungen brausen erst,
wenn die Säure erwärmt wird, Dolomit, Magnesit ꝛc.

Die Borsäure wird in ihren Verbindungen erkannt, wenn
man die Probe (vor oder nach dem Aufschließen) mit Schwefel=
säure eindampft und dann Weingeist zusetzt und diesen anzündet.
Die Borsäure ertheilt ihm die Eigenschaft, mit grüner Flamme
zu brennen.

Die Phosphorsäure wird erkannt, wenn die Probe (vor
oder nach dem Aufschließen) mit Salpetersäure in Ueberschuß ge=
löst und der saueren Lösung molybdänsaures Ammoniak zugesetzt
wird. Man erhält dann beim Erwärmen ein ockergelbes Präcipi=
tat (phosphormolybdänsaures Ammoniak).

Zur Ausmittlung von Chlor bereitet man eine salpetersaure
Auflösung (mit chemisch reiner Säure) und setzt dann salpetersaure

Silberauflösung zu. Chlor wird damit als Chlorsilber weiß ge=
fällt und dieser Niederschlag wird am Licht schnell bläulichgrau.

Fluorverbindungen (ohne Kieselerde) entwickeln, im
Platintiegel mit concentr. Schwefelsäure erhitzt, Flußsäure, welche
ein Glasplättchen, womit man ein kleines Loch im Deckel des
Tiegels bedeckt, corrodirt.

Die Kieselerde erkennt man in den Verbindungen, welche
in Salzsäure vollkommen auflöslich sind, durch die Gallertbil=
dung, welche beim langsamen Abdampfen der Auflösung entsteht.
In andern Verbindungen wird sie bei Behandlung mit starken
Säuren pulverförmig ausgeschieden und durch ihre Auflöslichkeit
in Kalilauge und vor dem Löthrohr erkannt. Bei Silicaten,
welche mit Kali aufgeschlossen werden, findet bei der Behandlung
mit Salzsäure jedesmal Gallertbildung statt. Aus der Auflösung
in Kali wird die Kieselerde durch Zusatz einer hinreichenden Menge
von Salmiaklösung als Hydrat gefällt. Silicate, welche unmittel=
bar von Salzsäure nicht aufgelöst werden, sind als solche erkenn=
bar, wenn sie als feines Pulver mit einer hinreichenden Menge
concentrirter Phosphorsäure bis zum anfangenden Fortrauchen der
Säure gekocht werden. Nach dem Erkalten setzt man Wasser zu
und löst abermals in der Wärme, wobei sich die Kieselerde, öfters
in gelatinösen Klumpen, ausscheidet.

Wolframsaure Verbindungen geben mit Phosphorsäure
eingekocht einen dunkelblauen Syrup, welcher auf Zusatz von
Wasser entfärbt wird. Die ziemlich verdünnte Lösung wird beim
Schütteln mit Eisenpulver wieder schön blau.

Zur Erkennung der Molybdänsäure bereitet man eine
salzsaure Auflösung der Probe. Diese, hinlänglich verdünnt, nimmt
beim Umrühren mit einem Stanniolblech sogleich eine schöne blaue
Farbe an.

Zur Erkennung der Titansäure und ihrer Verbindungen
bereitet man (öfters ist dazu Aufschließen mit Kalihydrat noth=
wendig) eine salzsaure Auflösung, filtrirt nöthigenfalls und legt
dann ein Blech von Stanniol hinein und kocht sie damit. Durch
die erfolgende Reduction der Titansäure zu Titansesquioxyd (von
Fuchs entdeckt), oder zum entsprechenden Chlorid, nimmt die
Flüssigkeit bald eine schöne violettrothe Farbe an. Mit Wasser
verdünnt, wird diese Flüssigkeit rosenroth. Es muß ein Ueberschuß
an concentrirter Salzsäure und an Stanniol vorhanden sein.
Man kann, wenn Aufschließen nothwendig, das Probepulver mit
dem 6—7fachen Gewicht an saurem schwefelsaurem Kali zusammen=
schmelzen und durch Kochen mit concentrirter Salzsäure die geeig=
nete Lösung erhalten. Kocht man den Schmelzfluß mit Wasser,

filtrirt, verdünnt das Filtrat mit dem 7—8fachen Vol. Wasser und kocht abermals, so wird die Flüssigkeit milchig trübe von ausgefällter Titansäure.

Tellurverbindungen ertheilen concentrirter Schwefelsäure bei gelindem Erhitzen eine schöne Purpurfarbe, Nachhagt eine hyazinthrothe Farbe. Man nimmt am besten soviel Schwefelsäure, daß das Pulver in einem kleinen Glaskolben 1″ hoch bedeckt ist. Die rothe Flüssigkeit wird von Wasser, unter Abscheidung eines schwärzlichgrauen Präc. von Tellur, entfärbt.

Alle Manganverbindungen gehen mit Phosphorsäure eingekocht, entweder unmittelbar (bei Gegenwart von $\overset{..}{Mn}$ oder $\overset{-}{Mn}$) oder auf Zusatz von Salpetersäure (bei Gegenwart von Mn und $\overset{..}{Mn}$) eine violettrothe Flüssigkeit, deren Farbe verschwindet, wenn man sie mit Krystallen von schwefelsaurem Eisenoxydul-Ammoniak schüttelt. — Zur Erkennung der Tantal- und Niobsauren Verbindungen schmilzt man das Probepulver im Silbertiegel mit Kalihydrat, behandelt die Masse mit Wasser und filtrirt. Aus dem Filtrat werden diese Säuren beim Neutralisiren der Lauge mit Salzsäure in weißen Flocken gefällt. Man filtrirt die Flüssigkeit ab und kocht die gefällten Metallsäuren einige Minuten lang mit einem Ueberschuß von concentrirter Salzsäure, in der sie nicht gelöst werden. Sie geben trübe weißliche Flüssigkeiten. In ein Glas gegossen und (noch kochendheiß) mit etwas Wasser versetzt, erhält man von der Niobsäure sogleich eine klare Lösung, während Tantal- und viel Tantal enthaltende Niobsäure ungelöst sich ausscheiden. Die Niobsäure kann aus der erhaltenen klaren Lösung durch Zusatz von concentrirter Salz- oder Salpetersäure (durch (Wasserentziehung) wieder gefällt werden. Setzt man beim Kochen dieser Säuren mit Salzsäure Stanniol zu, so erhält man smalteblaue trübe Flüssigkeiten, wovon sich die von Niobsäure auf Zusatz von Wasser mit saphirblauer Farbe klärt; bei den übrigen tritt diese Lösung nicht ein und die ungelösten Säuren entfärben sich allmälig. Die blaue Lösung der Niobsäure behält bei Luftabschluß ihre Farbe längere Zeit, unter dem Zutritt der Luft wird sie bald olivengrün und allmälig farblos.

Auch für die Nachweisung der folgenden Metalle in gewissen Verbindungen sind die Versuche auf nassem Wege die geeignetsten.

Silberhaltige Mineralien, in Salpetersäure aufgelöst, fällen mit Salzsäure Chlorsilber, welches, anfangs weiß, am Licht schnell bläulichgrau sich färbt.

Bleihaltige Mineralien geben in der nicht zu sauren säl-

petersauren Auflösung mit Schwefelsäure ein Präcipitat von schwe=
felsaurem Bleioxyd, welches vor dem Löthrohr leicht zu reduciren.
Wismuthhaltige Mineralien geben in der conc. salpeter=
sauren Auflösung mit Wasser ein weißes, vor dem Löthrohr leicht
reducirbares Präcipitat.

Nickelhaltige Mineralien geben mit Salpetersalzsäure zer=
setzt und nach Zufügung von Aetzammoniak, doch nur bis zur
alkalischen Reaction filtrirt (in möglichster Concentration) ein
himmelblaues Filtrat, in welchem Kalilauge ein grünliches, vor
dem Löthrohr zu Nickel reducirbares Präcipitat hervorbringt.

Zur Erkennung von Eisenoxydul in einer eisenhaltigen
salzsauren Lösung, verdünnt man diese ziemlich stark und setzt
Chamäleonlösung, ebenfalls stark verdünnt, allmälig unter Um=
rühren zu. Ist Eisenoxydul (als Eisenchlorür) vorhanden, so wird
die Chamäleonlösung in geringerer oder größerer Menge entfärbt

Gold und Platin sind nur in Salpetersalzsäure auflösbar,
Gold wird durch Eisenvitriol braun gefällt, der Niederschlag nimmt
getrocknet beim Reiben die Goldfarbe an. Ein gesättigte salzsaure
Goldlösung, bis zum Verschwinden der gelben Farbe mit Wasser
verdünnt, nimmt, mit Stanniol erwärmt, eine Purpurfarbe an
und setzt Goldpurpur ab (zinnsaures Goldoxydul), eine Platin=
lösung, so behandelt, giebt keinen Purpur, sondern ein bräunliches
Präcipitat. Platin wird durch Kalisalze gelb gefällt. — Bei
nichtmetallischen Mineralien werden von den öfter vorkommenden
Mischungstheilen aus der salzsauren Auflösung durch Aetzammo=
niak Thonerde, Berillerde, Zirkonerde und Eisenoxyd gefällt,
weiter im Filtrat durch kleesaures Ammoniak Kalkerde und im
Filtrat dieses Niederschlages durch phosphorsaures Natrum und
Aetzammoniak die Bittererde, wenn deren vorhanden ist. Diese 3
Präcipitationsmittel werden unmittelbar nach einander der Auf-
lösung zugesetzt und wenn dadurch nur Spuren von Niederschlägen
entstehen, so ist es als ein Zeichen zu nehmen, daß die Probe von
Säuren nicht zersetzt wird; geben sie aber dabei einen starken
Niederschlag, so wird die Probe meistens vollkommen zersetzt, wenn
sie hinlänglich fein gerieben ist ꝛc.

Wie man auf eine sehr einfache Weise mittelst des Löthrohrs
und einiger Versuche auf nassem Wege die Mineralien systematisch
bestimmen kann, zeigen meine „Tafeln zur Bestimmung
der Mineralien ꝛc. 9. Aufl. München 1868. Lindauer'sche
Buchhandlung.

C. Von der chemischen Constitution.

Die chemische Constitution eines Minerals und die Gesetze seiner Mischung werden durch die chemische Analyse und durch die stöchiometrische Berechnung ihrer Resultate erkannt.

Unter Stöchiometrie versteht man die Lehre von den Quantitätsverhältnissen, in welchen sich die Elemente der Körper (dem Gewichte nach) chemisch verbinden. Diese Verhältnisse lassen sich in Zahlen ausdrücken, welche stöchiometrische Zahlen oder Mischungsgewichte heißen, wenn sie sich auf eine Einheit beziehen, als welche das Mischungsgewicht irgend eines Elementes angenommen wird.

Nimmt man das Mischungsgewicht des Sauerstoffes als Einheit an, so drückt für diese Annahme das Maximum, in welchem irgend ein anderes Element mit dem = 1 gesetzten Sauerstoff (dem Gewichte nach) Verbindung eingeht, die stöchiometrische Zahl dieses Elementes aus.*)

Ist nur eine Oxydationsstufe oder Sauerstoffverbindung eines Elementes bekannt, so gilt vorläufig die Menge des mit dem Sauerstoff verbundenen Elementes als dieses Maximum, wenn nicht besondere Gründe zu einer andern Annahme berechtigen.

Das Eisenoxydul besteht, wie solches die Analyse angiebt, in 100 Gewichtstheilen aus 77,77 Eisen und 22,23 Sauerstoff. Diese Gewichtstheile drücken offenbar das Verhältniß aus, in welchem sich Eisen und Sauerstoff chemisch verbinden können, und für die Annahme, daß von jedem dieser Elemente nur ein Mischungsgewicht in der Verbindung vorhanden, können wir sagen, die stöchiometrische Zahl oder das Mischungsgewicht des Eisens sei 77,77, wenn die des Sauerstoffs 22,23 gesetzt wird. Setzen wir aber, wie man darin übereingekommen, die stöchiometrische Zahl des Sauerstoffs = 1, so werden wir das Verhältniß haben 22,23 : 1 = 77,77 : 3,498 oder 3,5 als stöchiometrische Zahl des Eisens.

Bei mehreren Oxydationsstufen ist es natürlich die niedrigste bekannte, in welcher wir ein Mischungsgewicht Sauerstoff mit einem Mischungsgewicht des andern Elementes verbunden annehmen, die höhern Stufen enthalten dann 2, 3 oder mehr

---

*) Viele Chemiker nehmen das Mischungsgewicht des Wasserstoffs (0,125) als Einheit an, dann ist das Mischg. des Sauerstoffs = 8, und will man die stöchiometrischen Zahlen, wie sie sich für den Sauerstoff = 1 ergeben, in die für den Wasserstoff = 1 umwandeln, so hat man sie mit der Zahl 8 zu multipliciren.

Mischungsgewichte Sauerstoff. Wir kennen z. B. 4 Orybations=
stufen des Schwefels, deren Zusammensetzung in 100 Gewichts=
theilen folgende:

	Schwefel.	Sauerstoff.
Schwefelsäure . . .	40,0	60,0
Unterschwefelsäure . .	44,5	55,5
Schweflichte Säure .	50,0	50,0
Unterschweflichte Säure	66,7	33,3

Die unterschweflichte Säure oder die niebrigste Orybationsstufe
(mit dem wenigsten Sauerstoff), als aus 1 Mischungsgewicht Schwe=
fel und 1 Mischungsgewicht Sauerstoff bestehend, angenommen, wäre
wieder die stöchiometrische Zahl des Schwefels = 66,7, wenn die
des Sauerstoffs = 33,3 wäre. Setzt man aber, wie oben, die
letztere = 1, so ist 33,3 : 1 = 66,7 : 2,00 und also 2,00 die
stöchiometrische Zahl des Schwefels. Wenn man die angegebenen
Schwefelmengen der andern Orybationsstufen mit der so bestimmten
stöchiometrischen Zahl des Schwefels = 2,00 dividirt, so erfährt
man, wie viel Mischungsgewichte Schwefel darin enthalten sind,
und erkennt dann das Gesetz der Verbindung mit dem Sauerstoff.

Wir erhalten so

$$\begin{array}{cc} \text{Mischungsgew.} & \text{Mischungsgew.} \\ \text{Schwefel} & \because \text{Sauerstoff} \end{array}$$

für die Schwefelsäure

$$\frac{40}{2} = 20 \qquad : 60 \qquad \text{oder } 1 : 3,$$

für die Unterschwefelsäure

$$\frac{44,5}{2} = 22,25 \qquad : 55,5 \quad \text{oder } 1 : 2\tfrac{1}{2},$$

für die schweflichte Säure

$$\frac{50}{2} = 25 \qquad : 50 \qquad \text{oder } 1 : 2,$$

für die unterschweflichte Säure

$$\frac{66,7}{2} = 33,35 \qquad : 33,3 \quad \text{oder } 1 : 1.$$

Man ersieht, wie durch diese Bestimmung der Mischungsge=
wichte nun die Gesetze der Verbindungen sich leicht herausstellen,
welche die Angabe der Analyse unmittelbar nicht erkennen läßt.

In ähnlicher Weise sind aus den Oryden die meisten stöchio=
metrischen Zahlen berechnet worden; zu einigen ist man auch aus
andern Verhältnissen gelangt. Die bekannteren Elemente und ihre
stöchiometrischen Zahlen oder Mischungsgewichte enthält nachstehende
Tafel (I.) mit Angabe der Zeichen für diese Elemente, die stöchio=
metrische Zahl des Sauerstoffs (O) = 1,0000 gesetzt.

Namen.	Zeichen.	Stöch. Zahl.	Namen.	Zeichen.	Stöch. Zahl.
Aluminium	Al	1,712	Natrium	Na	2,875
Antimon	Sb	7,62	Nickel	Ni	3,625 *)
" "	Sb	15,24	Niobium	Nb	5,875 **)
Arsenik	As	4,687	Osmium	Os	12,45
" "	As	9,375	Palladium	Pd	6,662
Baryum	Ba	8,562	Phosphor	P	1,937
Berillium	Be	0,587	P	P	3,875
Blei	Pb	12,94	Platin	Pt	12,337
Bor	B	1,375	Quecksilber	Hg	12,5
Brom	Br	5,00	Rhodium	R	6,525
" "	Br	10,00	Ruthenium	Ru	6,525
Calcium	Ca	2,50	Sauerstoff	O	1,0
Cerium	Ce	5,75	Schwefel	S	2,0
Chlor	Cl	2,218	Selen	Se	4,962
" "	Cl	4,436	Silber	Ag	6,75
Chrom	Cr	3,262	" "	Ag	13,5
Didym	D	5,936	Silicium	Si	2,625 ***)
Eisen	Fe	3,5	Stickstoff	N	1,75
Fluor	F	1,187	Strontium	Sr	5,475
" "	F	2,375	Tantal	Ta	11,375 ****)
Gold	Au	24,625	Tellur	Te	8,0
Job	I	7,935	Thallium	Tl	25,5
" "	I	15,87	Thorium	Th	7,232
Iridium	Ir	12,375	Titan	Ti	3,125
Kadmium	Cd	7,0	Uran	U	7,5
Kalium	Ka	4,9	Vanadium	V	8,575
Kobalt	Co	3,75	Wasserstoff	H	0,125 †)
Kohlenstoff	C	0,75	Wismuth	Bi	13,125
Kupfer	Cu	3,962	" "	Bi	26,25
Lanthan	La	5,85	Wolfram	W	11,5
Lithium	L	0,875	Yttrium	Y	3,85
Magnesium	Mg	1,5	Zink	Zn	4,075
Mangan	Mn	3,375	Zinn	Sn	7,375
Molybdän	Mo	6,0	Zirconium	Zr	4,20

*) Nach Sommaruga.
**) N = 11,75.
***) Für Kieselerde = Si.
****) Ta = 22,75.
†) Die neuere Chemie halbirt auch diese Zahl (für 1 H) und diese Hälfte als Einheit genommen, giebt die Zahl des Sauerstoffs = 16; Ca = 2,5. 16 = 40; Fe = 3,5. 16 = 56 ꝛc.

Diese stöchiometrischen Zahlen drücken nicht nur die Gewichtsmengen aus, in welchen sich die Elemente mit dem Sauerstoff verbinden, sondern sie bezeichnen auch genau die Gewichtsverhältnisse, nach welchen sie sich unter einander verbinden, wenn sie Verbindungen eingehen. Dergleichen Verbindungen geschehen immer so, daß sich ein Mischungsgewicht eines Elementes mit 1, 2, 3, n Mischungsgewichten eines andern, seltner, daß sich 2 Mischungsgewichte des einen mit 3 oder 5 des andern verbinden. *)

So vereinigen sich z. B. (s. die vorige Tafel):

12,94 (Gewichtstheile oder 1 Mischungsgewicht) Blei
mit 1 (Gewthl.) Sauerstoff,
„ 2,00 Schwefel,
„ 2 × 2,218 Chlor,
„ 4,962 Selen;
und wieder 2,00 (Gewichtstheile) Schwefel
mit 4,075 Zink,
„ 4,687 Arsenik,
„ 3,50 Eisen u. s. f.

Uebrigens sind bei weitem nicht alle Verbindungen beobachtet, die möglicher Weise vorkommen könnten; man kennt z. B. nur eine Oxydationsstufe des Calciums, Aluminiums 2c.

Die stöchiometrische Zahl oder das Mischungsgewicht einer Verbindung erhält man, wenn man die stöchiometrischen Zahlen der verbundenen Elemente addirt und jedes Mischungsgewicht oder stöchiometrische Zahl so oft nimmt, als die Mischung es anzeigt. Das Eisenoxydul besteht z. B. aus 1 Mischungsgewicht Eisen und 1 Mischungsgewicht Sauerstoff, seine stöchiometrische Zahl oder sein Mischungsgewicht ist daher 3,50 + 1 = 4,50; das Eisenoxyd besteht aber aus 2 Mg. Eisen und 3 Mg. Sauerstoff, seine Zahl ist daher 2 × 3,50 = 7,00 + 3 × 1 = 10,0; der gelbe Schwefelarsenik besteht aus 2 Mg. Arsenik = 2 × 4,6875 = 9,375 und aus 3 Mg. Schwefel = 3 × 2,0 = 6,0, also ist seine stöchiometrische Zahl = 15,375 und so ist es mit noch zusammengesetzteren Verbindungen.

Nachstehende Tafel enthält die stöchiometrischen Zahlen der am häufigsten vorkommenden Oxyde und ihren Sauerstoffgehalt nach Procenten.

*) Die gewöhnlich zu beobachtende Verbindung in einfachen Verhältnissen hat auch Ausnahmen. Debray stellte eine Phosphormolybdänsäure dar, worin 20 Mschg. Molybdänsäure gegen 1 Mschg. Phosphorsäure vorkommen.

(Tafel II.)

Namen.	Zeichen.	Stöch. Zahl.	Sauerstoff in 100 Sthl.
Arsenikſäure	Äs	14,375	34,79
Baryterbe	Ḃa	9,5625	10,45
Berillerde	Ḃe	1,587	63,01
Bleioxyd	Ṗb	13,94	7,17
Borſäure	B̄o	4,375	68,57
Chromoxyd	C̈r	9,524	31,5
Chromſäure	C̄r	6,262	47,9
Eiſenoxydul	Ḟe	4,50	22,22
Eiſenoxyd	F̄e	10,00	30,00
Kali	K̇a	5,90	16,95
Kallerde	Ċa	3,50	28,57
Kieſelerde	S̈i	5,625	53,33
Kohlenſäure	C̈	2,75	72,72
Kupferoxyd	Ċu	4,962	20,15
Lithion	L̇	1,875	53,33
Manganoxydul	Ṁn	4,375	22,86
Manganoxyd	M̄n	9,75	30,77
Molybdänſäure	Ṁo	9,0	33,33
Natrum	Na	3,875	25,78
Nickeloxydul	Ṅi	4,625	21,62
Phosphorſäure	P̈	8,875	56,33
Salpeterſäure	N̄	6,750	74,07
Schwefelſäure	S̄	5,00	60,00
Strontianerde	Ṡr	6,475	15,44
Tallerde (Magneſia) . . .	Ṁg	2,50	40,00
Thonerde	Äl	6,424	46,82
Titanſäure	T̈i	5,125	39,02

Namen.	Zeichen.	Stöch. Zahl.	Sauerstoff in 100 Gthl.
Uranoxyd	$\overset{\cdot\cdot}{U}$	18,00	16,66
Vanadinsäure	$\overset{\cdot\cdot}{V}$	11,57	25,91
Wasser	$\overset{\cdot}{H}$	1,125	88,90
Wismuthoxyd	$\overline{Bi}$	29,25	10,25
Wolframsäure	$\overset{\cdot\cdot\cdot}{W}$	14,50	20,69
Zinkoxyd	$\overset{\cdot}{Zn}$	5,075	19,70
Zinnoxyd	$\overset{\cdot\cdot}{Sn}$	9,375	21,33
Zirkonerde	$\overset{\cdot\cdot}{Zr}$	11,4	26,31

Die stöch. Zahlen und Gesetze haben eine wissenschaftliche Er=
kenntniß chemischer Mischungen erst möglich gemacht und Analyse
und Synthese haben ihren Anwendungen vorzüglich die Ausbildung
zu verdanken, deren sie sich gegenwärtig erfreuen. Den Deutschen
Wenzel, geb. 1740 zu Dresden, und Richter (1789), anfangs
Bergprobirer in Breslau, gebührt der Ruhm, zuerst auf die stöchio=
metrischen Verhältnisse aufmerksam gemacht zu haben.

§. 2. Um die stöch. Verhältnisse einer chemischen Verbindung
klar übersehen zu können, hat man Formeln, in welchen die Ele=
mente mit bestimmten Zeichen, wie sie in den vorhergehenden Ta=
feln zu sehen, angegeben werden und weiter durch beigefügte Zahlen
ausgedrückt wird, wieviel Mischungsgewichte davon enthalten sind.
Da der Sauerstoff und der Schwefel sehr häufig in dergleichen
Verbindungen vorkommen, so kürzt man die Zeichen bedeutend da=
durch ab, daß man jedes Mischungsgewicht Sauerstoff durch einen
Punkt bezeichnet, welchen man über das Zeichen des oxydirten
Elementes setzt, und ebenso jedes Mischungsgewicht Schwefel durch
ein Komma oder einen kleinen verticalen Strich.

Ein horizontaler Strich durch das Zeichen eines Elementes
bedeutet zwei Mischungsgewichte desselben und wird gebraucht,
wenn sich ein solches nur zu zwei Mischungsgewichten für gewisse
Mischungen verbindet.

Beispiele: $\overset{\cdot}{Fe}$ = 1 Mg. Eisen + 1 Mg. Sauerstoff; $\overset{\cdot\cdot\cdot}{Fe}$ =
2 Mg. Eisen + 3 Mg. Sauerstoff; $\overset{,}{Pb}$ = 1 Mg. Blei + 1 Mg.
Schwefel; $\overset{,,,}{As}$ = 2 Mg. Arsenik + 3 Mg. Schwefel 2c.

Zur Bezeichnung der vorhandenen Menge von Mischungsge=
wichten werden Zahlen in Form von Coefficienten und Exponenten
den Zeichen beigefügt. Dabei bezieht sich ein Exponent immer nur
auf das Zeichen, bei welchem er steht, ein Coefficient aber auf alle
Zeichen, vor denen er steht. Die Zahl 1 wird nicht angeschrieben.

So ist z. B. $\dot{C}a\ \overset{..}{Si}{}^2 = \dot{C}a$ oder 1 Mg. Kalkerde $+$ 2
$\overset{..}{Si}$ oder 2 Mg. Kieselerde; $2\ \dot{C}a\ \overset{..}{Si} = 2\ \dot{C}a + 2\ \overset{..}{Si}$ oder 2 Mg.
Kalkerde $+$ 2 Mg. Kieselerde; $2\ \dot{C}a\ \overset{..}{Si}{}^2 = 2\ \dot{C}a + 4\ \overset{..}{Si}$; $3\ \dot{C}a{}^3$
$\overset{..}{Si}{}^2 = 9\ \dot{C}a + 6\ \overset{..}{Si}$ u. s. f.

Die verschiedenen Glieder einer Verbindung werden durch das
Zeichen $+$ verbunden, z. B.

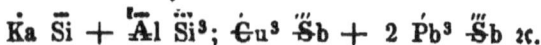

$$\dot{K}a\ \overset{..}{Si} + \overset{...}{Al}\ \overset{..}{Si}{}^3;\quad \dot{C}u{}^3\ \overset{...}{Sb} + 2\ \dot{P}b{}^3\ \overset{...}{Sb}\ \text{ꝛc.}$$

Um daher aus einer gegebenen Formel den Prozentgehalt
einer Mischung zu berechnen, hat man zunächst auszumitteln, wie
viele Mischungsgewichte von jedem Elemente oder Oxyde vorhan=
den, dann die betreffenden stöch. Zahlen ebenso oft zu nehmen, zu
addiren und für 100 Theile zu berechnen.

Man habe z. B. die Formel $\dot{K}a{}^3\ \overset{..}{Si}{}^2 + 3\ \overset{...}{Al}\ \overset{..}{Si}{}^2$ (Leucit),
so sind darin enthalten:

Stöch. Zahl.

8	Mischg.	Kieselerde	$= 8 \times 5,625 =$	45,000 Kieselerde,
3	„	Thonerde	$= 3 \times 6,424 =$	19,272 Thonerde,
3	„	Kali	$= 3 \times 5,9\ \ =$	17,700 Kali,
				81,972.

Man hat nun zur Berechnung für 100 Gewichtstheile

$$81,972 : 45,000 = 100 : x,$$
$$: 19,272 = 100 : y,$$
$$: 17,700 = 100 : z, \text{ und findet so für}$$

100 Theile
$x =$ Kieselerde 54,90,
$y =$ Thonerde 23,51,
$z =$ Kali $\quad$ 21,59,
$\overline{100,00.}$

Man habe $\dot{P}b{}^3\ \overset{...}{Sb}{}^2$, so enthält die Verbindung (Jamesonit):

in 100 Thl.

9	Mg.	Schwefel	$= 9 \times 2,0\ \ =$	18,00	„ „	20,71,
4	„	Antimon	$= 4 \times 7,52 =$	30,08	„ „	34,61,
3	„	Blei	$= 3 \times 12,94 =$	38,82	„ „	44,68,
				86,90		100,00.

§. 3. Wir haben aus dem Vorhergehenden ersehen, daß es keine Schwierigkeiten hat, aus einer gegebenen Formel die Mischung zu berechnen; anders verhält es sich, wenn für eine gegebene Mischung die Formel entworfen werden soll. Für ganz einfache Verbindungen, wo die Stellung der Mischungstheile sich gleichsam von selbst bestimmt, genügen dazu wenige Regeln, für complicirtere aber sind mancherlei chemische Erfahrungen zu berücksichtigen, um die Formel einigermaßen richtig zu entwerfen, und gleichwohl ist sie auch dann noch sehr oft unsicher und willkührlich.

Eine Formel, welche bei der Berechnung der Analyse nicht entspricht, vorausgesetzt, daß diese richtig sei, ist natürlich unrichtig, dagegen ist eine Formel, auch wenn ihre Berechnung der Analyse entspricht, deswegen noch nicht als richtig anzunehmen.

Folgende Formeln geben z. B. alle dasselbe Resultat der Berechnung:

$$\overset{..}{Pb} + 2\,\overset{'}{Sb},$$

$$\overset{...}{Pb} + \overset{'}{Sb},$$

$$\overset{..}{Pb} + \overset{..}{Sb},$$

$$\overset{.}{Pb} + \overset{...}{Sb},$$

nur die letzte, in so fern ihre Glieder in der Natur beobachtet werden und das chemische Verhalten diese Zusammenstellung der Mischungstheile rechtfertigt, ist annehmbar.

Für nichtoxydirte Verbindungen hat man zur Entwerfung der Formel die Anzahl der Mischungsgewichte für jeden Mischungstheil zu berechnen, welches durch Division mit den betreffenden stöch. Zahlen geschieht.

Die Analyse z. B. gebe:

Schwefel   13,45,
Blei   86,55,
          ————————
          100,00,

so erhält man durch Division mit den stöch. Zahlen (nach Tafel I.) für den Schwefel 6,725 Mg., für das Blei ebenfalls 6,68 Mg., welches natürlich im Verhältniß eben so viel als 1 Mg. Schwefel und 1 Mg. Blei. Die Formel ist daher Pb S oder $\overset{'}{Pb}$.

Bei oxydirten Verbindungen kann man eben so verfahren, doch gelangt man leichter zu den Formeln, indem man den Sauerstoffgehalt der Mischungstheile (nach Tafel II.) berechnet, für die Resultate die kleinsten Verhältnißzahlen sucht, die Zeichen der Mischungstheile dann anschreibt und durch Beifügung der schick=

lichen Coefficienten und Exponenten das erkannte Sauerstoffver=
hältniß in der Formel herstellt. Dabei ist wohl zu merken, daß
die Zeichen der Mischungstheile selbst unveränderlich sind und
nur die Coefficienten und Exponenten nach Bedürfniß abgeändert
werden dürfen.

Es sei z. B. gegeben:

$$\begin{array}{ll} \text{Kieselerde} & 51{,}96, \\ \text{Kalkerde} & 48{,}04, \\ \hline & 100{,}00. \end{array}$$

Berechnet man die Sauerstoffmengen, so erhält man für die
Kieselerde 27,70, für die Kalkerde 13,72, Zahlen, die sich wie 2 : 1
verhalten. Man schreibt nun die Zeichen der Mischungstheile zu=
sammen $= \overset{\cdot}{C}a \, \overset{\cdot\cdot}{S}i$ und es wäre an dieser Formel nichts zu ändern,
wenn die Berechnung der Sauerstoffmengen von Kalk= und Kiesel=
erde $= 1 : 3$ gegeben hätte. Da sie aber 1 : 2 gegeben, so ist
$\overset{\cdot}{C}a^3 \, \overset{\cdot\cdot}{S}i^2$ zu schreiben, wo sie $3 : 6 = 1 : 2$; man könnte aber
dafür nicht $\overset{\cdot}{C}a \, \overset{\cdot\cdot}{S}i$ schreiben, denn $\overset{\cdot\cdot}{S}i$ wäre nicht mehr Kieselerde,
wenn diese nämlich in andern Fällen als $\overset{\cdot\cdot}{S}i$ angenommen wird.

Bei complicirteren Mischungen, wo eine Säure oder ent=
sprechender elektronegativer Mischungstheil unter mehrere Basen zu
vertheilen, hat man besonders die Regel zu beachten, nicht saure
oder basische Verbindungen zu bilden, wo sich neutrale ergeben,
und die einfacheren in der Natur vorkommenden Verbindungen in
den complicirteren aufzusuchen. Neutrale Salze sind diejenigen,
welche für 1 Atom Sauerstoff der Basis 1 At. oder 1 Mschg.
Säure enthalten, so $\overset{\cdot}{K}a \, \overset{\cdots}{S}$, $\overset{\cdots}{A}l \, \overset{\cdots}{S}^3$ ꝛc.

Man hat neuerlich die Schwierigkeiten, eine Formel zusammenzusetzen,
durch die sog. empyrischen Formeln umgangen, bei welchen nur die
relative Zahl der Atome der betreffenden Mischung ohne weitere nähere
Verbindung derselben angeschrieben wird. Statt $\overset{\cdot}{C}a^3 \, \overset{\cdot\cdot}{S}i + 2 \, \overset{\cdots}{A}l \, \overset{\cdot\cdot}{S}i$ wird
geschrieben 3 $\overset{\cdot}{C}a$, 2 $\overset{\cdots}{A}l$, 3 $\overset{\cdot\cdot}{S}i$; statt $Pb + \overset{\cdots}{S}b$ wird geschrieben Pb, Sb,
4 S. Man hat auch die Mischungen auf gewisse Normal=Verbindungen,
z. B. Wasser HO, Chlorwasserstoff HCl u. a. bezogen und angenommen,
daß die verschiedenen Elemente den Wasserstoff vertreten können und zwar
bei einigen 1 Atom auch 1 Atom H, bei andern 1 At. mehrere At. H,
welche Eigenschaft man die Atomigkeit oder Werthigkeit der be=
treffenden Elemente genannt und solche auch auf gewisse Gruppen von
Elementen (Radicale) ausgedehnt hat und man hat z. B. in dieser Weise
alle Silicate in dem Typus des Wassers untergebracht, indem man jedem
der vorkommenden Elemente die dazu nöthige Atomigkeit beilegte und diese
mit Strichen oder einer Zahl über dem Zeichen des Elements angiebt.

So wird z. B. die Formel des Wollastonit $\overset{\cdot}{C}a^3 \, \overset{\cdot\cdot}{S}i^4 = \overset{\cdot}{C}a \, \overset{\cdot\cdot}{S}i$ zu einem

Analogon des Wassers, indem man Ca als zweiatomig annimmt, d. h.
daß 1 At. Ca zwei Atome H ersetzen kann und indem man Si als S̈i und
Si*) als 4atomig annimmt, oder daß 1 At. Si vier At. H ersetzen kann,

wonach die typische Formel $\left.\begin{matrix}\mathrm{IV}\\ \mathrm{Si}\\ \mathrm{II}\\ \mathrm{Ca}\end{matrix}\right\}$ O³ ergiebt, welche in die des Wassers

übersetzt $= \left.\begin{matrix}4\ \mathrm{H}\\ 2\ \mathrm{H}\end{matrix}\right\}$ 3 O oder 6 H + 3 O = 2 H + O = Ḣ = Wasser.

Diese Formeln geben aber weder über die näheren Mischungstheile noch
über die zu erwartenden oder constatirten Reactionen Auskunft und sind
daher in der Mineralogie den bisherigen chemischen Formeln nicht vorzu-
ziehen, wie zweckmäßig sie auch in der theoretischen Chemie, namentlich der
sog. organischen, dienen mögen. — Man darf nicht übersehen, daß alle
chemischen Formeln nur auf hypothetischer Basis beruhen und je nach
Zwecken und Speculationen können sie sehr verschieden construirt werden.
Zur Vergleichung von Mischungen und zur Berechnung von Gemengen
sind sie unentbehrlich.

§. 4. In gewissen Mischungen hat man beobachtet, daß sich
verschiedenartige Mischungstheile gegenseitig so vertreten und ganz
oder theilweise auswechseln können, daß dadurch das allgemeine
stöchiometrische Verhältniß nicht verändert wird und auch die Krystallisation wesentlich dieselbe bleibt. Solche Mischungstheile heißen
bicarirende oder isomorphe. So findet man von nahezu
gleicher Krystallisation die Mischungen des Magnesit, Dolomit
und Mesitin. Diese Mischungen sind:

Magnesit.	Sauerst.	Dolomit.	Sauerst.	Mesitin.	Sauerst.
C̈ 52,38 =	38,09	C̈ 47,83 =	34,78	C̈ 44 =	32
Ṁg 47,62 =	19,05	Ṁg 21,74 =	8,69	Ṁg 20 =	8
100,00.		Ċa 30,43 =	8,69	Fe 36 ,	8
		100,00		100.	

Im Magnesit ist der Sauerstoff von Ṁg zu dem von C̈ = 19 : 38
oder = 1 : 2. Im Dolomit ist der Sauerstoff von Ṁg + Ċa
zu dem von C̈ = 17,38 : 34,78 oder = 1 : 2. Im Mesitin ist
der Sauerstoff von Ṁg + Fe zu dem von C̈ = 16 : 32 oder
= 1 : 2. Der Sauerstoff der Basen ist also in allen drei Verbindungen zu dem der Kohlensäure = 1 : 2 und sie können daher
sämmtlich allgemein mit ṘC̈ bezeichnet werden. Es ist aber dieses
Ṙ im Magnesit vollständig durch Magnesia repräsentirt, während es

---

*) Für S̈i würde Si als 6atomig zu nehmen sein.

im Dolomit zum Theil durch Kalkerde und im Mesitin zum Theil durch Eisenoxydul vertreten ist. Kalkerde und Eisenoxydul sind also hier als vicarirende oder isomorphe Mischungstheile für Magnesia eingetreten. Sie ersetzen sich stöchiometrisch und da ihre stöchiometrischen Zahlen verschieden sind, so ist auch die Zahl der Gewichtstheile verschieden, in denen sie für einander wechseln. So vicariren für 35 Gewichtstheile Kalkerde nicht 35 Gewichtstheile Magnesia, sondern nur 25, d. i. Mischungsgewicht für Mischungsgewicht oder hier solche Mengen, daß sie gleich viel Sauerstoff enthalten, jedes 10 Gewichtstheile. Damit erklärt sich auch, warum die Sauerstoffmenge im Mesitin nur 16, während sie im Magnesit 19 ist. Es wäre nämlich die Mischung für gleiche Zahlen folgende:

$$
\begin{array}{lrcl}
 & & & \text{Sauerstoff.} \\
\overset{..}{\text{C}} & 52{,}25 & = & 38{,}0 \\
\overset{.}{\text{Mg}} & 23{,}75 & = & 9{,}5 \\
\overset{.}{\text{Fe}} & \underline{42{,}75} & = & 9{,}5 \\
 & 118{,}75 & &
\end{array} \quad 19{,}0
$$

Enthalten aber 118,75 Theile Mesitin in den Basen 19 Sauerstoff, so enthalten 100 Theile 16 Sauerstoff.

Die vicarirenden Mischungstheile haben, wenn sie nicht Elemente sind, gewöhnlich analoge Zusammensetzung, und wenn sie für sich allein vorkommen, meistens sehr ähnliche Krystallisation*) und Spaltungsverhältnisse. Sowie einzelne Mischungstheile vicariren, so geschieht es auch bei ihren analogen Verbindungen und wird ihr Vertreten bei verschiedenen Mineralspecies immer in gleicher Weise beobachtet. Es gehören dahin

Ca u. Mg, Fe, Mn, Zn ꝛc.,

Al u. Fe, Mn, Cr,

P u. As; As u. Sb; As u. Sb; Ka Cl u. Na Cl, Fluor und Sauerstoff ꝛc.

Bei Entwerfung der Formel addirt man die Mischungsgewichte oder bei den Oxyden auch die Sauerstoffmengen solcher als vicarirend erkannten Mischungstheile zusammen und entwirft die Formel, als wären sie nur einem Mischungstheil angehörig, und giebt diesem ein allgemeines Zeichen, z. B. Ṙ, R̈ ꝛc. Will man aber die vicarirenden Mischungstheile selbst anzeigen, so schreibt man ihre Zeichen unter einander und faßt sie in eine Klammer oder man

---

*) Manche Differenzen haben sich in dem Verhältniß eines Dimorphismus begründet erwiesen. S. u.

schreibt sie auch in der Klammer nebeneinander. Wenn z. B. eine Mischung (Granat) durch die allgemeine Formel $\ddot{\ddot{R}}$ $\bar{S}i$ + $\dot{R}^3$ $\bar{\bar{S}}i$ ausgedrückt werden kann und man will für einen speciellen Fall an= geben, daß $\ddot{\ddot{R}}$ durch $\bar{A}l$ repräsentirt ist, $\dot{R}$ dagegen durch $\dot{C}a$, $\dot{F}e$,

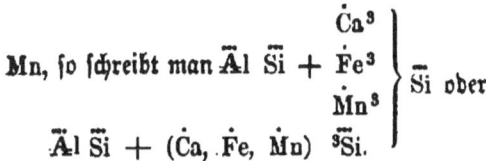

Mn, so schreibt man $\bar{A}l$ $\bar{S}i$ + $\left. \begin{array}{c} \dot{C}a^3 \\ \dot{F}e^3 \\ \dot{M}n^3 \end{array} \right\}$ $\bar{\bar{S}}i$ oder

$\bar{A}l$ $\bar{S}i$ + ($\dot{C}a$, $\dot{F}e$, $\dot{M}n$) $^3\bar{\bar{S}}i$.

Die Quantitäten aber, in welchen $\dot{C}a$, $\dot{F}e$, Mn enthalten sind, können ohne weitere Zugaben von Bruchzahlen nicht aus einer sol= chen Formel berechnet werden und kann man nur durch die Reihung, indem man das Zeichen des in der größten Quantität vorkommen= den Mischungstheils obenanstellt, ohngefähr angeben, in welchem Verhältniß sie vorkommen.

Will man die Bruchtheile für eine Einheit angeben, so hat man die Verhältnißzahlen der Atomenmenge der Mischungstheile zu addiren und in Brüche mit der Summe als Nenner zu verwandeln. Wäre z. B. die all= gemeine Formel $\dot{R}^3$ $\bar{\bar{S}}b$ und $\dot{R}$ = $\dot{F}e$, $\dot{C}u$, und stünden die Atommen= gen dieser letzteren Mischungstheile in dem Verhältniß 1 : 2, so wäre (1 + 2 = 3; $^1/_3$ + $^2/_3$ = 1) zu setzen $^2/_3$ $\left. \begin{array}{c} \dot{C}u \\ ^1/_3 \ \dot{F}e^3 \end{array} \right\}$ $\bar{\bar{S}}b$. Für andere Ver= hältnisse als die Einheit hat man die Brüche mit der Zahl, die das Ver= hältniß angiebt, zu multipliciren. Wäre z. B. in der vorigen Mischung ein Theil $\dot{C}u$ durch $\dot{A}g$ vertreten in dem Verhältniß von 6 : 1, also für die Einheit $^6/_7$: $^1/_7$, so wäre es für $^2/_3$ (mit $^2/_3$ multiplicirt) $^{12}/_{21}$ u. $^2/_{21}$ = $^2/_3$,

daher statt $^2/_3$ $\dot{C}u^3$ wäre zu setzen $^2/_3$ $\left(\begin{array}{c} ^{12}/_{21} \ \dot{C}u^3 \\ ^2/_{21} \ \dot{A}g^3 \end{array} \right)$ u. s. f.

Mischungen von gleicher Krystallisation, die nach demselben allgemeinen Gesetz gebildet sind und sich nur durch verschiedenes Auftreten vicarirender Mischungstheile unterscheiden, bilden eine chemische Formation.

Interessante Beispiele sind die rhomboedrischen Carbonate. Es sind folgende bekannt:

Spaltungsrhomboeder.

Calcit $\dot{C}a\bar{\bar{C}}$ . . . . 106° 5′ Scheitelkantenwinkel.

Dolomit $\dot{C}a\bar{\bar{C}}$ + $\dot{M}g\bar{\bar{C}}$ ob. $\left. \begin{array}{c} \dot{C}a \\ \dot{M}g \end{array} \right\}$ $\bar{\bar{C}}$ 106° 15′   „   „

Spaltungsrhomboeder.

Magnesit	$\dot{M}g\ddot{C}$	107° 10′ Scheitelkantenwinkel.
Siberit	$\dot{F}e\ddot{C}$	107° „ „
Mesitin	$\dot{M}g\ddot{C} + \dot{F}e\ddot{C}$ ob. $\left.\begin{matrix}\dot{M}g\\ \dot{F}e\end{matrix}\right\}\ddot{C}$ 107° 18′ „ „
Dialogit	$\dot{M}n\ddot{C}$	107° „ „
Smithsonit	$\dot{Z}n\ddot{C}$	107° 40′ „ „
Monheimit	$\dot{F}e\ddot{C} + \dot{Z}n\ddot{C}$ . . .	107° 7′ „ „

Ferner die Spinellarten (tesseral)

Spinell	$\dot{M}g\ \bar{\bar{A}}l,$
Pleonast	$\left.\begin{matrix}\dot{M}g\\ \dot{F}e\end{matrix}\right\}\bar{\bar{A}}l,$
Hercinit	$\dot{F}e\ \bar{\bar{A}}l,$
Gahnit	$\left.\begin{matrix}\dot{Z}n\\ \dot{M}g\end{matrix}\right\}\bar{\bar{A}}l,$
Kreittonit	$\left.\begin{matrix}\dot{Z}n\\ \dot{F}e\\ \dot{M}g\end{matrix}\right\}\begin{matrix}\bar{\bar{A}}l,\\ \bar{\bar{F}}e,\end{matrix}$
Magnetit	$\dot{F}e\ \bar{\bar{F}}e,$
Chromit	$\left.\begin{matrix}\dot{F}e\\ \dot{M}g\end{matrix}\right\}\begin{matrix}\bar{\bar{C}}r,\\ \bar{\bar{A}}l.\end{matrix}$
Jakobsit	$\dot{M}n\ \bar{\bar{F}}e$
Franklinit	$\left.\begin{matrix}\dot{M}n\\ \dot{F}e\\ \dot{Z}n\end{matrix}\right\}\begin{matrix}\bar{\bar{M}}n\\ \bar{\bar{F}}e\end{matrix}$

Ebenso wie wir aus einer Kryſtallcombination die einzelnen conſtituirenden Formen entwickeln und ein mögliches Erſcheinen dieſer für ſich allein an der beobachteten Subſtanz vorherſagen können, ebenſo können wir aus zuſammengeſetzten Verbindungen mit vicarirenden Miſchungstheilen das Vorkommen ſolcher vorherſagen, die, nach gleichem Geſetz gebildet, nur einen der vicarirenden Miſchungstheile enthalten.

So sind z. B. aus der Formel des Kreittonit nachstehende Mischungen zu ersehen:

$\dot{Z}n\ \bar{\bar{A}}l$, von Ebelmen künstlich dargestellt.

$\dot{F}e\ \bar{\bar{A}}l$, als Hercinit vorkommend.

$\dot{M}g\ \bar{\bar{A}}l$, als Spinell vorkommend.

$\dot{Z}n\ \bar{\bar{F}}e$, von Ebelmen künstlich dargestellt.

$\dot{F}e\ \bar{\bar{F}}e$, als Magnetit vorkommend.

$\dot{M}g\ \bar{\bar{F}}e$, noch nicht für sich beobachtet, angedeutet im Chlorospinell. Der Magnoferrit ist vielleicht diese Verbindung mit beigemengtem $\dot{F}e$.

Es würde aber nicht überraschen, wenn einmal $\dot{M}g\ \bar{\bar{F}}e$ ganz rein vorkäme und ließe sich voraussagen, daß es dann in Oktaedern, wie der Kreittonit, krystallisirt wäre.

Auf die Verhältnisse des Vicarirens hat Fuchs zuerst aufmerksam gemacht, die Beziehungen zur Krystallisation hat erst Mitscherlich vollständig nachgewiesen.

Nach Descloizeaux kann in gewissen Fällen ein isomorpher Mischungstheil einen anderen nur bis zu einer bestimmten Quantität ersetzen, ohne daß die Krystallisation wesentlich geändert wird. So bleibt die Krystallisation des Orthoklas dieselbe, wenn er bis zu 8 Proc. Natron enthält, wenn aber der Natrongehalt weiter geht, wie im Albit, wird die Krystallisation klinorhombisch. Wenn für die Formel $\dot{R}^3\ \ddot{S}i^2$ Magnesia dominirt, ist die Krystallisation rhombisch (Enstatit), wenn nur Kalk die Basis, ist sie klinorhombisch (Wollastonit), wenn Manganoxydul dominirt (30—40 Proc.), ist sie klinorhomboidisch; kommen sämmtliche bas. Mischungstheile vor, so erscheint die eigentliche klinorhombische Augitform.

Diesem Isomorphismus zur Seite steht ein anderer, bei welchem weder analoge Mischung, noch überhaupt eine nähere Beziehung der Mischungstheile gegen einander zu beobachten ist. Eine Menge sehr verschieden zusammengesetzter Mineralspecies zeigen sich von gleicher oder sehr ähnlicher Krystallisation (Krystallreihe) und es kommt dieses in allen Systemen vor. So haben gleiche Krystallreihe Quarz

$$\ddot{S}i \text{ und Chabasit } \left.{\overset{\overset{\textstyle\cdot\cdot\cdot}{C}a}{\underset{\textstyle Na}{}}}\right\}\ddot{S}i + \bar{\bar{A}}l\ddot{S}i^2 + {}_6\dot{H};\ \text{Korund } \bar{\bar{A}}l \text{ und Phe-}$$

nakit $\dot{B}e^3\ddot{S}i$; Chrysolith $\dot{R}^3\ddot{S}i$ und Epsomit $\dot{M}g\ddot{S} + {}_7\dot{H}$ 2c. Um diese Erscheinung zu erklären, hat man das Atom=Volum berücksichtigt und nimmt an, daß isomorphe Körper gleiches oder wenigstens ähnliches Atom=Volum haben, woraus aber nicht folgt, daß Mischungen von gleichem Atom=Volum auch nothwendig isomorph sein müssen. Da sich bei den Mischungen des eben besprochenen Isomorphismus mit Vicariren diese annähernde Gleichheit des

Atom=Volums in vielen Fällen deutlich herausstellt, so hat man den Grund gleicher Form auch bei solchen Mischungen, die nicht zu den eigentlich vicarirenden gehörenden, in diesen Verhältnissen nachzuweisen gesucht. Das Atom=Volum eines Körpers ist ausgedrückt durch den Quotienten aus seinem spec. Gewicht in sein Atomgewicht oder Mischungsgewicht. Man weiß, daß 100 Gewichtstheile Gold einen kleinern Raum einnehmen, als 100 Gewthle. Eisen, und wenn man diese Zahl 100 durch die spec. Gewichte der beiden Metalle dividirt, so erfährt man, in welchem Verhältnisse ihre Volumina stehen. Bei den Atom=Volumen ist es ähnlich, aber man will nicht wissen, wie sich die Volumina gleicher Gewichtsmengen verhalten, sondern wie sich die Volumina derjenigen Gewichtsmengen verhalten, nach welchen sich chemische Verbindungen bilden, und diese sind in den stöchiometrischen Zahlen ausgedrückt.

Cerussit $\dot{Pb}\ddot{C}$ und Strontianit $\dot{Sr}\ddot{C}$ gehören zu den isomorphen Verbindungen, deren Basen vicarirende sind. Ihr Atom= Volum berechnet sich:

$$\dot{Pb}\ddot{C} \quad \begin{array}{l} \dot{Pb} = 1394 \\ \ddot{C} = 275 \\ \hline \text{stöch.Zahl} = 1669. \end{array} \quad \text{spec. Gew. } 6,5 \quad \frac{1669}{6,5} = 256 \text{ Atom = Volum.}$$

$$\dot{Sr}\ddot{C} \quad \begin{array}{l} \dot{Sr} = 647 \\ \ddot{C} = 275 \\ \hline \text{stöch.Zahl} = 922. \end{array} \quad \text{spec. Gew. } 3,7 \quad \frac{922}{3,7} = 249 \text{ Atom = Volum.}$$

Die Atom=Volume sind annähernd gleich. So erhalten die isomorphen vicarirenden Mischungen $\dot{Mg}\bar{Al}$, $\dot{Zn}\bar{Al}$*), $\dot{Fe}\bar{Fe}$ die Atom=Volume 251; 252; 284 u. w.

Dagegen zeigen Calcit $\dot{Ca}\ddot{C}$ und Nitratin $\dot{Na}\dddot{N}$ keine Analogie der Zusammensetzung und eine Verbindung beider oder ein Vicariren ist nicht anzunehmen. Sie krystallisiren aber sehr ähnlich

$$\dot{Ca}\ddot{C} \quad \begin{array}{l} \dot{Ca} = 350 \\ \ddot{C} = 275 \\ \hline \text{stöch. Zahl} = 625. \end{array} \quad \text{spec. Gew. } 2,7 \quad \frac{625}{2,7} = 231 \text{ Atom = Volum.}$$

$$\dot{Na}\dddot{N} \quad \begin{array}{l} \dot{Na} = 387 \\ \dddot{N} = 675 \\ \hline \text{stöch. Zahl} = 1062. \end{array} \quad \text{spec. Gew. } 2,26 \quad \frac{1062}{2,26} = 470 \text{ Atom = Volum.}$$

---

*) Nach Ebelmen ist das spec. Gew. = 4,58.

Es ist aber 231 : 470 nahe wie 1 : 2 und sind also 1 Mischungsgewicht oder 1 Atom Nitratin isomorph mit 2 Atomen Calcit. Würden sie Verbindungen mit einander eingehen oder vicariren, so könnte man erwarten, daß es in diesem Verhältniß der Anzahl der Atome geschehen würde, also nicht, wie beim erstgenannten Isomorphismus, Atom für Atom, sondern 2 Atome des einen Körpers gegen 1 Atom des andern. Derlei Verhältnisse sind mehrere erkannt worden und Scheerer hat damit eine besondere Art des Isomorphismus aufgestellt, indem er benjenigen, wo sich Atom für Atom vertauschen läßt, den monomeren (μόνος, einzeln, und μηρός, Theil, Glied), den letztern aber, wo m Atome eines Körpers A für n Atome eines Körpers B (für gleiches Atomvolum) zu vertauschen, den polymeren Isomorphismus nennt.

Im monomeren Isomorphismus ist ein Vicariren isomorpher Mischungen allgemein vorkommend, im polymeren scheint Aehnliches nur in einzelnen Fällen stattzufinden. Scheerer nimmt ein Vicariren an von 3 At. $\dot{\mathrm{H}}$ für 1 At. $\dot{\mathrm{Mg}}$, $\dot{\mathrm{Mn}}$, $\dot{\mathrm{Fe}}$, überhaupt $\dot{\mathrm{R}}$; ferner ein Vicariren von 2 $\ddot{\mathrm{Si}}$ für 3 $\bar{\ddot{\mathrm{Al}}}$. Diese Annahmen haben sich bis jetzt nicht in allen Fällen bewährt, wo man es erwarten konnte. Man hat auch geltend zu machen gesucht (Laurent und Dana), daß sich Oxyde von nicht analoger Zusammensetzung vertreten können, wenn sie in solchen Mengen genommen werden, daß ihre Sauerstoffmengen gleich seien, also 3 $\dot{\mathrm{R}}$ für $\bar{\ddot{\mathrm{R}}}$, wie z. B. in den ähnlich krystallisirenden Species Augit $= \dot{\mathrm{R}}^3 \ddot{\mathrm{Si}}^2$ und Triphan $= (\dot{\mathrm{R}}^3 \bar{\ddot{\mathrm{R}}}) \ddot{\mathrm{Si}}^2$, und weiter hat Dana gezeigt, daß die Atomvolume noch durch die Zahl der constituirenden Atome zu dividiren seien, um für die Mischung eine Einheit zu gewinnen. So ist das Atomvolum des Eisenoxyds $\ddot{\mathrm{Fe}}$ mit 5 zu dividiren, indem es zu betrachten als $\frac{2}{5}$ Fe + $\frac{3}{5}$ O; $\frac{2}{5} + \frac{3}{5} = \frac{5}{5} = 1$. In dieser Weise behandelt, sind die Zahlen für mehrere Atomvolume fast gleich geworden, da sie ohne die Division nur proportional waren.

Alle diese Untersuchungen sind zur Zeit noch als Anfänge zur Lösung des Problems zu betrachten, denn sie setzen eine Menge von Thatsachen voraus, die nicht zureichend feststehen. Sie fordern genaue Analysen, genaue Bestimmung des spec. Gewichts, genaue Bestimmung der Zusammensetzung*) der constituirenden Atome,

---

*) Die Kieselerde wird von vielen Chemikern als $\ddot{\mathrm{Si}}$ betrachtet, von andern als $\overset{\ldots}{\mathrm{Si}}$ (auch als $\dot{\mathrm{Si}}$ und als $\ddot{\mathrm{Si}}$).

genaue Kenntniß der stöchiometrischen Zahlen. Ueberall fast zeigen sich in den betreffenden Beobachtungen Differenzen und Schwankungen und mit kleinen Veränderungen fallen die Resultate der Rechnung oft sehr verschieden aus. Aus Schröder's Untersuchungen geht hervor, daß die Atomvolume isomorpher Verbindungen im Allgemeinen ganz ebensoweit auseinanderliegen, als die Atomvolume entsprechender heteromorpher Verbindungen; daß gleiches Atomvolum (Isosterismus) von Isomorphismus nicht bedingt wird, ebensowenig genähertes Atomvolum, obwohl es bei einzelnen Gruppen sich so zeigt. Eine Abhängigkeit der Axen und Winkel isomorpher Körper von der absoluten Größe ihres Atomvolums bestätigt sich nicht und Temperaturverschiedenheiten als Grund differirender Beobachtungen kommen nie so bedeutend vor, daß sie von wesentlichem Einflusse wären. (Poggd. Ann. B. CVII. 143.)

Bei den Mischungen tesseraler Krystalle hat man solche Gleichartigkeit des Atomvolums weniger zu erwarten, weil man weiß, daß solche Krystalle sich beim Erwärmen nach allen Richtungen gleichmäßig ausdehnen, also mit verändertem Volum keine Winkel- und Formdifferenz eintritt. Solches ist aber bei den monoaxen Krystallen nicht der Fall, da sie sich in verschiedenen Richtungen ungleich ausdehnen, also Formdifferenz stattfindet, wie Mitscherlich zuerst gezeigt hat. Durch Temperaturveränderungen werden übrigens die Axen eines Krystalls niemals so verändert, daß ihr Krystallsystem in ein anderes überginge oder ein irrationales Parameterverhältniß zu einem rationalen würde (Grailich und Lang).

Oefters wird beobachtet, daß dieselbe Mischung in wesentlich verschiedener Krystallisation erscheint, welches Verhältniß man mit Dimorphismus, Trimorphismus, Polymorphismus bezeichnet. Wohl erwiesene Beispiele sind $\overset{..}{Ca} \overset{..}{C}$ als Aragonit rhombisch, als Calcit hexagonal krystallisirend; $\overset{...}{Sb}$ und $\overset{...}{As}$ tesseral und auch rhombisch, die Titansäure $\overset{....}{Ti}$ als Rutil und Anatas quadratisch, aber von verschiedenen Krystallreihen, als Brookit rhombisch, Andalusit und Disthen, beide $\overline{Al}^3 \overset{...}{Si}^2$, der erstere rhombisch, der letztere klinorhomboidisch, Kobaltin, tesseral, und Glaukodot rhombisch zc.

Der Grund dieser Erscheinung ist unbekannt; vielleicht ist er darin zu suchen, daß dergleichen Krystalle nicht dieselbe absolute Anzahl von Atomen ihrer sonst gleichen Mischung einschließen, daß daher ein solcher Krystall des einen Systems von der Mischung (M), in einem zweiten m (M) und in einem dritten m' (M) sein kann, wo m, m' die Zahl der constituirenden Atome angeben. So sollte das

Manganoxyd, welches das Eisenoxyd in vielen Mischungen vicari=
rend vertritt, auch wie dieses hexagonal krystallisiren. Es krystallisirt
aber als Braunit (welcher $\ddot{\ddot{M}}n$) quadratisch. Die Krystallverschie=
denheit ließe sich erklären, wenn der Braunit nicht 1 $\ddot{\ddot{M}}n$ vorstellte,
wie man beim Eisenoxyd oder Hämatit 1 $\bar{\bar{F}}e$ annimmt, sondern wenn
er m $\ddot{\ddot{M}}n$, z. B. 2 $\ddot{\ddot{M}}n$ vorstellte, wobei das Atomvolum auch ein an=
deres (obgleich proportional), als das des Eisenoxyds würde. —
    Es kommen Fälle vor, wo die Gestalten einer dimorphen
Substanz an einem Krystalle in der Art zugleich auftreten, daß
ein solcher äußerlich die eine Gestalt, innerlich aber die zweite
zeigt. Scheerer hat solche Krystalle Paramorphosen (von
πάρα, neben, zugleich, und μόρφωσις, Gestalt) genannt. Ein
solcher Krystall hatte ursprünglich die äußere Form und war ihr
entsprechend auch innerlich gestaltet, durch Temperaturveränderung
und andere Veranlassung zu einer Molecularbewegung oder Ver=
schiebung der kleinsten Theilchen haben sich diese später zu andern
Krystallen umgelagert, die erste Form (die ältere Paläo=Form) hat
sich aber äußerlich erhalten. Ein Beispiel ist der Schwefel.
Er krystallisirt gewöhnlich rhombisch, aus dem Schmelzfluß aber
bei raschem Erkalten klinorhombisch. Letztere Krystalle verändern
sich allmälig innerlich in ein Aggregat rhombischer Krystalle, während die ältere klinorhombische Form äußerlich erhalten bleibt.
Scheerer hat solche Paramorphosen für mehrere Mineralien ange=
nommen, z. B. für gewisse Natrolithe, Albite, Amphibole ꝛc.
Will man hier sicher gehen, so muß man die betreffenden Mischun=
gen in beiden Krystallformen für sich kennen, wie beim Schwefel,
außerdem ist eine Verwechselung mit einer Pseudomorphose leicht
möglich.

II. Systematik.

    Die Systematik lehrt die Begriffe der Gleichartigkeit und
Aehnlichkeit auf die Mineralien in der Art anwenden, daß sie
damit die Klassifikationsstufen bestimmt, welche Species, Ge=
schlecht, Ordnung und Klasse heißen und in einer ent=
sprechenden Reihung das System bilden.
    Unter Mineralspecies versteht man den Inbegriff
solcher Mineralien (oder Mineralindividuen), welche

in ihren wesentlichen Eigenschaften gleichartig sind. Diese Eigenschaften und darunter vorzüglich Krystallisation und Mischung, als die Bedingungen der übrigen, sind aber in ihren innern Einheiten zu betrachten. Die verschiedenen Formen einer Krystallreihe begründen daher keine verschiedenen Species, weil sie aus einer innern Einheit, welche durch die Stammform bestimmt ist, hervorgehen und bei absolut gleicher Mischung sich einfinden. Sie verändern auch, wie verschieden sie erscheinen mögen, die übrigen Eigenschaften eines Minerals in keiner Weise.

In der Mischung giebt es, streng genommen, nichts einer Krystallreihe Analoges, denn die vicarirenden Mischungen, welche noch am meisten den Krystallreihen analog zu halten wären, zeigen sich niemals bei absolut gleichen übrigen Eigenschaften, sondern bedingen immer Aenderungen und sogar in der Krystallisation oft kleine Winkeldifferenzen. Mineralien von derselben Species haben daher gleiche Mischun'g. Uebrigens hat man bei Differenzen in Krystallisation und Mischung wohl zu beachten, daß sie sehr oft zufällig sind und ihren Grund nur in einer unregelmäßigen Aggre=gation der Krystallindividuen haben, in chemischen Einmengungen und dergleichen. Bei sehr kleinen Differenzen in der einen oder andern Eigenschaft hat man daher mit der Aufstellung einer neuen Species behutsam zu sein, um nicht statt einer solchen nur einen die unliebe Synonimik vergrößernden Namen in die Wissenschaft einzubrängen. Es ist namentlich bei der Beurtheilung einer Analyse auf mögliche Einmengungen zu achten und daher die Begleitung eines Minerals von andern zu berücksichtigen. In vielen Fällen kann man durch geeignete stöchiometrische Berechnung auf das Wahre oder wenigstens auf das Wahrscheinlichste geführt werden. Es möge ein Beispiel dergleichen Verfahren zeigen. Ein sogen. Weißkupfererz von Schneeberg, auf frischem Bruche von fast zinn=weißer Farbe, gab bei der Analyse:

Schwefel	48,93	Mischungsgew.		24,46,
Eisen	43,40	„	„	12,40,
Kupfer	3,00	„	„	0,76,
Arsenik	0,67	„	„	0,14,
Quarz	4,00			
	100,00.			

Die Mischung bezeichnet offenbar einen unreinen Pyrit oder Markasit F̈e, wahrscheinlich mit etwas Chalkopyrit und Arsenopyrit gemengt. Um diese Vermuthung zu prüfen, hat man nach den Formeln dieser Species $\overset{..}{Cu}\,\overset{..}{Fe}$ und $Fe\,S^2 + Fe\,As^2$ zu rechnen.

Es verlangen, wie letztere Formel zeigt, obige 0,14 Mischungs=
gewichte Arsenik eben so viele Mischungstheile Eisen und Schwefel;
0,76 Mischg. Kupfer verlangen aber zur Bildung von Chalkopyrit
eben so viele Mischg. Eisen und das Doppelte Schwefel oder der
enthaltene Arsenopyrit besteht aus

$$\begin{aligned}
&0{,}14 \text{ Mischg. Arsenik,}\\
&0{,}14 \quad „ \quad \text{Eisen,}\\
&0{,}14 \quad „ \quad \text{Schwefel,}
\end{aligned}$$

der enthaltene Chalkopyrit aber aus

$$\begin{aligned}
&0{,}76 \text{ Mischg. Kupfer,}\\
&0{,}76 \quad „ \quad \text{Eisen,}\\
&1{,}52 \quad „ \quad \text{Schwefel.}
\end{aligned}$$

Man hat daher 0,14 + 0,76 = 0,9 Mischg. Eisen und 0,14 +
1,52 = 1,66 Mischg. Schwefel für diese beigemengten Verbin=
dungen abzuziehen.

$$\begin{array}{ll}
12{,}40 \text{ Mischg. Eisen,} & 24{,}46 \text{ Mischg. Schwefel,}\\
\underline{0{,}90} & \underline{1{,}66}\\
11{,}50. & 22{,}80.
\end{array}$$

Der Rest entspricht Fe S² und man sieht, daß das Mineral keine
eigenthümliche Species ist und daß sich seine besondere Farbe,
sowie sein vom gewöhnlichen Pyrit etwas abweichendes Löthrohr=
verhalten 2c. durch die erwähnten Beimengungen erklärt.

Um zu beurtheilen, in wie weit vicarirende Mischungstheile
zur Aufstellung von Species berechtigen, hat man Folgendes zu
beachten. Es zeigt sich, daß die Gränzglieder vicarirender Mischungen,
nämlich die Glieder mit einer Basis oder, im Falle sie aus zwei
Verbindungen verschiedener Art bestehen, in jeder von diesen
nur mit einer Basis, daß diese Gränzglieder vorzugsweise zu gleichen
Atomen 1 : 1 in den Mittelgliedern zusammentreten und andere
Verhältnisse weniger bestimmt und constant sind. So sind die
Gränzglieder der vicarirenden rhomboedrischen Carbonate $\overset{\cdot}{C}a \overset{..}{C}$, $\overset{\cdot}{M}g \overset{..}{C}$,
$\overset{\cdot}{F}e \overset{..}{C}$, $\overset{\cdot}{M}n \overset{..}{C}$ 2c. und die durch allgemeinere Verbreitung und eigen=
thümlichen physikalischen Charakter ausgezeichneten Mittelglieder sind

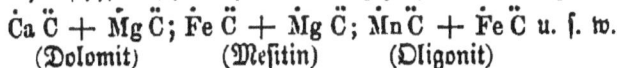

$$\overset{\cdot}{C}a \overset{..}{C} + \overset{\cdot}{M}g \overset{..}{C}; \quad \overset{\cdot}{F}e \overset{..}{C} + \overset{\cdot}{M}g \overset{..}{C}; \quad \overset{\cdot}{M}n \overset{..}{C} + \overset{\cdot}{F}e \overset{..}{C} \text{ u. s. w.}$$

(Dolomit)   (Mesitin)   (Oligonit)

So sind in der Reihe der Chrysolithe die Gränzglieder

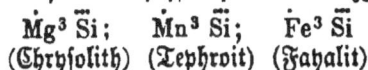

$$\overset{\cdot}{M}g^3 \overset{..}{S}i; \quad \overset{\cdot}{M}n^3 \overset{..}{S}i; \quad \overset{\cdot}{F}e^3 \overset{..}{S}i$$

(Chrysolith) (Tephroit) (Fayalit)

und die Mittelglieder $\overset{\cdot}{C}a^3 \overset{...}{S}i + \overset{\cdot}{M}g^3 \overset{..}{S}i; \quad \overset{\cdot}{M}n^3 \overset{..}{S}i + \overset{\cdot}{F}e^3 \overset{...}{S}i$ 2c.

(Batrachit)

So bei den Augiten, Granaten, Epidoten 2c. Ueberall zeigt sich die vorherrschende Verbindung solcher Mischungen zu gleichen Mischungsgewichten. Um nun eine zusammengesetztere Mischung solcher Art der ihr zugehörigen Species einzureihen oder zu beurtheilen, ob sie eine eigne Species bilde, hat man die in ihr enthaltenen Mittelglieder aufzusuchen und bildet ein solches die vorherrschende Mischung, so bezeichnet es auch die Species.

Die Analyse eines Magnesit aus dem Zillerthale von Stromeyer gab:

$$
\begin{array}{lll}
\dot{M}g\,\ddot{C} & 84{,}79, & \left\{ \text{stöch. Zahl} \quad 5{,}25, \right. \\
\dot{F}e\,\ddot{C} & 13{,}82, & \quad\;\; ,, \qquad ,, \quad 7{,}25, \\
\dot{M}n\,\ddot{C} & \underline{0{,}69,} & \left. \quad\;\; ,, \qquad ,, \quad 7{,}20, \right. \\
& 99{,}30;
\end{array}
$$

dividirt man mit den entsprechenden stöch. Zahlen, so ergeben sich 16,1 Mischungsgewichte Ṁg C̈ gegen 1,90 Mg. Ḟe C̈; bildet man mit letzterem das Mittelglied Ṁg C̈ + Ḟe C̈, so sind für dieses 1,9 Mg. Ṁg C̈ erforderlich; zieht man diese von den 16,1 ab, so sind die Mischungen 14,2 Mg. Ṁg C̈ und 1,9 Mg. (Ṁg C̈ + Ḟe C̈). Das Mineral gehört also zur Species Magnesit, als eine mit Mesitin (molecular) gemengte Varietät.

Ein ganz neu auftretendes Gränzglied, wenn auch untergeordnet, kann zur Aufstellung einer Species berechtigen, wenigstens so lange, bis dieses Gränzglied selbstständig gekannt ist. Der Chlorospinell enthält z. B. auf 5 Mg. Ṁg Äl nur ungefähr 1 Mg. (Ṁg F̈e + Ṁg Äl). Wir werden ihn wegen des neuen Gränzgliedes Ṁg F̈e zweckmäßig als eine besondere Species aufzustellen haben, bis dieses oder das Mittelglied Ṁg F̈e + Ṁg Äl selbstständig bekannt ist. Dann aber wäre der jetzige Chlorospinell als gewöhnlicher Talkspinell zu betrachten, dem etwas Chlorospinell beigemengt ist.

Die Individuen einer Mineralspecies, in so fern sie in Krystallisation, Glanz, Pellucibität 2c. verschieden sein können, heißen Varietäten.

Den übrigen Klassifikationsstufen liegt der Begriff der Aehnlichkeit zum Grunde: Geschlecht ist der Inbegriff ähnlicher Species, Ordnung der Inbegriff ähnlicher Geschlechter und Klasse der Inbegriff ähnlicher Ordnungen.

Wie bei der Species die Gleichartigkeit, so soll sich
hier die Aehnlichkeit auf die wesentlichen Eigenschaften der
Krystallisation und Mischung beziehen. Hieraus ergiebt sich sehr
einfach, daß die natürlichsten Geschlechter diejenigen Gruppen von
Mineralien bilden werden, die wir oben als chemische Formationen
bezeichnet haben, wie z. B. eine solche die Species Spinell, Gahnit,
Magnetit, Chromit 2c. enthält. Zur Zeit aber sind diese Geschlech=
ter noch zu wenig bekannt, als daß damit ein System gebaut
werden könnte, denn es ließen sich nicht viel über dreißig, als
mehrere Species zählend, aufstellen, während die übrigen, gegen
fünfhundert, nur immer eine Species enthalten würden. Es
kann sich daher gegenwärtig nicht um die Aufstellung eines einiger=
maßen vollkommenen Systems handeln, sondern nur, so zu
sagen, aushilfsweise, um die Bildung größerer Gruppen, welche
das Ueberschauen und Auffinden der Mineralspecies erleichtern.
Indem wir hierbei den chemischen Eigenschaften, als denjenigen,
welche unabhängig von Krystallisation und dem Aggregatzustande
überhaupt wahrgenommen werden können, den Vorzug vor den
physischen einräumen, wollen wir zunächst metallische und nicht=
metallische Elemente sondern und bei der Gruppirung ihrer Ver=
bindungen zu Geschlechtern, Ordnungen 2c. besonders berücksichtigen,
daß diese Stufen durch chemische Kennzeichen charakterisirt werden.
Eine aus diesem Gesichtspunkte zu betrachtende Anordnung ist in
der Charakteristik und Physiographie zu Grunde gelegt worden.
Der Kürze wegen sind übrigens nur dann die Geschlechter her=
vorgehoben worden, wenn mehrere Species dafür angegeben
werden konnten.

III. Nomenklatur.

Die mineralogische Nomenklatur ist eine systematische, irgend
einem System entsprechend, oder eine populäre. Die letztere, von
irgend einem Systeme unabhängig und eben darum allgemein
brauchbar, ist auch zur Zeit die vorzugsweise übliche.
Der Name einer Species soll wo möglich kurz, wohlklingend,
an irgend eine charakteristische Eigenschaft erinnernd, und einer
überall bekannten und auch sonst geeigneten Sprache, z. B. der
griechischen, entnommen sein. Dergleichen Namen sind z. B. Apo=
phyllit, Pyromorphit, Orthoklas 2c., für alle Mineralspecies aber

solche zu finden, zeigt sich als eine Unmöglichkeit. Die Mineral=
namen waren demnach von jeher der buntesten Abstammung.

Wir haben 1) Namen aus der griechischen und skandinavisch=
deutschen Mythologie. Dergleichen sind Cerit (von Cerium) nach
der Ceres, Martit nach dem Mars, Titanit, Tantalit, Niobit,
Aegyrin nach Aegyr, dem altskandinavischen Gott des Meeres,
Thrit nach dem Kriegsgott Thr ꝛc.

2) Namen nach Personen, Wernerit, Hauyn, Cordierit, Wolla=
stonit, Davyn ꝛc., Leuchtenbergit, Johannit, Christianit, Cancrinit,
Uwarovit, Göthit, Puschkinit ꝛc.

3) Namen nach Fundorten, Vesuvian, Aragonit, Strontianit,
Tirolit, Clausthalit, Spessartin, Caledonit (Caledonia — Schott=
land), Columbit (Columbien — Amerika) ꝛc.

4) Nach Krystallisation und Structur, Axinit von $\dot\alpha\xi\dot\iota\nu\eta$, Beil,
Orthoklas von $\dot o\varrho\vartheta\dot o\varsigma$ und $\varkappa\lambda\dot\alpha\omega$, rechtwinklig spaltbar, Periklin
von $\pi\varepsilon\varrho\iota\varkappa\lambda\iota\nu\dot\eta\varsigma$, sich ringsum neigend, Staurolith von $\sigma\tau\alpha\nu\varrho\dot o\varsigma$,
Kreuz, und $\lambda\dot\iota\vartheta o\varsigma$, Stein, Chondrodit von $\chi\dot o\nu\delta\varrho o\varsigma$, Korn (Pille),
Fibrolith von fibra, Faser, Krokydolith von $\varkappa\varrho o\varkappa\dot\nu\varsigma$, Faden, Nema=
lith von $\nu\tilde\eta\mu\alpha$, Faden ꝛc.

5) Nach der Farbe, Asbolan von $\dot\alpha\sigma\beta\dot o\lambda\eta$, Ruß, Melanit von
$\mu\dot\varepsilon\lambda\alpha\varsigma$, schwarz. Anthophyllit von anthophyllum, die Gewürznelke,
Olivenit und Olivin nach der Olivenfarbe, Rutil von rutilus, roth,
Rubin von rubeus, Rhodonit von $\dot\varrho o\delta\dot o\nu$, die Rose, Rhodochrosit
von $\dot\varrho o\delta\dot o\chi\varrho o o\varsigma$, rosenfarbig, Rhodicit von $\dot\varrho o\delta\dot\iota\zeta\omega$, der Rose glei=
chen, Rhodalit von $\dot\varrho\dot o\delta\alpha\lambda o\varsigma$, rosig, Rosellan von rosellus, feurig,
Rubellan von rubellus, roth, Erubescit von erubescere, erröthen ꝛc.

6) Nach der Härte, Pellucidität, Glanz, Elektricität ꝛc., Anal=
cim von $\dot\alpha\nu\alpha\lambda\varkappa\iota\varsigma$, kraftlos, Augit von $\alpha\dot\nu\gamma\dot\eta$, Glanz, Disthen von
$\delta\dot\iota\varsigma$ und $\sigma\vartheta\dot\varepsilon\nu o\varsigma$, von doppelter Kraft, Baryt von $\beta\alpha\varrho\dot\nu\varsigma$, schwer,
Eläolith von $\dot\varepsilon\lambda\alpha\dot\iota o\nu$, Oel, Stilbit von $\sigma\tau\dot\iota\lambda\beta\eta$, Glanz ꝛc.

7) Nach dem chemischen Verhalten oder nach der Mischung,
Apophyllit von $\dot\alpha\pi o\varphi\nu\lambda\lambda\dot\iota\zeta\omega$, sich aufblättern (vor dem Löthrohre),
Eudialyt von $\varepsilon\dot\nu\delta\iota\dot\alpha\lambda\nu\tau o\varsigma$, leicht aufzulösen, Dyslytit von $\delta\dot\nu\sigma\lambda\nu$-
$\tau o\varsigma$, unlösbar, Diaspor von $\delta\iota\dot\alpha\sigma\pi\varepsilon\iota\varrho\omega$, zerstäuben (vor dem Löth=
rohre), Antimonit, Arsenit, Argentit, Cuprit, Polybasit ꝛc.

8) Nach allerlei Beziehungen und Deutungen, Amphibol von
$\dot\alpha\mu\varphi\dot\iota\beta o\lambda o\varsigma$, zweideutig, Apatelit von $\dot\alpha\pi\alpha\iota\eta\lambda\dot o\varsigma$, betrügerisch,
Apatit von $\dot\alpha\pi\dot\alpha\tau\eta$, Betrug, Paragonit von $\pi\alpha\varrho\dot\alpha\gamma\omega$, verführen,
Phenakit von $\varphi\dot\varepsilon\nu\alpha\xi$, Betrüger ꝛc., Eremit von $\dot\varepsilon\varrho\tilde\eta\mu o\varsigma$, einsam,
Eukairit von $\varepsilon\dot\nu\varkappa\alpha\iota\varrho o\varsigma$, zur rechten Zeit, Eugenit von $\varepsilon\dot\nu\gamma\varepsilon\nu\dot\eta\varsigma$,
wohlgeboren ꝛc.

9) Alte Namen, zum Theil unbekannter Abkunft, Berill,
Gyps, Jaspis, Kaolin, Korund ꝛc.

Man sieht schon aus diesen wenigen Namen, wie man über ihre Bildung in Verlegenheit war, wie man z. B. alle Worte aus der griechischen und lateinischen Sprache zusammensuchte, um ein rothes Mineral zu taufen oder ein faseriges u. s. w. Das Besser= machenwollen, Uebersetzen, Unkenntniß des Vorhandenen, oberfläch= liche Untersuchung ꝛc. haben noch ein Heer leidiger Synonymen geliefert und soll der Verwirrung gesteuert werden, so mögen nach= stehende Punkte Beachtung und Annahme finden.

1) Die Mineral = Namen überhaupt und insbesondere die Na= men nach Personen und Orten sollen ihrer Abstammung gemäß geschrieben und nicht dieser oder jener Sprache an= gepaßt werden.
2) Sie sollen möglichst der griechischen Sprache entnommen werden. Technisch wichtige Mineralien haben in jedem Lande ihren besonderen Namen und sollen ihn behalten; zum Zweck allgemeiner wissenschaftlicher Verständigung ist aber ein einer allgemein bekannten (am besten todten) Sprache entnommener Name nothwendig.
3) Der Name, welcher einer sich bewährenden Mineralspecies zuerst gegeben wurde, ist anzuerkennen und zu gebrauchen, wenn er nicht gegen 1) und 2) verstößt.
4) Die systematische Nomenklatur soll die specifischen Namen der Mineralien nur durch Zusätze verändern oder dadurch, daß sie dieselben in Beiwörter verwandelt.

S. m. Schrift: „Die Mineral=Namen und die mineralogische Nomenklatur."

IV. Charakteristik und Physiographie.

Die Charakteristik wendet den vorbereitenden Theil der Mine= ralogie auf die Mineralien in der Art an, daß sie von diesen als Species und von ihren Gruppen als Geschlechter, Ordnungen und Klassen angiebt, was zu ihrer Erkennung und Unterscheidung nothwendig ist; die Physiographie aber beschreibt die Species nach allen Erfahrungen, die über sie in naturhistorischer Beziehung be= kannt sind, und ergänzt die Charakteristik, wenn eine vollständige Kenntniß derselben gegeben werden soll.

In den folgenden Artikeln der Charakteristik und Physiographie
kommen häufig nachstehende Abkürzungen vor:

Kſyſtem == Kryſtallſyſtem, Kllifirt == kryſtalliſirt,

Stf. == Stammform,

ſpltb. == ſpaltbar,

H. == Härte,

G. == ſpecifiſches Gewicht,

v. d. L. == vor dem Löthrohre,

aufl. == auflöslich,

Aufl. == Auflöſung,

Präc. == Präcipitat.

Die Winkelangaben der Stammformen betreffend, ſo iſt bei
der Quadratpyramide der zuerſt angegebene Winkel immer der
Scheitelkantenwinkel, der zweite der Randkantenwinkel, ebenſo bei
der hexagonalen Pyramide.

Beim Rhomboeder iſt der angegebene Winkel der Scheitel=
kantenwinkel (der Randkantenwinkel ſein Supplement).

Bei der Rhombenpyramide ſind die erſten beiden Winkel die
Scheitelkantenwinkel, der dritte angegebene der Randkantenwinkel.

Beim Hendyoeder iſt der zuerſt angegebene Winkel der Winkel
der Seitenkanten, auf welchen die Endfläche ruht, der zweite Winkel
iſt der Winkel der Endfläche mit den (vordern) Seitenflächen.

Charakteriſtik und Phyſiographie.

I. Klaſſe.

Nichtmetalliſche Mineralien.

Ihr spec. Gewicht iſt gewöhnlich unter 4, nicht über 5, ſie
beſitzen keinen Metallglanz, geben v. d. L. mit Soda kein Metall=
korn oder farbigen Beſchlag der Kohle, entwickeln keinen Geruch
nach Arſenik, Selen oder ſchweflichter Säure und ihre ſauren Auf=
löſungen werden von Schwefelwaſſerſtoffgas nicht gefällt.

(Ausnahmen in einigen Eigenſchaften machen Schwefel und
Graphit.)

I. Ordnung. Kohlenſtoff.

Unſchmelzbar. Von Säuren nicht angegriffen. In ſehr ſtar=
kem Feuer unter dem Zutritt der Luft zu Kohlenſäure verbrennend.

Diamant.)

Krſyſtem: teſſeral. Stf. Oktaeder. Spltb. primitiv deutlich. Br. muſchlig. Durchſichtig — durchſcheinend.

Diamantglanz. H. = 10. G. = 3,5 — 3,6. Reiner Koh=lenſtoff = C. Farblos und lichte gelb, braun, blau, roth und grün. Durch Reiben + el.

Die gewöhnlichen Formen ſind: Tab. I. Fig. 9, 1, 13, 11, 12, 15, 19, 59. Die Fl. des Oktaeders eben, die übrigen mei=ſtens gewölbt.

Dichter, wahrſcheinlich mit amorpher Kohle gemengter Dia-mant von ſchwarzer Farbe und von ſpec. G. = 3,01 — 3,41, kommt in kleinen Stücken in Braſilien vor (ſog. Carbonat). Göppert will algenartige Einſchlüſſe im Diamant beobachtet haben.

Der Diamant findet ſich in ringsum ausgebildeten Kryſtallen und in Körnern in eiſenhaltigem Conglomerat und in Sandſteinbreccie, im Schutt-land und Sand der Flüſſe. Die berühmteſten Fundgruben ſind Oſtindien (Golconda, Hydrabad, Pannah), die Inſel Borneo und Braſilien (Minas Geraes). Von daher kommen jährlich gegen 13 Pfund nach Europa. Es wurde in Bagagem, Minas Geraes, 1853 ein Diamant von 254 Karat gefunden. Die Ausbeute in Indien iſt gegenwärtig ſehr gering. Auch im nördlichen Ural hat man (angeblich) in der Nähe von Kuſchwinsk Dia-manten gefunden, doch bis jetzt nur in ſehr geringer Zahl.

Auch in Auſtralien hat man Diamanten gefunden und angeblich i. J. 1870 einen in den Granatgräbereien von Leitmeriz in Böhmen.

Die Diamanten werden mit ihrem eigenen Pulver auf Drehſcheiben von Gußeiſen oder Stahl geſchliffen. Dieſes Schleifen wurde erſt 1456 von Ludwig van Berquen aus Brügge erfunden. Je nach der Art des Schliffes unterſcheidet man Brillanten, Roſetten, Tafelſteine. Die beſten Steine werden als Brillanten geſchliffen, in der Hauptform doppelt koniſch und vielfach facettirt.

Rohe, zum Schnitt taugliche, Diamanten werden das Karat (= 4 Grän, ein Loth köln. zu 72 Karat) mit 20—24 Gulden bezahlt, iſt aber der Stein über 1 Karat ſchwer, ſo wird das Quadrat des Gewichts mit dem Preiſe des einfachen Karats multiplicirt. Aehnlich iſt es bei geſchlif-fenen Steinen, doch koſtet bei dieſen (reine Brillanten) das Karat 100 fl.; alſo ein Stein von 4 Karat 4mal 4mal 100 = 1600 fl. Bei Steinen über 8 Karat ſteigt der Preis oft noch höher. Die Preiſe ſind in neueſter Zeit über die Hälfte geſtiegen. Diamanten von ¼ Loth ſind ſchon außer-ordentliche Koſtbarkeiten, doch giebt es einzelne ſehr große, z. B. der des Raja von Mattun auf Borneo gegen 5 Loth, der des türkiſchen Kaiſers 4 Loth, ein dergleichen im ruſſiſchen Scepter 2⅔ Loth. Dieſer hat im größten Durchmeſſer 1 Zoll, in der Höhe 10 Linien. Im öſterreichiſchen und franzöſiſchen Schatz befinden ſich auch Diamanten von 2 Loth und einer der vollkommenſten nach Reinheit und Schliff iſt der franzöſiſche, Pitt oder Regent genannte, welcher gegen 2 Loth wiegt. Er wurde für Ludwig XV. für die Summe von 135 000 Pfd. Sterling angekauft, ſoll aber auf mehr als das Doppelte geſchätzt ſein. Der Kohinor, gegenwärtig im Schatz von England, ſtammt aus Indien. Er war vor dem vollkommenen Schleifen über 1¼" lang und 1" dick und wog 2⅝ Loth. Vergl. Handbuch der Edelsteinkunde ꝛc. von Karl Emil Kluge. Leipzig 1860. — Unreine Diamanten werden als Schleifpulver und zum Glasschneiden verwendet.

Daß der Diamant aus Kohlenstoff bestehe, weiß man erst in Folge der Versuche über sein Verhalten im Feuer, mit welchen 1694 zu Florenz der Anfang gemacht wurde. Man fand, daß der Diamant in starkem Feuer zerstört werde. Fortgesetzte Untersuchungen in Wien und vorzüglich in Paris unter den Gelehrten d'Arcet, Rouelle, Maquer und Lavoisier zeigten aber, daß solches nur bei Zutritt der Luft geschehe. Diese Beobachtungen wurden zum Theil in Folge der Einwürfe der französischen Juweliere Le Blanc und Maillard gemacht, von welchen es Letzterem gelang, einen in Kohlenpulver wohl eingepackten Diamanten in einer Thonkapsel dem heftigsten Feuer auszusetzen, ohne daß er verletzt wurde. Mit Rücksicht hierauf wurden später Diamanten im Sauerstoffgas verbrannt und dabei Kohlensäure als Product erhalten u. s. w. Uebrigens hatte schon Newton vor den Versuchen in Florenz aus dem großen Lichtbrechungsvermögen des Diamants geschlossen, daß er eine verbrennliche Substanz sein müsse.

Graphit.

Krsystem: hexagonal (?). Es finden sich hexagonale Tafeln. Spltb. basisch, sehr vollkommen. Br. uneben. Eisenschwarz — stahlgrau. H. 1,5. Milde, in dünnen Blättchen biegsam. Fett anzufühlen und abfärbend. G. 1,8 — 2,4. Guter galvan. Leiter. Mit Salpeter im Platinlöffel geschmolzen verpufft er und bildet sich kohlensaures Kali. Von Säuren wird nur beigemengtes Eisenoxyd ausgezogen. Kohlenstoff, mit Eisenoxyd, Kieselerde, Thonerde und Titanoxyd mehr oder weniger verunreinigt. Gewöhnlich in derben schuppigen oder erdigen Massen.

In Urgebirgen, Granit, Gneiß, Glimmerschiefer, Urkalk ꝛc. manchmal in bedeutenden Massen. Selten in tafelförmigen Krystallen zu Helette in den Pyrenäen und zu Borrowdale in Cumberland. Großblättrig auf Ceylon, in schuppigen Massen zu Hafnerszell und Griesbach im Passauischen, Schlottwien und Spitz in Oesterreich, Arendal in Norwegen, Tunaberg in Schweden, Schottland, Nordamerika. Ein seiner dichter Graphit findet sich auch bei Wunsiedel und Gefrees im Bayreuthischen.

Die Graphitkrystalle sind vielleicht (nach Fuchs) Pseudomorphosen von Kohleneisen, woraus das Eisen auf irgend eine Weise aufgelöst wurde; ähnliche blättrige Krystalle bilden sich in Hochöfen und geben, wenn das Eisen mit Säuren extrahirt wird, Graphit, ohne daß die Blätterform dabei zerstört wird.

Der Graphit wird zu Bleistiften verwendet und entweder in die taugliche Form geschnitten und gesägt, oder es werden die Abfälle mit Schwefel und Colophonium zusammengeschmolzen und verarbeitet. Mit Thon gemengt, wird er zu Hafnerszell zu Schmelztiegeln, welche vorzüglich für Metalle gebraucht werden, verwendet. Er dient ferner als Ofenschwärze und zum Einreiben und Leitendmachen von Stearin-, Wachs- und Gypsmodellen in der Galvanoplastik.

An den Graphit schließt sich der Anthracit (Kohlenblende) an, welcher wesentlich nur Kohlenstoff ist und mit verkokten Steinkohlen theilweise übereinkommt. Er findet sich derb, schwarz, metallähnlich glänzend. Er ist an der Flamme eines Kerzenlichts nicht entzünd- lich, giebt im Kolben außer etwas Wasser keinen oder nur einen sehr geringen Beschlag von Theer und verbrennt v. d. L. allmälig, ohne zu schmelzen. Mit Kalilauge gekocht, ertheilt er der Lauge keine Färbung. Vorzüglich im Uebergangsgebirge. In mächtigen Lagern in Pennsylvanien, dann in Frankreich, England, Schottland, Norwegen, am Harz, in Hessen, Sachsen ꝛc. Er ist, obwohl schwer entzünblich, ein gutes Brennmaterial und wird zur Eisenfabrikation ge- braucht. Pennsylvanien producirt jährl. über 60 Millionen Centner.

Es schließen sich hier ferner die Stein= und Braunkohlen an, welche die Reste einer untergegangenen Pflanzenwelt sind. Sie bestehen aus amorphen, schwarzen oder schwärzlichbraunen Sub- stanzen, von geringer Härte, Glas — Fettglanz, sp. G. 1,2 — 1,5, und sind vorzüglich durch die Verhältnisse ihres Vorkommens und durch ihre Mischung und chemische Reaction zu unterscheiden. Sie sind an der Flamme eines Kerzenlichts entzünblich und brennen mit Entwicklung eines brenzlichen Geruches. V. d. L. im Kolben geben sie bräunliche und bräunlich=gelbe Theertropfen.

Die eigentlichen Steinkohlen oder auch Schwarzkohlen (Pech= kohle, Schieferkohle, Kämelkohle) enthalten zwischen 75 und 90 pCt. Kohlenstoff, ferner Wasserstoff, Sauerstoff, etwas Stickstoff und erdige Theile. In einem bedeckten Tiegel erhitzt oder trocken destillirt, ent- wickeln sie brennbare Gasarten, vorzüglich Kohlenwasserstoffgase, welche im Großen nach mancherlei Reinigung von gleichzeitig sich bildendem kohlensaurem Gase, kohlensaurem Ammoniak, Theer ꝛc. zur Gasbeleuchtung verwendet werden. Dabei schmelzen einige, die harzreichern, und hinterlassen eine mehr oder weniger aufgeblähte Kohle (Coaks), welche schwer verbrennlich ist, aber eine sehr intensive Hitze giebt. Die schwammartigen Coaks sind die brauchbarsten. Manche Kohlen geben bis zu 85 pCt. Coaks, andere nur 55 pCt. Die reinsten Steinkohlen enthalten nur 1 — 2 pCt. erdige Theile, welche in den Coaks zurückbleiben.

Werden diese Kohlen mit Kalilauge gekocht, so ertheilen sie der Lauge keine oder nur eine sehr blaß weingelbe Farbe und dieses Verhalten ist ein vorzügliches Unterscheidungskennzeichen von den Braunkohlen.

Die Steinkohlen oder Schwarzkohlen bilden mit dem Kohlensandstein, Schieferthon und rothen Sandstein eine große Formation im Flötzgebilde an der Gränze des Uebergangsgebildes. In kleinen Quantitäten kommen sie auch in jüngern Formationen vor, doch sind wohl viele dieser Kohlen mehr Braunkohlen.

Im nördlichen Frankreich, in Belgien und England (vorzüglich Newcastle) sind die bedeutendsten Steinkohlengruben, die man kennt. In Deutschland sind sie am linken Rheinufer verbreitet, bei St. Ingbert, Eschweiler, Saarbrücken, in Westphalen, am Harz, in Sachsen bei Dresden, Zwickau, Haynichen ꝛc., in Böhmen und Schlesien. England und Schottland produciren über 620 Mill. Centner Kohlen, Belgien 100 Mill., Frankreich 80, Preußen 70, Oesterreich 8; die Nordamerikanischen Staaten über 90 Mill.

Als Brennmaterial sind diese Kohlen von hohem Werthe und zur Gasbeleuchtung viel vorzüglicher als die Braunkohlen.

Die Braunkohlen sind in ihren physischen Eigenschaften manchmal von den eigentlichen Steinkohlen nicht zu unterscheiden, doch haben viele eine ins Braune sich ziehende Farbe und manchmal deutliche Holztextur (bituminöses Holz). Sie haben dieselben Mischungstheile, wie die Schwarzkohlen, doch meistens in andern Verhältnissen, enthalten weniger Kohlenstoff, zwischen 20 und 60 pCt. und geben mehr Asche, bis 18 pCt. Ihr Verhalten im Feuer ist dem der Schwarzkohlen ähnlich, doch zerklüften und zerfallen die meisten Varietäten und geben nur schlechte Coaks. Mit Kalilauge gekocht, geben sie mehr oder weniger braun gefärbte Auflösungen, welche, mit Salzsäure neutralisirt, einen braunen Niederschlag von Huminsäure ausscheiden.

Die Braunkohlen finden sich vorzüglich im tertiären Gebilde über der Kreideformation mit Sandstein (Molasse), thonigen Schichten und Schieferthon, am Fuße der Gebirge, öfters die Erdoberfläche berührend oder von Geröllen bedeckt. Sie sind sehr allgemein verbreitet, im Mansfeldischen und in Thüringen, Sachsen, Wetterau, in der Rhön, in Hessen, im Rheinthal zwischen Bonn und Cöln, Bayern, Böhmen, am Fuße der Alpen, in Frankreich, England, Island (sog. Surturbrand) ꝛc. Die Braunkohlen dienen als Brennmaterial, wie die Schwarzkohlen, doch stehen sie diesen an Werth nach.

Im Anschlusse an diese Kohlen sind als vielleicht von ähnlichem Ursprunge noch das Erdöl und Erdpech (Asphalt) zu nennen und der Bernstein. Das Erdöl (Naphta) ist sehr dünnflüssig, leicht flüchtig und entzündlich. Es besteht aus 88 Kohlenstoff und 12 Wasserstoff und kommt manchmal in bedeutender Menge vor, in Parma, Modena, Zante, Baku am casp. Meere, Persien ꝛc. (das v. Tegernsee enthält Paraffin aufgelöst). Es wird zur Beleuchtung, zum Auflösen von Harzen, als Medicament, zur Firnißbereitung ꝛc. gebraucht. — Das Erdpech ist fest, von muscheligem Bruche, braunschwarz, leicht schmelzbar, wie Siegellack fließend u. entzündlich. In Aether leicht auflöslich. Kommt zum Theil in bedeutenden Lagern vor in der Schweiz, Albanien, Cornwallis ꝛc. Wird zum Theeren, zu Straßenpflaster, als Aetzfirniß ꝛc. gebraucht. Aus den bituminösen Schiefern von Seefeld in Tyrol werden jährlich gegen 12,000 Ctr. Asphalt gewonnen, in Dalmatien 1000 Ctr. — Der Bernstein ist eine harzähnliche, eine eigenthümliche Säure, die Bernsteinsäure, enthaltende Substanz, durchsichtig — durchscheinend, von geringer Härte und verschieden gelber Farbe. Er ist entzündlich und brennt, einen angenehmen Geruch verbreitend. Findet sich, öfters Insekten, Blätter und dergleichen einschließend, vorzüglich an der preußischen Küste, wo er meistens vom Meere ausgeworfen wird, aber auch in Sachsen, Spanien, Sicilien, China rc. hat man ihn gefunden, theils im Sande, theils in Braunkohlen. Bekanntlich wird er als Schmuckstein, zu Pfeifenspitzen rc. verarbeitet. Der jährliche Pacht für den Bernstein um Königsberg beträgt 10,000 Thaler.

II. Ordnung. Schwefel.

Schmelzbar = 1, entzündlich und zu schweflichter Säure verbrennend.

Schwefel.

Krystem: rhombisch. Stf. Rhombenpyramide 84° 58′; 106° 38′; 143° 16′. Spltb. unvollkommen primitiv und prismatisch. Br. muschlig — uneben. Pellucid. Fettglanz, auch Glasglanz. H. 2,3. Spröde. G. 1,9 — 2,1.

Ist ein Element, dessen Zeichen S, zuweilen mit erbigen und thonigen Theilen gemengt. Gelb in verschiedenen Abänderungen, graulich, bräunlich.

In den Combinationen die Stf. vorherrschend. Oesters 2 Pyramiden und das Prisma. Auch Combinationen ähnlich Fig. 42, derb, erbig.

Der Schwefel findet sich in ältern und neuern Formationen und in allen brennenden Vulkanen, in bedeutenden Massen aber liefert ihn nur Sicilien. (Vom Gestein wird er durch Destillation geschieden.) Schöne Varietäten kommen vor zu Conilla bei Cadix, Girgenti und Cataldo in Sicilien, an der Solfatara des Vesuvs, auf dem Aetna, den liparischen Inseln, in den Vulkanen der Andes rc. Sicilien liefert jährlich über 1½ Mill. Ctr., Neapel und die toskanischen Solfataren 20 — 30,000 Ctr. gediegenen Schwefel, Oesterreich mit Schwefel aus Kiesen gegen 32,000 Ctr. Die europäische Gesammtproduction an Schwefel betrug i. J. 1867 gegen 7 Millionen Centner.

Der im Handel vorkommende Schwefel wird zum Theil künstlich aus Eisenkies und andern Kiesen gewonnen, indem diese Erze in irdenen tonischen Röhren erhitzt und die Schwefeldämpfe in eiserne, mit Wasser gefüllte Vorlagen geleitet werden. Dieser Rohschwefel giebt dann durch Umschmelzen den sogenannten Stangenschwefel, wie er im Handel vorkommt.

Der Gebrauch des Schwefels als Zündmaterial, zur Bereitung des Schießpulvers, der englischen Schwefelsäure rc. ist bekannt. Wenn der Schwefel einige Zeit geschmolzen und dann in Wasser gegossen wird, so wird er amorph und bildet eine zähe, plastische, zu Pasten brauchbare Masse. Nach einiger Zeit geht er wieder in den krystallinischen Zustand über und wird spröde.

III. Ordnung. Fluoride. Fluor-Verbindungen.

V. d. L. in Phosphorsalz leicht aufl. Mit Schwefelsäure viel flußsaures Gas entwickelnd, ohne, damit befeuchtet, die Löthrohrflamme grünlich zu färben.

Liparit. Flußspath.

Krystem: tesseral. Stf. Oktaeder. Spltb. primitiv sehr voll=
kommen. Br. muschlig — uneben. Pellucid. Glasglanz. H. 4.
G. 3,1—3,2. Erwärmt phosphorescirend.

V. d. L. schmelzbar = 3 zu einem alkalisch reagirenden
Email. In Salzsäure leicht auflöslich. CaF = Calcium 51,28,
Fluor 48,72.

Selten farblos, meist in lichten, zum Theil sehr schönen Ab=
änderungen von Blau, Grün und Gelb, auch rosenroth, bräunlich,
graulich 2c. Manche Krystalle sind violett bei auffallendem Lichte
und grün, auch gelblich und rosenroth bei durchfallendem Lichte.

Die herrschende Form ist der Würfel. Außerdem die Gestal=
ten Tab. II. Fig. 9, 6, 13, 7, 14, 5, 12.

Derb, körnig, stänglich, selten dicht; erdig. Häufig auf Erz=
gängen, auch auf Lagern.

Ausgezeichnete Varietäten kommen vor: in England, Cornwallis,
Derbyshire, Devonshire und Cumberland; im sächsischen und böhmischen
Erzgebirge zu Freiberg, Gersdorf, Annaberg, Johanngeorgenstadt, Zinn=
wald 2c., in Baden zu Badenweiler; in Bayern zu Bach bei Regensburg,
Wunsiedel in Oberfranken und zu Welsendorf in der Oberpfalz, hier eine
dunkelviolette, beim Reiben chlorähnlichen Geruch verbreitende Varietät,
enthält Schönbein's Antozon (+ el. Sauerstoff). — Der Flußspath dient
zur Bereitung der Flußsäure. Die Murrhinischen Gefäße der Alten bestan=
den wahrscheinlich auch aus Flußspath.

Liparit kommt von λιπαρός, glänzend, stattlich.

Kryolith.

Krystem: klinorhomboidisch n. Websky. Spltb. prismatisch
und basisch, fast rechtwinklig. Br. uneben, unvollkommen muschlig.
Durchscheinend. Glasglanz, zum Fett= und Perlmutterglanz geneigt.
H. 2,5. G. 2,9—3,0. V. d. L. schmelzbar = 1 zu einem alka=
lisch reag. Email. In Schwefelsäure auflöslich. Mit Wasser
übergossen, wird er eigenthümlich gallertartig und durchscheinend.

$3\,NaF + AlF^3$. Fluor 54,04. Natrium 32,93, Alumi=
nium 13,03. Weiß, gelblich, röthlich.

Gewöhnlich derb, auf Lagern in Gneiß, in Grönland, wo jährlich
3000 Tonnen (à 20 Centner) ausgeführt werden. Auch zu Miask im Ural,
wo sich noch eine andere Mischung dieser Art, der Chiolith mit 24 pr. Ct.
Natrium, findet. — Dient zur Gewinnung des Aluminiums und zur
Alaunfabrication.

Kryolith kommt von κρύος, Eis, und λίθος, Stein, weil er sehr leicht
schmilzt; Chiolith von χιων, Schnee, wegen der weißen Farbe.

Aehnliche, Kalk und z. Thl. Wasser enthaltende, mit dem
Kryolith in Grönland vorkommende Verbindungen sind: der Pach=
nolith, Hagemanit, Thomsenolit, Glarkfutit, Ark=
futit und Chodneffit.

Yttrocerit. Verbindung von Fluor, Calcium, Cerium und Yttrium. Sehr selten. Finbo in Schweden.

IV. Ordnung. Chloride. Chlor=Verbindungen.

In Wasser sehr leicht auflöslich. Die Auflösung giebt mit salpetersaurem Silberoxyd ein reichliches weißes Präc., welches in Salpetersäure unaufl. ist und am Lichte schnell eine blaugraue und schwarze Farbe annimmt (Chlorsilber).

Steinsalz.

Krystsystem: tesseral. Stf. Hexaeder. Spltb. primitiv, vollkom=men. Br. muschlig. Pelluc. Glasglanz. H. 2. G. 2,2—2,3. Geschmack angenehm salzig. V. b. L. schmelzbar = 1,5 zu einer krystallinischen alkal. reag. Perle.

Na Cl. Chlor 60,68, Natrium 39,32.

Farblos und gefärbt, weiß, grau, gelblich, blau, roth 2c. Die rothe Farbe öfters von Infusorien herrührend. Gewöhnlich in der Stammform krystallisirt, seltner Tab. II. Fig. 2, 6, 13, 9, 7. Derb, körnig, fasrig.

Im Uebergangs= und vorzüglich im Flötzgebirge, bunten Sandstein, Muschelkalk, Keuper, Jurakalk 2c. Immer mit Gyps und Thon (Salzthon), aus welchem es oft durch Wasser in gehauenen Kammern aufgelöst und als Soole versotten wird. Die berühmtesten Gruben sind die von Wielitzka und Bochnia bei Krakau. Sie liefern jährlich 1 Million Centner Salz, welches meistens in derben Stücken gebrochen wird. Sehr reiche Salzbergwerke finden sich auch zu Hallstadt, Ischl, Hallein und Hall in Oesterreich und zu Berchtesgaden in Bayern, ferner zu Sulz am Neckar und zu Staßfurt in Preußen. Spanien, Frankreich und England sind weniger reich. Eine große Salzformation findet sich am mexikanischen Meerbusen (Santa Fe de Bogota) und als ausgedehnte Esflorescenz des Bodens kommt es in Afrika (Habesch) vor. Ferner in den Sublimaten von Vulkanen, in Salzquellen und im Meerwasser (2,5 pr. Ct.).

Der Gebrauch als Speisewürze, zum Einsalzen 2c. ist bekannt. Es dient ferner zur Darstellung der Salzsäure und des Chlors, zur Amalgamation, zu manchen Versilberungen (Chlorsilber in Kochsalzlösung aufgelöst zum Versilbern des Kupfers), zur Glasur und in der Landwirthschaft.

Salmiak.

Krystsystem: tesseral. Stf. Oktaeder. Spltb. primitiv. Br. muschlig — uneben. Pellucid. Glasglanz. H. 1,5. G. 1,45. Geschmack scharf und stechend. V. b. L. flüchtig, ohne zu schmelzen. Mit Kalilauge Ammoniakgeruch entwickelnd. N H^4 Cl. Chlor 66,3, Ammonium 33,7. In der Natur als Sublimat, rinden=artig, flockig, erbig 2c. Weiß gelblich.

In Vulkanen und brennenden Steinkohlenflötzen. Vesuv, Aetna, die liparischen Inseln, Lüttich, Himalaja ꝛc. Gebrauch zur Darstellung des Ammoniaks, als Arzneimittel ꝛc.

Salmiak von sal ammoniacum, dieses von sal und hama nijak, arab., d. i. Salz „aus Kameelmist".

Chlorkalium, Sylvin kommt am Vesuv und in Galizien vor und in großer Menge zu Staßfurt in Preußen. Ist durch den gelben Niederschlag, welchen es mit Platinlösung giebt, leicht von dem Steinsalz zu unterscheiden.

Verbindungen von Chlormagnesium, Chlorcalcium und Wasser sind der Carnallit und der Tachydrit von Staßfurt.

Ein Kalium — Ammonium — Eisenchlorid aus den Fumarolen des Vesuvs ist der Kremersit nach der Anal. v. Kremers. —

V. Ordnung. Nitrate. Salpetersaure Verbindungen.

V. b. L. leicht schmelzbar = 1, und auf der Kohle lebhaft verpuffend. In Wasser leicht auflöslich.

Kalisalpeter.

Krystallsystem: rhombisch. Stf. Rhombenpyr. 90° 56'; 131° 36'; 108° 40'. Spltb. unvollkommen brachydiagonal und prismatisch. Br. muschlig. Pellucid. Glasglanz. H. 2. G. 1,9—2. Geschmack salzig kühlend. V. b. L. in Platindraht die Flamme bläulich färbend mit einem Stich ins Rothe. Ka N̈. Salpetersäure 54,42, Kali 46,58. — In der Natur gewöhnlich verunreinigt. Farblos und weiß. Vorwaltende Form: rhombisches Prisma von 119°, öfters mit einem oder mehreren Domen an den Enden.

Als erdige, fasrige und flockige Masse sich fortwährend bei der Verwesung organischer Substanzen erzeugend.

In größeren Mengen in Spanien, Italien und Ungarn, auf Ceylon in Höhlen, in Südamerika als Ausblühung des Bodens ꝛc. Zur Bereitung des Schießpulvers, der Salpetersäure, in der Medizin ꝛc.

Nitratin. Natrumsalpeter.

Krystallsystem: hexagonal. Stf. Rhomboeder von 106° 33'. Spltb. primitiv sehr vollkommen. Br. muschlig. Pellucid. Glasglanz. H. 1,5. G. 2,19. Geschmack bitter kühlend. V. b. L. im Platindraht die Flamme stark gelb färbend. Na N̈. Salpetersäure 63,56, Natrum 36,44. Ungefärbt und weiß. In der Natur in körnigen Massen schichtenweise mit Thon in Atakama in Peru in großer Menge. In der Provinz Tarapaca in Süd=Peru sind ebenfalls vorzügliche Fundorte. Die Dicke der Lager erreicht bis 7 Fuß. — Zur Darstellung von Salpetersäure und Glaubersalz.

Mit diesen Salzen finden sich auch in geringen Mengen zusammen: salpetersaurer Kalk und salpetersaure Bittererde.

VI. Ordnung. Carbonate. Kohlensaure Verbindungen.

In verdünnter Salzsäure mit Brausen auflöslich; vorzüglich in Pulverform und bei Einwirkung der Wärme. Nach heftigem Glühen v. d. L. alkalisch reagirend.

1. Gruppe. Wasserfreie Carbonate.

V. d. L. im Kolben kein oder nur Spuren von Wasser gebend.

Aragonit.

Krystallsystem: rhombisch. Stf. Rhombenpyr. 93° 30′ 50″, 129° 35, 38″, 107° 32′ 26″. Spltb. brachydiagonl ziemlich deutlich. Br. unvollkommen muschlig. Pellucid. Glasglanz. H. 3,5. G. 3. V. d. L. unschmelzbar und zerfallend. Mit einem Tropfen Salz= säure befeuchtet lebhaft brausend. Ca C mit 1—4 pCt. kohlensaurem Strontian. Wesentlich: Kohlensäure 44,0, Kalkerde 56,0. — Farb= los und gelblich, graulich, bläulich ꝛc. Vorwalt. Form: rhombisches Prisma von 116° 16′ 24″, mit einem brachydiagonalen Doma von 108° 27′. Häufig in Zwillingen, Drillingen und Hemitropieen, deren Zusammensetzungsfläche eine Seitenfläche des Prisma's von 116°. Fig. 55. Die Krystalle oft spießig, fasrig, derb.

Ausgezeichnete Varietäten zu Leogang im Salzburgischen, Joachims= thal in Böhmen, Molina in Aragonien, Mingranilla in Valencia, Harz, Thüringen, Steyermark, Antiparos (zugleich mit rhomboedrischen Kalkspath). Ausgezeichnet große Zwillingskrystalle zu Bastennes (Landes). Zum Aragonit (der Name von Aragonien) gehört die sog. Eisenblüthe aus Steyermark und der Erbsenstein und Sinter von Carlsbad. Ein Aragonit mit 3,86 pr. Ct. Pb C ist der Tarnowitzit von Tarnowitz in Schlesien. Ein Aragonit mit Manganoxydul, Kalk und Magnesia ist der Man= ganocalcit v. Schemnitz in Ungarn.

Strontianit.

Krystallsystem: rhombisch. Stf. Rhombenpyr. 92° 14′ 8″, 130° 0′ 24″, 108° 32′ 58″ Spltb. unvollkommen prismatisch und brachydiagonal. Br. unvollkommen muschlig — uneben. Pellucid.

Glas — Fettglanz. H. 3,5. G. 3,6 — 3,7. V. b. L. wird er ästig, leuchtet; färbt die Flamme purpurroth und rundet sich nur an sehr dünnen Kanten. Die salzsaure Aufl. wird, auch stark verdünnt, von Schwefelsäure getrübt.

Sr C̈. Kohlensäure 29,79, Strontianerde 70,21. — Weiß, gelblich, grünlich. — Kstlle. meist rhomb. Prismen von 117° 16′ mit der brachydiag. Fläche; Zwillinge wie beim Aragonit, stäng= liche Massen ꝛc.

Nicht häufig vorkommend. Strontian (daher der Name) und Leadhills in Schottland, Bräunsdorf bei Freiberg, Leogang im Salzburgischen ꝛc.

Witherit.

Kstsystem: rhombisch. Stf. Rhombenpyr. 89° 56′ 38″, 130° 13′ 6″, 110° 48′ 40″. Spltb. prismatisch und basisch unvoll= kommen. Br. unvollkommen muschlig — uneben. Pellucid. Glas — Fettglanz. H. 3,5. G. 4,2 — 4,4. V. b. L. schmelzbar = 2 zu einem alkalisch reagirenden Email, dabei die Flamme schwach, aber deutlich gelblichgrün färbend. Die stark verdünnte salzsaure Aufl. giebt mit Schwefelsäure ein reichliches Präc. Ba C̈. Kohlen= säure 22,33, Baryterde 77,67. Weiß. Krystalle öfters als Com= bination der Stammform mit einem brachydiagonalen Doma, wo= durch eine pyramidale Gestalt, ähnlich einer Hexagonpyramide, ent= steht; prismatisch und in Zwillingen wie der Aragonit; stänglich.

Auf Bleigängen ausgezeichnet in England, Alstonmoor, Cumberland, Westmoreland. — Mariazell, Steyermark. — Ist giftig und wird als Rattengift gebraucht. — Die drei eben angeführten Species bilden eine chemische Formation. Der Name ist nach dem Entdecker Dr. Withering gegeben.

Als Seltenheit ist anschließend zu erwähnen:

Barytocalcit = Ba C̈ + Ca C̈, kohlensaurer Baryt 66,1, kohlensaurer Kalk 33,9. Krystallisirt klinorhombisch. Alstonmoor in Cumberland.

Von gleicher Mischung, aber rhombischer Krystallisation, ist der Al= stonit von Alston.

Calcit. Kalkstein (Kalkspath).

Kstsystem: hexagonal. Stf. Rhomboeder von 105° 5′. Spltb. primitiv, vollkommen. Br. muschlig, splittrig, eben. Pellucid. Zeigt ausgezeichnet doppelte Strahlenbrechung durch die Flächen der Stamm= form. Glasglanz, auf den basischen Flächen Perlmutterglanz. H. 3. G. 2,5 — 2,8. V. b. L. unschmelzbar. Mit einem Tropfen Salz= säure befeuchtet lebhaft aufbrausend. Ca C̈. Kohlensäure 44,0, Kalkerde 56,0.

Varietäten. 1) Krystallisirter und krystallinischer Kalkstein. Die Krystallreihe höchst mannigfaltig durch die Combination verschiedener

Rhomboeder, Skalenoeder und des hexagonalen Prisma's. Zippe
führt 42 Rhomboeder an und gegen 80 Skalenoeder. Oefters He=
mitropieen, Zusammensetzl. die basische oder die eines Rhomboeders
(öfters desjenigen, welches die Schltf. der Stammform abstumpft).
Oefters vorkommende Formen sind Tab. II. Fig. 33, 39, 40, 58.

Das hexagonale Prisma oft vorherrschend. Stänglich, körnig,
fasrig, schiefrig, nach der basischen Fläche zusammengesetzt (Schie=
ferspath). Farblos und mannigfaltig gefärbt. Der durch bei=
gemengte Kohle schwarz gefärbte heißt Anthrakonit, der bitumen=
haltige Stinkstein. — Zum krystallinischen Kalkstein gehört auch
der meiste Kalksinter, Kalktuff.

Die schönsten und mannigfaltigsten Krystalle liefern: Der Harz (An=
breasberg, Jberg), Derbyshire und Cumberland, Frankreich (Poitiers,
Cousons bei Lyon, Chalanches, Fontainebleau, wo eine stark mit Sand
gemengte Varietät in spitzen Rhomboedern vorkommt); Sachsen (Freiberg,
Schneeberg, Bräunsdorf, Tharand x.), Ungarn (Schemnitz x.). Island
liefert die reinsten und größten Stücke derben Kalkspaths (Doppelspath).

Der Calcit gab Bergmann (1780) die erste Idee der krystallogra=
phischen Korpusculartheorie, welche Hauy dann durchgeführt hat. — An
diesem Mineral wurde auch zuerst die Erscheinung der doppelten Strahlen=
brechung durch Erasmus Bartholin (in Kopenhagen, um 1670) ent=
deckt. — Calcit von calx, Kalk.

2) Dichter Kalkstein. Von verschiedenen Farben. Oft Eisen=
oxyd, Eisenoxydhydrat, Thon, Bitumen x. enthaltend. Hier=
her der sogenannte Marmor, dichte Stinkstein, Rogenstein
(Oolith) aus rundlichen Körnern, wie Fischrogen, zusammen=
gesetzt. Der lithographische Stein gehört auch zum dichten
Kalkstein, ebenso mancher hydraulische Kalk.

Der hydraulische Kalk, welcher auch oft erbig als Mergel vorkommt,
ist immer thonhaltig (zu 20—30 pr. Ct.). Er giebt, gehörig gebrannt und
pulverisirt, ohne weitern Zusatz einen unter Wasser vortrefflich erhärtenden
Mörtel. Durch das Brennen bildet sich eine chemische Verbindung zwischen
dem Thon und der Kalkerde (wie das Gelatiniren mit Salzsäure beweist);
zum Theil wird diese aber erst durch die Gegenwart des Wassers langsam
hervorgebracht. Zugleich wird von letzterem eine gewisse Quantität chemisch
gebunden.

3) Erbiger Kalkstein. Hierher gehört die Kreide, Bergmilch
und (thonhaltig) der meiste Mergel.

Der krystallinische Kalkstein, wie der dichte und erbige, kommen als
Gebirgsarten vor. Die wichtigsten Formationen, welche sie bilden, sind
folgende;

I. Der Urkalk. Krystallinisch körnig, weiß, graulich, ohne Versteine=
nerungen. In Urfelsarten, Gneiß, Glimmerschiefer, Thonschiefer x. ein=
gelagert. Hierher der bekannte carrarische Marmor, der pentelische und
parische, ihres feinen Kornes und ihrer Reinheit wegen zu plastischen Kunst=
werken vorzüglich geeignet. Von pentelischem Marmor sind das Parthenon
und andere Tempel Athens gebaut.

II. Der Uebergangskalk oder Grauwackenkalkstein. In diesem erscheinen schon Versteinerungen (Trilobiten, Orthoceratiten, Korallen ꝛc.). Am Harz, in Westphalen, in Sachsen und Böhmen, Norwegen, Schweden, Rußland, England. Auf Thonschiefer oder Grauwacke gelagert und damit wechselnd, häufig vom alten rothen Sandstein bedeckt.

III. Der Bergkalk oder Kohlenkalkstein, dicht, meist dunkelgrau, reich an Petrefakten (Terebrateln, Orthoceratiten, Korallen ꝛc.). Vorzüglich in England, wo sich ihm das Steinkohlengebirge anschließt, Belgien, West= phalen ꝛc.). — Von den folgenden Formationen, welche zum Flötzgebilde gehören, trennt den Bergkalk das sogenannte rothe Todtliegende (rothe Sandsteine und Conglomerate).

IV. Der Zechstein, ein mergliger, oft dünnschiefriger Kalkstein, mit dem Kupferschiefer vorkommend (einem schwarzen, kupferhaltigen Mergel). Er bildet die älteste Kalkformation der Flötzgebilde, welche wesentlich aus wechselnden Formationen von Kalkstein und Sandstein bestehen. Am Harz, im Mansseldischen, im Thüringer Waldgebirg, Hessen, Wetterau, Spessart, England. — Verhältnißmäßig gegen die folgenden Formationen wenig ausgedehnt und mächtig vorkommend. Auf den Zechstein folgt, theils auf=, theils eingelagert, der bunte Sandstein und auf diesen

V. der Muschelkalk, graulich und thonhaltig. mit muschligem Bruche und deutlicher Schichtung, reich an Petrefakten. Würtemberg, zwischen dem Schwarzwald und Odenwald, Niederfranken, Thüringen, Vogesen, Göttingen und Pyrmont, Niederschlesien ꝛc. — Folgen die Keuper=Mergel und Sandsteine. Hierauf

VI. der Lias. Meistens bituminöser und mergliger Kalkstein (mit Skeletten und Gebeinen von Ichthyosauren, Plesiosauren ꝛc. und vielen Schaalthieren, besonders Gryphäen, daher Gryphitenkalk, Posibonien, Posi= bonienschiefer ꝛc. In Würtemberg, am Fuß der rauhen Alp, Bayern (Mittelfranken), in Frankreich, England, Yorkshire, Lyme=Regis, die hohen Alpen ꝛc.

Es folgen Liasmergelschiefer und Liassandstein und dann

VII. der Jurakalk, bald dicht, bald rogenartig oder oolithisch (Oolith). Sehr verbreitet im Jura, durch die rauhe Alp fortsetzend nach Bayern bis an die Ufer des Mains und nach Koburg. In den Bayeri= schen und Salzburger Alpen, im westlichen Frankreich und in England. — Dahin gehört der lithographische Stein von Solenhofen, Pappen= heim ꝛc. Auf diese Formation folgen wieder Sandsteine (Grünsand, Qua= dersandstein) und dann

VIII. die Kreide, wohin auch der sog. Plänerkalk. Sehr ausge= dehnt im nördlichen Frankreich, im südöstlichen England, in den Apenninen, im Gebiete der Ostsee, Dänemark und Seeland, Rügen, Rheinpreußen, Niederlande, Morea ꝛc. Auf die Kreide folgen im Tertiärgebilde die Braunkohlen= und Molasseformation und dann

IX. der Grobkalk (Cerithenkalk), manchmal fast ganz aus Muscheln und Schneckenschalen bestehend, welche oft nur calcinirt und sehr gut er= halten sind. Vorzüglich in der Gegend von Paris, in den Niederlanden, im Rheinthal, um Wien, in Italien ꝛc. Diese Formation überdeckt

X. der Süßwasserkalk, charakterisirt durch Süßwasser= und Land= muscheln. In Frankreich (Paris, Montpellier ꝛc.), um Würzburg, Ulm, Baden bei Wien, England.

— 127 —

XI. Der Kalktuff (Kalksinter), bildet die jüngste Formation des Kalks und wird fortwährend aus kalkführenden Wässern abgesetzt.

Der Gebrauch des Kalksteins als Baustein, zur Bereitung des Mörtels (als gebrannter Kalk, Aetzkalk) ist bekannt. Auch bei der Glasfabrikation wird er als Zuschlag gebraucht, beim Schmelzen der Eisenerze 2c.

Dolomit. Bitterkalk. Bitterspath.

Krsystem: hexagonal. Stf. Rhomboeder von 106° 15'. Spltb. primitiv vollkommen. Br. muschlig. Pellucid. Glasglanz, manch= mal zum Perlmutterglanz. H. 3,5. G. 2,8 — 3. V. d. L. un= schmelzbar. In ganzen Stücken mit Salzsäure befeuchtet, braust er/nicht, als Pulver ist er in der Wärme leicht aufl. Die gesättigte Aufl. giebt mit Schwefelsäure ein Präc. von Gyps. $Ca\dot{C} + Mg\dot{C}$. Kohlensaurer Kalk 54,35, kohlens. Talkerde 45,65. Weiß gelblich, graulich 2c. — Stf. herrschend. Die Krreihe enthält nur wenige Rhomboeder, sehr selten Skalenoeder. Stänglich, fasrig, körnig.

Dem Dolomit schließt sich der Braunspath an, welcher sich wesentlich nur durch einen Gehalt von kohlensaurem Eisen= und Manganoxydul, bis zu 10 pr. Ct., unterscheidet, weshalb er v. d. L. schwarz und magnetisch wird. Mancher rundet sich an dünnen Kanten.

Der Dolomit kommt in schönen Varietäten vor im Binnenthal in der Schweiz (von ganz normaler Mischung), zu Traversella im Piemontesischen, auf dem Greiner und im Fassathal in Tyrol, Miemo in Toskana, am St. Gotthard, Bleiberg und Raibel in Kärnthen 2c. Der Braunspath im Erzgebirge, zu Schemnitz und Kremnitz in Ungarn, am Harz 2c. Der Dolomit bildet eine Felsart. Er ist zum Theil in Urfelsarten eingelagert, zum Theil kommt er mit dem Zechstein und häufig mit dem Jurakalk vor. In den Bayerischen und Tyroler Alpen, Oberpfalz, Franken, St. Gotthard, Ungarn 2c. Dient als Baustein, zur Bereitung des Mör= tels, hydraulischen Kalks 2c. Der Name Dolomit ist zu Ehren des Geog= nosten und Mineralogen Dolomieu gegeben.

Magnesit.

Krsystem: hexagonal. Stf. Rhomboeder von 107° 10' — 22'. Spltb. primitiv vollkommen. Br. muschlig. Pellucid. Glasglanz. H. 4,5. G. 3. V. d. L. wie der vorhergehende. In Salzsäure als Pulver erst bei Einwirkung der Wärme mit Brausen aufl. Die gesättigte Aufl. wird von Schwefelsäure nicht gefällt. $Mg\dot{C}$. Kohlens. 52,38. Talkerde 47,62.

Gewöhnlich mit etwas Eisen= und Mangancarbonat gemengt. — Gelb, grau, braun. — Krystalle: Stammform, körnig und dicht.

Fundorte: St. Gotthard, Fassathal, Greiner im Zillerthal, Hall, Snarum in Norwegen, Hrubschitz in Mähren, Baubissero in Piemont 2c. Nicht häufig. — Der Name von dem Gehalte an Magnesia = Talkerde.

Calcit. Dolomit und Magnesit bilden eine chem. Formation, zu welcher aus der II. Klasse noch Siderit, Dialogit und Smithsonit gehören. —

2. Gruppe. Wasserhaltige Carbonate.

V. d. L. im Kolben viel Wasser gebend.

Soda.

Kllsystem: klinorhombisch. Stf. Hendyoeber: 79° 41'; 109° 20' 40''. Spltb. nach den Diagonalen undeutlich. Br. muschlig. Pellucid. Glasglanz. H. 1,5. G. 1,423. Geschmack scharf alkalisch. V. d. L. leicht schmelzbar = 1. In Wasser leicht auflösl. $\dot{Na}\ddot{C} + 10\dot{H}$. Kohlensäure 15,39, Natrum 21,66, Wasser 62,95. An der Luft verwitternd zu $\dot{Na}\ddot{C} + \dot{H}$; in diesem Zustand (Thermonatrit KU. rhombisch) meist in der Natur vorkommend als Effloreścenz ꝛc. — Weiß, gelblich, graulich ꝛc.

In den Umgebungen der Natronsee'n Aegyptens; zu Debreczin in Ungarn, wo man jährlich gegen 10,000 Ctr. sammelt. In Mexiko, Tibet, Persien, der Tartarei, Armenien ꝛc. Mit dieser Species kommt noch eine andere von rhombischer Krystallisation vor, welche aus 82,57 kohlensaurem Natrum und 17,43 Wasser besteht.

Trona. Urao.

Kllsystem: klinorhombisch. In den Kryst. die orthodiag. Fl. und eine Endfl., die sich unter 103° 15' schneiden, vorherrschend. Spltb. nach der Endfläche sehr vollkommen. Br. uneben. Pellucid. Glanzglas. H. 2,5. G. 2,11. Geschmack alkalisch. Verhält sich chemisch wie Soda, verwittert aber nicht an der Luft. $\dot{Na}^2\ddot{C}^3 + 4\dot{H}$. Kohlensäure 40,26, Natrum 37,78, Wasser 21,96. Strahlig, körnig. Weiß, gelblich ꝛc.

An den Natronsee'n Aegyptens und in großer Menge in Sukena in Fezzan in Afrika, zu Meriba in Columbien, aus dem See von Lalagumilla krystallisirend, so daß gegen 1600 Ctr. jährlich gewonnen werden sollen.

Soda und Trona werden zur Seifen- und Glasfabrikation gebraucht, in der Färberei ꝛc.

Als selten und nur in geringer Menge vorkommend, sind hier zu nennen:

Kalicin aus Wallis, nach Pisani $\dot{Ka}\ddot{C}^3 + \dot{H}$.

Gaylussit, klinorhombisch. Kohlensäure 27,99, Kalkerde 18,00, Natrum 19,75, Wasser 34,26. Meriba in Columbien. Der Name nach dem französischen Chemiker Gaylussac.

Hydromagnesit (Magnesia alba). Strahlig und erdig. Kohlensäure 35,77, Talkerde 44,75, Wasser 19,48. Hoboken, in New-York, Kumi auf

Negroponte. Eine ähnliche Mischung, worin die Hälfte der Tallerde durch Kalkerde ersetzt ist, findet sich sinterartig am Vesuv, Hydromagnocalcit oder Hydrobolomit; der Prebazzit und der Pencatit von Prebazzo in Tyrol sind Gemenge von Calcit und Brucit. —

VII. Ordnung. Sulphate. Schwefelsaure Verbindungen.

V. d. L. mit Soda auf Kohle Hepar gebend*).

1. Gruppe. Wasserfreie Sulphate.

V. d. L. im Kolben kein oder nur Spuren von Wasser gebend.

Baryt. Schwerspath.

Krystem: rhombisch. Stf. Rhombenpyr. 91° 22'; 128° 36' 40"; 110° 37' 10". Spltbr. brachydiagonal sehr vollkommen, domatisch unter 101° 40' weniger vollkommen. Br. unvollkommen muschlig. Pellucid. Glasglanz. H. 3,5. G. 4,3—4,58. V. d. L. schmelzbar = 3 zu einer alkalisch reagirenden Perle; manchmal verknisternd, die Flamme schwach gelblichgrün färbend. In Salzsäure unaufl. BaS. Schwefelsäure 34,2, Barytterde 65,8. Farblos und gefärbt, weiß, grau, röthlich ꝛc.

In den Krystallcombinationen ist ein rhombisches Prisma von 102" 17' vorherrschend, auch ein Doma von 105° 24', die Krystalle sind sehr oft tafelartig und die Stf. erscheint nebst andern vorkommenden Rhombenpyramiden immer untergeordnet. — Sehr häufig schaalig, stänglich, körnig, fasrig, zum Theil in plattgedrückten Kugeln (der sog. Bologneserspath). Selten dicht, erdig.

Ausgezeichnete krystallisirte Varietäten finden sich im Erzgebirge zu Freiberg, Marienberg, Joachimsthal, Przibram und Mies in Böhmen, Klausthal am Harz, Schemnitz und Kremnitz in Ungarn, Offen- und Felsobanya in Siebenbürgen, Alstonmoor in Cumberland, von daher in der Londoner Ausstellung von 1852 ein prismat. Kr. von 110 Pfd. — Krystallinische Varietäten finden sich häufig, in Bayern zu Erbendorf und Wölsendorf in der Oberpfalz, zu Bach bei Regensburg, Kaulsdorf in Oberfranken ꝛc., der dichte kommt bei Pillersee in Tyrol vor, auf dem Rammelsberg bei Goslar, Freiberg ꝛc.

Es wird damit häufig das Bleiweiß verfälscht; er dient zur Bereitung der Barytpräparate. Der Name stammt von βαρύς, schwer. —

Bildet mit der folgenden Species und dem Bleivitriol eine chemische Formation.

*) Mit Säuren nicht gelatinirend.

Cölestin. Schwefelsaurer Strontian.

Kristystem: rhombisch. Stf. Rhombenphr. 89° 26'; 128° 46'; 112° 36'. Spltb. brachydiag. sehr vollkommen, weniger domatisch unter 75° 58'. Br. unvollkommen muschlig, uneben. Pellucid. Glasglanz, zum Fett= und Perlmutterglanz. H. 3,5. G. 3,6—4,0. V. d. L. zum Theil verknisternd, schmelzbar = 3 zur alkalisch rea= girenden Perle, die Flamme schwach purpurroth färbend. Wenn man auf ein geschmolzenes Stück einen Tropfen Salzsäure fallen läßt und hält es an den Saum einer Lichtflamme, so zeigen sich an dieser purpurrothe Streifen. In Salzsäure unaufl. S̈rS̈. Schwefel= säure 43,56, Strontianerde 56,44. Ungefärbt, weiß, bläulich, gelb= lich ꝛc. In den Krystallcombinationen ist das brachydiag. Doma von 104° 8' vorherrschend, es erscheint meistens als ein Prisma mit dem Doma von 104° 2' zugeschärft. Die Stf. untergeordnet. — Derb, strahlig, fasrig, schaalig ꝛc.

Ausgezeichnet in Sicilien, mit Schwefel zu Girgenti, Catalbo ꝛc., zu Leogang im Salzburgischen, Bristol in England, Aarau in der Schweiz, Montmartre bei Paris ꝛc.

Dient zur Bereitung von Strontianpräparaten, welche in der Feuer= werkkunst gebraucht werden. Der Name stammt von Coelestis, himmel= blau, welche Farbe aber die wenigsten Varietäten zeigen. —

Es kommen als Seltenheiten auch Verbindungen von schwefelsaurem Kalk und schwefelsaurem Baryt, sowie mehrere von letzterem mit schwefel= saurem Strontian vor.

Anhydrit. Muriacit.

Kristystem: rhombisch. Stf. Rhombenphr. 108° 30'; 121° 44'; 99° 2'. Spltb. nach den Diagonalen und basisch vollkommen. Pellucid. Glas — Perlmutterglanz. H. 3,5. G. 2,7—3. V. d. L. schmelzbar = 3 zu einem alkalisch reag. Email. In viel Salz= säure aufl. Die verdünnte Lösung fällt mit salzsaurem Baryt schwefelsauren Baryt, mit kleesaurem Ammoniak klees. Kalk. C̈aS̈. Schwefelsäure 58,82, Kalkerde 41,18. — Weiß, gelb, roth, blau, violett ꝛc. — Krystalle sehr selten, krystallinisch derbe Massen häufig, körnig, strahlig. Zu Straßfurth kamen neuerlich kleine Kry= stalle vor als rhomb. Prismen von 120° mit einem Doma von 95°.

Im Steinsalzgebirge ziemlich häufig vorkommend. Berchtesgaden, Hall in Tyrol, Bex in der Schweiz, Sulz am Neckar, Wieliczka und Boch= nia in Galizien (zum Theil dicht und in darmartigen Windungen, Ge= trösstein). Der Name Anhydrit stammt von ἄνυδρος, wasserlos, weil er sich durch das Fehlen des Wassers vom Gyps unterscheidet.

Als Seltenheiten sind noch zu erwähnen: Schwefelsaures Kali (Gla= serit (K̈aS̈, welches am Vesuv vorkommt, und schwefelsaures Natrum N̈aS̈ (Thenardit), welches in den Salzwerken von Espartines bei

Madrid vorkommt. Beide kryſtalliſiren rhombiſch. Ferner der **Brong-niartin** oder **Glauberit** $= \overset{.}{Na} \overset{..}{S} + \overset{..}{Ca} \overset{..}{S}$, ſchwefelſaurer Kalk 49, ſchwefelſaures Natrum 51. Kryſtalliſirt klinorhombiſch und kommt zu Villarubia in Spanien, zu Berchtesgaden in Bayern und zu Iquique in Peru vor. — Der Name iſt nach dem Entdecker, dem Mineralogen Alex. Brongniart, gegeben.

2. Gruppe. Waſſerhaltige Sulphate.

V. d. L. im Kolben viel Waſſer gebend.

Mirabilit. Glauberſalz.

Kryſtem: klinorhombiſch. Stf. Hendyoeder: 93° 29′; 102° 49′ 40″. Spltb. orthodiagonal vollkommen. Br. muſchlig. Pel-lucid. Glasglanz. H. 1,5. G. 1,5. Geſchmack kühlend bitter. V. d. L. ſchmelzbar = 1, auf Kohle alkaliſch und hepatiſch reagirend. In Waſſer leicht auflöſ., durch Ammoniakſalze nicht gefällt. An der Luft zu einem weißen Pulver zerfallend. — $\overset{.}{Na} \overset{..}{S} + 10 \overset{.}{H}$. Schwe-felſäure 24,89, Natrum 19,23, Waſſer 55,88. — Farblos, weiß.

In der Natur meiſtens verwittert, als $\overset{.}{Na} \overset{..}{S} + 2 \overset{.}{H}$, vorkommend, als Ausblühung, mehlartig ꝛc. im Steinſalz- und Gypsgebirge, an Mauern, auf Lava am Veſuv, in den Mineralquellen von Sedlitz, Saidſchütz, Pülln, Karlsbad in Böhmen und in den Salzſee'n von Ungarn und Aegypten. — Wird zur Glasfabrikation gebraucht, zur Bereitung von Soda, als Medi-cament. — Mirabilit ſtammt von dem ehemaligen Namen des Salzes sal mirabile Glauberi. —

Schwefelſaures Ammoniak **Mascagnin**, kommt in geringer Menge auf dem Veſuv und Aetna vor. Der **Lecontit** aus Honduras iſt eine waſſerhaltige Verb. von ſchwefelſ. Natrum und ſchwefelſ. Ammoniak. —

Der **Kainit** von Staßfurt iſt eine waſſerhaltige Verbindung von ſchwefelſ. Magneſia und Chlorkalium.

Epſomit. Bitterſalz.

Kryſtem: rhombiſch. Stf. Rhombenpyr. 127° 22′; 126° 48′; 78° 7′. Spltb. brachydiag. vollkommen. Br. muſchlig. Pellucid. Glasglanz. H. 2,5. G. 1,75. Geſchmack bitter. V. d. L. an-fangs ſchmelzend, dann giebt er eine ſchwach alkaliſch reagirende weiße Maſſe, welche, mit Kobaltaufl. befeuchtet und geglüht, blaß fleiſchroth wird. In Waſſer aufl.; Aetzammoniak giebt einen Nie-derſchlag. $\overset{..}{Mg} \overset{..}{S} + 7 \overset{.}{H}$. Schwefelſäure 32,52, Talkerde 16,26, Waſſer 51,22*). — Farblos, weiß ꝛc. — Gewöhnlich kommt er in der Natur nur in haarförmigen Maſſen und als Effloreſcenz vor; die künſtlichen Kryſtalle zeigen häufig die Combination der Stammform mit dem rhombiſchen Prisma von 90° 38′.

---

*) Bildet mit dem Zinkvitriol eine chemiſche Formation.

In großer Menge auf der Oberfläche des Bodens in den sibirischen Steppen; in Spanien und in kleinen Quantitäten zu Klausthal am Harz, Ibria, Berchtesgaden, Hall ꝛc. In vielen Mineralwässern, Seidlitz, Eger, Saidschütz ꝛc., in Böhmen, Epsom in England, daher der Name Epsomit.

Wird in der Medizin gebraucht und zur Darstellung anderer Magnesiasalze.

Polyhallit.

Kllsystem: rhombisch. Man findet rhombische Prismen von 115°. Gewöhnlich strahlige und fasrige Massen. Br. splittrig, uneben. Pellucid. Perlmutterglanz zum Fettglanz. H. 2,5. G. 2,75. Geschmack schwach salzig bitter. V. d. L. schmelzbar = 1, auf Kohle zur alkal. reagirenden Masse. In Wasser mit Ausscheidung von schwefelsaurem Kalk aufl. $\overline{KaS} + \overline{MgS} + \overline{CaS} + 2\ddot{H}$. Schwefels. Kalk 45,23, schwefels. Bittererde 20,04, schwefels. Kali 28,78, Wasser 5,95. Gewöhnlich mit Steinsalz, Eisenoxyd ꝛc. verunreinigt, von letzterem roth gefärbt.

Im Steinsalzgebirge zu Berchtesgaden, Ischl, Aussee, Hall. Ist von dem oft ähnlichen Gyps durch die leichte Schmelzbarkeit und den geringen Wassergehalt zu unterscheiden. (Verliert beim Glühen nur 6 pr. Ct., der Gyps 21 pr. Ct.) Der Name stammt von πολύς, viel, und ἅλς, Salz.

Der Blödit ist eine Verb. von schwefels. Natrum und schwefels. Talkerde mit Wasser. Ischl, Astrakan. Eine andere ähnliche Verbindung ist der Löweit v. Ischl und der Simonyit v. Hallstadt.

Gyps.

Kllsystem: klinorhombisch. Stf. Hendyoeder 111° 14'; 108° 53' 31". Spaltbarkeit klinodiagonal sehr vollkommen, orthodiagonal unvollkommen, brechend, muschlig, nach der Endfläche unvollkommen, biegsam, fasrig. Pellucid. H. 1,5. G. 2,3. V. d. L. schmelzbar = 2,5—3 zu einem alkal. reagirenden Email. In viel Salzsäure aufl. In Wasser sehr wenig aufl. $\overline{CaS} + 2\ddot{H}$. Schwefelsäure 46,57, Kalkerde 32,53, Wasser 20,90. — Farblos und verschieden gefärbt. Die Endfläche der Krystalle gewöhnlich durch ein Klinodoma n, von 138° 28' verdrängt. Dazu sehr häufig ein hinteres Klinodoma k von 143° 42', Fig. 51; die Krystalle oft nach der vollkommenen Spaltungsfläche tafelartig ausgedehnt. Häufig hemiotropisch, die orthodiag. Fläche als Drehungsfläche, auch die Fläche, welche das Klinodoma k abstumpft. Oefters mit zugerundeten Enden und linsenförmig, auch nadelförmig. — Derb, zum Theil sehr großblättrig (Fraueneis), körnig, schuppig, strahlig, fasrig, dicht und erdig.

Der Gyps ist ein sehr verbreitetes Mineral und bildet, körnig und dicht, Formationen im Flötzgebilde (Zechstein, Muschelkalk, Keuper) und im Tertiärgebilde, in Würtemberg, Thüringen, Bayern, am Harz, im Hol-

steinischen, bei Paris ꝛc. Er ist ferner der beständige Begleiter des Steinsalzes.

Ausgezeichnete krystallisirte Varietäten kommen vor zu Leogang im
Salzburgischen, Berchtesgaden, Hall, Bex in der Schweiz, Girgenti in Sicilien, Montmartre bei Paris, Schemnitz in Ungarn ꝛc.

Der feinkörnige Gyps (der meiste sog. Alabaster) wird zu plastischen
Kunstwerken verarbeitet. Der gemeine wird pulverisirt zur Wiesenver-
besserung verwendet. Ein vorzüglicher Gebrauch wird aber von dem gelinde gebrannten Gyps als Formmaterial für Stuckaturarbeit, zu Abgüs-
sen ꝛc. gemacht. Das Formen geschieht mit Zusatz von Wasser, wobei der
Gyps erhärtet, indem er das Wasser wieder aufnimmt, welches er beim
gelinden Brennen verloren hat. Würde er aber zu stark gebrannt (in
Anhydrit verwandelt), so nimmt er das Wasser nicht mehr auf und solchen
nennt man todt gebrannt.

Kalialaun.

Krystallsystem: tesseral. Stf. Oktaeder. Br. muschlig. Pellucid.
Glasglanz. H. 2,5. G. 1,7. Geschmack süßlich zusammenziehend.
V. d. L. schmilzt er anfangs und giebt dann eine unschmelzbare
Masse, welche mit Kobaltaufl. schön blau wird. In Wasser leicht
aufl., Aetzammoniak giebt ein weißes, Platinaufl. ein gelbes Präc.
Mit Kalilauge übergossen, keinen Ammoniakgeruch entwickelnd.

$\overset{.}{Ka}\overline{S} + \overline{\overline{Al}}\overline{S}^3 + 24 \overset{.}{H}$, Schwefelsäure 33,78, Thonerde 10,80,
Kali 9,93, Wasser 45,49. — Farblos, weiß, gelblich ꝛc. In den
Krystallcombinationen ist das Oktaeder vorherrschend, außerdem er-
scheinen häufig die Flächen des Würfels und Rhombendodekaeders.

In der Natur findet er sich meistens als Efflorescenz auf Thon-
(Alaun-) schiefer, Kohlenschiefer ꝛc. zu Reichenbach in Sachsen, Duttweiler
in der Rheinprovinz, auf den liparischen Inseln zu Segario, Tolfa am
Monte nuovo, Grotte di Alume in Italien ꝛc. Er wird in der Färberei
und Gerberei gebraucht. — Diese Species ist das Glied einer chemischen
Formation, welche noch mehrere andere umfaßt. Dabei treten andere vica-
rirende Basen in die Mischung ein, theils für das Kali, theils für die
Thonerde. In der Natur kommen, doch nicht in bedeutender Menge, vor:

$\overset{.}{Na}\overline{S} + \overset{..}{\overline{\overline{Al}}}\overline{S}^3 + 24\overset{.}{H} = $ Sodalumen zu St. Jean in Südamerika
und auf Milo im Archipel.

$N\overset{4}{H} O\overline{S} + \overline{\overline{Al}}\overline{S}^3 + 24\overset{.}{H} = $ Tschermigit, in Braunkohle zu
Tschermig in Ungarn. Entwickelt mit Kalilauge Ammoniakgeruch.

$\left.\begin{array}{c}\overset{.}{Mg}\\\overset{.}{Mn}\end{array}\right\}\overline{S} + \overline{\overline{Al}}\overline{S}^3 + 24\overset{.}{H} = $ Pickeringit, nach dem Engländer
John Pickering. Südafrika.

$\overset{.}{F}\overline{S} + \overline{\overline{Al}}\overline{S}^3 + 24\overset{.}{H} = $ Halotrichit, von ἅλς, Salz, und
τριχιον, Haar, aus dem Zweibrückischen und aus Island (Bergsalt).

$\overset{.}{Mn}\overline{S} + \overline{\overline{Al}}\overline{S}^3 + 24\overset{.}{H} = $ Apjohnit, nach dem englischen Chemiker J. Apjohn, von der Algoa-Bay am Kap der guten Hoffnung.

Die Chemie hat noch einen Chrom- und einen Eisenoxyd-Alaun dargestellt, welche in diese interessante Reihe gehören. Zum letzteren gehört
vielleicht der Boltait von Pozzuoli.

Alunit. Alaunstein.

Küystem: hexagonal. Stf. Rhomboeder von 89° 10′. Spltb. basisch ziemlich deutlich. Br. uneben. Pellucid. Glasglanz. H. 5. G. 2,7. V. d. L. unschmelzbar, mit Kobaltaufl. blaue Masse gebend. Von Salzsäure wenig angegriffen. Nach dem Glühen wird ein kleiner Theil von Wasser ausgezogen. Die Auflösung giebt, langsam verdunstet, Alaunkrystalle. Anal. einer Varietät von Beregszaz in Ungarn von Berthier: Schwefelsäure 27,0, Thonerde 26,0, Kali 7,3, Wasser 8,2, Eisenoxyd 4,0, eingemengter Quarz 26,5. Vielleicht $\dot{K}a\ddot{S} + 3\,\overline{\overline{Al}}\ddot{S} + 6\,\dot{H}$. — Auch ammoniakhaltig. — Farblos, gelblich, röthlich, grau 2c. — Die Krystalle Stf., meistens sehr klein, körnig, dicht.

Tolfa bei Civita-Vecchia im Kirchenstaate, Puy de Sancy in Frankreich, Insel Milo und Argentiera, Beregszaz in Ungarn.

Wird zur Alaunbereitung gebraucht, daher der Name.

Aluminit. Websterit.

Bisher nur in knolligen und nierförmigen Stücken gefunden, von erdiger Formation. G. 1,7. V. d. L. unschmelzbar, einschrumpfend, mit Kobaltaufl. blau werdend. In Salzsäure leicht aufl. $\overline{\overline{Al}}\ddot{S} + 9\,\dot{H}$. Schwefelsäure 23,25, Thonerde 29,79, Wasser 46,96. — Weiß, gelblich, graulich.

In Mergel zu Morl bei Halle, in der Kreide zu Newhaven in Sussex und bei Eperney in Frankreich. Bei Halle kommen mehrere Verbindungen vor, welche als Aluminit mit wechselnden Mengen von $\overline{\overline{Al}}\dot{H}^6$ angesehen werden können. Der Name von Alumen in Beziehung auf die schwefelsaure Thonerde. —

Bei Kolosoruk bei Bilin kommt auch neutrale schwefelsaure Thonerde vor $= \overline{\overline{Al}}\ddot{S}^3 + 18\,\dot{H}$. Schwefelsäure 36,05, Thonerde 15,40, Wasser 48,55 (Rammelsberg). In Wasser ziemlich leicht aufl. Ein anderes Thonsulphat mit 16 pr. Ct. Schwefels. und 37 Wasser ist Hauer's Felsobanyit von Felsobanya. Ein Mineral, welches auch viel schwefelsaure Thonerde enthält, ist der Pissophan von Garnsdorf bei Saalfeld, von πισσα, Pech, und φανός, leuchtend.

VIII. Ordnung. Phosphate. Phosphorsaure Verbindungen.

V. d. L. mit Schwefelsäure befeuchtet die Flamme blaß bläulichgrün färbend. (Mit Schwefelsäure und Weingeist keine grüne Färbung der Flamme hervorbringend, wie die Borate.) Die sal=

petersaure (mit oder ohne Aufschließen hergestellte) Lösung giebt, mit molybdänsaurem Ammoniak versetzt, beim Erwärmen ein ocker= gelbes pulvriges Präcipitat (phosphormolybdänsaures Ammoniak).

1. Gruppe. Wasserfreie Phosphate.

B. d. L. im Kolben kein Wasser gebend.

Apatit.

Krystem: hexagonal. Stf. Hexagonpyr. von 142° 21' und 80° 28'. Spltb. basisch und prismatisch ziemlich vollkommen. Br. muschlig. Pellucid. Glasglanz, auf Bruchflächen Fettglanz. H. 5. G. 3,2. B. d. L. schmelzbar = 5. In Salzsäure und Salpetersäure leicht aufl. Die concentr. salpeterf. Aufl. giebt mit essigsaurem Bleioxyd, ein Präcipitat von phosphorf. Bleioxyd, mit Schwefels. wird schwefels. Kalk gefällt.

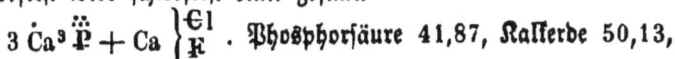

$$3\,\overset{.}{Ca}{}^3\,\overset{...}{P} + Ca \left.\begin{matrix} Cl \\ F \end{matrix}\right\} .$$ Phosphorsäure 41,87, Kalkerde 50,13, Fluor= und Chlorcalcium 8,00. Das Chlorcalcium beträgt selten über 1 pr. Ct. — Farblos, weiß, blau (Moroxit), gelb, spargel= grün (Spargelstein), rosenroth 2c.

In den Krystallcombinationen das hexagonale Prisma vor= herrschend, untergeordnet kommen mehrere hexagonale Pyramiden von normaler und diagonaler Stellung und auch dergleichen von abnormer Stellung vor. Außer in Krystallen auch derb, fasrig, dicht, erbig.

Ausgezeichnete Krystallvarietäten kommen vor im Erzgebirge zu Ehren= friedersdorf, Zinnwald, auf dem St. Gotthard, zu Arendal und Snarum in Norwegen, Greiner im Zillerthale, Cornwallis, Petersburg 2c.

Fasrig und dicht (Phosphorit) zu Amberg, Schlackenwalde, Estrema= dura. Der Apatit gehört mit dem Pyromorphit zu einer chemischen Forma= tion. Apatit von ἀπάτη, Betrug, Täuschung, weil sich manche Mine= ralogen in der Bestimmung des Minerals geirrt haben. — Liefert mit Schwefelsäure aufgeschlossen ein sehr geschätztes Material zur Bodenver= besserung.

Ein innig mit kohlens. Kalk gemengter, ziemlich leicht schmelzbarer, in der Wärme leicht in Salzs. mit Brausen löslicher Apatit ist der Staffe= lit v. Staffel in Nassau. Der Bergbau auf Phosphorit in Nassau hat i. J. 1867 über 1 Million Centner geliefert.

Ein zersetzter Apatit, wesentlich $\overset{.}{Ca}{}^3\,\overset{...}{P}$, scheint der Osteolith von Hanau und Amberg zu sein; der Name von ὀστέον, Knochen, wegen des Gehalts an phosphorf. Kalk.

Der Brushit von der Insel Avis im caraibischen Meer ist $\overset{.}{Ca}{}^2\,\overset{...}{F} + 5\,\overset{.}{H}$, wasserhaltige Kalkphosphate sind ferner: der Metabrushit, Zeugit und Ornithit aus dem Guano der Insel Sombrero. —

Als Seltenheiten sind anschließend zu erwähnen:

Wagnerit. Klinorhombisch. Mg F + $\ddot{\text{Mg}}^3 \ddot{\text{P}}$. Phosphorsäure 43,33, Talkerde 37,63, Fluor 11,35, Magnesium 7,69. In Schwefelsäure mit Entwicklung von Flußsäure aufl. Höllgraben bei Werfen im Salzburgischen. Der Name nach dem bayer. Bergdirector v. Wagner.

Amblygonit. Krystallinisch, Spltb. unter 106° 10'. B. b. L. sehr leicht schmelzbar = 2. In Schwefelsäure aufl. Nach Rammelsberg: Phosphorf. 47,8, Thonerde 34,5, Lithion 7,0, Natrum 6,0, Fluor. 8. — Churdorf in Sachsen, Hebron in Maine N. Am. Der Name von ἀμβλύς, stumpf, und γωνία, Winkel.

Xenotim. Quadratisch G. 4,1. Unschmelzbar. In Säuren unaufl.
$\dot{\text{Y}}^4 \ddot{\text{P}}$. Phosphorsäure mit etwas Flußsäure 32, Ytterde 68. Lindesnäs in Norwegen, Ytterby in Schweden, St. Gotthard, Binnenthal in der Schweiz. Der Name von ξένος, fremd, und τιμή, Ehre, weil Berzelius darin seine erste Thonerde zu finden geglaubt hatte, die sich aber dann als phosphorsaure Ytterde erwies. —

2. Gruppe. Wasserhaltige Phosphate.

B. b. L. im Kolben Wasser gebend.

Lazulith.

Krystallsystem: klinorhombisch. Deutliche Krystalle sehr selten. Spltb. prismatisch unter 91° 30'. Br. uneben. Pellucid wenig, Glasglanz. H. 5,5. G. 3,1. B. b. L. unschmelzbar, zerfallend und weiß werdend, mit Kobaltaufl. wieder blau beim Glühen. Von Säuren nicht angegriffen, die blaue Farbe nicht verändernd. Anal. von Fuchs: Phosphorsäure 41,81, Thonerde 35,73, Talkerde 9,34, Eisenoxydul 2,64, Wasser 6,06, Kieselerde 2,10.

Krystallisirt und derb. — Himmelblau.

Ziemlich selten im Nabelgraben bei Werfen und bei Krieglach in Steyermark, Horrsjöberg in Wermland in Schweden, Brasilien, Nord-Carolina. Der Name nach der Farbenähnlichkeit mit dem Lasursteine lapis lazuli.

In Begleitung des schwedischen Lazulith's findet sich der Svanbergit, eine wasserhaltige Verbindung von schwefels. Thonerde mit phosphorf. Kalk und Natrum (nach Igelström).

Wavellit.

Krystallsystem: rhombisch. Selten in rhombischen Prismen von 126° 25' mit einem makrodiagon. Doma von 106° 46'. Spltb. brachydiagonal deutlich. Pellucid. Glas—Perlmutterglanz. H. 4. G. 2,3. B. b. L. unschmelzbar, mit Kobaltaufl blaue Masse gebend. In Säuren und Kalilauge aufl. Mit Schwefelsäure flußsaures Gas entwickelnd. $\overline{\text{Al}}^4 \ddot{\text{P}}^3 + 18 \dot{\text{H}}$ (mit etwas Fluor). Phosphorsäure 34,72, Thonerde 36,56, Wasser 28,00.

Krystalle nabelförmig. Meistens in schmalstrahligen und

sternförmig fasrigen Massen, kuglig und nierförmig. — Weiß, grau, gelblich, grün ꝛc.

Barnstaple in Devonshire, Schwarzenberg und Striegis im Erzgebirge, Aussig in Böhmen, Amberg in der Oberpfalz ꝛc. Der Name Wavellit nach dem Entdecker Dr. Wavell.

Kalait. Türkis zum Theil.

Derb in dichten Massen, traubig, nierförmig ꝛc. Br. flach=muschlig — uneben. Schimmernd — matt. An den Kanten wenig durchscheinend — undurchsichtig. H. 5,5. G. 2,7 — 3. V. d. L. unschmelzbar, schwarz werdend, die Flamme grün färbend. In Säuren aufl., auch größtentheils in Kalilauge. Anal. von Hermann: Phosphorsäure 27,34, Thonerde 47,45, Kupferoxyd 2,02, Eisenoxyd 1,10, Wasser 18,18, phosphorsaurer Kalk 3,41. — Himmelblau und grün.

Nichapor in Persien, Jordansmühl in Schlesien. — Wird rundlich geschliffen als Schmuckstein getragen. — Der sogen. Zahntürkis besteht aus fossilen Thierzähnen, welche mit Kupferoxydhydrat gefärbt sind. Dieser ist in Kalilauge fast ganz unauflöslich. Der Name Kalait nach κάλαις, ein meergrüner Edelstein bei Plinius.

Andere selten vorkommende wasserhaltige Thonphosphate sind: der **Amphithälit**, **Berlinit** und **Trolleit** aus Schweden, der **Barrandit** und **Sphärit** aus Böhmen, der **Planerit** vom Ural, der **Evansit** (Zepharowichit) aus Ungarn.

Struvit ist phosphors. Ammoniak-Magnesia. Hamburg, Guano der Saldanha Bay an der Küste von Afrika.

IX. Ordnung. Borsäure und Borate.
Borsaure Verbindungen.

Mit Schwefelsäure digerirt eine Masse gebend, welche darüber angezündetem Weingeiste die Eigenschaft ertheilt, mit grüner Flamme zu brennen. V. d. L. in Phosphorsalz auflöslich.

Sassolin. Borsäure.

Krystem: Klinorhomboidisch. — Gewöhnlich in lose verbundenen Schuppen und Blättchen, auch fasrig. Pellucid. Perlmutterglanz H. 1. G. 1,5. Fett anzufühlen. V. d. L. leicht schmelzbar, die Flamme grün färbend. Im Kolben viel Wasser gebend. In Wasser und Weingeist etwas schwer aufl. $\overline{Bo} + 3 \overline{H}$. Borsäure 56,37, Wasser 43,63. — Ungefärbt, weiß, gelblich ꝛc.

Aufgelöst und an den Ufern der Lagunen von Sasso bei Siena (daher der Name), auf der liparischen Insel Vulkano mit Schwefel, in Tibet.

Boracit.

Krystem: tesseral. Stf. Tetraeder. Spltb. sehr wenig, okta=
edrisch. Br. muschlig. Pellucid. Glasglanz. H. 6,5. G. 3. Durch
Erwärmen elektrisch. V. d. L. mit Schäumen schmelzend, 2,5 zu
einer weißen krystallinischen Perle. Die Flamme grün färbend. In
Salzsäure vollkommen aufl. $\overset{..}{Mg}Cl + 2\ \overset{.}{Mg}^3\ \overset{..}{B}^4$, Borsäure 62,50,
Magnesia 26,87, Chlor 7,94, Magnesium 2,69 (H. Rose und
Heintz).

Bis jetzt nur in rundum ausgebildeten Krystallen gefunden,
Combination von Hexaeder, Tetraeder und Rhombendodekaeder,
von welchen bald die eine, bald die andere Form vorherrschend.

In den Gypsfelsen von Lüneburg und Segeberg im Holsteinischen.
(Hat 4 elektrische Axen und zeigt ausnahmsweise doppelte Strahlenbrechung.)
Der Name vom Gehalt an Borsäure.

Der Staßfurthit von Staßfurth im Magdeburg'schen ist Boracit
mit 1 At. Wasser, nach Anderen nur Boracit. Der Eisenstaßfurthit
enthält 50 pr. Ct. borsaures Eisenoxydul. Der Szajbelyit v. Rezbanya
ist wasserhaltige borsaure Magnesia.

Am Kaukasus findet sich eine ähnliche, wasserhaltige Mischung, welche
Hydroboracit genannt wurde. Enthält nach Hetz: Borsäure 49,22, Kalk=
erde 13,74, Talkerde 10,71, Wasser 26,13. Krystallinisch leicht schmelzbar,
in Säuren leicht auflöslich. — Aus borsaurem Kalk besteht der Rhodicit
aus Sibirien. —

Tinkal. Borax.

Krystem: klinorhombisch. Stf. Hendyoeder von 87° und 101°
20'. Spltb. unvollkommen prismatisch und nach den Diagonalen.
Br. muschlig. Pellucid. Glanz fettartig. H. 2,5. G. 1,7. Ge=
schmack süßlich alkalisch. V. d. L. schmelzbar == 1 zur klaren Perle.
In Wasser aufl. $\overset{.}{Na}\overset{..}{B}^2 + 10\ \overset{..}{H}$. Borsäure 36,52, Natrum 16,37,
Wasser 47,11. — Farblos, weiß. An den Krystallen (Stf.) häufig
die orthodiagon. Fläche erscheinend und stark ausgedehnt.

In der Natur als Ausblühung des Bodens an den See'n in Tibet,
Indien und Chili, Californien. — Dient als Schmelzmittel, zur Glasur,
Bereitung mancher Gläser und zur Darstellung der Borsäure.
Borsaures Ammenial mit Wasser ist der Larderellit aus den Bor-
säure-Lagunen von Toskana.

Der Boronatrocalcit (Ulexit) aus Peru enthält nach Ulex: Borsäure
49,5, Kalkerde 15,7, Natrum 8,8, Wasser 26,0. — Der Borocalcit von
Jquique in Peru enthält nach Hayes: Borsäure 46,11, Kalkerde 18,89,
Wasser 35,00.

Eine wasserhaltige Verbindung von phosphorsaurer und borsaurer
Magnesia ist der Lüneburgit v. Lüneburg.

S. die kieselborsauren Verbindungen bei den Silicaten.

X. Ordnung. Kieselerde und Silicate oder kieselsaure Verbindungen.

V. d. L. in Phosphorsalz unvollkommen (mit Ausscheidung eines Kieselskeletts) aufl. Von Salzsäure vor oder nach dem Aufschließen mit Gallertbildung oder Ausscheidung von Kieselerde zersetzbar. In Wasser unaufl. Nach dem Glühen oder Schmelzen nicht alkalisch reagirend.

1. Geschlecht. Kieselerde (Kieselsäure).

Von Säuren (die Flußsäure ausgenommen) nicht angegriffen. Mit Kalihydrat geschmolzen ein in Wasser größtentheils aufl. Glas gebend. Aus der Lösung wird durch Ueberschuß an Salmiak Kieselerdehydrat gefällt.

Quarz.

Krstystem: hexagonal. Stf. Hexagonpyr. von 133° 44' und 103° 34'. Spltb. wenig primitiv, nach der einen hemiedrischen Hälfte der Pyramide etwas deutlicher *). Br. muschlig. Pellucid. Glasglanz, manchmal fettartig. H. 7. G. 2,6 — 2,8. V. d. L. für sich unschmelzbar, mit Soda unter Brausen zu einem klaren Glase zusammenschmelzend. Im reinsten Zustande: Kieselerde $\overline{\text{Si}}$ = Silicium 46,67, Sauerstoff 53,33. Häufig Spuren von Eisenoxyd, Manganoxyd 2c. enthaltend. Der Quarz kommt in sehr zahlreichen Varietäten vor, welche in folgende Hauptabtheilungen gebracht werden können.

1) Krystallisirter und krystallinischer Quarz. Die vorherrschende Combination ist die Stammform mit dem hexagon. Prisma, Fig. 36 und 54, dessen Flächen immer horizontal gestreift sind. Es sind außerdem noch 5 Pyramiden, doch immer nur untergeordnet, beobachtet und über 50, die als Rhomboeder (normal oder verwendet) auftreten. Die Krystallreihe ist merkwürdig durch die häufige Erscheinung der tetartoedrischen Formen der trigonalen Trapezoeder. Ihre Flächen bilden schiefe (bald nach rechts, bald nach links) geneigte

---

*) Die angegebene Hexagonpyramide findet sich öfters halbflächig als Rhomboeder, welches auch als Stammform angenommen wird. Sein Scheitelktw. ist 94° 15'. Der Tridymit ist nach Rath Kieselerde von anderer (obwohl auch hexagonaler) Krystallisation als der Quarz. Pachuca in Mexiko.

Abstumpfungen der Combinations-Ecken der Stammform mit dem hexagon. Prisma. Descloizeaux giebt deren gegen 50 verschiedene Arten an, auch trigonale Pyramiden kommen öfters vor. — Außer in Krystallen derb, körnig, stänglich, fasrig. Die durchsichtigeren Varietäten dieser Abtheilung, welche meistens farblos, manchmal auch gelblich, graulich, braun ꝛc. gefärbt sind, nennt man auch Bergkrystall, die weniger durchsichtigen gemeinen Quarz.

Der Bergkrystall findet sich vorzüglich im Urgebirge, in Granit, Gneiß, Glimmerschiefer in Drusenräumen (Krystallgewölben oder Kellern) manchmal in bedeutender Menge und mitunter in Säulen bis zu 1400 Pfund und darüber. So in den Alpen der Schweiz und Savoyens (Zinken, St. Gotthard, Grimsel ꝛc.), Bourg d'Oisans in der Dauphiné, Schemnitz und Marmorosch in Ungarn, Zinnwald in Böhmen, vorzüglich auch auf Madagaskar, wo Krystallblöcke bis zu 20 Fuß im Umfange angetroffen werden. Am Tiefengletscher im Kanton Uri hat man (1868) im Granit eine Krystallhöhle entdeckt, welche gegen 300 Centner vollkommen schwarzen Bergkrystall (Morion) lieferte, darunter Säulen bis zu 267 Pfd., die Farbe rührt von einer organ. Substanz her. — Der gemeine Quarz ist eines der verbreitetsten Mineralien und bildet theils einzelne Gebirgsstöcke (der Pfahl bei Bodenmais, der Weißenstein bei Regen in Bayern, der Hohenstein und Bohrstein im Odenwalde, Frauenstein im Erzgebirge ꝛc.) und mächtige Lager (als Flötzquarz in den Anden von Peru, als sog. Mühlsteinquarz in der Gegend von Paris), theils erscheint er als wesentlicher Gemengtheil anderer Felsarten. So im Granit, ein körniges Gemeng von Quarz, Feldspath und Glimmer; im Gneiß, ein ähnliches körnig-schiefriges Gemeng; im Glimmerschiefer, ein schiefriges Gemeng von Quarz und Glimmer; in den Porphyren als Einmengung; in den Kieselconglomeraten und in den meisten Sandsteinen.

Quarzkrystalle von besonderer Farbe oder durch gewisse Einmengungen ausgezeichnet, führen zum Theil auch eigenthümliche Namen. Dergleichen sind:

Der **Amethyst**, violblau, mit Uebergängen ins Braune und Rosenrothe. Die Farbe nach Heintz vielleicht von Eisensäure, nach Kuhlmann aber enthält der Amethyst kein Metalloxyd. Er kommt auf Gängen im Urgebirge und in Blasenräumen des Mandelsteines in Achatkugeln oder in Geschieben vor. Schöne Amethyste kommen vor auf Ceilon, zu Mursinsk im Ural, Oberstein im Zweibrückschen, Wiesenbach und Wollenstein in Sachsen, Schemnitz in Ungarn ꝛc. Der Name kommt von ἀμέθυστος, gegen die Trunkenheit, wofür ihn Aristoteles und Andere empfohlen haben.

Der **Rosenquarz**, rosenroth, findet sich zu Zwiesel und Bodenmais in Bayern und zu Kolywan in Sibirien. Ist nach Suckow von Titansäure gefärbt.

Der **Prasem** ist ein mit lauchgrünem Amphibol gemengter Quarz, kommt zu Breitenbrunn im Erzgebirge vor und zu Lisenz in Tyrol. Prasem von πράσιος, lauchgrün.

Das **Katzenauge** ist ein mit fasrigem Disthen oder auch mit Amianth gemengter Quarz, welcher, rundlich geschliffen, ein eigenthümliches Schillern zeigt. Die Farbe ist meist grünlich- oder gelblichgrau, bräunlich, röthlich ꝛc. Die schönsten Varietäten kommen als Geschiebe auf Ceilon vor und in

Hindostan, auch bei Hof im Bayreuthischen und auf Treseburg am Harz findet sich dergleichen.

Der **Avanturin** ist ein gleichmäßig mit kleinen Glimmerschuppen gemengter Quarz, wodurch er geschliffen einen besonderen Schimmer erhält. Der schönste kommt aus Sibirien.

Mancher krystallinische Quarz ist stark mit Eisenoxyd und Eisenoxydhydrat gemengt, undurchsichtig, roth, gelb, braun ꝛc. Dergleichen heißt **Eisenkiesel**, findet sich auch dicht und nähert sich dann dem Jaspis. Er kommt auf Erzgängen im Erzgebirge vor, im Bayreuthischen, in Sibirien und schön krystallisirt zu Compostella in Spanien.

2) **Dichter Quarz.** Hierher gehören der **Hornstein** und der **Jaspis.**

Der **Hornstein** findet sich derb, kuglig oder auch als Versteinerungsmittel von Holz (**Holzstein**). Br. muschlig — splittrig, schimmernd, an den Kanten durchscheinend, grau, grünlich, roth, braun ꝛc. Im Großen ist er oft schiefrig und bildet den **Kieselschiefer.** Dieser ist zuweilen durch kohlige Theile schwarz gefärbt und führt dann den Namen **lydischer Stein.**

Der **Hornstein** kommt auf Gängen im Urgebirge vor, so im Erzgebirge, in Kugeln im Flötzkalk, ausgezeichnet zu Haunstadt bei Ingolstadt, oder als Holzstein im Sandstein und Alluvium, im Zweibrückschen, bei Chemnitz in Sachsen, Katharinenburg und Irkutz in Sibirien. Als Kieselschiefer bildet er Stückgebirge und mächtige Lager in Böhmen, Sachsen, Schlesien, am Harz ꝛc.

Der **Jaspis** ist ein dichter Quarz, welcher mit viel Eisenoxyd und Eisenoxydhydrat gemengt ist. Er ist undurchsichtig, roth, gelb, grün, braun ꝛc. in mancherlei Abänderungen, matt; Br. muschlig — uneben. Der farbig gestreifte heißt **Bandjaspis.**

Schöne Varietäten kommen als Geschiebe in Aegypten vor, zu Orel in Sibirien, Quandstein in Sachsen, Erzgebirge, Ungarn ꝛc.

3) **Erdiger Quarz.** Derb, tropfsteinartig, porös, matt mit erdigem Bruche, meist unrein, undurchsichtig, weiß, gelblich, graulich ꝛc. Mehr oder weniger fest und hart. Hierher gehört der **Kieselsinter, Schwimmstein, Tripel** ꝛc.

Bildet zum Theil Lager im Flötzkalk und Sandstein. Gegend von Amberg und Bodenwöhr, Dresden, Böhmen ꝛc. Der Kieselsinter kommt vor an den Quellen des Geisers, in Kamtschatka, auf Teneriffa ꝛc. Ein Theil des erdigen Quarzes enthält amorphe, opalartige Kieselerde und besteht aus Schildern von Infusorien, so auch der sog. Polierschiefer, welcher zum Theil mächtige Lager bildet, bei Bilin in Böhmen, in Sachsen ꝛc.

Als Gemenge von Quarz und Opal (folgende Species) sind hier anschließend zu nennen der **Chalcedon** und der **Feuerstein.**

Der **Chalcedon** findet sich in rundlichen u. stalaktitischen Formen, auch in Pseudomorphosen, durchscheinend, wenig glänzend, wachsartig, von mancherlei Farben. Der rothe heißt **Karneol** (nach Heintz von Eisenoxyd gefärbt), der lauchgrüne Heliotrop, der apfelgrüne Chrysopras, der mit verschiedenen Lagen, weiß und braun ꝛc. heißt Onyx. Gemenge von Chalcedon, Quarz, Jaspis ꝛc. heißen Achate und diese kommen von den mannigfaltigsten Farbenzeichnungen vor.

Karniol, Karneol von carneus, fleischfarben, Heliotrop von ἡλιοτρόπιον, bei Plinius ein Edelstein; Chrysopras von χρυσός, Gold, und πράσιος, lauchgrün; Onyx von ὄνυξ, ein streifiger Edelstein, sonst Kralle, Fingernagel; Chalcedon von Kalcebonien in Kleinasien; Achat vom Flusse Achates in Sicilien. —

Der Chalcedon und seine Gemenge finden sich in Blasenräumen des Mandelsteins auf Island, den Faroer-Inseln, zu Oberstein im Zweibrück-schen, in Porphyr in Ungarn, Siebenbürgen, Chemnitz in Sachsen, Lichtenberg und Naila in Oberfranken. Die schönen Karniole kommen aus Arabien, der Heliotrop aus der Bucharei, Sibirien ꝛc. Der Chrysopras von Gläsendorf und Kosemitz in Schlesien.

Der Feuerstein findet sich kuglig und knollig von vollkommen muschligem Bruche, schimmernd, verschieden durchscheinend, grau, gelblich, schwarz ꝛc. Er kommt in Flötzkalk und vorzüglich in der Kreide vor. Auf der Insel Rügen, in Frankreich, England, Galizien, Polen ꝛc. Auch von diesem sollen einige Varietäten größtentheils aus Infusorienpanzern bestehen.

Die reinen oder schön gefärbten Abänderungen des krystallisirten Quarzes werden als Ringsteine, Dosen, Pokale ꝛc. geschliffen, auch in der Optik verwendet, zu feinen Gewichten ꝛc. Der Amethyst ist ein vorzüglich beliebter Stein und zugleich ziemlich wohlfeil, indem das Karat 5 — 9 Fl. kostet. Die farblosen Quarzkrystalle sind noch viel wohlfeiler, sie steigen im Werthe, wenn sie andere Mineralien, namentlich Rutil, Asbest, Göthit ꝛc., eingeschlossen enthalten. Das Katzenauge und der Avanturin werden ebenfalls als Schmucksteine geschliffen. Der gemeine Quarz ist ein Hauptbestandtheil des Glases, zu dessen Erzeugung er mit Pottasche oder Soda (auch Glaubersalz) und mit Kalk zusammengeschmolzen wird. Ein Glas ohne Kalk, welches in Wasser auflöslich, ist das sog. Wasserglas. Der Quarzsand dient ferner zur Bereitung des Mörtels, in Verbindung mit Kalkhydrat, als Zuschlag bei der Fabrikation des Steinguts und Porzellans, bei dem Verschmelzen mancher Eisenerze, als Schleif- und Formmaterial ꝛc.

Der sogenannte Holzstein, Jaspis, Chalcedon und Achat werden zu mancherlei Schmuckgeräthen geschliffen und verarbeitet, zum Belegen von Tischplatten, zur Florentiner Mosaik, der Chalcedon zu Reibschalen ꝛc. Karniol und Heliotrop geben sehr gute Siegelsteine. Besonders war sonst der Onyx geschätzt (von welchem unter andern berühmte, bis zu 44,000 Thaler geschätzte Platten im grünen Gewölbe in Dresden), man verfertigt Ringsteine, Cameen u. dergl. daraus. Auch der Chrysopras ist ziemlich geschätzt und kosten vollkommen schöne Steine von 1″ Länge und ¼″ Breite bis zu 30 und mehr Dukaten.

Der Gebrauch des Feuersteins ist bekannt. Das Flintensteinschlagen hat sonst in Frankreich viele Gemeinden beschäftigt; das Knallfeuer hat diesen Erwerbszweig aufgehoben.

Opal.

Amorph. Br. muschlig. Pellucid. Glas-, Wachsglanz, je nach dem Grade der Pellucibität H. 6. G. 2,2. V. b. L. meiſtens verkniſternd und im Kolben Waſſer gebend, ſonſt wie Quarz. In Kalilauge größtentheils aufl., während der Quarz nur ſchwer angegriffen wird.

Kieſelerde mit 3—12 pr. Ct. Waſſer, welches aber wahrſchein= lich nicht chemiſch gebunden.

Waſſerhell, Hyalith, getraust, traubig, tropfſteinartig; milch= weiß, manchmal mit ſchönem Farbenſpiel, edler Opal; gelblich, gelb, braun, röthlich, zum Theil mit Holztextur, Halbopal, Holz= opal, Menilit ꝛc.

Der ſog. Hydrophan iſt ein ſchwach durchſcheinender Opal, der, in Waſſer gelegt, größere Pellucibität, manchmal auch Farben= ſpiel erlangt.

Der Opal findet ſich in Gangtrümmern und Neſtern in Porphyr, Mandelſtein, Trachyt ꝛc. Der ſchönſte ſogen. edle Opal findet ſich zu Czerwenitza zwiſchen Kaſchau und Eperies in Ungarn. Er wird rundlich geſchliffen und iſt ein ſehr geſchätzter Edelſtein, ſo daß Steine von 5—6 Linien Größe bis zu 1000 Fl. bezahlt werden. Die berühmteſten edlen Opale finden ſich im kaiſerlichen Schatze in Wien, darunter ein Stück von 34 Loth, welches auf ½ Million Gulden geſchätzt iſt.

Die übrigen Varietäten des Opals kommen vor in Ober- und Nieder- ungarn, zu Koſemitz in Schleſien, Steinheim bei Hanau, Siebengebirg, Paris, Island und Faroer=Inſeln ꝛc. Der Hyalith bei Frankfurt a. M., auf dem Kaiſerſtuhl ꝛc. Ein roſenrother Opal findet ſich zu Mehun im Departement Du Chere.

Mancher Opal enthält viel Eiſenoxyd eingemengt und heißt Jaſp - opal, er iſt braunroth und wird, wie auch mancher Halbopal, zu Doſen, Meſſergriffen ꝛc. verarbeitet.

ὀπάλλιος, heißt ein Edelſtein bei Dioscorides; Hyalith kommt von ὕαλος, Glas; Menilit von Menil-Montant bei Paris.

2. Geſchlecht. Waſſerfreie Silicate.

Mit Kalihydrat geſchmolzen nur zum Theil und wenig in Waſſer aufl. V. d. L. im Kolben kein oder nur Spuren von Waſſer gebend.

1. Gruppe. Waſſerfreie Silicate mit Thonerde= gehalt.

Formation des Granats. Die Kryſtalliſation iſt teſſeral. Stf. Rhombendodekaeder, die Miſchung kann durch die allgemeine Formel $\ddot{R}^3 \ddot{S}i + \ddot{R} \ddot{S}i$ bezeichnet werden. Dabei wechſeln in den verſchiedenen Species als R̈: Eiſenoxydul, Kalkerde, Manganoxydul und Talkerde als R̈̈: Thonerde, Eiſenoxyd, Manganoxyd und Chromoxyd. Es gehören folgende Species hierher:

a. Almandin.

Krystallisation wie oben angegeben. Nur Spuren von Spaltbarkeit. Br. muschlig, uneben, splittrig. Pellucid. Glasglanz. H. 7 — 7,5. G. 3,5 — 4,3. V. d. L. schmelzbar = 3, ruhig zu einer stahlgrauen magnetischen Perle. Von Salzsäure wenig angegriffen, nach vorhergegangenem Schmelzen gelatinirend. $\dot{F}^3 \ddot{Si} + \ddot{Al} \ddot{Si}$. Kieselerde 37,08, Thonerde 20,62, Eisenoxydul 42,30. Roth, kolombin-, blut-, bräunlichroth, braun rc.

Vorwaltende Form ist das Rhombendodekaeder, außerdem auch das Trapezoeder und die Combination beider. Hessenberg hat dazu an einem rothbraunen Granat von Pfitsch (ob Almandin?) das Triakisoktaeder $\frac{3}{2}$ O und das Hexakisoktaeder 3 O $\frac{3}{2}$ beobachtet. Derb, körnig.

Sehr verbreitet, in Urfelsarten eingewachsen, auch in Geschieben. In Schweden und Norwegen, Kärnthen und Tyrol oft in faustgroßen Krystallen vorkommend, Silberberg bei Bodenmais, Albernreuth in der Oberpfalz, in Ungarn, Sachsen, Spanien rc. Die schönsten Granaten, die sogen. syrischen, kommen aus dem Orient, Ceylon, Indien rc. Gute Steine, als Ringsteine rc., von 6 — 8 Linien Größe werden manchmal bis zu 1500 Fl. bezahlt. Die großen, weniger reinen, werden zu Dosen und dergl. geschnitten und dienten den alten deutschen Büchsen häufig statt des Feuersteins. — Almandin stammt von Alabanda, einer Stadt in Carien (Kleinasien). — Der Name der Formation Granat, wie früher auch der Almandin hieß, bezieht sich auf die Farbenähnlichkeit mit der Granatblüthe.

b. Grossular.

Krystallisation wie die vorige. Derb, körnig und dicht. Pellucid. Glas — Fettglanz. H. 7. G. 3,4 — 3,66. V. d. L. ruhig schmelzend = 3 zu einem nichtmagnetischen Glase. Wird von concentrirter Salzsäure zum Theil stark angegriffen und gelatinirt nach dem Schmelzen. $\ddot{Ca}^3 \ddot{Si} + \ddot{Al} \ddot{Si}$. Kieselerde 40,31, Thonerde 22,41, Kalkerde 37,28. Weiß (selten), grün, gelb, gelblichbraun, hyazinthroth.

An einer Varietät von Beresowsk kommen nach G. Rose auch die Flächen des Würfels und Oktaeders mit dem Rhombendodekaeder vor. Auf Elba findet er sich in Oktaedern.

Hierher der sog. Hessonit oder Kanelstein. Schöne Varietäten finden sich zu Crawitza und Cziklowa im Banat, Mussaalpe im Piemontesischen, Wilwischluß in Sibirien, Arendal, Sala in Standinavien, Tyrol, Ceylon rc. Vorzüglich der hyazinthrothe wird als Edelstein geschätzt und gewöhnlich als Hyazinth verkauft. — Grossular von grossularia, Stachelbeere.

c. Allochroit*).

Krystallisation wie die vorigen. Körnige Massen. Pellucid. wenig, Glas — Fettglanz. H. 7. G. 3,66 — 3,96. V. d. L. ruhig schmelzbar = 3 zu einem schwarzen magnetischen Glase. Von concentrirter Salzsäure zum Theil zersetzt zu einer gallertähnlichen Masse. Nach dem Schmelzen vollkommen gelatinirend. $\dot{C}a^3 \overset{..}{Si} + \overset{.}{Fe} \overset{..}{Si}$. Kieselerde 36,08, Eisenoxyd 30,56, Kalk. 33,36 **). Grün, gelb, braun, schwarz. — Hierher der sogenannte Melanit.

An Varietäten des Allochroit aus Finnland findet sich die Combin. zweier Tetrakishexaeder.

Findet sich zum Theil in Lagern, so daß er als Zuschlag zum Ausschmelzen der Eisenerze gebraucht wird. Im Erzgebirge, in Thüringen, zu Zermatt in Wallis (die Mischung fast rein), zu Drammen und Arendal in Norwegen, Sala in Schweden, Frascati bei Rom ?c. — Allochroit von ἀλλόχροος, von veränderter Farbe, in Beziehung auf das Verhalten v. d. L.

Weit seltener ist der Spessartin (von seinem Vorkommen im Spessart). $\overset{..}{Mn}{}^3 \overset{..}{Si} + \overset{..}{Al} \overset{..}{Si}$. Kiesel. 36,5, Thon. 20,3, Manganoxydul 43,2. Bräunlichroth, reagirt mit Borax stark auf Mangan. Spessart, Schweden, dicht zu Pfitsch in Tyrol.

Bis jetzt nur im Ural und zu Texas in Pennsylvanien gefunden, ist der Uwarowit (nach dem russischen Akademiker Uwarow benannt) hier noch zu erwähnen, welcher gegen 23 pr. Ct. Chromoxyd $\overset{..}{Cr}$ (für $\overset{..}{Al}$ vicar.) und 30 pr. Ct. $\dot{C}a$ enthält. Er ist von smaragdgrüner Farbe.

Höchst wahrscheinlich gehört auch zur Granatformation der

Pyrop.

Bis jetzt nur in rundlichen Körnern gefunden. (Von Einigen werden undeutliche Würfel angegeben.) Br. muschlig. Pellucid. Glasglanz. H. 7,5. G. 3,7. V. d. L. schmelzbar = 3,5 — 4, dem Borax smaragdgrüne Farbe ertheilend. Von Säuren nicht angegriffen. Nach m. Anal. Kiesel. 43,00, Thon. 22,26, Chromoxyd 1,80, Talk. 18,55, Kalk. 5,68, Eisenoxydul 8,74. Nach Moberg ist das Chrom als Oxydul $\overset{.}{Cr}$ enthalten und die Formel ganz die der andern Granaten. — Pyrop stammt von πυρωπός, feueraugig. — Farbe blutroth.

— — —

*) Ist hier angeführt, weil darin das Eisenoxyd für die Thonerde vicarirt.

**) Der Kürze wegen wird in Folgendem Kiesel. statt Kieselerde, Thon. statt Thonerde, Kalk statt Kalkerde ?c gesetzt.

Findet sich im Schuttland bei Meronitz ꝛc., bei Bilin in Böhmen und im Serpentin zu Zöblitz in Sachsen. Er ist unter dem Namen böhmischer Granat den Juwelieren bekannt und wird meistens facettirt und gebohrt auf Schnüren gezogen verkauft (1000 Stück zu 120 bis 140 Fl.).

Vesuvian.

Krsystem: quadratisch. Stf. Quadratpyramide 129° 21′; 74° 27′. Spltb. diagonal prismatisch. Br. unvollkommen muschlig, uneben, splittrig. Pellucib. Glasglanz, auf Bruchflächen zum Fett= glanz. H. 6,5. G. 3,2 — 3,4. V. d. L. schmelzbar = 3 mit Schäumen zu einem grünlichen oder bräunlichen Glase. Von con= centrirter Salzsäure stark angegriffen. Nach dem Schmelzen gela= tinirend. Die Mischung ähnlich der des Grossular. 3 $(\dot{R}^3 \ddot{Si}) +$ 2 $\ddot{R} \ddot{Si}$. Die Anal. geben im Durchschnitt: Kiesel. 39, Thon. 18, Eisenoxyd 6, Kalk. 36, Talk. 1. Nach Scheerer enthalten einige Varietäten gegen 2 pr. Ct. Wasser, welches er als wesentlich und polymer vicarirend für Mg ansieht.

Vorwaltende Combinations=Formen sind die beiden quadrati= schen Prismen, vertikal gestreift. Es sind außer der Stammform noch 5 andere Quadratpyramiden und eben so viele Dioktaeder be= kannt, welche jedoch nur untergeordnet vorkommen. Außer in Kry= stallen auch körnig, selten dicht. — Grün und braun, selten blau.

Schöne Varietäten kommen vor am Vesuv (daher auch der Name), in den Dolomitblöcken des Monte Somma bei Neapel, am Wiswifluß in Sibirien und am Baikalsee, ferner auf der Mussaalpe im Piemontesischen, Monzoni im Faffathal, Eger in Böhmen, Souland in Norwegen, Pfun= ders in Tyrol ꝛc. Reine Krystalle werden zu Schmucksachen geschliffen.

In der Mischung nähert sich, mit 3 pr. Ct. Natrum und 1 Kali, der Sarkolith vom Vesuv. Kryst. quadratisch, gelatinirt.

Formation des Epidots. Klinorhombisch $\dot{R}^3 \ddot{Si} + 2 \ddot{R} \ddot{Si}$.

Außer Pistazit und Manganepidot gehören hierher der Allanit, Orthit und andere Ceroxyd enthaltende Mineralien, welche in der Ordnung Cerium erwähnt sind.

a. Pistazit.

Krsystem: klinorhombisch. Stf. Hendyoeder von 109° 27′; 104° 44′ 9″. Spltb. nach der Endfläche sehr vollkommen, etwas weniger nach e nem hintern Hemidoma, zur Endfläche unter 114° 30′ geneigt. Br uneben, splittrig. Pellucib. Glasglanz. H. 6,5. G. 3,2—3,45. V. d. L. schmelzbar, anfangs = 3, unter Schäu= men zu einer dunkelbraunen oder schwarzen Masse, welche manch= mal magnetisch ist. Von Salzsäure schwer angegriffen. Nach dem Schmelzen gelatinirend.

Ċa³ S̈i + 2 (Äl F̈c) S̈i. Anal. einer Varietät von Arendal
von Rammelsberg: Kiesel. 38,76, Thon. 20,36, Eisenoxyd 16,35,
Kalkerde 23,71, Talkerde 0,44, Glühverlust 2,00 (101,62).

Die Krystalle sind in der Richtung der Orthobiagonale ver-
längert, so daß die Spaltungsflächen wie prismatische Flächen er=
scheinen, die orthobiagonale Fläche findet sich auch in den meisten
Combinationen, einige vorkommende Klinobomen sind untergeordnet
Außerdem nabelförmig und schilfförmig, stänglich, körnig, dicht.
Grün in mancherlei Abänderungen.

In Urfelsarten eingewachsen, ausgezeichnet zu Arendal in Norwegen,
Langbanshyttan in Schweden, Breitenbrunn in Sachsen, Allemont in der
Dauphiné, Floß in der obern Pfalz ꝛc. Am Obern See in NAmerika
auf der Königsinsel kommt Pistazit als Gangmasse bis zu 6 Fuß mächtig
vor und führt metallisches Kupfer. —

Der Name Pistazit kommt von πιστάκια, die Pistazie, wegen der
ähnlichen Farbe; der Name Epibot von ἐπίδοσις, Zugabe. —

b. Manganepidot (Piemontit).

Stängliche und strahlige Massen. Kirschroth. Färbt das
Boraxglas stark amethystroth und schmilzt sehr leicht. Die Thon=
erde zum Theil durch Manganoxyd vertreten, Anal. v. Deville:
Kiesel. 37,3, Thon. 15,9, Eisenoxyd 4,8, Manganoxyd 19,0, Kalk=
erde 22,8, Talkerde 0,2 (100). St. Marcel im Piemontesischen. —

Zoifit.

Krystalle selten deutlich, schilfförmig; stängliche und strahlige
Massen. Nach Descloizeaux ist die Krystallisation rhombisch. V.
b. L. anschwellend schmelzend = 3 — 3,5, mit Schäumen zu
einer blasigen, blumenkohlähnlichen Masse von weißer oder gelb=
licher Farbe. Von Salzsäure angegriffen. Nach starkem Glühen
gelatinirend. Ċa³ S̈i + 2 Äl S̈i. Kiesel. 42,40, Thon. 31,44,
Kalk. 26,16. — Grau, gelblichgrau, weiß.

Fichtelgebirg, Saualpe in Kärnthen, Bacher in Steyermark, Sraltigl
und Sterzing in Tyrol. Der Name Zoisit nach dem österreichischen Mineralogen Baron v. Zois.

Mejonit.

Krystem: quadratisch. Stf. Quadratpyramide 136° 7′; 63°
48′. Spltb. unvollkommen prismatisch und nach den Diagonalen.
Br. unvollkommen muschlig — uneben. Pellucid. Glasglanz. H. 5 5.
G. 2,3 — 2,6. V. b. L. schmelzbar = 3, mit Schäumen und
Leuchten zu einem blasigen durchscheinenden Glase. Mit Salzsäure
gelatinirend. Ċa³ S̈i + 2 Äl S̈i. Kiesel. 42,40, Thon. 31,44,
Kalk. 26,16. Vorwaltende Combination die Stammform mit dem

10*

diagonalen Prisma. Meistens krystallisirt. — Farblos, weiß, graulich.

In der Lava des Monte Somma bei Neapel. Mejonit von μιχρός, μείων, kleiner, wegen der stumpfern Pyramide im Vergleich zu Vesuvian.

In die Nähe des Mejonit gehört der Mizzonit und Sarcolith, beide von Monte Somma.

Nephelin.

Krystsystem: hexagonal. Stf. Hexagonpyramide 139° 19'; 88° 6'. Spltb. unvollkommen basisch und prismatisch. Br. uneben. Pellucid. Glasglanz, auf Bruchfläche Fettglanz. H. 5,5. G. 2,6. V. d. L. ruhig schmelzbar = 3, zu einem farblosen, etwas blasigen Glase. Mit Salzsäure gelatinirend.

$$\left.\begin{array}{l} \dot{N}a^2 \\ \dot{K}a^2 \end{array}\right\} \ddot{S}i + 2 \overline{Al} \ddot{S}i.$$ Anal. einer Varietät von Monte Somma von Scheerer: Kiesel. 44,03, Thon. 33,28, Natrum 15,44, Kali 4,94, Spuren von $\dot{C}a$, $\overline{F}e$ und Aq.

Die vorwaltende Form ist das hexagonale Prisma.

In Krystallen und derb (Eläolith).

Hierher der Davyn und Cavolinit vom Vesuv und der Cancrinit (mit kohlens. Kalk gemengt) vom Ilmengebirg.

Kommt in Drusenräumen der Dolomitblöcke des Monte Somma bei Neapel vor, im Dolerit am Katzenbuckel im Odenwald, im Syenit zu Friedrichswärn und Laurwig in Norwegen Nephelin kommt von νεφέλη, Wolke, weil die Krystalle in Säuren, wegen der Zersetzung, trüb werden.

Andere gelatinirende Silicate, welche vorzüglich aus Kieselerde, Thonerde und Kalkerde bestehen und selten vorkommen, sind der Gehlenit (nach dem Chemiker Gehlen) von Monzoniberg in Tyrol; der Humboldtilith (nach Alex. v. Humboldt) vom Vesuv und der Barsowit nach dem Fundort Barsowsk im Ural.

Wernerit.

Krystsystem: quadratisch. Stf. Quadratpyramide 136° 7'; 63° 48'. Spltb. ziemlich vollkommen prismatisch und nach den Diagonalen. Br. uneben, unvollkommen muschlig, splittrig. Pellucid. Glasglanz, auf Spaltfl. zum Perlmutterglanz, auf Bruchflächen zum Fettglanz geneigt. H. 5,5. G. 2,7. V. d. L. mit Schäumen schmelzbar = 2,5 zum weißen, durchscheinenden, blasigen Glase. Von concentrirter Salzsäure zersetzbar, ohne zu gelatiniren.

$$\left.\begin{array}{l} \dot{C}a^3 \\ \dot{N}a^3 \end{array}\right\} \ddot{S}i^2 + 2 \overline{Al} \ddot{S}i.$$ Anal. einer Varietät von Arendal von Rath: Kiesel. 45,05, Thon. 25,31, Eisenoxyd 2,02, Kalk. 17,30, Talkerde 0,30, Kali 1,55, Natrum 6,45, Wasser 1,24.

Vorwaltende Form: quadrat. Prisma, vertikal gestreift. —
Derb, körnig, stänglich. — Weiß, graulich, gelblich ꝛc. ~~ʒlich,

Im Urgebirge häufig in Norwegen und Schweden zu Arendal, Lang-
bansbyttan ꝛc. Franklin und Warwick in Nordamerika. Finnland. (Syn.
Skapolith.) — Der Name nach dem Mineralogen Werner. Es gehören
hierher: der Nuttalit, Glaukolith und Stroganowit.

Als mehr oder weniger zersetzter Wernerit sind zu betrachten der
Algerit v. Franklin, Atheriastit v. Arendal, Couzeranit v. Cou-
zerau in den Pyrenäen, Dipyr v. Mauleon in den Pyrenäen und der
Wilsonit v. Canada.

Cordierit. Dichroit.

Krystem: rhombisch. Stf Rhombenpyramide 135^0 54′: 110^0
28′; 95^0 36′. Spltb. brachydiagonal unvollkommen. Br. muschlig,
uneben. Pellucid. Einige Varietäten zeigen Dichroismus, parallel
der Hauptaxe blau, rechtwinklig darauf gelblichgrau. Glasglanz.
H. 7. G. 2,6. V. d. L. schwer schmelzbar = 5,5 zu einem wei-
ßen Glase. Von Säuren schwer angegriffen. $\dot{R}^3 \bar{Si} + 3 \bar{R} \bar{Si}$.
Anal. einer Varietät von Krageröe von Scheerer: Kiesel. 50,44,
Thon. 32,95, Eisenoxyd 1,07, Talk. 12,76, Kalk. 1,12, Wasser
1,02 (99,36).

In den Combinationen ist ein rhombisches Prisma von 119^0
10′ mit der brachydiagonalen und basischen Fläche herrschend. Derb
und körnig.

In Urfelsarten zu Bodenmais in Bayern, Orrjervi in Finnland,
Brasilien, Grönland. In Geschieben auf Ceylon. Der reine und gut
gefärbte wird zu Schmucksteinen geschliffen und heißt Luchssaphir.

Der Cordierit (nach dem französischen Mineralogen Cordier benannt)
kommt in verschiedenen Zuständen der Zersetzung vor, wobei er bis zu 9
pr. Ct. Wasser aufnimmt. Es gehören dahin der Fablunit, Gigan-
tolith, Praseolith, Aspasiolith, Pinit. Scheerer nimmt diese
Mineralien als eigenthümliche Species an.

Labrador.

Bis jetzt nicht in Krystallen vorgekommen. Es finden sich
derbe Massen, nach zwei Richtungen spaltbar, ungefähr unter Winkeln von 86^0 und 94^0. Auf den vollkommenen Spaltfl. Glas —
Perlmutterglanz und eigenthümliche zarte Streifung, auf den weniger vollkommenen Glasglanz und öfters Farbenwandlung, blau
und grün, gelb, seltner kupferroth ꝛc. durchscheinend. H. 6,0. G. 2,7.
V. d. L. schmelzbar = 3 zu einem dichten, ungefärbten Glase.
Von concentrirter Salzsäure zersetzt, doch nicht ganz vollkommen.

$\left.\begin{matrix}\dot{Ca}^3 \\ \dot{Na}^3\end{matrix}\right\}$ $\bar{Si}^2 + \bar{Al}^3 \bar{Si}^4$. Kiesel. 53,42, Thon. 29,71, Kalk 12,35,

Natrum 4,52. Ein reiner Kalklabrador ist der Ersbyit v. Pargas. — Grau, in verschiedenen Abänderungen, auch weiß ꝛc.

Die krystallinischen Massen sind fast immer Zwillingsbildungen, deren Zusammensetzungsfläche die weniger vollkommene Spaltungs= fläche. Daher die einspringenden Winkel von 171°, welche die Streifung hervorbringen.

Der farbenwandelnde Labrador findet sich in Geschieben auf der Pauls= insel an der Küste von Labrador und zu Ingermannland und Peterhof in Finnland. Ohne Farbenwandlung kommt er öfters vor und bildet mit Amphibol den meisten Syenit, mit Augit den Dolerit und Basalt. Auch im sog. Phonolith und Kugelporphyr kommt er in eingewachsenen Krystallen vor.

Der farbenwandelnde Labrador wird zu Dosen u. dergl. geschliffen.

Hier schließt sich der sog. Saussurit an, welcher nach Delesse ein dichter, unreiner Labrador ist. Er bildet mit Diallage den sog. Gabbro, eine Felsart, welche am Bachergebirg in Steyermark, am Genfersee, im Walliser= land, auf Corsika ꝛc. vorkommt.

Der Anorthit, von klinorhomboidischer Kßst., wird, wie der Labra= dor, von conc. Salzsäure zersetzt. Er ist $\dot{K}^3 \ddot{S}i + 3 \ddot{A}l \ddot{S}i$. Kiesel. 43, 2, Thon. 36,8, Kalk. 20,0. Vesuv, Corsika, Schweden, Finnland, auch im Meteorstein v. Juvenas in Frankreich. Dahin gehören der Lepolith, Amphodelit, Bytownit, Diploit, Linseit, Rosin, Polyar= git. — Anorthit kommt von ἀνορθός, nicht rechtwinklig, in Beziehung auf den Spaltungswinkel 85° 48'. —

Leucit.

Kßsystem: tesseral. Stf. Trapezoeder Taf. I. Fig. 10 a = 131° 48' 36". Spltb. hexaedrisch in Spuren. Br. muschlig. Pellucid. Glasglanz. H. 5,5. G. 2,5. V. b. L. unschmelzbar, mit Kobaltaufl. blau werdend. Von Salzsäure vollkommen ohne Gallertbildung zersetzt. $\dot{K}a^3 \ddot{S}i^2 + 3 \ddot{A}l \ddot{S}i^2$. Kiesel. 55,06, Thon. 23,43, Kali 21,51. In ausgebildeten Krystallen (Stf.) und Kör= nern. — Weiß, gelblich, graulich, röthlich.

Der körnige Leucit enthält 8,83 Natrum und 10,40 Kali, kann daher als eine Mittelspecies zwischen dem bekannten Kali=Leucit und einem möglichen Natrum=Leucit gelten. — Leucit kommt von λευκός, weiß. —

In Laven am Vesuv, bei Fraskati, Tivoli, Albano in der Gegend von Rom, am Laachersee ꝛc.

Orthoklas. Feldspath zum Theil.

Kßsystem: klinorhombisch. Stf. Hendyoeder 118° 50'; 112° 22'. Spltb. nach der Endfläche und klinodiagonal (also unter 90°) vollkommen, in Spuren nach den Seitenflächen. Br. uneben, un= vollkommen muschlig. Pellucid. Glasglanz, auf den vollkommensten Spaltflächen (Endflächen) Perlmutterglanz. H. 6. G. 2,4 — 2,58.

B. v. L. ruhig schmelzbar = 5. Von Säuren nicht angegriffen. $\overline{Ka}\,\ddot{Si} + \overline{Al}\,\ddot{Si}^3$. Kiesel. 65,21, Thon. 18,13, Kali 16,66. — Farblos und weiß, röthlich, gelblich, grün ꝛc. Der grüne russische Orthoklas (Amazonenstein) ist von Kupferoxhd gefärbt.

Manchmal mit Farbenwandlung auf dem unvollkommenen orthodiagonalen Blätterdurchgang, manchmal mit einem perlmutterartigen Scheine im Innern (Mondstein).

In den Krhstallcombinationen ist oft die Stammform herrschend, oft aber sind die Flächen der vollkommenen Blätterdurchgänge die ausgedehnteren und dann erhalten die Krhstalle das Ansehen eines quadratischen oder rektangulären Prisma's. Häufig kommt ein hinteres Hemidoma vor, zur Endfläche unter 129° 40' geneigt und ein anderes zur Endfläche unter 99° 5' geneigt, untergeordnet zwei Klinodomen.

Die vorkommenden Zwillinge und Hemitropieen dieses Minerals sind in dem Kapitel von den Zwillingskrhstallen erwähnt.

Außer in Krhstallen, derb, körnig, dicht. Der Orthoklas ist eines der verbreitetsten Mineralien, er bildet im Urgebirge einen wesentlichen Gemengtheil des Granits, Gneißes und manches Diorits und Shenits (mit Amphibol).

Als feinkörnige Masse bildet er eine Felsart, welche Weißstein oder Eurit heißt. Als dichter sogenannter Felsit bildet er die Hauptmasse vieler Porphhre, auch des Trachhts.

Ausgezeichnete Varietäten kommen vor zu Karlsbad und Ellenbogen in Böhmen, Bischoffsheim im Fichtelgebirg, Friedrichswärn in Norwegen, St. Gotthard, Baveno bei Mailand, Elba ꝛc.

Der sog. Mondstein und eine andere schillernde Varietät, welche Sonnenstein heißt und in Rußland und Norwegen vorkommt, werden zu Ringsteinen und dergl. geschliffen. Das Schillern des Sonnensteins rührt her von einer regelmäßigen Einmengung mikroskopisch kleiner Krhstalle von Eisenglanz und Titaneisen. — Orthoklas stammt von ὀρθός, rechtwinklich, und κλάω, spalten. —

Albit. Feldspath zum Theil.

Krhsystem: klinorhomboidisch. Spaltungsform: klinorhomboidisches Prisma, m : t = 117° 53'; p : t = 93° 36'; p : m = 115° 5'. Br. uneben Pellucid. Glasglanz, auf p Perlmutterglanz. H. 6 G. 2,56. V. b. L. schmelzbar = 4. Von Säuren nicht angegriffen. $\overline{Na}\,\ddot{Si} + \overline{Al}\,\ddot{Si}^3$. Kiesel. 69,09, Thon. 19,21, Natrum 11,70. — Wasserhell, weiß, graulich, gelblich ꝛc.

Die Spaltungsform erscheint häufig als äußere Form, an den scharfen Seitenkanten abgestumpft und hemitropisch nach einem Schnitte parallel mit der Fläche m, wodurch an den Enden ein- und ausspringende Winkel von 172° 48' entstehen. Diese oft vorkommende Bildung, noch mehr aber die leichtere Schmelzbarkeit geben ein gutes Unterscheidungskennzeichen zwischen Albit und Orthoklas. Außer in Krystallen kommt der Albit derb vor, körnig, blumigblättrig, strahlig und dicht.

Schöne Varietäten kommen vor zu Arendal in Norwegen, Zell im Zillerthal, Baveno bei Mailand, Sibirien, Schweden, Finnland, Schlesien zc. Der Albit bildet die Grundmasse vieler sog. Schriftgranite und manches Phonoliths.

Hier schließt sich der Periklin an, welcher als ein Albit angesehen werden kann, in dem ein kleiner Theil des Natrums durch Kali vertreten wird. Er findet sich in schönen Krystallen auf dem St. Gotthard, Greiner und Schwarzenstein im Zillerthale zc. und bildet mit Hornblende die Masse mancher Grünsteine oder Diorite, sowie des Aphanits, welche Gesteine zu den Urfelsarten gehören.

Der **Oligoklas** (oder **Natronspodumen**) ist $\ddot{R}\ddot{S}i +$ $\ddot{A}l\ddot{S}i^2$. Kiesel. 62,3, Thon. 23,5, Kalk. und Natrum 14,2 (die Kalkerde meistens nur bis 4 pr. Ct.). Aehnliche Kuc. wie Albit, fettglänzend, leichter schmelzbar als Albit. Laurwig und Arendal in Norwegen, Ural. Quenast in Belgien, Boden bei Marienberg in Sachsen zc. Nach Potyka ist der grüne Feldspath v. Bodenmais dem Oligoklas sehr nahestehend. — Nach Tschermak sind die eigentlichen Feldspathtypen: Orthoklas, Albit und Anorthit und bilden diese durch lamellare Verwachsung zahlreiche Zwischenglieder. —

Albit kommt von albus, weiß; Periklin von περικλινής, sich ringsum neigend; Oligoklas von ὀλιγός, wenig, und κλάω, spalten.

Es gehört dahin der Andesin aus den Cordilleren. Nach Hessenberg ist der Oligoklas ein veränderter Albit oder Periklin und hat keine eigenthümliche Krystallisation.

Hier schließt sich der seltene **Hyalophan** aus dem Binnenthal in der Schweiz an. Er ist $\left.\begin{array}{c}\dot{Ba}\\ \ddot{Ka}\end{array}\right\}\ddot{S}i + \ddot{A}l\ddot{S}i^2$ mit 15 pr. Ct. Baryterde und hat die Form des Orthoklas. Kommt auch am Jakobsberg in Wermland vor.

Als vulkanische Gläser, durch Schmelzen mehrerer Natrum- und kalihaltiger Silicate entstanden, sind zu betrachten: der **Obsidian**, **Pechstein**, **Perlstein** und **Bimsstein**. Diese Mineralien sind amorph, mehr oder weniger pellucid, hart = 5,5—6,0. G. 2,2—2,5 und schmelzen v. d. L. bald schwerer, bald leichter, ruhig oder mit Schäumen. Der Obsidian hat ausgezeichnet muschligen Bruch, Glasglanz und schwarze oder braune Farbe (Marekanit). Er findet sich oft in großen Massen auf Island, Lipari, Tolay in Ungarn, Mexiko, Peru, Sibirien, Madagaskar. Er wird zu Spiegeln geschliffen, zu Messern zc.

Der Pechstein ist fettglänzend, von muschligem Bruche und mannigfaltigen Farben, grün, braunroth, gelblich zc. Er bildet öfters grobkörnige

Maſſen und kommt als Felsart vor bei Meißen, Schemnitz, Kremnitz, Tolay, in Schottland und auf den griechiſchen Inſeln.

Der Perlſtein iſt perlmutterglänzend, gewöhnlich grau und bildet rund-körnige Maſſen. Er findet ſich ausgezeichnet in Ungarn, Tolay, Tellebanya, Schemnitz, Glashütte ꝛc.

Der Bimsſtein iſt wenig perlmutterartig- und ſelbenglänzend; weiß, graulich, gelblich ꝛc. und bildet poröſe, ſchaumartige Maſſen. Er kommt in Vulkanen mit Lava vor, auf den liparischen Inſeln, im griechiſchen Archipel, bei Andernach ꝛc. Er dient zum Schleifen, zur Bereitung des Mörtels ꝛc.

Alle dieſe Geſteine bilden zuweilen porphyrartige Maſſen, der Bims-ſtein auch verſchiedene Breccien.

Triphan. Spodumen.

Iſomorph mit Augit. Es finden ſich Hendyoeder mit Seiten-kantenwinkeln von 93° und 87°, nach den Seitenflächen ſpaltbar und orthodiagonal. Br. uneben. Pellucid. Perlmutterglanz, auf den vollkommenen Spaltfl. ſonſt Glasglanz. H. 6,5. G. 3,2. V. d. L. ſich aufblähend und ſchmelzend = 3,5 zu einem klaren oder weißen Glaſe, färbt dabei die Flamme ſchwach purpurroth. Von Säuren nicht angegriffen. $\overline{L}^3 \overline{Si}^2 + 4 \overline{Al} \overline{Si}^2$. Kieſel. 64,98, Thon. 28,88, Lithion 6,14 — Zuweilen iſt das Lithion zum Theil durch Natrum erſetzt. — Grünlich oder gelblichweiß, ins Berg-grüne und Graue.

In Urfelsarten auf der Inſel Utön bei Stockholm, Sterzing und Liſenz in Tyrol, Irland, Neu-Jerſey, Norwich in Maſſachuſetts. Triphan von τριφανης, dreifach erſcheinend. —

Petalit.

In derben, kryſtalliniſchen Maſſen. Spaltbar deutlich in einer Richtung, weniger nach einer zweiten unter 142°. Bruch uneben, ſplittrig. Durchſcheinend. Perlmutterglanz auf den vollkommenen Spaltfl., Fettglanz auf dem Bruche. H. 6,5. G. 2,4. V. d. L. ruhig ſchmelzend = 3,5, die Flamme vorübergehend ſchwach pur-purroth färbend. Von Säuren nicht angegriffen.

$\left.{\overset{\text{Li}^3}{\underset{\text{Na}^3}{}}}\right\} \overline{Si}^4 + 4 \overline{Al} \overline{Si}^4$. Anal. von Hagen: Kieſel. 77,81, Thon. 17,19, Lithion 2,69, Natrum 2,30.

Findet ſich in Blöcken auf Utön bei Stockholm, in Kanada und Maſſachuſetts. — In dieſem Mineral wurde 1817 das Lithion durch Arf-vedſon entdeckt. — Petalit von πεταλον, Blatt, blättriger Structur.

Zum Petalit gehört der Kaſtor v. Elba.

Der Pollux von Elba iſt nach Piſani ein Thonſilicat und Cäſium-ſilicat mit 34 pr. Ct. Cäſiumoxyd. —

Biotit. Einariger Glimmer.

Krystem: hexagonal. Selten in ausgebildeten Krystallen, welche meistens hexagonale Tafeln, gewöhnlich in blättrigen, basisch sehr vollkommen spaltbaren Massen. Pellucid. Zeigt im polarisirten Lichte durch die Spaltfl. farbige Ringe, mit einem schwarzen Kreuz durchschnitten. Stark glänzend von metallähnlichem Perlmutter=glanz. H. 2,5. Elastisch biegsam. G. 2,8. V. d. L. schwer schmelz=bar, 5,5. Von Schwefelsäure durch anhaltendes Kochen vollkommen zersetzbar. $\dot{R}^3 \ddot{Si} + \ddot{R} \ddot{Si}$, als $\dot{R}$ Talkerde und Kali, als $\ddot{R}$ Thon=erde und Eisenoxyd. Meine Anal. einer braunen Varietät von Bodenmais gab: Kiesel. 40,86, Thon. 15,13, Eisenoxyd 13,00, Talk. 22,00, Kali 8,83, Wasser 0,44. — Gewöhnlich grün und braun.

Nach Kenngott lassen sich die Mischungen der Mineralien, die man gewöhnlich unter Biotit begreift, durch die allgemeine Formel m $(\dot{R}^3 \ddot{Si})$ + n $(\ddot{R} \ddot{Si})$ bezeichnen.

Der Name Biotit ist nach dem französischen Physiker Biot gegeben, der zuerst auf die optische Verschiedenheit der Glimmer aufmerksam gemacht hat. —

Findet sich in Urfelsarten, Basalt und Lava. Sehr großblättrig zu Monroe und Neu-Jersey; Miask in Sibirien, Karosulit in Grönland, Schwarzenstein im Zillerthal, Vesuv, Bodenmais in Bayern. Kommt nicht so häufig vor, wie die folgenden Species.

Muscovit. Zweiariger Glimmer

Krystem: rhombisch. Man findet rhombische Prismen von 119° — 120°. Spltb. basisch höchst vollkommen. Pellucid. Zeigt durch die Spaltfl. im polarisirten Lichte bei gehöriger Neigung farbige Ringe, mit einem dunkeln Strich durchschnitten.*) Stark glän=zend von metallähnlichem Perlmutterglanz. H. 2,5. G. 2,8 — 3. V. d. L. schwer schmelzbar, 5,5. Wird von Schwefelsäure nicht zer=setzt. Wesentlich $\dot{Ka} \ddot{Si} + 3 \ddot{Al} \ddot{Si}$. Anal. einer Varietät von Kimito von H. Rose: Kiesel. 46,35, Thon. 36,80, Eisenoxyd 4,50, Kali 9,22, Flußsäure 0,76, Wasser 1,84. — Gewöhnlich weiß, graulich, bräunlich. — Zuweilen in sehr großblättrigen Massen, so daß er zu Fensterscheiben benutzt werden kann, körnig und schiefrig (Glimmerschiefer).

---

*) Der Winkel der optischen Axen wechselt zwischen wenigen Graden bis zu 70° und die optische Axenebene hat bei den einen Var. die Lage der brachydiagonalen, bei andern die der makrodiagonalen Fläche. Das Zusammenkrystallisiren solcher Var. bedingt das ver=schiedene optische Verhalten (Senarmont).

Ist eines der verbreitetsten Mineralien und bildet einen Gemengtheil des Granits, Gneißes, Thonschiefers, Grauwackenschiefers rc. Ausgezeichnet unter andern in Sibirien, Grönland, Norwegen und zu Bodenmais und Aschaffenburg in Bayern. In großen Platten an mehreren Orten in Nord=Amerika.

Dieses Mineral könnte auch zu den kieselflußsauren Verbindungen in die Nähe des Lithionits gestellt werden, da der Fluorgehalt constant zu sein scheint. Der Name Muscovit (besser Moscovit von Moscovia — Rußland) begreift mehrere Species, die zur Zeit nicht genau unterschieden sind. Ein stark perlmutterglänzender Muscovit (Margarit) von Sterzing in Tyrol enthält 5,5 pr. Ct. Baryterde. — Ein Natron=Muscovit ist der Paragonit v. Gotthard.

Zwischen Biotit und Muscovit steht der **Phlogopit** (von φλογωπός, von feurigem Ansehen). Er zeigt sich optisch deutlich zweiaxig, steht aber dem Biotit in der Mischung nahe und wird, wie dieser, von conc. Schwefelsäure zersetzt. Findet sich an mehreren Orten in Nord=Amerika.

Hier schließen sich, von Salzsäure zersetzbar, an: der **Aspidolith** aus dem Zillerthal, bläht sich v. d. L. außerordentlich auf in der zu den Blättern rechtwinklichen Richtung; der **Lepidomelan** v. Rockport in Massachusetts, schmilzt = 3 zu einem stark magnetischen Email; der **Astrophyllit** r. Brewig in Norwegen, mit ähnlichem Verhalten. —

Staurolith.

Krystallsystem: rhombisch. Es finden sich rhombische Prismen von $128^\circ 42'$. Spltb. brachydiagonal ziemlich vollkommen. Br. unvollkommen muschlig — uneben. Wenig pellucid. Glasglanz. H. 7. G. 3,4—3,8. Unschmelzbar. Von Salzsäure wenig angegriffen.

$$\left.\begin{matrix}\ddot{A}l \\ \overline{Fe}\end{matrix}\right\}^{2} Si.$$ Anal. einer Varietät vom St. Gotthard von Jacobson:

Kiesel. 29,13, Thon. 52,10, Eisenoxyd 17,58*), Talkerde 1,28. — Bräunlichroth, braun. Bis jetzt immer krystallisirt gefunden. An den angegebenen Prismen erscheint häufig die brachydiagonale Fläche.

Nicht selten kommen Zwillinge vor, indem zwei Individuen so verwachsen sind, daß ihre Hauptaxen sich rechtwinklich, Fig. 56, manchmal auch unter 60° kreuzen.

In Urselsarten, ausgezeichnet auf dem St. Gotthard, zu St. Jago di Compostella in Spanien, Quimper im Dep. Finistère, Bieber und Aschaffenburg, Mähren, Ural rc. — Staurolith von σταυρός, Kreuz, und λίθος, Stein. —

Andalusit.

Krystallsystem: rhombisch. Es finden sich rhombische Prismen von $90^\circ 44'$. Spltb. nach den Seitenflächen manchmal deutlich. Br. uneben, splittrig. Pellucid, gewöhnlich nur an den Kanten. Glasglanz. H. 7,5. G. 3,2. V. d. L. unschmelzbar, mit Kobaltaufl. blau. Von Säuren wenig angegriffen.

---

*) Nach Wislicenus enthält der Staurolith 14,37 pr. Ct. Eisenoxydul.

$\overline{Al}^3 \overline{Si}^2$. Nach Damour (Var. aus Brasilien): Kiesel. 37,24, Thon. 62,07, Eisenoxyd 0,61. Mit der Mischung des Disthens übereinkommend. — Pfirsichblüthroth, graulich, gelblich, bräunlich.

Bis jetzt immer in Krystallen beobachtet, vorherrschend das angegebene Prisma. Defters sind vier Individuen mit paralleler Hauptaxe so zusammengewachsen, daß ein hohler Raum zwischen ihnen bleibt, der aber gewöhnlich mit Thonschiefermasse ausgefüllt ist (Hohlspath, Chiastolith). Manche Krystalle dieser Art haben eine Zersetzung erlitten und sind viel weicher als das frische Mineral.

In Urfelsarten, ausgezeichnet (stark mit Glimmer gemengt) zu Lisenz in Tyrol, Herzogau in der Oberpfalz, Iglau in Mähren, Landed in Schlesien, Elba, Irland, Schottland. Andalusien (daher der Name). Die Chiastolith genannten Verwachsungen ausgezeichnet in den Pyrenäen, zu St. Jago di Compostella in Spanien, am Simplon, zu Gefrees im Bayreuthischen ꝛc. — Chiastolith stammt von χιάζω, mit einem χ bezeichnen, etwas kreuzweise stellen.

Disthen. Cyanit.

Küsystem: klinorhomboidisch. Man findet klinorhomboidische Prismen, m : t = 106° 15'; p : t = 93°; p : m = 101°. Spltb. nach m sehr vollkommen, weniger nach t. Pellucid. Glasglanz, auf den Spaltfl. zum Perlmutterglanz. H. 6, auf den m Flächen merklich weicher. Spec. G. 3,5—3,7. V. d L. unschmelzbar, mit Kobaltauflösung blau. Von Säuren nicht angegriffen. $\overline{Al}^3 \overline{Si}^2$. Kiesel. 37,48, Thon. 62,52. — Farblos, himmelblau, gelblich, graulich, grünlich ꝛc. Häufig in strahligen Massen; fasrig.

In Urfelsarten, ausgezeichnet auf dem St. Gotthard, Greiner und Pfitsch in Tyrol, Saualpe in Kärnthen, Miask und Kolotkina in Siberien, Pennsylvanien, Spanien, Schottland ꝛc. Der fasrige häufig bei Aschaffenburg. — Disthen von δίς und σϑένος, von zweierlei Kraft, in Bez. auf die Härte.

Von ähnlicher Mischung, aber nach Descloizeaux von rhombischer Krystallisation ist der Sillimanit von Chester in Connecticut, zu welchem gehören der Monrolit, Bucholzit, Fibrolith, Bamlit, Xenolith und Wörthit. —

Smaragd.

Küsystem: hexagonal. Stf. Hexagonpyramide. 151° 5' 45''; 53° 12'. Spltb. basisch ziemlich vollkommen Br. unvollkommen muschlig — uneben. Pellucid. Glasglanz. H. 7,5. G. 2,67— 2,75. V. d. L. schmelzbar = 5,5 zu einem emailleähnlichen Glase.

Von Säuren nicht angegriffen. $\overline{Be}^3 \overline{Si}^3 + \overline{Al} \overline{Si}^2$. Kiesel. 67,41, Thon. 18,75, Beryllerde 13,84. Smaragdgrün (durch Chromoxyd gefärbt; selabongrün, blau, gelb, auch farblos.

In den Krystallcombinationen ist das hexagonale Prisma mit der basischen Fläche vorherrschend, die Seitenfl. öfters nach der Länge gestreift. Außer der Stammform kommen noch drei andere hexagonale Pyramiden und zwei bihexagonale, doch nur untergeordnet vor. S. Fig. 37.

Bei den Juwelieren führen nur die rein grünen Varietäten den Namen Smaragd, die bläulichgrünen, blauen ꝛc. heißen Aquamarin, auch Beryll. — In Urfelsarten und im Schuttland. Die schönsten grünen Smaragde kommen aus dem Tunkathal bei Neu-Carthago in Peru, von Santa Fe de Bogota und Muso in Neu-Granada (Prismen bis 3' lang), von Kosseir am rothen Meer und aus der Nähe des Flüßchens Takowaja im Ural. Auch im Heubachthal im Pinzgau hat man schöne Varietäten gefunden. Ausgezeichnete Aquamarine und Berylle kommen in Sibirien vor zu Miaßk, zu Murfinsk ꝛc., zu Rio-Janeiro, Aberdenshire in Schottland, Cangayum in Ostindien, Crawford in Australien. —

Weniger schöne und durchsichtige Varietäten zu Zwiesel im bayerischen Wald, Chantelcupe bei Limoges (zum Theil sehr große Krystalle), Gastein, Elba, Haddam in Connecticut, Monroe, Pennsylvanien ꝛc. Die kolossalsten Krystalle sind bei Krasten in Nord-Amerika gefunden worden. Einer hatte eine Länge von 6⅓ Fuß und 1 Fuß Durchmesser. Man berechnet das Gewicht auf 2913 Pfd., bei andern auf 1076 Pfd.

Die Petersburger Sammlung enthält einen durchsichtigen, grünlich gelben Beryll von 9″ 5‴ Länge und 1″ 3‴ Dicke, über 6 russ Pfd schwer.

Der Smaragd ist einer der geschätztesten Edelsteine und kostet das Karat bis zu 50 Gulden. Steine von 6 Karat 800—1200 Fl. Der kaiserliche Schatz in Wien besitzt berühmte Smaragden, deren einer 2205 Karat wiegen soll und gegen ¼ Million Gulden geschätzt wird. — Der Aquamarin ist wohlfeil und kommt das Karat nur auf 3—6 Fl. — Im Beryll wurde 1798 von Vauquelin die Beryllerde entdeckt.

Σμάραγδος und berillus finden sich schon bei den Alten. Die Abstammung der Namen ist unbekannt.

Durch einen Gehalt an Beryllerde interessant, übrigens sehr selten, sind noch folgende Silicate, deren einige keine Thonerde enthalten.

Euklas. Klinorhombisch. Spaltb. klinodiagonal sehr vollkommen (daher der Name von εὖ, wohl, und κλάω, brechen). Nach Damour enthält er 6 pr. Ct. Wasser. Si 41,63, Äl 34,07, Be 16,97, Spur von Ca, Fe, Fl. Villa rica in Brasilien, Connecticut.

Phenakit. Hexagonal. Kiesel. 54,3, Beryllerde 45,7. Framont in Lothringen, Ural, Massachusetts. Phenakit von φέναξ. Betrüger, weil er dem Quarz gleicht. Mancher klare vom Ural wird als Edelstein geschliffen.

Leukophan. Kiesel. 47,82, Beryllerde 11,51, Kalk. 25,00, Manganoxydul 1,01, Fluor 6,17, Natrium 7,59, Kalium 0,26. Lammön in Norwegen. Der Name von λευκοφανής, weiß.

Kalk-Thon-Silicate mit 7 u. 13 pr. Ct. Thonerde, sind: der **Aebel-
forsit** v. Aebelfors in Schweden, und der **Sphenollas** v. Gjellebäck in
Norwegen.

2. Gruppe. Wasserfreie Silicate ohne Thonerde*).

Wollastonit. Tafelspath.

Kllsystem: klinorhombisch. Man beobachtet selten Hendyoeber,
welche basisch und orthodiagonal unter 110° 12′ spaltbar sind.
Br. uneben. Pellucid. Glasglanz, zum Perlmutterglanz geneigt.
H. 5. G. 2,8. V. b. L. schmelzbar = 4,5. Vollkommen ge=
latinirend. $\overset{...}{Ca}^3 \overset{...}{Si}^2$. Kiesel. 52, Kalk. 48. Gewöhnlich in krystallinischen Massen. Weiß, gelblich ꝛc.

Findet sich zu Cžillowa im Banat, Harzburg am Harz, Pargas in
Finnland, Capo di bove bei Rom, Vesuv, Schweden, Schottland ꝛc.

Der Wollastonit wurde bisher zur Formation des Pyroxens gezählt,
nach **Descloizeaux** ist seine Kryställreihe verschieden.

Formation des Pyroxens. $\overset{...}{R}^3 \overset{...}{Si}^2$, klinorhombisch.

1. Diopsid.

Kllsystem: klinorhombisch. Stf. Hendyoeber. 87° 6′; 100° 57′.
Spltb. nach den Seitenflächen deutlich, auch nach den Diagonalen.
Br. muschlig. Pellucid. H. 6. G. 3,3. V. b. L. schmelzbar =
3,5 — 4 zu einem weißen, nicht magnetischen Glase. Von Säuren
nicht angegriffen. $\overset{...}{Ca}^3 \overset{...}{Si}^2 + \overset{...}{Mg}^3 \overset{...}{Si}^2$. Kiesel. 56,36, Kalk. 25,46,
Talk. 18,18. — Weiß, gelblich, grün, grau ꝛc., auch farblos.

In den Kryställcombinationen ist die Stammform oft mit
der ortho= und klinobiagonalen Fläche verändert. An den Enden
finden sich untergeordnet mehrere Schiefenbenflächen und Klino=
bomen. Außerdem derb, strahlig, körnig.

Hierher der **Kokkolith, Malakolith, Salit, Baikalit, Ala-
lit, Mussit.** Einen vanadinhaltigen Diopsid v. Transbaikalien nennt
v. Kokscharow **Lawrowit.**

Ausgezeichnete Varietäten finden sich auf der Mussaalpe im Piemon=
tesischen, zu Schwarzenstein im Zillerthal mitunter in so reinen, schön
grün gefärbten Krystallen, daß sie als Schmuckstein geschliffen werden;
Reichenstein in Schlesien, Gefrees in Oberfranken, Mallsjö, Sala ꝛc. in
Schweden, Arendal in Norwegen, Erzgebirge ꝛc. Diopsid von δίς, doppelt, und όψις, Anblick.

---

*) Die salzsaure Auflösung giebt, nach Abscheidung der Kieselerde mit
Aetzammoniak kein Präc. oder ein solches, woraus Kalilauge keine
Thonerde extrahirt. Eine Ausnahme machen einige Augite.

2. Diallage.

Gewöhnlich in kryſtalliniſchen Maſſen, welche in einer Rich=
tung (orthobiagonal) vollkommen ſpaltbar ſind. Auf dieſen Spaltfl.
in einer Richtung geſtreift, ſtark perlmutterglänzend, metallähnlich,
ſonſt ſchwach fettglänzend. Wenig an den Kanten durchſcheinend.
H. 5. G. 3,2. V. d. L. ſchmelzbar = 3,5. Durch dieſe Leicht=
flüſſigkeit vorzüglich von dem ähnlichen Broncit unterſchieden. Von
Säuren nicht angegriffen.

$\left.\begin{array}{c} \dot{C}a^3 \\ \ddot{M}g^3 \\ \dot{F}e^3 \end{array}\right\} \overset{..}{S}i^2.$ Meine Anal. einer Varietät von Großarl gab: Kieſel.

50,20, Thon. 3,80, Kalk. 20,26, Talk. 16,40, Eiſenoxydul 8,40.
— Grau, grün, bräunlich.

Bildet, mit Labrador und auch mit Epidot gemengt, eine Felsart, ben
Gabbro. Kommt vor zu Großarl im Salzburgiſchen. Marmels in Grau=
bündten, bei Florenz, am Ural ꝛc. Diallage von διαλλαγη, Verſchieben=
heit, in Bezug auf die Spaltbarkeit.

3. Augit.

Die Kryſtalliſation wie beim Diopſid 2. An den Enden kommt
häufig ein Klinodoma von 120° 39′ vor. Glasglanz. Pellucid
in geringem Grade. H. 6. G. 3,4. V. d. L. ſchmelzbar = 3,5 — 4
zu einem ſchwarzen, manchmal magnetiſchen Glaſe. Von Säuren
wenig angegriffen.

$\left.\begin{array}{c} \dot{C}a^3 \\ \dot{F}e^3 \\ \dot{M}g^3 \end{array}\right\} \overset{..}{S}i^2.$ Anal. einer Varietät aus dem Faſſathal von Kuber=

natſch: Kieſel. 50,09, Thon. 4,39, Kalk. 20,53, Talk. 13,93,
Eiſenoxydul 11,16. Farbe ſchwarz, dunkelgrün. Eine der gewöhn=
lichſten Combinationen ſ. Fig. 52; dieſe Kryſtalle meiſtens hemi=
tropiſch nach einem Schnitte parallel der orthobiagonalen Fläche.
In Kryſtallen und körnigen Maſſen.

Der Name Augit ſtammt von αὐγη, Glanz.

Gewöhnlich in Baſalt, Mandelſtein und Lava, im böhmiſchen Mittel=
gebirg, Faſſathal, Rhön, Fraskati bei Rom, Veſuv, Aetna ꝛc.

Bildet für ſich eine Felsart, den Augitfels (in den Pyrenäen), und
iſt weſentlicher Gemengtheil des Dolerits (Augit und Labrador), bes Mela=
phyrs oder Augitporphyrs (porphyrartig mit Labrador) und des Baſalts,
welcher ein inniges Gemeng von Augit, Labrador und Natrolith ꝛc. Auch
die Hauptmaſſe vieler Laven beſteht aus Augit.

Hier schließt sich der **Hedenbergit** an, welcher wesentlich $\dot{C}a^3 \ddot{S}i^2 + \dot{F}e^3 \ddot{S}i^2$. Er ist schwärzlichgrün und von dem Schmelz=grate 2,5. Tunaberg, Elba, azorische Insel Pico, Arendal. Be=nannt nach dem schwedischen Chemiker Hedenberg.

Der **Jeffersonit** von Neu=Jersey ist ein Augit, welcher unter den Basen auch 4,4 pr. Ct. Zinkoxyd zeigt. — Benannt nach dem vormaligen Präsidenten der Vereinigten Staaten Jefferson.

Anschließend sind ferner der **Almit** von Eger in Norwegen und der **Aegyrin** von Brewig in Norwegen. Sie sind durch einen Natrumgehalt von 13 und 9 pr. Ct. bemerkenswerth, enthalten übrigens $\ddot{F}e\,\ddot{S}i^2$ (mit 30 und 22 pr. Ct. $\dot{F}e$), welches Rammelsberg für isomorph nimmt mit $\ddot{R}^3\,\ddot{S}i^2$.

Bemerkenswerth für die Pyroxenformation ist, daß Mitscherlich durch Schmelzen der geeigneten Mischung Diopsid im krystallisirten Zustande dar=gestellt hat und daß ich solchen auch als Hochofenschlacke beobachtet habe *).

Formation des Amphibols. Klinorhombisch. Wesentlich $\ddot{R}^3\,\ddot{S}i^2$.

1. Tremolit.

Kristystem: klinorhombisch. Stf. Hendyoeder. m : m = 124° 3 ′; p : m = 103° 12′. Spaltb. nach m vollkommen. Br. un=eben, muschlig. Pellucid. Glasglanz. H. 5,5. G. 2,93. V. d. L. schmelzbar = 3,5—4 mit Anschwellen und Kochen zu einem wenig gefärbten Glase. Von Säuren nicht angegriffen. $\dot{C}a^3\,\ddot{S}i^2 + 3\,\dot{M}g^3\,\ddot{S}i^2$. Kiesel. 58,35, Talk. 28,39, Kalk. 13,26. — Weiß, gelblich, grünlich, graulich.

Die Krystalle meistens eingewachsen und an den Enden nicht ausgebildet, die Flächen oft nach der Länge gestreift. Strahlig und fasrig.

Auf dem St. Gotthard, zu Gullsjö in Schweden, Lengfeld im Erz=gebirge, Crowitza und Dognatzka im Banat, Schottland 2c. Häufig im Kalkstein und Dolomit. — Tremolit stammt von Val Tremola in der Schweiz.

Der **Nephrit** ist theilweise dichter Tremolit (nach Damour), ebenso die orientalische **Jade**. Der Nephrit hat splittrigen Bruch, ist durch=scheinend, fettig schimmernd und von lauchgrüner Farbe. Er kommt meist geschliffen zu Säbel=, Dolchgriffen, Amuletten 2c. zu uns aus China, In=dien, Neuseeland.

Ein 11 pr. Ct. Mn enthaltender Tremolit ist der **Richterit** von Pajsberg in Schweden.

*) Der Name Pyroxen (n. Hauy) von πυρ, Feuer, und ξένος, Fremd=ling, paßt freilich nicht zu diesen Beobachtungen, denn er sollte an=deuten, daß das Mineral, als nicht vulkanischen Ursprungs, gleich=sam ein Fremdling im Gebiete des Feuers sei.

2. Amphibol. Hornblende. Strahlstein.

Krystem: klinorhombisch. Stf. Hendhoeder. 124° 30'; 103° 1'. Spltb. nach den Seitenflächen vollkommen, undeutlich nach den Diagonalen. Br. uneben. Pellucid, zum Theil wenig. Glasglanz. H. 5,5. G. 3—3,4. V. d. L. schmelzbar = 3—4, zum Theil mit Anschwellen und Kochen zu einem graulichen oder schwarzen Glase. Von Säuren wenig angegriffen.

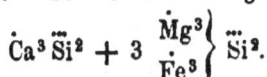

$$\overset{3}{Ca}{}^{3}\overset{..}{Si}{}^{2} + 3 \left.\begin{matrix} \overset{...}{Mg}{}^{3} \\ \overset{...}{Fe}{}^{3} \end{matrix}\right\} \overset{...}{Si}{}^{2}.$$

Annähernd: Kiesel. 55,27, Kalk. 11,36, Talk. 12,36, Eisen-oxybul 21,01. Fast immer etwas Thonerde (manchmal bis 12 pr. Ct.) enthaltend, welche vielleicht für die Kieselerde vicarirt.

Grün in verschiedenen Abänderungen, grünlich- und bräunlich-schwarz, sammetschwarz.

Die Stammform häufig combinirt mit der klinobiagonalen Fläche und mit einem hintern Klinoboma von 148° 30', öfters Hemitropieen nach einem Schnitt parallel der orthobiagonalen Fläche.

Außer in Krystallen in derben, blättrigen Massen, strahlig, fasrig, körnig.

Bildet für sich eine Urfelsart als Hornblendefels und Hornblende-schiefer und macht einen wesentlichen Gemengtheil anderer Felsarten aus, des Syenits (mit Feldspath oder Labrador), des Diorits und Aphanits (mit verschiedenen feldspatharttigen Mineralien), auch des Eklogits, welcher ein Gemenge von grünem Diopsid, Hornblende und Thoneisengranat ist.

Ausgezeichnete krystallisirte Varietäten finden sich in Norwegen und Schweden zu Arendal, Kongsberg, Westmanland ꝛc., Zillerthal in Tyrol, Sachsen, Schottland ꝛc., in Urfelsarten und zu Kostenblatt im böhmischen Mittelgebirge, in der Rhön, auf dem Kaiserstuhle ꝛc. in Basalt eingewachsen. — Der Name Amphibol stammt von ἀμφίβολος, zweideutig, weil man sich oft über das Mineral getäuscht hat.

Zur Formation des Amphibols gehört ferner der Arfvedsonit, schwarz, sehr leicht schmelzbar = 2, mit 8—10 pr. Ct. Natrum, $\overset{..}{Fe}$ und $\overset{...}{Fe}$. Kangerbluarsuk in Grönland. (Dessen Asbest scheint der Krokydolith vom Cap zu sein.)

Manche Amphibole und Pyrogene (vorzüglich Tremolit und Diopsid) finden sich in feinen haarförmigen Krystallen, welche zu fasrigen, mehr oder weniger zusammenhängenden, Massen verbunden sind. Sie heißen dann Asbest und Amianth, Bergkork, Bergleder ꝛc. Diese Varietäten finden sich in verschiedenen Urfelsarten und bilden manchmal Faserbüschel von 2 Fuß Länge. Ausgezeichnet vom Schwarzenstein im Zillerthale

11

(Diopſidasbeſt), aus der Tarantaiſe (Tremolitasbeſt, ebenſo der ſogen. Kymatin von Kuhnsdorf in Sachſen), Piemont, Böhmen, Schweden, Mähren ꝛc.

Man braucht den Asbeſt zur Verfertigung unverbrennlicher Zeuge, daher der Name, von ἄσβεστος, unauslöſchlich, für unverbrennlich, und ἀμίαντος, unbefleckt; zu manchen chemiſchen Feuerzeugen ꝛc. Er kommt im Handel oft unter dem Namen Federweiß vor.

Das ſog. Bergholz, Xylotil (von ξύλον, Holz, und τίλος, Faſer), welches ſonſt auch zum Asbeſt gezählt wurde, iſt eine waſſerhaltige Verbindung von kieſelſaurem Eiſenoxyd und kieſelſaurer Talkerde. — Der eigentliche Asbeſt iſt von mehreren ähnlichen Min. durch ſeine Schmelzbarkeit und dadurch zu unterſcheiden, daß er im Kolben kein Waſſer giebt und von Säuren nicht zerſetzt wird.

Broncit.

Kriſtallſyſtem nach Descloizeaux rhombiſch, ſpaltb. nach einem Prisma von 93°, brachydiag. und makrodiagonal, auf letzterer Fläche von metallähnlichem Perlmutterglanz. V. d. L. faſt unſchmelzbar, kann nur in den feinſten Spitzen etwas zugerundet werden. Von Säuren nicht angegriffen. $\left.\begin{array}{c}\overset{\cdot}{Mg^3}\\\overset{\cdot\cdot}{Fe^3}\end{array}\right\}\overset{\cdot\cdot\cdot}{Si^2}$. Meine Anal. einer Var. aus Grönland gab: Kieſel. 58,00, Thon. 1,33, Talk. 29,66, Eiſenoxydul 10,14, Manganoxydul 1,00.

Derbe, öfters großkörnige Maſſen. Die Farbe braun, tombakbraun, grünlich gelblich ꝛc.

In Serpentin, Baſalt ꝛc. Kupferberg im Fichtelgebirg, Kraubat in Steyermark, Ulitenthal in Tyrol, Stempel bei Marburg, Harz ꝛc.

Hierher gehört der Hyperſthen von der Pauleinſel an der Küſte von Labrador, mit ſchönem braunrotem Schiller.

Broncit von der Broncefarbe; Hyperſthen von ὕπερ über, und σθένος, Kraft, nämlich von größerer Härte (6) als ähnliche Mineralien. — Iſomorph mit dem Broncit iſt der Enſtatit = $\overset{\cdot}{Mg^3}\overset{\cdot\cdot\cdot}{Si^2}$ von Zdjar in Mähren.

Hier ſchließt ſich an der Anthophyllit, nach Descloizeaux rhombiſch, ſpaltbar nach einem Prisma v. 125°, braun, faſt unſchmelzbar. $\overset{\cdot\cdot}{Fe^3}\overset{\cdot\cdot\cdot}{Si^2} + 3\overset{\cdot}{Mg^3}\overset{\cdot\cdot\cdot}{Si^2}$. Kieſel. 56,22. Talk. 27,36, Eiſenoxydul 16,42. Kongsberg in Norwegen. Naheſtehend iſt der durch 1,2 pr. Et Chromoxyd grün gefärbte Kupfſerit vom Ilmengebirg.

Wie Augit und Amphibol im klinorhombiſchen Syſtem nur durch die Spaltbarkeit verſchieden, ebenſo ſind es Broncit und Anthophyllit im rhombiſchen Syſtem.

Steatit. Talk.

Kriſtallſyſtem nicht genau gekannt. Es finden ſich blättrige Maſſen, in einer Richtung ſehr vollkommen ſpaltbar. Pellucid. Optiſch zweiaxig. Perlmutterglanz. H. 1. Nicht elaſtiſch biegſam. G. 2,6 — 2,7. Fett anzufühlen. V. d. L. unſchmelzbar, mit Kobaltaufl. blaß fleischroth. Von Säuren nicht angegriffen. Ein von Hermann analysirter ausgezeichneter Talk von Slatoust gab: Kiesel. 63,27, Talkerde 36,73 = $\overline{\text{Mg}}^4 \, \overline{\overline{\text{Si}}}^3$. Andere Talke enthalten bis 5 pr. Ct. Wasser. Mit Annahme des polymeren Vertretens von 3 $\dot{\text{H}}$ für 1 $\dot{\text{Mg}}$ bekommen nach Scheerer die Talke die allgemeine Amphibol= oder auch die Augitformel. — Grünlich=, graulich=, gelblichweiß zc.

Derb, strahlig, körnig, schuppig zc., im Großen oft schiefrig und eine Urfelsart, den Talkschiefer, bildend, wohin auch der sog. Topfstein (in Graubündten, Wallis zc.) gehört.

Schöne Var. finden sich auf dem Grainer im Zillerthal, St. Gotthard, Wallis, Finbo in Schweden, im Erzgebirge, Ural zc.

Der sog. Speckstein ist dichter und erdiger Steatit. Er findet sich manchmal in Pseudomorphosen von Quarz, Kalkspath, Topas und andern Mineralien und kommt ausgezeichnet vor zu Göpfersgrün im Bayreuthischen, in Cornwallis, Schottland, Schweden, Zeilan, China zc.

Man gebraucht den dichten Steatit zur Verfertigung von Gefäßen, zum Zeichnen auf Tuch und Glas, den Talkschiefer auch zu Gestellsteinen, Dachplatten zc. — Steatit kommt von στέαρ, Talg.

Chrysolith. Olivin.

Krystem: rhombisch. Stf. Rhombenpyramide. 101° 31'; 107° 46'; 119° 41'. Spltb. brachydiagonal ziemlich deutlich. Br. muschlig. Pellucid. Glasglanz. H. 7. G. 3,3—3,44. V. d. L. unschmelzbar. Vollkommen gelatinirend. $\dot{\text{Mg}}^3 \, \overline{\overline{\text{Si}}}$. Kiesel. 43. Talkerde 57. Gewöhnlich ist ein Theil der Talkerde durch Eisenoxydul ersetzt, mancher enthält auch Spuren von Nickeloxyd. Ein fast reiner Talkchrysolith ist der sog. Boltonit von Bolton in Nord=Amerika.

In den Krcomb. ist das rectanguläre Prisma vorwaltend, die Stf. meist untergeordnet. An den Enden findet sich oft die bas. Fläche und ein makrodiag. Doma von 76° 54', untergeordnet noch einige andere Rhombenpyr. und Domen, sowie ein rhomb. Prisma von 130° 2'. Comb. ähnlich Fig. 46. Die Prismen gewöhnlich vertikal gestreift. — Die Farbe ist vorherrschend grün in mancherlei Abänderungen, auch gelblich, braun und weiß.

In Krystallen und sehr häufig in körnigen Massen (Olivin).

Krystalle finden sich in Aegypten, Natolien und Brasilien. Sie liefern die unter dem Namen Chrysolith bekannten Edelsteine. Körnig kommt er fast in allen Basalten vor, in der Rhön, auf dem Kaiserstuhl, Eifel, Böhmen, Sachsen zc., auch in Laven des Vesuvs und in manchem Meteoreisen, Sibirien, Olumba in Peru zc.

Der Meteorchrysolith nähert sich $\left.\begin{array}{c}\overset{..}{Mg^3}\\\overset{..}{Fe^3}\end{array}\right\}\overset{=}{Si}$ und

am Monte Somma findet sich ein hellgelber, welcher $\overset{.}{Ca^3}\overset{=}{Si}+\overset{..}{Mg^3}\overset{=}{Si}$, der **Monticellit**, wohin auch der **Batrachit** von Rizoniberg in Tyrol.

Diese Chrysolithe bilden mit dem **Fayalit** $\overset{..}{Fe^3}\overset{=}{Si}$, von Fayal, einer der azor. Inseln, und **Tephroit** $\overset{..}{Mn^3}\overset{=}{Si}$ von Sparta in N. A. eine chem. Formation. Letztere Min., welche in die Klasse der metallischen Verbindungen gehören, sind bis jetzt sehr selten. Chrysolith stammt von χρυσός, Gold, und λίϑος Stein. Bei den Alten galt der Name für den Topas. Batrachit von βάτραχος, Frosch, wegen der dem Froschlaich ähnlichen Farbe.

Der **Lherzolith** der Pyrenäen und der **Dunit** von Neu-Seeland sind Felsarten, an welchen Chrysolith die Hauptmasse bildet.

Gadolinit.

Krystsystem: klinorhombisch. Hendyoeder m : m = 115°; p : m = 95° 22′. Nach v. Lang sind die Kstle. rhombisch. Kstle. äußerst selten, gewöhnlich derb, ohne Spur von Spaltbarkeit. Br. muschlig. An den Kanten durchscheinend — undurchsichtig. Glas — Fettglanz. H. 6,5. G. 4,0—4,3. V. d. L. z. Thl. verglimmend wie Zunder, unschmelzbar oder nur an sehr dünnen Kanten sich rundend. Vollkommen gelatinirend. Chem. Zusammensetzung noch nicht hinlänglich genau gekannt. Die Anal. des Gadolinits von Ytterby von Berlin gab: Kiesel. 23,26, Yttererde 45,53, Cerorydul 6,08, Eisenorydul 20,28, Kalk. 0,50. Andere Var. enthalten bis 10. pr. Ct. Beryllerde und 6 pr. Ct. Lanthanoryd. — Schwarz, schwärzlichgrün.

Gehört zu den selteneren Mineralien und findet sich in Granit und Gneiß zu Ytterby und Fahlun in Schweden und zu Hitterön in Norwegen. — Ist nach dem schwedischen Chemiker Gadolin benannt, welcher 1794 darin die Yttererde entdeckte.

Zirkon. Hyazinth.

Krystsystem: quadratisch. Stf. Quadratpyr. 123° 19′; 84° 20′. Spltb. prismatisch unvollkommen. Br. muschlig. Pellucid. Glasglanz. H. 7,5. G. 4,4—4,6. V. d. L. sich entfärbend, unschmelzbar. Von Säuren nicht angegriffen. $\overset{..}{Zr}\overset{=}{Si}$ ($\overset{..}{Zr}\overset{=}{Si}$). Kiesel. 33,67, Zirkonerde 66,33. Hyazinthroth, bräunlich, gelblich, farblos.

Gewöhnlich in Krystallen. In den Comb. ist die Stf. mit den quadrat. Prismen vorherrschend. Untergeordnet kommen noch 2 andere Quadratpyr. und 3 Dioktaeder vor.

An der Comb. der Stf. mit dem diag. Prisma ist letzteres

oft so verkürzt, daß alle Flächen Rhomben werden und die Gestalt einem Rhombendodekaeder gleicht. Gewöhnl. Comb. Fig. 29 und 30.

Der Zirkon findet sich als Gemengtheil des Syenits in Norwegen (Stavärn, Hakedalen), zu Beverly in Nordamerika in großen Kryftallen, am Ural, in Grönland. In Basalt zu Vicenza, Expailly in Frankreich ꝛc. In losen Kryftallen auf Ceylon, in Siebenbürgen und zu Bilin in Böhmen. In farblosen Kryftallen auch im Pfitschgrunde in Tyrol, mikroskopische Kße. im Elfogit des Fichtelgebirgs.

Unter dem Namen Hyazinth gilt er als ein Edelstein, wobei er öfters durch Glühen farblos gemacht wird. Der meiste sog. Hyazinth der Juweliere ist aber ein hyazinthfarbener Thonkalkgranat und dieser ist ziemlich geschätzt. — Im Zirkon wurde 1789 die Zirkonerde von Klaproth entdeckt.

Eine ähnliche Verbindung ist der Auerbachit nach Hermann. Kiesel. 43,22, Zirkonerde 56,78. Gouv. Jekaterinoslaw. —

Ein gelatinirendes Silicat von Zirkonerde, Kalk und Natrum mit Niobsäure ist der Wöhlerit v. Brewig in Norwegen. —

3. Geschlecht. Wasserhaltige Silicate.

V. d. L. im Kolben einen merklichen Gehalt an Wasser anzeigend.

1. Gruppe. Wasserhaltige Silicate mit Thonerde.

Natrolith.

Krystem: rhombisch. Es finden sich Prismen von 91° mit einer Pyramide, deren Scheitlktw. ziemlich gleich und ohngefähr 143°; der Randktw. = 53° 20'. Spltb. prismatisch vollkommen, nach den Diagonalen unvollkommen. Br. uneben. Pellucid. Glasglanz. H. 5. G. 2,25. V. d. L. leicht schmelzbar (2), meistens ruhig zu einem wasserhellen Glase. Vollkommen gelatinirend. $\overline{Na}\,\overline{Si}\,+$

$$\overline{Al}\,\overline{Si} + 2\,\ddot{H}\cdot\left(\begin{array}{c}\frac{1}{3}\,\dot{N}a\\[2pt]\frac{2}{3}\,\ddot{H}\end{array}\right)^{3}\overline{Si} + \overline{Al}\,\overline{Si}),\ \text{Kiesel. } 47,86,\ \text{Thon. } 26,62,$$

Natrum 16,20, Wasser 9,32. Gewöhnlich in nadelförmigen Kryftallen, strahlig, fasrig. Ungefärbt, weiß, röthlich, gelb ꝛc.

In Mandelstein, Basalt und Phonolith, am schönsten zu Clermont in Auvergne, auf den Faroer-Inseln, im böhm. Mittelgebirge, im Fassathal in Tyrol ꝛc. — Der Name bezieht sich auf den Natrumgehalt.

Hierher der Brewleit von Brewig in Norwegen und der Radiolith ebendaher.

Skolezit.

Krystation: klinorhombisch. Es finden sich Prismen von 91° 35' mit einem vorderen und einem hinteren Klinodoma, deren Winkel nahe gleich und ohngefähr 144½° messen. Spltb. prismatisch nicht sehr vollkommen. Br. uneben, kleinmuschlig. Glasglanz. Pellucib. H. 5,5. G. 2,21. Durch Erwärmen elektrisch. V. d. L. sich wurmförmig krümmend und sehr leicht zu einem schaumigen, wenig durchscheinenden Glase schmelzend. Vollkommen gelatinirend.

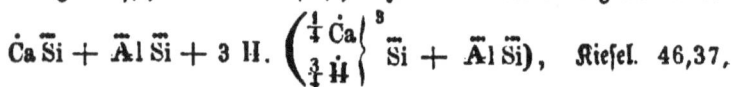

$$\dot{C}a\,\overset{..}{Si} + \overset{..}{A}l\,\overset{..}{Si} + 3\ H.\ \left(\begin{matrix}\frac{1}{4}\dot{C}a\\\frac{3}{4}\overset{.}{H}\end{matrix}\right\}^{3}\overset{..}{Si} + \overset{..}{A}l\,\overset{..}{Si}\right),\quad \text{Kiesel. } 46,37,$$

Thon. 25,79, Kalk. 14,30, Wasser 13,54. Farblos, weiß ꝛc. Krystalle nabelförmig, stänglich, fasrig ꝛc.

Ziemlich selten, ausgezeichnet auf Staffa, Island, Faroer-Inseln und Niederkirchen in der Pfalz.

Stolezit kommt von σκολιάζω, krumm sein, wegen des Krümmens v. d. L. Zum Stolezit gehört der Punahlit v. Punah in Ostindien.

Ein Gemeng von Natrolith und Stolezit (nach Rose), der sogenannte **Mesolith**, verhält sich dem letztern sehr ähnlich und kommt öfter an den genannten Fundorten vor. Dem Mesolith schließen sich an: der Harringtonit, Antrimolith, Faroelith und Galactit. Ein ebenfalls nahestehendes Mineral ist der Thomsonit, zu Kilpatrik in Schottland, am Vesuv und zu Aussig in Böhmen vorkommend. Die Krystalisation ist rhombisch. Mesolith von μέσος, in der Mitte, und λίϑος, Stein. Thomsonit nach dem englischen Chemiker Thomson.

Prehnit.

Krystem: rhombisch. Etf. Rhombenpyr. 96° 38' 56"; 112° 5' 36"; 120° 31' 22". Spltb. basisch ziemlich vollkommen, prismatisch unvollkommen. Br. uneben. Pellucib. Glasglanz, auf Spaltfl Perlmutterglanz. H. 6,5. G. 2,8. Zum Theil durch Erwärmen elektrisch. V. d. L. schmelzbar = 2, mit starkem Aufblähen und Krümmen zu einem blasigen, emailähnlichen Glase. Von concentr. Salzsäure ohne vollkommene Gallertbildung zersetzt.

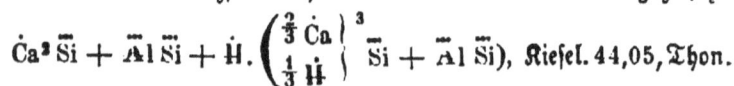

$$\dot{C}a^{3}\,\overset{..}{Si} + \overset{..}{A}l\,\overset{..}{Si} + \overset{.}{H}.\ \left(\begin{matrix}\frac{2}{3}\dot{C}a\\\frac{1}{3}\overset{.}{H}\end{matrix}\right\}^{3}\overset{..}{Si} + \overset{..}{A}l\,\overset{..}{Si}\right),\quad \text{Kiesel. } 44,05, \text{Thon.}$$

24,50, Kalk. 27,16, Wasser 4,29. Grünlichweiß, grün, gelblich ꝛc.

Die vorwaltende Form ist das rhomb. Prisma von 99° 56' (Basis der Etf.) mit der basischen Fläche. Die Krystalle oft tafelartig, mit gekrümmten Seitenflächen und wulstförmig gruppirt. Derb, fasrig.

Ausgezeichnet zu Ratschinges und Fassathal in Tyrol, Dumbarton in Schottland, Oberstein im Zweibrückschen, Dauphiné, Pyrenäen. Cap der guten Hoffnung, am Obern See in Nord-Amerika, wo er eine vorzügliche Gangart der Kupferminen bildet. Der Name nach einem holländ. Oberst v. Prehn.

Zum Prehnit gehört der Jacksonit vom Obern See in N. A. In die Nähe der Groppit von Gropptrop in Schweden und der Chlorastrolith vom Ober See N. A.

Analcim.

Krystem: tesseral. Stf. Hexaeder. Spltb. hexaedrisch sehr unvollkommen. Br. uneben, unvollkommen muschlig. Pellucid. Glasglanz. H. 5,5. G. 2,2. V. b. L. ruhig schmelzbar = 2 zu einem klaren Glase. Von Salzs. vollkommen zur gallertähnlichen Masse zersetzt. $\dot{N}a^3 \ddot{S}i^2 + 3 \bar{A}l \ddot{S}i^2 + 6 \dot{H}$. Kiesel. 55,05, Thon. 22,94, Natrum 13,97, Wasser 8,04. Seltner kommen auch Kalk und Kali für Natrum vicarirend vor. Farblos, weiß, röthlich ꝛc. Die vorwaltende Form ist das Trapezoeder, auch die Comb. von Hexaeder und Trapezoeder kommt öfters vor.

Bis jetzt nur krystallisirt gefunden, ausgezeichnet und manchmal in faustgroßen Krystallen auf der Seißeralpe in Tyrol, Montecchio maggiore im Vicentinischen, Monte Somma, Catanea in Sicilien, Aussig in Böhmen, Schottland, Norwegen ꝛc. — Analcim kommt von ἄναλκις, kraftlos, wegen geringer elektr. Erregbarkeit.

Ein Magnesia-Analcim ist der Pikranalcim aus Toskana, der Eudnophit von Brewig in Norwegen scheint auch Analcim zu sein.

Chabasit.

Krystem: hexagonal. Stf. Rhomboeder von 94° 46′. Spltb. primitiv, unvollkommen. Br. uneben. Pellucid. Glasglanz. H. 4,5. G. 2,2. V. b. L. sich anfangs etwas krümmend, dann ruhig schmelzend = 2,5 zu einem kleinblasigen Email. Von Salzs. vollkommen, ohne Gallertbildung zersetzt.

$$\left.\begin{array}{c}\dot{C}a \\ \dot{N}a\end{array}\right\} \ddot{S}i + \bar{A}l \ddot{S}i^2 + 6 \dot{H}.$$ Anal. einer Var. von Aussig von Hoffmann: Kiesel. 48,18, Thon. 19,27, Kalk. 9,65, Natrum 1,54, Kali 0,21, Wasser 21,10.

Damit stimmen die meisten Anal. überein, nach einigen ist das Vorkommen von 2 Species angedeutet, deren eine als $\bar{R}$ vorzugsweise Kalkerde, die andere dagegen Natrum enthält. — Farblos, weiß, gelblich ꝛc.

Die vorwaltende Form ist die Stammform, die Flächen öfters parallel den Scheitelkanten federartig gestreift. Untergeordnet findet sich noch ein stumpferes und ein spitzeres Rhomboeder in verwendeter Stellung, Fig. 38.

Ausgezeichnete Var. zu Aussig in Böhmen, Oberstein im Zweibrückchen, Seißeralpe und Montzoni im Fassathal, Faroer-Inseln, Island ꝛc.

— Chabasit kommt von Χαβαζιος, dem Namen eines Steines, der in den Gedichten des Orpheus erwähnt wird.

Zum Chabasit gehört der **Phakolith** von Leippa in Böhmen und der **Haydenit** (zersetzt) von Baltimore, in die Nähe der **Levyn** von Faroe und der **Gmelinit**, welcher gelatinirt, von Antrim in Irland. Von annähernder Mischung, die Krystallisation tesseral, ist auch der **Faujasit** vom Kaiserstuhl.

Phillipsit. Kalkharmotom.

Krystem: rhombisch. Stf. Rhombenpyr. von 120° 42'; 119° 18'; 90° (Randkltw.). Spltb. makrodiagonal ziemlich, brachydiagonal weniger deutlich. Br. uneben. Pellucid. Glasglanz. H. 4,6. G. 2,18. V. b. L. schmelzbar = 3. Mit Salzs. gelatinirend.

$$\left.\begin{array}{c}\dot{Ca}^3\\\dot{Ka}^2\end{array}\right\} \ddot{Si}^2 + 3\,\ddot{Al}\ddot{Si}^2 + 15\,\dot{H}. \text{ Annähernd: Kiesel. 48,66.}$$

Thon. 20,17, Kalk. 7,34, Kali 6,17, Wasser 17,66. — Weiß. — Die herrschende Krystallcomb. ist ein rectanguläres Prisma mit den Fl. der Stf.; meistens Zwillinge, indem zwei Individuen dieser Comb. um die gemeinschaftliche Hauptaxe um 90° gegen einander gedreht erscheinen. Die Flächen der Pyr. und die makrodiagonale Fläche federartig gestreift.

Immer krystallisirt in Basalt und Mandelstein; Kaiserstuhl im Breisgau, Oberstein, Stempel bei Marburg, Annerode bei Gießen ꝛc. — Eine, der Mischung nach ähnliche, übrigens verschiedene Species ist der Zeagonit oder Gismondin vom Vesuv und der Herschelit aus Sicilien.

Phillipsit nach dem englischen Mineralogen **Phillips**.

Harmotom. Barytharmotom.

Krystem: rhombisch.*) Stf. Rhombenpyr. 120° 1'; 121° 28'; 88° 44'. Spaltb. makrodiagonal deutlich, weniger brachydiagonal. Br. uneben. Pellucid. Glasglanz. H. 4,6. G. 2,42. V. b. L. schmelzbar = 3,5. Von Salzs. schwer angegriffen, doch wird so viel aufgelöst, daß Schwefelsäure ein Präc. von schwefels. Baryt hervorbringt. $\dot{Ba}\ddot{Si} + \ddot{Al}\ddot{Si}^2 + 5\,\dot{H}$. Kiesel. 44,54, Thon. 16,48, Baryterde 24,57, Wasser 14,44. — Weiß, gelblich ꝛc.

Die gewöhnliche Krystallcomb. und Zwillingsbildung wie bei der vorigen Species, ebenso die Streifung. Bis jetzt nur krystallisirt gefunden.

Ausgezeichnet zu Andreasberg am Harz, Kongsberg in Norwegen und Strontian in Schottland. — Der Name stammt von ἁρμόττω, zusammenfügen, und τεμνω, schneiden, spalten, weil sich die Krystalle an den Zusammenfügungen der Pyramidenfl. (Scheitelkanten) theilen lassen.

---

*) N. Descloizeaux klinorhombisch.

Desmin.

Krystallsystem: rhombisch. Stf. Rhombenpyr. 114°; 119° 15′; 96° 0′ 16″. Spltb. brachydiagonal vollkommen, makrobiagonal unbeutlich. Br. uneben. Pellucid. Glasglanz, auf den vollkommenen Spaltfl. Perlmutterglanz. H. 4,5. G. 2,2. V. d. L. mit starkem Aufblähen und Krümmen schmelzbar = 2 — 2,5 zu einem weißen Email. Von concentr. Salzf. vollkommen, ohne Gallertbildung zersetzt. $\overset{..}{\text{Ca}}\,\overset{..}{\text{Si}} + \overset{...}{\text{Äl}}\,\overset{..}{\text{Si}}^3 + 6\,\overset{.}{\text{H}}$. Kiesel. 58,00, Thon. 16,13, Kalk. 8,93, Wasser 16,94. Spur von Kali und Natrum. Weiß, röthlich, gelblich 2c.

Die vorherrschende Comb. ist das retanguläre Prisma mit der Stf. Fig. 45, die makrobiag. Fläche nach der Länge gestreift. Dergl. Krystalle oft garben= und büschelförmig zusammengehäuft. Derb, strahlig.

Ausgezeichnet auf Island und ben Faroern, Andreasberg am Harz, Kongsberg, Arendal in Norwegen 2c. — Desmin von δεσμη, Bündel, besonders von Aehren.

Stilbit. Heulandit.

Krystallsystem: klinorhomisch. Es findet sich gewöhnlich die Comb. der klinobiag., orthobiag. und einer Endfläche, welche zur letztern unter 129° 40′ geneigt ist. Spltb. klinobiagonal sehr vollkommen. Br. uneben. Pellucid. Glasglanz, auf den Spaltfl. Perlmutterglanz. H. 3,5. G. 2,3. V. d. L. sich aufblätternd und unter Krümmungen zu einem weißen Email schmelzend = 2—2,5. Von Salzf. vollkommen, ohne Gallertbildung zersetzt.

$\overset{..}{\text{Ca}}\,\overset{..}{\text{Si}} + \overset{...}{\text{Äl}}\,\overset{..}{\text{Si}}^3 + 5\,\overset{.}{\text{H}}$. Kiesel. 59,9, Thon. 16,7, Kalk. 9,0, Wasser 14,5. — Weiß, roth 2c.

In Krystallen, derb blättrig, strahlig — dicht.

An benselben Funborten, wie die vorhergehende Species. Eine schöne, bräunlichrothe Varietät in Mandelstein findet sich im Fassathal in Tyrol. — Stilbit von στιλβη, Glanz.

Aehnliche Verbindungen sind der Parastilbit und Epistilbit aus Island, der Beaumontit von Baltimore und der Mordenit v. Morden in Neu=Schottland.

Hier schließt sich auch der Brewsterit an, welcher 8 pr. Ct. Strontianerde und 6 pr. Ct. Baryterde enthält. Gelatinirt unvollkommen. Die salzf. Aufl. giebt mit Schwefels. einen merklichen Niederschlag. Findet sich zu Strontian in Schottland. Das Mineral ist zu Ehren des schottischen Mineralogen und Physikers David Brewster benannt.

Eine andere, 27 pr. Ct. Baryterde enthaltende, Species ist der Edingtonit von Dumbarton in Schottland.

Chlorit.

Kristystem: hexagonal. Gewöhnlich hexagonale Tafeln. Spltb. basisch vollkommen. Glasglanz zum Perlmutterglanz. H. 1,5. Biegsam, nicht elastisch. Wenig durchscheinend. G. 2,85. V. d. L. schwer schmelzbar = 5,5, wird schwarz und irritirt eine feine Magnetnadel. Von concentr. Schwefels. vollkommen zersetzt.

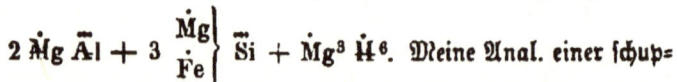

$$2 \overset{.}{M}g \, \overset{=}{A}l + 3 \left.\begin{matrix} \overset{..}{Mg} \\ \overset{.}{Fe} \end{matrix}\right\} \overset{=}{Si} + \overset{.}{M}g^3 \, \overset{.}{H}^6.$$ Meine Anal. einer schup= pigen Var. aus dem Zillerthale gab: Kiesel. 27,32, Thon. 20,69, Talk. 24,89, Eisenoxydul 15,23, Wasser 12,00. Mancher Chlo= rit, z. B. der von Rauris, enthält mehr Eisenoxydul und ist dann leichter schmelzbar. — Grün, meist lauchgrün, schwärzlich= und dunkel = olivengrün.

Die Krystalle selten deutlich, meistens wulstförmig zusammen= gehäufte Tafeln; schuppig schiefrig und körnig.

Bildet eine Felsart, den Chloritschiefer, und findet sich im Ziller= thale in Tyrol. St. Gotthard, Rauris im Salzburgischen, Schneeberg im Erzgebirge, Erbendorf im Fichtelgebirge, Norwegen, Schweden ꝛc. — Chlorit von χλωρός, grünlichgelb, grün.

Ripidolith.

Kristystem: klinorhombisch nach Kokscharow. Die Combina= tionen sind der Art, daß sie hexagonale Pyramiden darzustellen scheinen. Vorherrschend wird ein Hendyoeder beobachtet, wo m : m = 125° 37'; p : m = 113° 57'. Spltb. basisch sehr vollkom= men. Pellucid, die Krystalle oft dichroitisch, parallel der Axe smaragdgrün, rechtwinklich darauf gelblich oder hyazinthroth. Bei nicht zu dunkeln Individuen wird das Kreuz im Stauroskop beim Drehen der Krystallplatte verändert. Glasglanz, auf den Spltfl. Perlmutterglanz. H. 1,5. Biegsam, nicht elastisch. G. 2,65. V. d. L. schwer schmelzbar = 5,5, brennt sich weiß und trübe und giebt ein graulichgelbes Email. (Dieses Verhalten ist vor= züglich unterscheidend von dem sehr ähnlichen Chlorit.

$$\overset{.}{R} \, \overset{=}{A}l + \overset{.}{R}^3 \, \overset{=}{Si}^2 + Mg \, \overset{.}{H}^4.$$ Meine Anal. einer Var. von Schwarzenstein im Zillerthale gab: Kiesel. 32.68, Thon. 14,57, Talk. 33,11, Eisenoxydul 5,97, Wasser 12,10, unzersetzt. Rückst. 1,02. — Grün in verschiedenen Abänderungen.

Die Krystalle selten deutlich, oft als hexagonale Tafeln. Blättrige Aggregate, wulstförmig, fächerförmig ꝛc.

Achmatof in Sibirien, Schwarzenstein im Zillerthale, Arendal, Reichen= stein in Schlesien (nach Breithaupt), Alathal im Piemontesischen ꝛc.

Hierher gehört oder schließt sich an der Klinochlor, der ziemlich großblättrig in Pennsylvanien und zu Markt Leugast im Bayreuthischen vorkommt. Er unterscheidet sich nur optisch in der Art vom Ripidolith, wie
sich der Phlogopit vom Biotit unterscheidet. Er zeigt nämlich das Verhalten zweiaxiger Krystalle deutlicher. (Die optischen Axen sollen einen
Winkel von 84° bilden.)

Die meisten Ripidolithe reagiren v. d. L. auf Chrom und geben in
größern Mengen mit Borax ein smaragdgrünes Glas, an den Chloriten
habe ich dieses nicht bemerkt. — Ripidolith von ῥιπίς, Fächer, und λίθος,
Stein, in Beziehung auf die fächerförmige Gruppirung der Krystalle.
Klinochlor von κλίνω, sich neigen, und χλωρός, grün.

An den Chlorit und Ripidolith schließen sich an: der Epichlorit,
Delessit, Voigtit, Aphrosiderit, Tabergit und Metachlorit. Von
ähnlicher Mischung mit dem Ripidolith, aber von hexagonaler Krystallisation, ist der Pennin v. Zermatt in der Schweiz.

Chloritoid.

Blättrige, meist krummblättrige Aggregate, in einer Richtung
vollkommen spaltbar. Schwach perlmutterglänzend. H. 5,5 — 6.
G. 3,55. Schwärzlichgrün. V. d. L. schwer schmelzbar = 5 zu
einem schwärzlichen, schwach magnetischen Glase. Wird von Salzs.
nicht, von conc. Schwefels. aber vollständig zersetzt.

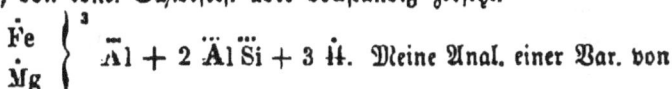

$$\left.\begin{array}{c} \dot{Fe} \\ \dot{Mg} \end{array}\right\}^{3} \quad \bar{Al} + 2\,\ddot{Al}\,\dddot{Si} + 3\,\dot{\dot{H}}.$$ Meine Anal. einer Var. von

Bregratten in Tyrol gab: Kiesel. 26,19, Thon. 38,30, Eisenoxyd
6,00, Eisenoxydul 21,11, Talk. 3,30, Wasser 5,50.

Findet sich zu Koroibrod im Ural und zu Pregratten in Tyrol. Hier-
her gehören oder stehen sehr nahe der Sismondin von St. Marcel in
Piemont und der Masonit von Middletown in Rhod-Island. — Der
Name Chloritoid stammt von χλωρός, grün; Sismondin ist nach Prof.
Sismonda in Turin und Masonit nach einem Herrn Mason benannt.

Nahestehende Silicate sind ferner der Kämmererit, Disterrit, Clin-
tonit, Holmesit. Seybertit, der Pyrosklerit (von Salzsäure zersetzt),
Chonikrit und Loganit, der Jefferisit und Vermiculit, welche sich
v. d. L. mit wurmförmigen Krümmungen außerordentlich aufblähen.
— Der glimmerähnliche Cookeit v. Brush bläht sich v. d. L. auch stark auf
und färbt die Flamme roth, von einem Lithiongehalt v. 2,92 pr. Ct.
Hebron u. Paris in N. Am.

Allophan.

Amorph. Br. flachmuschlig. Pellucid. Glasglanz. H. 3.
G. 1,9. V. d. L. sich aufblähend, unschmelzbar, mit Kobaltaufl.
blau. Vollkommen gelatinirend. Anal. einer Var. von Friesdorf
von Bunsen: Kiesel. 22,30, Thon. 32,18, Eisenoxyd 2,90, Wasser
42,62. Gewöhnlich etwas kupferhaltig. — Derb, traubig, nierförmig ꝛc. — Weiß, gelblich, himmelblau.

—

Findet sich zu Rauris und Großarl im Salzburgischen, Gersbach im Schwarzwald, Gräfenthal bei Saalfeld, Friesdorf bei Bonn, Bethlem in Ungarn 2c.

Seltner ist ein anderes, ebenfalls gelatinirendes Thonsilicat, der Halloysit. Kiesel. 41,5, Thon. 34,1, Wasser 24,1. — Weiß, gräulich 2c. Lüttich und Namur. Der Name nach dem belgischen Geologen Omalius d'Halloy. Anschließend der Samoit (gelatinirend) von der Insel Upoa v. d. Samoa-Gruppe.

Kaolin. Porcellanerde.

Derbe Massen von erbiger Formation. Matt. Leicht zerreib=lich. Fühlt sich fein, aber nicht fett an. G. 2,21. Weiß, gelb=lich 2c. Bildet mit Wasser keinen oder einen nur wenig schlüpfrigen Teig. V. d. L. unschmelzbar. Mit Kobaltaufl. blau. Von Salz=säure wenig angegriffen, von Schwefelsäure zersetzt. Die Passauer Porcellanerde enthält wesentlich: Kiesel. 49, Thon. 33, Wasser 18. Die Mischungen anderer Porcellanerden sind theilweise etwas ab=weichend, da diese Thonsilicate sämmtlich Zersetzungsprodukte und zwar von verschiedenen Mineralien sind, vorzüglich von Porcellanit und Orthoklas. Auch der Berill von Chanteloube findet sich nach Damour zu Kaolin zersetzt, wobei fast alle Berillerde nebst $\frac{1}{4}$ Kie=selerde aufgelöst und fortgeführt worden ist.

Sie schließen sich an die folgenden, Thone genannten, ähn=lichen Verbindungen an.

Die Porcellanerde findet sich in lagerartigen Massen und nesterweise im Urgebirge Bekannte Fundorte sind vorzugsweise: Obernzell bei Passau, Aue bei Schneeberg in Sachsen, St. Prieur bei Limoges, Schemnitz in Ungarn, Cornwallis 2c. — Zur Verfertigung des Porcellans, wobei die Erde geschlemmt wird, um die gröbern Theile abzusondern. Zur Haupt-masse, wie zur Glasur, wird Gyps, Feldspath, Quarz 2c. zugesetzt.

Argillite Thone.

Unter dem Namen Argillit oder Thon begrift man ver=schiedene Verbindungen von Kieselerde, Thonerde und Wasser von erbiger Formation, welche fettig anzufühlen sind und mit Wasser ziemlich leicht eine teigartige Masse bilden, wobei sie sog. Thonge=ruch entwickeln. Die meisten Thone sind v. d. L. unschmelzbar und geben mit Kobaltaufl. eine blaue Masse, wenn sie hinlänglich rein und eisenfrei sind. Dabei brennen sie sich hart und die eisen=haltigen nehmen eine rothe Farbe an. Von Salzs. werden sie wenig angegriffen, von der Schwefels. aber mehr oder weniger vollkommen zersetzt. Sie enthalten im Durchschnitt 40—50 pr. Ct. Kieselerde, 30 pr. Ct. Thonerde und 13—20 und 25 Wasser. Außerdem enthalten die meisten Kali und zwar bis zu 4 pr. Ct., ferner Eisenoxyd, Spuren von Kalk 2c. Die unreinen Thone (wohin der sog. Lehm und Letten gehören) sind schmelzbar und oft innig mit kohlensaurem Kalk gemengt, weshalb sie mit Säuren brausen. Diese schließen sich dem Mergel an.

Die Farbe ist weiß, graulich, gelblich, röthlich ꝛc., manchmal streifig bunt.

Der Thon bildet mehr oder weniger mächtige Ablagerungen in den jüngern und jüngsten Formationen. Ein Theil dieser Lager scheint früher aus Mergel bestanden zu haben.

Ein Gemenge von Thon und andern zum Theil durch Säuren zerlegbaren Silicaten von schiefriger Struktur ist der Thonschiefer, welcher Formationen im Ur- und Uebergangsgebirge bildet. Mancher Thonschiefer ist offenbar durch Zersetzung aus Glimmerschiefer entstanden.

Aehnliche Schiefer sind der Wetzschiefer, welcher die gehörige Härte besitzt, um als Wetz- und Schleifstein gebraucht zu werden; der Brandschiefer mit eingemengtem Erdpech, daher er beim Entzünden brennt; der Alaunschiefer mit eingemengtem Schwefelkies, welcher unter Bildung von Eisenvitriol verwittert und auf Alaun benützt wird, durch theilweise Zersetzung des Eisenvitriols und Entstehung von schwefelsaurer Thonerde, Auslaugen, Zusatz von Pottasche ꝛc.

Der Zeichenschiefer ist ein kohlehaltiger Thonschiefer und wird als schwarze Kreide gebraucht. Ein solcher von Ludwigstadt im Bayreuthischen enthält nach Fuchs 17,5 pr. Ct. Kohle, wahrscheinlich von Graphit herrührend.

Der Schieferthon ist der mit Stein- und Braunkohlen vorkommende, häufig Pflanzenabdrücke enthaltende Thon. In brennenden Steinkohlenflötzen findet er sich oft gebrannt und dann hart. Ein dergleichen von lavendelblauer Farbe wurde sonst Porcellanjaspis genannt.

Der Thon bildet ferner einen Hauptbestandtheil der sog. Wacke, welche oft Blasenräume enthält, leer oder ausgefüllt, rund oder mandelförmig und dann Mandelstein heißt. Kommt mit Basalt und Phonolith vor.

Mit Eisenoxyd und Eisenoxydhydrat gemengt bildet der Thon den rothen und gelben Thoneisenstein, die Gelberde ꝛc.

Ein feiner, schmelzbarer Thon ist der Bolus, welcher in Wasser unter Knistern zerfällt. Er ist meistens braun oder gelb gefärbt. Findet sich in geringer Menge zu Siena in Italien, Rauschenberg in Bayern, Habichtswald in Kurhessen, Stalimene (Lemnos) ꝛc.

Ein feiner, nicht plastischer Thon ist ferner das sog. Steinmark von Rochlitz und Planitz in Sachsen, Andreasberg am Harz ꝛc.

Der Gebrauch des Thons zur Verfertigung von Töpferwaaren, Fayence, Steingut, Ziegelsteinen ꝛc. ist bekannt. Die feinsten Arten werden zu Tabakspfeifen verarbeitet. Solche Thone finden sich bei Köln, Lüttich, Forges-les-Eaux ꝛc.

Die hessischen Tiegel (Schmelztiegel) von Großalmerode bestehen aus feuerfestem, mit Quarz gemengtem Thon, die Passauer oder Ipser Tiegel aus Thon und Graphit. Der Thon dient ferner zum Walken der Tücher (feine Arten, welche Walkerde heißen), zur Alaunfabrikation, zum Raffi-

niren des Zuckers, zur Verfertigung mancher Pyrometer, in der Landwirthschaft 2c.;

Der Thonschiefer liefert Dach- und Tischplatten, Schreibtafeln 2c. .

Selten vorkommende Verbindungen von Kieselerde, Thonerde
und Wasser sind: Cimolit, Kollyrit, Glagerit, Phole-
rit (Rakrit) in perlmutterglänzenden hexag. Blättchen, der Pyrophyllit und Gümbelit, welche sich v. d. L. stark aufblähen.

Zu den wasserhaltigen Thonsilicaten gehört auch ein Theil des
sogenannten Agalmatoliths oder Bildsteins, welcher zu kleinen
Figuren, Pagoden 2c. verarbeitet aus China kommt. Mancher ist
nach Brush dichter Pyrophyllit. Er ist weich und leicht zu
schneiden. Er heißt im Chinesischen Fun Shih oder Pulverstein,
weil das Pulver auch zum Abziehen von Rasirmessern gebraucht
wird. — Findet sich vorzüglich in der Provinz Canton. In die
Nähe gehört der Onkosin von Posseggen im Lungau.

2. Gruppe. Wasserhaltige Siliciate ohne Thonerde.

Apophyllit.

Kristallsystem: quadratisch. Stf. Quadratpyramide. 104° 2′; 121°.
Spltb. basisch vollkommen. Br. uneben. Pellucid. Glasglanz,
auf der bas. Fl. Perlmutterglanz. H. 4,5. G. 2,3—2,5. V.
d. L. mit Aufblähen schmelzbar = 1,5 zu einem blasigen, weißen
Glase. Von Salzs. leicht zersetzt, eine gallertähnliche Masse bildend.
$\dot{\text{Ka}} \bar{\text{Si}}^2 + 8 \text{Ca} \bar{\text{Si}} + 16 \dot{\text{H}}$. Kiesel. 52,43, Kalk. 25,86, Kali 5,36,
Wasser 16,35. — Farblos, weiß, rosenroth, bräunlich 2c. — Die
Stammform gewöhnlich mit den Fl. des diagonalen Prisma's,
welches die Randecken abstumpft; quadratische Prismen, oft tafel-
förmig durch Ausdehnung der bas. Fl. 2c.; derb, schaalig.

In Mandelstein, Basalt 2c., auf der Seisseralpe in Tyrol, auf den
Faroer-Inseln, zu Andreasberg am Harz, Aussig in Böhmen, Banat,
Utön 2c. — Apophyllit von ἀποφυλλίζω, abblättern. Zum Apophyllit
gehört der Xylochlor aus Island.

Hier schließen sich, bis jetzt selten vorgekommen, an:

Pektolith. Kiesel. 52,34, Kalk. 35,20, Natrum 9,66,
Wasser 2,80. Wird von Salzsäure zu einer gallertähnlichen Masse

zerfetzt. Monte Balbo und Montzoni im Faffathal, Schottland. Hierher der Osmelit und Stellit.

Pektolith von πηκτός, zusammengezimmert, und λιθός, Stein. Okenit. Kiefel. 56,99, Kalk. 26,35, Waffer 16,66. Von Salzf. zur gallertähnlichen Maffe zerfetzt. Dyeko-Infel bei Grön= land. (Dysklafit.) Okenit nach dem Naturforfcher Oken.

Der **Xonaltit** ift wefentlich: Kiefel. 49,8, Kalk 46,47, Waffer 3,73. Tetela de Xonalta in Mexiko.

Sepiolith. Meerfchaum.

Amorph (?). Dicht und erdig. Br. flachmufchlig, uneben, erdig. Undurchfichtig. Matt, auf dem Striche etwas glänzend. H. 2,5. Milde. G. 1,3—1,6. Saugt begierig Waffer ein. V. d. L. zufammenfchrumpfend, fchwer fchmelzbar = 5,5. Von Salzf. zu einer gallertähnlichen Maffe zerfetzt. $\overline{Mg}\,\overline{Si} + 2\,\overset{..}{H}$. Kiefel. 54,43, Talk. 24,36, Waffer 21,21. — Weiß, gelblich, graulich, gelblichbraun ꝛc.

Findet fich in derben Maffen zu Hrubfchitz in Mähren, Vallecas bei Madrid, Theben in Griechenland, Piemont, Champigny ꝛc.

Wird zu Pfeifenköpfen verarbeitet, die daraus gefchnitten und in Oel oder Wachs gefotten werden. — Sepiolith von σηπίον, Meerfchaum.

Der Steatit, der auch hier eingefchoben werden könnte, ift oben nach dem Amphibol aufgeführt.

Serpentin.

Dicht in derben Maffen, zuweilen in Pfeudomorphofen von Chryfolith und Augit. Durchfcheinend — undurchfichtig. Schwach fettig glänzend. H. 2,5—3, etwas milde. G. 2,6. V. d. L. fich weiß brennend, fehr fchwer fchmelzbar = 6. Von concentr. Salzf. und Schwefelf. zerfetzt ohne Gallertbildung.

$3\,\overset{..}{Mg}\,\overset{..}{H}{}^2 + 2\,\overline{Mg}{}^3\,\overline{Si}{}^3$. Kiefel. 43,51, Talk. 43,78, Waffer 12,71. Häufig ift ein Theil der Talkerde durch Eifenoxydul er= fetzt. — Grün, braun, röthlich, öfters gefleckt und geadert.

Der Serpentin bildet eine Urfelsart und erfcheint mitunter lagerartig in Gneiß, Glimmerfchiefer ꝛc. So in den Pyrenäen, Apenninen ꝛc. Aus= gezeichnete Fundorte find Fahlun, Sala ꝛc. in Schweden, Reichenftein in Schlefien, Goldenftein in Mähren, Zöblitz und Waldheim in Sachfen, Corfica und Cornwallis ꝛc.

Man verfertigt daraus Reibfchalen, Gefchirre, Pfeifenköpfe, Platten znm Belegen von Tifchen ꝛc. Ein in Italien zu Platten, Zierfäulen ꝛc. oft verwendetes Gemenge von Serpentin und Urkalk heißt Verde antico. (Oberher der Pikrolith und Williamfit.) Der Name Serpentin von serpens, Schlange, wegen der fleckigen Farbenzeichnung.

Bastit. Schillerspath.

Krystallinisch blättrige Masse, in einer Richtung sehr vollkommen spaltb., nach einer zweiten undeutlich, zur ersten unter 87° geneigt. Br. uneben. An den Kanten durchscheinend. Auf ben vollkommenen Spltfl. stark glänzend von metallähnlichem Perlmutterglanz. H. 3,5. G. 2,7. B. b L. schmelzbar = 5. Zu Säuren sich wie die vorige Species verhaltend.

Anal. einer Var. von der Baste am Harz von Köhler: Kiesel. 43,90, Talk. 25,85, Eisenoxydul und Spur von Chromoxyd 13,02, Kalk. 2,64, Wasser 12,42. — Grün, olivengrün, pistaziengrün, bräunlich 2c.

Kommt mit Serpentin auf der Baste (daher der Name) am Harz vor.

Sehr nahe steht ein fasriges, mit Serpentin vorkommendes Mineral, der Chryfotil (von χρυσός, Gold, und τίλος, Faser). Von manchem ähnlichen Asbest unterscheidet er sich leicht durch den Wassergehalt (12,8 pr. Ct.) und dadurch, daß er von Schwefels. leicht zersetzbar wird. Findet sich zu Reichenstein in Schlesien, in Tyrol, zu Zöblitz in Sachsen, in den Vogesen und zu Baltimor (Baltimorit). Hierher auch der Metaxit von Schwarzenberg in Sachsen.

Selten vorkommend sind folgende sich hier anschließende Mineralien, welche auch wasserhaltige Talksilicate sind, übrigens eine mannigfaltig verschiedene Mischung haben:

Pikrosmin, Pikrophyll, Aphrodit, Antigorit, Hydrophit, Monradit, Dermatin, Spadait, Villarsit, Gymnit, Kerolith.

Zu den wasserhaltigen Silicaten ohne Thonerde gehört auch der sehr seltene, bei Brewig in Norwegen vorkommende **Thorit**, welcher gegen 60 pr. Ct. Thorerde enthält. Berzelius hat darin 1828 eine neue Erde entdeckt, die er Thorerde nannte.

Nahestehend ist der **Orangit** v. Brewig, beide unschmelzbar und gelatinirend.

Ein seltenes wasserhaltiges Zirkonerdesilicat mit Natrum ist der **Katapleiit** von Lamöe bei Brewig in Norwegen. Schmilzt und gelatinirt. —

4. Geschlecht. Silicate mit Fluor=Verbindungen.

Mit Kalihydrat geschmolzen und gelöst, erhält man nach Abscheidung der Kieselerde durch Salmiak, mit salzsaurem Kalk und Ammoniak ein Präcipitat von Fluorcalcium.

Lithionit. Lithionglimmer.

Krystem wahrscheinlich rhombisch. Gewöhnlich blättrige Massen. Spltb. basisch sehr vollkommen. Pellucid. Optisch zweiaxig. Auf den Spaltungsflächen metallähnlicher Perlmutterglanz, sonst Glasglanz. H. 2,5. G. 3. V. d. L. mit Aufwallen schmelzbar = 2—2,5 zu einem weißen oder graulichen, manchmal magnetischen Glase, dabei die Flamme purpurroth färbend. (Ist dadurch leicht vom ein= und zweiaxigen Glimmer zu unterscheiden.) Von Säuren theilweise zersetzt. Begreift mehrere noch nicht genau unterschiedene Species. Im Durchschnitte: Kiesel. 50, Thon. 30, Kali 9, Lithion 3—4, Fluor 5, Natrum 2. Oefters ein Theil der Thonerde durch Eisenoxyd ersetzt. — Grau, roth (Lepidolith), pfirsichblüthroth 2c.

Krystalle selten, als 6seitige Tafeln erscheinend, mannigfaltig zusammengehäuft, körnige Massen.

In Granit zu Penig, im Erzgebirge und in Cornwallis, zu Rozenau und Iglau in Mähren, Utön, Clatharinenburg 2c. — Der Name Lithionit vom Lithiongehalt.

Topas.

Krystem: rhombisch. Stf. Rhombenpyr. 101° 52'; 141° 7'; 90° 55'. Spltb. basisch deutlich. Br. muschlig, uneben. Pellucid. Glasglanz. H. 8. G. 3,5. Die brasilian. Var. stark pyroelektrisch. V. d. L. unschmelzbar, als feines Pulver mit Kobaltaufl. blau. Schmilzt man Borsäure im Platindraht so lange, bis die grüne Färbung der Flamme aufhört und setzt dann feines Topaspulver zu, so kommt sie wieder zum Vorschein. Von Schwefels. nur wenig angegriffen.

$$2\,(Al\,Fl^3 + Si\,Fl^2) + 3\,\ddot{A}l^3\,Si^2,$$ entsprechend den Analysen b. Forchhammer: Kiesel. 35,52, Thon. 55,33, Fluor 17,49. — Gelb, grünlich, blau in mancherlei Abänderungen, auch farblos.

Die vorwaltende Form ist das rhombische Prisma von 124° 19', an den Enden die Flächen der Stf. und untergeordnet noch 3 andere Rhombenpyr.; öfters auch die Stf. durch ein Doma von 93° verdrängt. Das Prisma von 124° 19' auch öfters comb. mit 2 andern rhomb. Prismen. Die Prismen vertikal gestreift. S. Fig. 43. Außer in Krystallen auch derb (selten) und in Geschieben.

In Urfelsarten eingewachsen und im Schuttland. Schneckenstein bei Auerbach im Voigtlande, Erzgebirg, Mursinsk, Miask, Dunöa 2c. in Sibirien (oft in sehr großen Krystallen), Villa Ricca in Brasilien, Finbo in Schweden 2c. — Der Topas ist ein nicht sehr kostbarer Edelstein, gelbe Varietäten kosten das Karat 6—8 Fl., die farblosen und rosenrothen werden höher bezahlt.

Durch Erhitzen lassen sich die gelben Topase rosenroth brennen. Sie werden dabei anfangs farblos, nach dem Erkalten kommt aber die Rosenfarbe zum Vorschein.

Ein stängliches, dem Topas sehr nahestehendes Mineral ist der Pyknit von Altenberg in Sachsen.

Der Name Topas kommt von der Insel Topazos im rothen Meere; Pyknit stammt von πυκνός, dicht, in dicht gedrängten Theilen.

Selten und in geringer Menge kommen vor:

Chondrodit (Humit). Kieselsaure Talkerde mit Fluormagnesium. — Gelatinirt. — Gelb, bräunlich. — Vesuv, Nord-Amerika, Finnland. Der Name von χόνδρος, Korn, Pille.

Leukophan, bereits bei den berillerdehaltigen Mineralien nach dem Smaragd erwähnt.

5. Geschlecht. Silicate mit borsauren Verbindungen.

V. d. L. mit einem Gemenge von Flußspath und saurem, schwefelsaurem Kali als feines Pulver im Platindraht zusammengeschmolzen, die Flamme vorübergehend grün färbend. Man sieht die Färbung anhaltender, wenn man das Gemenge als Pulver auf einem mit kleinen Löchern durchstochenen Platinblech in die blaue Flamme eines Bunsen'schen Brenners bringt.

Datolith.

Krystallsystem: rhombisch. Es finden sich rhombische Prismen von 77° 30′ und ein anderes von 116° 9′ mit der bas. Fl. (Nach Descloizeaux ist die Krystallisation klinorhombisch.) Spltb. nach dem Prisma von 77° 30′ und brachydiagonal. Br. unvollkommen muschlig, uneben. Pellucid. Glasglanz, auf dem Bruche Fettglanz. H. 5,5. G. 3,4. V. d. L. mit Sprudeln schmelzbar = 2 zu einem farblosen Glase, die Flamme grün färbend. Mit Salzsäure vollkommen gelatinirend.

$3 \dot{C}a \bar{B} + \dot{C}a^3 \ddot{S}i^4 + 3 \dot{H}$. Kiesel. 37,91, Kalk. 35,07, Borsäure 21,48, Wasser 5,41. — Farblos, weiß, grünlichweiß ꝛc. — In Krystallen und derb, körnig.

Arendal in Norwegen, Andreasberg am Harz, Teiß in Tyrol, ausgezeichnet zu Toggiana im Modenesischen und häufig auf der Königsinsel am Obern See in Nord-Amerika. — Der Name stammt von δατέομαι, theilen, und λιϑός, Stein, wegen der körnigen Absonderung der derben Varietäten.

Eine sehr nahestehende Mischung mit 10 pr. Ct. Wasser hat der Botryolith, fasrig, verhält sich chemisch wie Datolith. Arendal. — Der

Name von βότρυς, Traube, und λιθός, Stein, wegen der traubigen Gestalt.

Es schließt sich hier an der seltene **Danburit** von Danbury in Connecticut. Er ist nach den Analysen von Smith und Brush wesentlich $\overline{Ca}^3\,\overline{Si} + 3\,\overline{B}\,\overline{Si}$. Kiesel. 48,9, Borsäure 28,4, Kalk. 22,7.

Axinit.

Krystallsystem: klinorhomboidisch. Stf. klinorhomboidisches Prisma: m : t = 135° 24′; p : m = 134° 48′; p : t = 115° 39′. Die Flächen m und t sind vertikal, p parallel den Comb. Kanten mit m gestreift. Spltb. unvollkommen nach p und m. Br. kleinmuschlig — uneben. Pellucid. Glasglanz. H. 6,5. G. 3,3. V. d. L. mit Aufwallen schmelzbar = 2 zu einem dunkelgrünen Glase. Nach dem Schmelzen gelatinirend. Nach den Anal. v. Rammelsberg $\overline{R}^3\,\overline{Si}^2 + 2\,\dot{R}^3\,\overline{Si}^3$, wesentlich mit: Kiesel. 43, Thon. 16, Kalk 20, Eisenoxydul 10, Borsäure 5. — Nelkenbraun ins Grauliche, Grünliche rc. — In Krystallen und krystallinisch derb.

In Urfelsarten zu Oisans in der Dauphiné, auf der Treseburg am Harz, Miask im Ural, Thum im Erzgebirg, Ungarn, Cornwallis.

Axinit stammt von ἀξίνη, Beil, wegen der Form der Krystalle.

Turmalin.

Krystallsystem: hexagonal. Stf. Rhomboeder. Scheitelkttw. 133°. Spltb. in Spuren primitiv. Br. muschlig. Pellucid, gering. Glasglanz. H. 6,5. G. 3 — 3,2. Durch Erwärmen polarisch elektr. V. d. L. mit Aufwallen schmelzbar = 2 - 3 zu einem meistens weißlichen oder graulichen, blasigen Glase. Von Schwefels. unvollkommen zersetzt. Farbe braun, schwarz.

Die Mischung ist nach den neueren Analysen v. Rammelsberg $3\,\overline{R}^3\,\overline{Si}^2 + \dot{R}^9\,\overline{Si}^2$. Dabei werden $\overline{Al}$ und $\overline{B}$ zusammengefaßt. Wesentlich: Kiesel 38, Thon. 32, Borsäure 11; (als $\dot{R}$) Magnesia 1 — 11, Eisenoxydul 0,6 — 10, Natron 2,3, Kali 0,3 — 0,4, Wasser 2.

Es finden sich außer der Stammform noch 2 Rhomboeder von 155° und 103° Schltkttw. und das hexag. Prisma, welches auch halbflächig mit dem diagonalen hexag. Prisma ein 9seitiges bildet. Skalenoeder finden sich untergeordnet an Krystallen aus Ceylon und von Gouverneur in New-York.

Die Krystalle hemimorph, öfters an einem Ende der Prismen die bas. Fl., am andern rhomboedrische Combinationen. Die Prismen meistens vertikal gestreift, cylindrisch, nadelförmig rc. außerdem derb, stänglich, körnig.

12 *

In Urfelsarten: Elbenstock in Sachsen, Windischkappel in Kärnthen, Bodenmais in Bayern (große Kle.), Zillerthal, St. Gotthard, Norwegen, Grönland (sehr ausgezeichnet), mehrere Orte in Nord-Amerika. — Der Name von Turmale, wie er in Ceplon genannt wird.

Rubellit (Lithionturmalin).

In der physikalischen Charakteristik der vorhergehenden Species sehr nahe stehend, die Farbe ist aber roth, grün, blau in verschiedenen Abänderungen. Zuweilen umschließen sich an den Prismen krystallinische Rinden von verschiedener Farbe, zuweilen zeigt ein und dasselbe Prisma an einem Ende eine andere Farbe, als am andern. Bei den Elbaner Krystallen bleicht sich oft die Farbe gegen das eine Ende oder verschwindet ganz. Pyroelektrisch.

V. d. L. schwer, z. Thl. unschmelzbar, zerklüftend, sich öfters weiß brennend und dann mit Kobaltaufl. blau.

Die Mischung ist nach den neueren Anal. von Rammelsberg 8 $\ddot{R}^3 \ddot{S}i^2 + \ddot{R}^9 \ddot{S}i^2$ mit: Kiesel. 38, Thon. 44, Borsäure 9,5, Magnesia 0,2—1,5, Natron 1,5—2, Kali 0,2—1,3, Lithion 0,5—1,2. —

Von rother Farbe auf Elba, zu Paris in Maine (Nord-Amerika), Ava in Indien, Schaitansk im Ural, Rozena in Mähren. Von blauer und grüner Farbe zu Mursinsk in Sibirien, Elba, Paris, Chesterfield in Massachusetts, Brasilien. Die durchsichtigen rothen und blauen Rubellite werden sehr geschätzt und als Ringsteine geschliffen, die grünen dienen zur Polarisation des Lichts 2c.

Der Name Rubellit, eigentlich nur für die rothe Species geltend, von rubellus, roth.

Von geringer Verbreitung kommen vor: Silicate mit Chloriden und mit Sulphaten, und aus der Klasse der Metalle Silicate mit titan- und tantalsauren Verbindungen.

Zu den Silicaten mit Chlor-Verbindungen*) gehören:

Sodalith. Rhombenbodekaeder. Kiesel. 37,60, Thon. 31,37, Natrium 19,09, Natrium 4,74, Chlor 7,20. — Gelatinirt. Weiß, grünlich 2c. Vesuv. Grönland. — Der Name von Soda und λίθος, wegen des Natrumgehalts.

Eudialyt. Hexagonal. Nach Rammelsberg: Kiesel. 49,92, Zirkonerde 16,58, Kalk. 11,11, Eisenorhdul 6,97, Manganorhdul 1,16, Natrum 12,28, Chlor 1,19. — Gelatinirt. — Bräunlich

*) Die salpeters. Aufl. giebt mit Silberaufl. ein Präc. von Chlorsilber.

roth, pfirsichblüthroth. — Grönland. — Der Name von ἡλιαλι-
τος, leicht aufzulösen.

Porcellanit. Rhombisch. Annähernd: Kiesel. 49, Thon,
27, Kalk. 15, Natrum 5, Chlorkalium 2. Von starken Säuren
ohne Gallertbildung zersetzt. Weiß. Findet sich zu Obernzell bei
Passau, meistens zu Porcellanerde verwittert, welche zum Theil
noch die Prismenform dieses Minerals hat.

Zu den Silicaten mit Schwefel- und schwefelsauren Verbindungen gehören*):

Hauyn. Rhombendodekaeder. Anal. einer Var. von Albano
von Whitney: Kiesel. 82,1, Thon. 27,3, Kalk. 9,9, Natrum
16,5, Schwefelsäure 14,2. L. Gmelin fand im Hauyn von
Marino 15 pr. Ct. Kali. — Gelatinirt. — Blau. — Albano,
Marino ꝛc. in der Gegend von Rom. Der Name nach dem französischen Krystallographen Hauy.

Nosin. Rhombendodekaeder. Anal. einer Var. vom Laacher-
see von Varrentrapp: Kiesel. 35,9, Schwefel. 9,2, Thon. 32,6,
Natrum 17,8, Kalk. 1,1, Spur von Chlor, Eisen und Wasser. —
Gelatinirt. — Braun, blau ꝛc. Der sog. Hauyn von Nieder-Mendig
ist auch ein dem Nosin ähnliches Mineral. — Laachersee am
Rhein. — Der Name nach dem Geognosten K. W. Nose.

In die Nähe dieser Verbindung gehört auch der **Skolopsit** (von
σκόλοψ, Splitter) vom Kaiserstuhl (mit 4 pr. Ct. Schwefelsäure).

Ferner der **Ittnerit**, ebendaher. Beide gelatiniren.

Lasurit. Lasurstein. Rhombendodekaeder selten, meistens
derb Br. uneben, wenig durchscheinend. Glasglanz. H. 5,5.
G. 2,7. Lasurblau. V. d. L. schmelzbar = 3 zu einem weißen,
durchscheinenden Glase. Von Salzs. unter Entwicklung von Schwefelwasserstoff schnell entfärbt, gelatinirend. Analyse von Varrentrapp:
Kiesel. 45,50, Schwefels. 5,90. Thon. 31,76, Kalk. 3,52, Natrum
9,09, Schwefel 0,95, Eisen 0,86, Chlor 0,42, Wasser 0,12. —

Kommt vor in der kleinen Bucharei, Persien, China, Tibet, Sibirien.
In Chile bei den Quellen der Bäche Cazadero und Vias in körnigem
Calcit auf Thonschiefer. — Es wird daraus die geschätzte Malerfarbe,
welche Ultramarin heißt, bereitet, auch zu Dosen, Ringsteinen ꝛc. wird er
geschliffen und steht in einem ziemlich hohen Preise. — Chr. Gmelin hat
ihn synthetisch hergestellt und damit die Fabrikation des künstlichen Ultra-
marins begründet.

---

*) Die salzs. Aufl. giebt mit salzs. Baryt ein Präc. von schwefels. Baryt.

In Urfelsarten: Elbenstock in Sachsen, Windischklappel in Kärnthen, Bodenmais in Bayern (große Kst.), Zillerthal, St. Gotthard, Norwegen, Grönland (sehr ausgezeichnet), mehrere Orte in Nord-Amerika. — Der Name von Turmale, wie ein Ceylon genannt wird.

Rubellit (Lithionturmalin).

In der physikalischen Charakteristik der vorhergehenden Species sehr nahe stehend, die Farbe ist aber roth, grün, blau in verschiedenen Abänderungen. Zuweilen umschließen sich an den Prismen krystallinische Rinden von verschiedener Farbe, zuweilen zeigt ein und dasselbe Prisma an einem Ende eine andere Farbe, als am andern. Bei den Elbaner Krystallen bleicht sich oft die Farbe gegen das eine Ende oder verschwindet ganz. Pyroelektrisch.

V. d. L. schwer, z. Thl. unschmelzbar, zerklüftend, sich öfters weiß brennend und dann mit Kobaltaufl. blau.

Die Mischung ist nach den neueren Anal. von Rammelsberg $8 \ddot{R}^3 \ddot{S}i^2 + \dot{R}^3 \ddot{S}i^2$ mit: Kiesel. 38, Thon. 44, Borsäure 9,5, Magnesia 0,2 — 1,5, Natron 1,5 — 2, Kali 0,2 — 1,3, Lithion 0,5 — 1,2.

Von rother Farbe auf Elba, zu Paris in Maine (Nord-Amerika), Ava in Indien, Schaitansk im Ural, Rozena in Mähren. Von blauer und grüner Farbe zu Mursinsk in Sibirien, Elba, Paris, Chesterfield in Massachusetts, Brasilien. Die durchsichtigen rothen und blauen Rubellite werden sehr geschätzt und als Ringsteine geschliffen, die grünen dienen zur Polarisation des Lichts rc.

Der Name Rubellit, eigentlich nur für die rothe Species geltend, von rubellus, roth.

Von geringer Verbreitung kommen vor: Silicate mit Chloriden und mit Sulphaten, und aus der Klasse der Metalle Silicate mit titan- und tantalsauren Verbindungen.

Zu den Silicaten mit Chlor-Verbindungen*) gehören:

Sodalith. Rhombendodekaeder. Kiesel. 37,60, Thon. 31,37, Natrum 19,09, Natrium 4,74, Chlor 7,20. — Gelatinirt. — Weiß, grünlich rc. Vesuv. Grönland. — Der Name von Soda und λίθος, wegen des Natrumgehalts.

Eudialyt. Hexagonal. Nach Rammelsberg: Kiesel. 49,92, Zirkonerde 16,88, Kalk 11,11, Eisenoxydul 6,97, Manganoxydul 1,15, Natrum 12,29, Chlor 1,10. — Gelatinirt. — Bräunlich-

*) Die salpeters. Aufl. giebt mit Silberaufl. ein Präc. von Chlorsilber.

roth, pfirſichblüthroth. — Grönland. — Der Name: von ἀδιάλι-τος, leicht aufzulöſen.

Porcellanit. Rhombiſch. Annähernd: Kieſel 49, Thon 27, Kalk 15, Natrum 5, Chlorkalium 2. Von ſtarken Säuren ohne Gallertbildung zerſetzt. Weiß. Findet ſich zu Obernzell bei Paſſau, meiſtens zu Porcellanerde verwittert, welche zum Theil noch die Prismenform dieſes Minerals hat.

Zu den Silicaten mit Schwefel- und ſchwefelſau-ren Verbindungen gehören*):

Hauyn. Rhombendodekaeder. Anal. einer Var. von Albano von Whitney: Kieſel 82,1, Thon 27,3, Kalk 9,9, Natrum 16,5, Schwefelſäure 14,2. L. Gmelin fand im Hauyn von Marino 15 pr. Ct. Kali. — Gelatinirt. — Blau. Albano, Marino ꝛc. in der Gegend von Rom. Der Name nach dem fran-zöſiſchen Kryſtallographen Hauy.

Noſin. Rhombendodekaeder. Anal. einer Var. vom Laacher-ſee von Varrentrapp: Kieſel 35,9, Schwefelſ. 9,2, Thon 32,6, Natrum 17,8, Kalk 1,1, Spur von Chlor, Eiſen und Waſſer. — Gelatinirt. — Braun, blau ꝛc. Der ſog. Hauyn von Nieder-Mendig iſt auch ein dem Noſin ähnliches Mineral. — Laacherſee am Rhein. — Der Name nach dem Geognoſten K. W. Noſe.

In die Nähe dieſer Verbindung gehört auch der Skolopſit (von σκόλοψ, Splitter) vom Kaiſerſtuhl (mit 4 pr. Ct. Schwefelſäure).

Ferner der Ittnerit, ebendaher. Beide gelatiniren.

Laſurit. Laſurſtein. Rhombendodekaeder ſelten, meiſtens derb Br. uneben, wenig durchſcheinend. Glasglanz. H. 5,5. G. 2,7. Laſurblau. V. d. L. ſchmelzbar = 3 zu einem weißen, durchſcheinenden Glaſe. Von Salzſ. unter Entwicklung von Schwefel-waſſerſtoff ſchnell entfärbt, gelatinirend. Analyſe von Varrentrapp: Kieſel. 45,50, Schwefelſ. 5,90, Thon. 31,76, Kalk. 3,52, Natrum 9,09, Schwefel 0,95, Eiſen 0,86, Chlor 0,42, Waſſer 0,12. —

Kommt vor in der kleinen Bucharei, Perſien, China, Tibet, Sibirien. In Chile bei den Quellen der Bäche Cazabero und Vias in körnigem Calcit auf Thonſchiefer. — Es wird daraus die geſchätzte Malerfarbe, welche Ultramarin heißt, bereitet, auch in Doſen, Ringſteinen ꝛc. wird er geſchliffen und ſteht in einem ziemlich hohen Preiſe. — Chr. Gmelin hat ihn ſynthetiſch hergeſtellt und damit die Fabrikation des künſtlichen Ultra-marins begründet.

---

*) Die ſalzſ. Aufl. giebt mit ſalzſ. Baryt ein Präc. von ſchwefelſ. Baryt.

XI. Ordnung. Thonerde und Aluminate.

V. d. L. in Phosphorsalz vollkommen auflöslich, das Glas opalisirt nicht beim Abkühlen. Unschmelzbar; nach dem Glühen nicht alkalisch reagirend. Härter als Quarz.

Korund.

Krystem: hexagonal. Stf. Rhomboeder von 86° 4'. Spltb. primitiv und basisch, manchmal sehr deutlich. Br. muschlig — uneben. Pellucid. Glasglanz. H. 9. G. 3,9—4,0. V. d. L. für sich unveränderlich; mit Kobaltaufl. als feines Pulver blau. Säuren ohne Wirkung. Al. Sauerstoff 46,82, Aluminium 53,18. — Die Krystalle sind gewöhnlich Comb. hexagonaler Pyramiden mit der Stf. (Es kommen deren 5 vor, gegen die Stf. in diagonaler Stellung.) Auch das hexag. Prisma und die basische Fläche kommen oft vor. Außer in Krystallen, derb, in Geschieben und Körnern. — Selten farblos, gewöhnlich gefärbt durch Eisenoxyd, Titanoxyd und Chromoxyd, roth und blau in verschiedenen Abänderungen, gelb, grau, braun ꝛc.

Die blauen Var. heißen Sapphir, die rothen Rubin. Diese Var. sind sehr geschätzte Edelsteine, wenn sie klar und durchsichtig sind. Dergleichen finden sich im Sande der Flüsse in Zeilan, China, Siam und Brasilien, auch, doch sparsam, zu Meronitz und Iserwiese in Böhmen, Hohenstein in Sachsen und in Basalt eingewachsen zu Cassel am Rhein und am Laachersee. — Gute, geschliffene Sapphire werden das Karat zu 15 Fl. bezahlt, Steine von 6—7 Karat aber kosten oft 70—80 Louisdor. Manche Sapphire zeigen einen 6strahligen, weißlichen Lichtschein im Innern: Sternsapphir.

Die Rubine sind noch viel theurer und wenn sie eine hochkarminrothe Farbe besitzen, übertreffen sie zuweilen im Preise den Diamant.

Weniger reine und unansehnlich gefärbte Var. kommen vor in Piemont (Diamantspath), Chamounythal in Savoyen, St. Gotthard, Ural, Canton in China, Philadelphia, Australien.

Der sogenannte Smirgel ist feinkörniger, unreiner Korund von graulicher, schmutzig smalteblauer Farbe und findet sich am Ochsenkopfe bei Schwarzenberg in Sachsen, auf Naxos und in Smyrna. Man gebraucht ihn zum Schneiden und Schleifen harter Steine. Korund und Hämatit bilden eine chem. Formation. — Korund ist ein indisches Wort; Sapphir soll von der Insel Sapphirine im arabischen Meere abstammen; Rubin von rubeus, roth.

———

Formation des Spinells. Tesseral. $\dot{R}\bar{R}$, als $\dot{R}$ kommen vor: Talkerde, Eisenoxydul, Manganoxydul, Zinkoxyd, als $\bar{R}$: Thonerde, Eisenoxyd, Chromoxyd, Manganoxyd. Es gehören hierher:

a. Spinell.

Krystallsystem: tesseral. Stf. Oktaeder. Spltb. primitiv in Spuren. Br. muschlig. Pellucid. Glasglanz. H. 8. G. 3,48—3,64. V. b. L. für sich unveränderlich, als feines Pulver im Platinlöffel einigemal mit concentr. Schwefelsäure befeuchtet und ausgeglüht giebt er mit Kobaltaufl. eine blaue Farbe. Von Säuren nicht angegriffen.

$Mg \overline{Al}$. Anal. des rothen Spinells aus Zeilan von Abich: Thon. 69,01, Talk. 26,21, Chromoxydul 1,10, Eisenoxyd 0,71, Kiesel. 2,02.

In den Krystallen die Stf. herrschend. zuweilen mit den untergeordneten Flächen des Rhombendodekaeders und Trapezoeders. — Roth, blau, bräunlich in mancherlei Abänderungen. Theils in Krystallen, theils in Körnern und Geschieben.

Eingewachsen in Urkalk zu Aker in Schweden, in Dolomit zu Malande und Candi auf Zeilan, lose in Zeilan, Pegu, Australien. — Der Name Spinell ist unbekannter Abstammung.

Die durchsichtigen, rothen (karmesin — rosenroth 2c.) Spinelle sind sehr geschätzte Edelsteine und werden, über 4 Karat schwer, ohngefähr mit der Hälfte des Preises eines gleich schweren Diamants bezahlt. Die intensiv gefärbten heißen Rubinspinell, die blassen Rubinbalais.

b. Pleonast. Zeilanit.

Krystallisation wie bei a. Br. uneben, muschlig. An den Kanten durchscheinend — undurchsichtig. Glasglanz. H. 7,5—8. G. 3,65—3,8. V. b. L. für sich unveränderlich. Von Säuren wenig angegriffen.

$Mg \overline{Al} + Fe \overline{Al}$. Anal. einer Var. von Tunaberg von Erdmann: Thonerde 62,95, Eisenoxydul 23,46, Talkerde 13,03 (99,44). — In Krystallen. Stf. — Schwarz, das Pulver bei einigen graulichgrün.

Monte Somma bei Neapel, Monzoniberg im Fassathal, Warwik und Amity in Nord-Amerika, wo Krystallmassen bis zu 40 Pfunden vorkommen, Ural 2c.

Der Name Pleonast stammt von πλέονασμος, Ueberfluß, weil er zuweilen am Oktaeder die Fl. des Trapezoeders zeigt.

Ein 8 pr. Ct. Chromoxyd enthaltender Pleonast ist der Picotit v. Cherz in den Pyrenäen.

Hier schließen sich, bis jetzt sehr selten, an:

c. Hercinit. Schwarze Körner. H. 7,5—8. G. 3,91—3,95. $Fe \overline{Al}$. Thonerde 61,17, Eisenoxydul 35,67, Talk. 2,92. (Zippe und Quadrat.)

Ist wesentlich reiner Eisenspinell. Natschetin und Hoslau im Klattauer Kreise in Böhmen. — Hercinit vom lateinischen Namen des Böhmerwaldes, silva hercinia.

d. **Chlorospinell**: Lichtgrüne Oktaeder.

Mg} $\ddot{A}l$ .... Thonerde 57,34, Eisenoxyd 14,77, Talk 27,49,
} Fe

Kupferoxyd 0,62. Slatoust im Ural.

Aus der Klasse der Metalle gehören zur Formation des Spinells e. Gahnit, f. Kreittonit, g. Magnetit, h. Chromit, i. Franklinit, k. Jakobsit.

Chrysoberill. Cymophan.

Krystallsystem: rhombisch. Stf. Rhombenpyr. 86° 16'; 139° 53'; 107° 29'. Spltb. unvollkommen nach den Diagonalen. Bt. muschlig. Pellucid. H. 8,4. G. 3,68 — 3,70. B. d. L. unveränderlich, mit Kobaltaufl. blau. Von Säuren nicht angegriffen.

Be $\ddot{A}l$. Thonerde 80,25, Berillerde 19,75. Meistens bis zu 4 pr. Ct. Eisenoxydul und Spur von Chromoxydul enthaltend. — Grünlichgelb, spargelgrün, graulich :c., zuweilen mit einem milchweißen Scheine opalisirend.

In den Krystallen ist das rectang. Prisma vorwaltend, auch ein rhomb. Prisma von 109° 20', an den Enden die Stf. und ein Doma von 119° 46'. Dieses Doma ist oft die Zusammensetzungsfläche für Hemitropieen und Zwillinge.

Eingewachsen in Gneiß :c. zu Habbam in Connecticut und Saratoga, in Neu-York und zu Marschendorf in Mähren. In Geschieben in Brasilien, Ceylon, Pegu :c. Ural.

Die durchsichtigen Var. werden als Edelsteine geschliffen. Steine von 5 Linien kosten bis 300 Fl. — Chrysoberill von χρυσός, Gold, und Berill.

Ein wasserhaltiges Aluminat ist der Völknerit (Hydrotalkit) vom Ural. Blättrig, weiß, perlmutterglänzend, fettig anzufühlen. Unschmelzbar, mit Kobaltaufl. rosenroth, in Salzs. löslich. $\overset{..}{M}g \ddot{A}l + 16 \overset{.}{H}$. Thonerde 16,29, Talkerde 38,05, Wasser 45,66 (100). Der Name nach dem Bergmeister Völkner.

XII. Ordnung. Eis und Hydrate.

Eis.

Krystallsystem: hexagonal. Gewöhnlich in tafelförmigen, hexagonalen Prismen, selten Rhomboeder und hexagonale Pyramiden. Zeigt durch die basischen Flächen im polarisirten Lichte die farbigen Ringe mit dem schwarzen Kreuze sehr ausgezeichnet. Gewöhnlich ist die Eiskruste, welche sich beim Gefrieren von ruhig stehendem Wasser

bildet, diese basische Fläche. An den Eiszapfen stehen die Indivi=
duen oft in paralleler Reihung mit ihrer Hauptaxe und optischen
Axe rechtwinklich zur Längenaxe des Zapfens. Pellucid. H. 1,5.
G. 0,95—0,97. Ueber 0° flüssig als Wasser erscheinend. $\dot{H}$
Sauerstoff 88,94, Wasserstoff 11,06.

Die Krystalle, als S ch n e e, klein, nadel= und haarförmig,
häufig zu 6strahligen Sternen verwachsen, dendritisch, federartig ꝛc.
— Farblos, in großen Massen grünlich und bläulich.

Das reine Wasser ist geschmack= und geruchlos. Das reinste
in der Natur vorkommende ist das Regen= und Schneewasser. Das
Wasser von Quellen und Flüssen enthält immer Kohlensäure und
ist mehr oder weniger mit Salzen verunreinigt.

Reine Hydrate, nur aus Wasser und einer Basis bestehend,
sind sehr selten. Es gehören hierher:

Brucit (und Nemalit). Mg $\dot{H}$. Wasser 31, Talkerde 69.
Hexagonal. Krystallinisch strahlige Massen. H. 1,5. G. 2,3.
Unschmelzbar. In Säuren leicht aufl. — Weiß, grünlich ꝛc.
Hoboken in Neu=Jersey, Shetlandsinsel Unst. — Der Name
nach Dr. Bruce in Neu=York.

Diaspor. Äl $\dot{H}$. Wasser 15, Thonerde 85. Rhombisch.
Graulich, gelb ꝛc. Unschmelzbar, mit Kobaltaufl. blau. Von
Salzsäure nicht angegriffen. Strahlige Massen. Ural, Brobbbo in
Schweden, Schemnitz in Ungarn. — Der Name von διάσπειρω,
zerstreuen, v. d. L. zerstäuben.

Gibbsit (Hydrargillit). Äl $\dot{H}^3$. Wasser 34,44, Thonerde
65,56. Unschmelzbar, mit Kobaltaufl. blau. Grünlichweiß ꝛc.
Tropfsteinartig und fasrig. New=Richmond in Massachusetts, Ural,
Villarica in Brasilien, hier in ansehnlichen Massen, die man
früher für Wavellit hielt. — Der Name nach dem amerikanischen
Mineralogen G. Gibbs.

Ein eisenhaltiges Thonhydrat $\left.\begin{array}{c}\ddot{A}l\\\ddot{F}e\end{array}\right\}\dot{H}^2$ ist der **B a u x i t**

(Beauxit) v. Beaux in Frankreich und in Krain (Wocheinit).

An die Opale schließen sich an:

N a n d a n i t von Nandan in Puy de Dome und von Algier.
Amorph. In Kali leicht löslich. 2 $\ddot{S}i$ + $\dot{H}$ = Wasser 9,04,
Kieselerde 90,96.

Michaelit. S̈ Ḣ. Wasser 16,35, Kieselerde 83,65. Fasrig. Insel St. Michael. — Der sogenannte Wasseropal von Pfaffenreuth scheint S̈ Ḣ³ zu sein (35 pr. Ct. Wasser).

II. Klasse.

Metallische Mineralien.

In diese Klasse gehören alle Mineralien von vollkommenem Metallglanz; alle, deren spec. Gewicht über 5; ferner diejenigen, welche vor dem Löthrohre auf Kohle für sich oder mit Soda einen Regulus oder farbigen Beschlag geben, welche den Geruch von schweflichter Säure, Selen oder Arsenik verbreiten und in ihren sauren Auflösungen durch Schwefelwasserstoff ein, gewöhnlich farbiges, Präc. hervorbringen*).

(Vergl. aus der I. Klasse: Schwefel, Graphit und manche, viel Eisenoxyd enthaltende Silicate, Granat, Augit 2c.)

I. Ordnung. Arsenik.

V. d. L. knoblauchartigen Geruch verbreitend. Die Aufl. geben mit hydrothionsaurem Ammoniak ein citrongelbes Präc., welches in Kalilauge auflöslich.

Gediegen Arsenik.

Kryst.System: hexagonal. Stf. Rhomboeder von 85° 41'. Spltb. primitiv. Metallglanz. Zinnweiß, grau — schwärzlich anlaufend. H. 3,5. G. 5,7—6. V. d. L. verflüchtigend, ohne zu schmelzen. In Salpetersalzs. leicht aufl. As. Arsenik, zufällig mit Spuren von Antimon, Silber 2c. — Gewöhnlich derb, körnig, dicht. Nierförmig, schaalig zusammengesetzt.

Auf Gängen im Urgebirge mit anderen Arsenikerzen, Silber- und Bleierzen 2c. im sächs. Erzgebirge, Andreasberg am Harz. Wittichen im Schwarzwald, Markirch im Elsaß, Dauphiné, Ungarn 2c. — Wird dem

---

*) Viel Eisenoxyd enthaltende Aufl. geben einen Niederschlag, welcher Schwefel ist, indem dabei Eisenoxydul gebildet wird.

Blei beim Schrotgießen zugesetzt und als Fliegengift gebraucht. Im Handel heißt der geb. Arsenik Scherbenkobalt oder Fliegenstein.

Ein großer Theil von Arsenik, arsenichter Säure und Schwefelarsenik wird aus dem Arsenikkies bereitet, indem man ihn mit Ausschluß oder Zutritt der Luft, mit oder ohne Zusatz von Schwefel in thönernen Retorten erhitzt oder in muffelartigen Gefäßen röstet.

1847 wurden in den Böhmischen und Salzburger Werken 1495 Ctr. weißes Arsenikglas gewonnen; durchschnittlich beträgt die jährliche Production 900 Ctr.; im sächs. Erzgebirge gegen 3000 Ctr.; in Niederschlesien 2800 Ctr. — Arsenik stammt aus dem Griechischen, ἀρσενικος, männlich, stark.

Hierher gehört auch wahrscheinlich der Arsenikglanz, welcher entzündlich ist und mit Ausstoßung eines arsenikalischen Rauches glimmt. Enthält 3 pr. Ct. Wismuth. Grube Palmbaum bei Marienberg in Sachsen.

Realgar.

Kristallsystem: klinorhombisch. Stf. Hendyoeder; 74^0 26'; 104^0 8'. Spltb. primitiv und klinodiag. unvollkommen. Br. kleinmuschlig, uneben. Pellucid. Fettglanz. Morgenroth, im Strich orangegelb. H. 1,5. G. 3,5. V. b. L. schmelzbar und flüchtig. In Kalilauge aufl. mit Hinterlassung eines braunen Rückstandes.

Die Aufl. fällt mit Salzs. citrongelbe Flocken. $\dot{A}s.$ ($\ddot{A}s.$) Schwefel 30, Arsenik 70. — Vorwaltende Form: ein Prisma von 113^0 20' und die Stf. In Krystallen und derb, eingesprengt ꝛc. Zersetzt sich an der Luft in Operment und arsenichte Säure (6 $\dot{A}s$ zu 2 $\ddot{A}s + \ddot{A}s$ nach Volger).

Auf Gängen zu Kapnik, Tajowa, Felsobanya in Ungarn, Joachimsthal in Böhmen, Schneeberg, Markirch ꝛc. in Vulkan. Sublimaten.

Wird als Malerfarbe gebraucht. Realgar ist ein alter, von den Alchymisten gebrauchter Name, wahrscheinlich arabisch.

Operment.

Kristallsystem: rhombisch. St. Rhombenpyr. 131^0 35' 34''; 94^0 20' 6''; 105^0 6' 16''. Spltb. brachydiagonal sehr ausgezeichnet. Pellucid. Perlmutterglanz, zum Fettglanz geneigt. Citrongelb — orangegelb, im Strich citrongelb. H. 1,5. Milde, in dünnen Blättchen biegsam. G. 3,5. V. b. L. schmelzbar und flüchtig. In Kalilauge ohne Rückstand aufl., durch Salzs. citrongelb gefällt. $\ddot{A}s.$ Schwefel 39,03, Arsenik 60,97. — Krystalle sehr selten, derbe, blättrige Massen, körnig, eingesprengt ꝛc.

An denselben Fundorten wie Realgar, auch zu Hall in Tyrol. — Wird als Malerfarbe gebraucht. Der Name von auripigmentum, orpiment, Goldfarbe.

Von geringer Verbreitung, z. Thl. sehr selten, kommen noch folgende, hierher gehörige, Species vor:

Arfenik (arfenichte Säure). Oktaeder. Diamantglanz, Weiß. V. d. L. flüchtig, im Kolben in oktaedr. Krystallen sublimirend. In Salzsäure leicht aufl. Äs. Sauerstoff 24,25, Arsenik 75,75. Meistens stänglich, fasrige und erdige Aggregate. In rhombischer Krystallisation kommt Äs auf Gängen zu S. Domingo in Portugal vor.

Ist ein heftiges Gift. Wird in der Glasfabrikation, zur Bereitung grüner Kupferfarben, zum Conserviren von Thierbälgen 2c. gebraucht und meistens künstlich dargestellt. S. Geb. Arfenik. In der Natur in geringer Menge mit andern Arfeniterzen vorkommend.

Pharmakolith. Klinorhombisch. Ca^3 Äs $+ 6$ H̄. Arfenitfäure 51, Kalk. 25, Wasser 24. Gewöhnlich in fasrigen Massen. Wittichen in Baden, Andreasberg am Harz, Riechelsdorf in Hessen.

Hierher der **Pikropharmakolith.** Eine ähnliche Mischung hat der **Haidingerit** und der **Berzelit** von Langbanshyttan in Schweden. Letzterer enthält nebst 21 pr. Ct. Kalk auch Tallerde 15,6 pr. Ct. Diese Verbindungen geben mit Soda auf Kohle Arsenikrauch und für sich nach dem Schmelzen und anhaltendem Glühen eine alkalisch reag. Perle. — Pharmakolith von φάρμακον, Gift, und λίθος, Stein; Pikropharmakolith hat den Zusatz von πικρός, bitter, weil er etwas Tallerde = Bittererde enthält.

Die übrigen Arfeniate und Arfenik-Verbindungen von Kupfer, Blei, Eisen 2c. werden in den Ordnungen dieser Metalle beschrieben.

II. Ordnung. Antimon.

V. d. L. flüchtig, die Flamme schwach grünlich färbend, die Kohle mit einem weißen, leichtflüchtigen Rauche beschlagend. Concentrirte salzsaure und salpetersalzsaure Aufl. geben mit Wasser ein weißes, mit Schwefelwasserstoff ein orangefarbenes, gelb- oder braunrothes Präcipitat.

Gediegen Antimon.

Krystallsystem: hexagonal. Stf. Rhomboeder von 87° 35'. Spltb. basisch vollkommen, auch nach zwei Rhomboedern von 117° 8' und 69° 25' Schtlktw. Metallglanz. Zinnweiß, öfters gelblich und graulich angelaufen. H. 3,5. Spröde in geringem Grade. G. 6,6 —6,7. V. d. L. schmelzbar = 1, manchmal für sich fortbrennend und sich mit weißen Nadeln von Antimonoxyd bedeckend. In Salpetersalz leicht aufl., von Salpeterf. oxydirt, aber nicht aufgelöst. Sb. Zufällig Arfenik, Silber 2c. enthaltend. Gewöhnlich in körnigen Massen von nierförmiger Gestalt.

En geringer Menge zu Allemont in der Dauphiné, Andreasberg am Harz und Přibram in Böhmen, Brandholz in Oberfranken. — Das meiste in der Technik 2c. verwendete Antimon wird aus dem Antimonit gewonnen. (Der Name Antimon kommt schon Anno 1100 vor.) Die Produktion der österr. Staaten an Antimonit (Schwefelantimon) beträgt gegen 4000 Ctr. jährl.

Valentinit. Antimonoxyd. Weißspießglanzerz.

Krystallsystem: rhombisch. Stf. Rhombenpyr. 105⁰ 58'; 79⁰ 44'; 155⁰ 17'. Spltb. prismatisch unter 137⁰ vollkommen. Pellucid. Diamantglanz, auf den brachydiag. Flächen Perlmutterglanz. Weiß, gelblich. H. 2,3. Milde. G. 5,6. V. d. L. schmelzbar = 1 und verdampfend. In Salzs. leicht auflösl. Sb. Sauerstoff 16,63, Antimon 83,37. Krystalle gewöhnlich sehr dünn tafelförmig und mit den brachydiagonalen Flächen verwachsen, zuweilen mit einem brachydiag. Doma von 70⁰ 32'. Derb, strahlig 2c.

Kommt sparsam mit Antimonit, Bleiglanz 2c. vor zu Przibram in Böhmen, Bräunsdorf in Sachsen, Wolfsberg am Harz, Allemont, Ungarn 2c. Das Antimonoxyd krystallisirt dimorph und findet sich in Oktaedern zu Padouch in Constantine. Diese Species heißt (nach Senarmont) Senarmontit. — Der Name Valentinit ist nach dem Chemiker Basilius Valentinus gegeben.

Selten vorkommend sind: der Cervantit Sb v. Servantes in Spanien, der Stiblith Sb + H v. Goldkronach in Bayern, und der Volgerit Sb + 5 H aus Algier.

Der Romeïn von St. Marcel in Piemont ist nach Damour antimonichtsaurer Kalk; nach dem Krystallographen Romé de l'Isle benannt.

Antimonit. Antimonglanz. Grauspießglanzerz.

Krystallsystem: rhombisch. Stf. Rhombenpyr. 109⁰ 16'; 108⁰ 10'; 110⁰ 58'. Spltb. brachydiagonal vollkommen, prismatisch undeutlich. Br. uneben. Metallglanz. Bleigrau, ins Stahlgraue. H. 2. G. 4,6. V. d. L. schmelzbar = 1 und verdampfend. Das Pulver nimmt mit Kalilauge schnell eine ockergelbe Farbe an und die Lauge fällt mit Salzsäure gelbrothe Flocken *) Sb. Schwefel 28,6, Antimon 71,4. — Vorwaltende Form ist das Prisma der Stammform von 90⁰ 45', die Krystalle meistens nadelförmig und haarförmig, spießig 2c.

Außer in Krystallen auch derb, blättrig, strahlig, körnig 2c.

In Ur- und Uebergangsgebirgen. Ausgezeichnet zu Schemnitz, Kremnitz, Felsobanya in Ungarn, Bräunsdorf, Przibram, Wolfach in Baden, Allemont, Goldkronach im Bayreuthischen 2c.

Der Antimonglanz ist das wichtigste Antimonerz.

Vom beibrechenden Gestein wird er durch Schmelzen geschieden und fließt in den Sammeltiegel. Zur Darstellung von reinem Antimon wird er geröstet und dann mit schwarzem Fluß reducirt.

*) Durch dieses Verhalten ist der Antimonit leicht von den sehr ähnlichen Verbindungen von Schwefelantimon und Schwefelblei zu unterscheiden. S. d. Ordn. Blei.

Das Antimon wird zu Legirungen von Blei und Zinn gebraucht, um diesen Metallen mehr Härte zu geben, zur Letternfabrikation ꝛc. Einige Schwefel- und Oryd-Verbindungen (namentlich das weinsaure Antimonoryd-Kali, Brechweinstein) werden in der Medizin als brecherregende Mittel ꝛc. gebraucht. Das rohe, ausgeschmolzene Schwefelantimon dient auch zur Bereitung des Weißfeuers. Im Handel heißt es Antimonium crudum oder roher Spießglanz.

Pyrostibit. Antimonblende. Rothspießglanzerz.

Bisher nur in nadelförmigen und haarförmigen Krystallen vorgekommen, in einer Richtung vollkommen spaltbar. An den Kanten durchscheinend. Diamantglanz. Kirschroth; ebenso im Striche. H. 1,5. G. 4,5. Chemisch sich wie der Antimonglanz verhaltend. S̈b + 2 S̈b. Antimonoryd 30, Schwefelantimon 70.

In geringer Menge mit andern Antimonerzen vorkommend zu Klausthal am Harz, Malaczta in Ungarn, Horhausen in Nassau, Bräunsdorf, Allemont ꝛc. — Pyrostibit von πυρ, Feuer, und στιβι, Antimon.

Die übrigen Antimon-Verbindungen mit Silber, Blei, Kupfer ꝛc. siehe bei diesen Metallen.

III. Ordnung. Tellur.

Gediegen Tellur.

Krystem: heragonal. Stf. Rhomboeder 86° 57′ (isomorph mit Arsenik und Antimon). Spltb. nach dem herag. Prisma und basisch. Zinnweiß ins Silberweiße, graulich und gelblich anlaufend. H. 2,5. G. 6—6,4. V. b. L. schmelzbar = 1, mit grünlicher Flamme brennend und fortrauchend. Der Rauch riecht gewöhnlich rettigartig von zufälligem Selengehalt und beschlägt die Kohle weiß. In einer offenen Glasröhre erhitzt, einen graulichen Beschlag gebend, welcher zu farblosen Tropfen schmilzt, wenn das Glas an der beschlagenen Stelle erhitzt wird. In Salpeters. aufl. Mit concentrirter Schwefelsäure bei gelindem Erwärmen eine schöne rothe Aufl. gebend, die von Wasser mit Fällung eines grauen Präc. von Tellur entfärbt wird — Te. Tellur, zufällig etwas Eisen und Gold enthaltend.

Sehr selten. Kommt in körnigen Stücken zu Facebay in Siebenbürgen vor. — Der Name Tellur von tellus, die Erde.

Die Verbindungen des Tellurs mit Gold, Silber, Blei und Wismuth werden bei diesen Metallen erwähnt werden.

IV. Ordnung. Molybdän.

Molybdänit. Molybdänglanz.

Krystem: hexagonal. Es finden sich tafelförmige hexagonale Prismen. Spltb. basisch sehr vollkommen. Metallglanz. Röthlich=bleigrau, etwas abfärbend und schreibend. H. 1,5. Sehr milde, in Blättchen biegsam. Fett anzufühlen. G. 4,5. V. b. L. un=schmelzbar, färbt die Flamme lichte grün, riecht nach schweflichter Säure. Mit etwas Salpeter im Platinlöffel erhitzt, betonirt er lebhaft mit Feuererscheinung. Mit conc. Salpeterf. eingekocht giebt er eine weiße Masse, welche mit Kalilauge gekocht eine partielle Lösung giebt, die mit Salzf. angesäuert und ziemlich verdünnt

beim Umrühren mit Stanniol schön blau gefärbt wird. Mo. Schwefel 41,03, Molybdän 58,97. — Derb, blättrige Aggregate.

In Urfelsarten im Erzgebirge, Cornwallis und Cumberland. Laurwig und Hitterdal in Norwegen, Mähren, Schlesien, Schottland ꝛc. — Aus diesem Mineral wurde das Molybdän 1778 von Scheele als Molybdän=säure und 1782 von Hielm metallisch dargestellt. — Der Name von μολύβδαινα, eine Bleimasse.

In kleiner Menge kommt auch Molybdänsäure Mo vor, welche Mo=lybdänocker heißt. Erdig, von gelber Farbe. — Das molybdänsaure Bleioxyd siehe beim Blei.

V. Ordnung. Wolfram.

Scheelit. Tungstein. Schwerstein.

Krystem: quadratisch. Stf. Quadratpyr. 108° 12′ 30″; 112° 1′ 30″. Spltb. primitiv und nach einer spitzeren Pyr. von 129° 2′ Randkttw. Br. muschlig — uneben. Pellucid. Glas — Diamantglanz, auf dem Bruche zum Fettglanz geneigt. H. 4,5. G. 6—6,2. V. b. L. schmelzbar = 5. In Salz= und Salpeter=säure mit Ausscheidung eines citrongelben Pulvers von Wolfram=säure aufl. Mit Phosphorsäure stark eingekocht eine Masse gebend, welche mit viel Wasser verdünnt beim Schütteln mit Eisenpulver

eine schön blaue Farbe annimmt. Ca W. Wolframsäure 80,56, Kallerde 19,44. — Weiß, graulich, gelblich, ꝛc. — Außer der Stammform finden sich noch andere Pyramiden in normaler, dia=gonaler und in abnormer Stellung, letztere als parallelflächige Hälften des Dioktaeders. — Die Krystalle meistens klein; derb.

In Urfelsarten, Erzgebirg und Cornwallis auf den Zinnerzlagerstätten, Ribbarhyttan in Schweden, Neudorf im Anhaltischen ꝛc.

Sehr selten kommt die **Wolframsäure W** als erdige gelbe Sub=
stanz vor. — Siehe noch das **Wolfram** und wolframsaure Bleioxyd in den
Ordn. Eisen und Blei.

VI. Ordnung. Tantal und Niob.

Die Verbindungen des Tantals und Niobs sind sämmtlich
selten. Ihre Säuren sind oben bei den chemischen Kennzeichen
charakterisirt.

Von tantalsauren Verbindungen ist hier zu nennen der
Yttertantal, Kryst. quadratisch?, H. 5,5. G. 5,5 — 8. Eisen=
schwarzgelblichbraun. Fettglänzend. Unschmelzbar. Von Säuren
nicht angegriffen. Wesentlich aus 60 pr. Ct. Tantalsäure und
20 — 30 pr. Ct. Yttererde bestehend. Fahlun und Ytterby in
Schweden. — Den **Tantalit** siehe bei der Ordnung Eisen.

Niobsaure Verbindungen, ebenfalls sehr selten, sind:

Der **Euxenit** (v. εὐξένος, gastfreundlich, wegen der vielen
Bestandtheile). Derb und dicht, von metallähnlichem Fettglanz.
H. 6. G. 4,6—4,9. Unschmelzbar. In Salzs. unlöslich. Niob=
und titansaure Yttererde mit Uranoxydul, Ceroxydul und Wasser.
Jölster, Tromoe ꝛc. in Norwegen.

Der **Samarskit** von Ilmengebirg im Ural ist wesentlich
niobsaure Yttererde, Uranoxyd und Eisenoxydul mit 4 pr. Ct. Zir=
konerde und 6 pr. Ct. Thorerde. Der **Fergusonit** aus Grönland
und der **Tyrit** von Arendal sind wesentlich ebenfalls niobsaure
Yttererde. — Hierher auch der **Bragit**. Der oktaedrische **Py=
rochlor** v. Brewig in Norwegen enthält Niobsäure in Verbin=
dung mit Ceroxyd, Kalk, Natron, Thorerde. —

VII. Ordnung. Titan.

Mit Kalihydrat geschmolzen und in Salzs. aufgelöst, nimmt
diese Aufl. beim Kochen mit metallischem Zinn eine schöne violette
Farbe an, die beim Verdünnen mit Wasser rosenroth wird und
letztere Farbe längere Zeit behält.

Rutil.

Krſyſtem: quabratiſch. Stf. Quabratpyr. 123° 8′; 84° 40′. Spltb. prismatiſch und diagonalprism. deutlich. Br. muſchlig — uneben. Pellucid. Metallähnlicher Diamantglanz. Blutroth, hya= zinthroth, röthlichbraun, gelb ꝛc. H. 6,4. G. 4,25 — 4,5. Un= ſchmelzbar. Von Säuren nicht angegriffen. Ti. (Titanſäure) Sauerſtoff 37,5. Titan 62,5. Gewöhnlich etwas eiſenhaltig. — Vorwaltende Form das quabratiſche Prisma, die Flächen vertikal geſtreift, ſtangenförmig, nabelförmig, haarförmig, derb.

Auf Gängen im Urgebirge, Pfitſch und Liſenz in Tyrol, St. Gott= hard, Saualpe in Steyermark, Aſchaffenburg, St. Yrieux in Frankreich ꝛc. — Rutil von rutilus, roth.

Thonerin?

Anatas.

Krſyſtem: quabratiſch. St. Quabratpyr. 97° 56′; 136° 22′. Spltb. primitiv vollkommen, baſiſch unvollkommen. Br. muſchlig — uneben. Pellucid. Metallähnlicher Diamantglanz. Indigblau, nelkenbraun, gelb, auch roth. H. 5,5. G. 3,82. Unſchmelzbar und verhält ſich chemiſch wie Rutil. Beſteht ebenſo aus Titan= ſäure. — Immer in Kryſtallen, bie Stf. vorherrſchend, andere Quabratpyr. untergeordnet. Fig. 27, 28.

Oiſans in Dauphiné, Val Maggia in der Schweiz, Minas Geraes in Braſilien, Cornwallis ꝛc.

Ebenfalls aus Titanſäure beſteht der rhombiſch kryſtalliſirende Broo= kit von Wallis, Dauphiné, Ural, Arkanſas (Arkanſit) in Norb=Amerika ꝛc., ſo baß dieſes und die vorhergehenden Mineralien ein Beiſpiel von Tri= morphie geben. Ihr spec. Gew. verändert ſich durch Temperaturerhöhung in der Art, baß der Anatas zuerſt das des Brookit 4,16, dann das des Rutil 4,25 annimmt. — Anatas kommt von ἀνάτασις, Ausdehnung, wegen der ſpitzigen Quabratpyr.; Brookit iſt nach dem engliſchen Kryſtallographen J. Brooke benannt.

Sphen. Titanit.

Krſyſtem: klinorhombiſch. Stf. Hendyoeber: 133° 48′; 94° 30′. Spltb. primitiv zuweilen deutlich, vorzüglich nach den Seiten= flächen. Br. muſchlich — uneben. Pellucid. Glasglanz. H. 5,5. G. 3,4 — 3,6. V. d. L. ſchmelzbar = 3 mit einigem Aufwallen zu einem ſchwärzlichen Glaſe. Von concentr. Salzſ. theilweiſe zer= ſetzt und die oben angegebene Reaktion mit Zinn zeigend. Nahezu Ca³ S̈i + T̈i³ S̈i. Kieſelerbe 31,03, Titanſäure 40,60, Kalkerbe 28,37. Dana giebt die Formel R̈³ S̈i², wo R = Ca und Ti. Gewöhnlich kryſtalliſirt, häufig hemitropiſch, die Endfläche als Zu= ſammenſetzungsfl., die Kryſtalle tafelförmig mit ausgedehnten End= und untergeordneten Seitenfl. S. Fig. 50. Derb. — Grün,

13

gelb und braun in mancherlei Abänderungen, selten röthlich, rosenroth ꝛc. Synon. Gelb= und Braunmenakerz.

Auf Gängen im Urgebirge. Greiner und Stubaythal, Pfitsch in Tyrol, Arendal, Friedrichswärn in Norwegen, Hafnerzell im Passauischen, Laachersee ꝛc. Der sog. Greenovit ist Sphen.

Sphen kommt von σφήν, der Keil, in Beziehung auf das Ansehen der gewöhnlichen Hemitropieen.

Der Guarinit v. Monte Somma ist ein quadratisch krystallis. Sphen.

Die übrigen titansauren Verbindungen sind, das Titaneisen ausgenommen, welches beim Eisen beschrieben ist, Seltenheiten. —

Aus titansaurem Kalk $\overset{.}{C}a\,\overset{..}{Ti}$ besteht der **Perowskit** von Achmatofsk in Sibirien. Dieser krystallisirt tesseral in zahlreichen Combinationen, der Würfel vorherrschend. Kieseltitansaure Verbindungen sind: **Yttrotitanit** (Keilhauit) von Arendal in Norwegen. $\overset{..}{Si}, \overset{..}{Ti}, \overset{.}{Y}, \overset{.}{Ca}, \overset{.}{Fe}, \overset{...}{Al}$; der **Schorlomit** von Magnet Cove in Nord=Amerika, welchem der **Zwaarit** von Zwaara in Finnland sehr nahe steht, $\overset{..}{Si}, \overset{..}{Ti}, \overset{.}{Ca}, \overset{.}{Fe}$ und der **Enceladit** von Amity in New-York $\overset{..}{Si}, \overset{..}{Ti}, \overset{...}{Al}, \overset{.}{Fe}, \overset{.}{Mg}, \overset{.}{H}$.

Der **Polymignit** (Polykras) aus Norwegen ist eine titansaure Verbindung von Zirkonerde, Eisenoxyd, Yttererde, Ceroxyd und Kalk.

Die Mineralien, welche in eine Ordnung Selen und Chrom gestellt werden könnten, werden bei den Metallen beschrieben, welche die Basen ihrer Verbindungen bilden. Für das Chrom ist außerdem nur der **Chromocker** zu erwähnen, ein unreines Chromoxyd, vielleicht Hydrat, welches als grüne, erdige Substanz selten zu Creuzot in Frankreich, Halle, Schlesien ꝛc. mit Thon= und Eisenoxydsilicat gemengt vorkommt. Ein ähnliches Gemeng ist der **Wolchonskoit** von Achanst, Gouvern. Perm. — Der Name nach dem russischen Fürsten Wolchonsky.

VIII. Ordnung. Gold.

Gediegen Gold.

Krystsystem: tesseral. Stf. Oktaeder. Br. hackig. Vollkommen dehnbar und geschmeidig. Metallglanz. Goldgelb. H. 2,5. G. 19 —19,65. V. d. L. schmelzbar = 2,5—3. Von Flüssen nicht angegriffen. Nur in Salpetersalzsäure auflöslich. Die Aufl. giebt mit Eisenvitriol ein röthlichbraunes Präc. von metallischem Golde, welches beim Reiben die gelbe Goldfarbe erhält. Au. Selten ganz rein, gewöhnlich Silber enthaltend und in unbestimmten Mengen damit verbunden. Der Silbergehalt steigt bis zu 35 pr. Ct. und eine Var. von Kongsberg soll 72 pr. Ct. enthalten. Die silber=reichen Var. haben eine blassere Farbe und werden von Salpeter=salzsäure mit Ausscheidung von Chlorsilber zersetzt. — Krystalle Fig. 1, 10, 13, 59, meistens klein und drahtförmig, moosartig und zu Blechen zusammengehäuft. Derb und eingesprengt.

Das Gold kommt vorzüglich auf Gängen in Urfelsarten, Syenit, Glimmerschiefer, Gneiß, Thonschiefer, Quarz ꝛc., auch in der Grauwacke vor und im Schuttland und Sand der Flüsse. Vorzügliche Fundorte sind: Kremnitz und Schemnitz in Ungarn, Nagyag und Offenbanya in Sieben=bürgen, Beresowsk im Ural, Nordkarolina, Neuspanien, Mexiko, Peru, Bra=silien. In geringer Menge kommt es auch zu Zell im Zillerthale, Rauris und Schellgaden im Salzburgischen, Eula in Böhmen ꝛc. vor. Im Sand der Flüsse findet es sich fast überall und wird durch Schlemmen und Waschen des Sandes abgeschieden und gewonnen, daher dieses auch Wasch=gold heißt. Berühmt sind die Goldwäschereien des Urals. Sie lieferten im Jahre 1842 gegen 632 Pud (das Pud zu 40 russischen, 35 preußischen Pfunden) Gold. Es finden sich dabei zuweilen Stücke von 13, 16 bis zu 64 Pfund. Die Goldausbeute Rußlands betrug 1846 gegen 1,722,746 Pud. Die Goldausbeute Oesterreichs ist 5600 Mark (1 Mark = 16 Loth), Preu=ßen gewinnt 2000 Dukaten, Baden aus dem Rheine 3200 Dukaten. Han=nover 640 Dukaten, Braunschweig 160 Dukaten, Frankreich aus dem Rheine zwischen Basel und Strassburg 5300 Dukaten.

Die Goldgewinnung Californiens betrug 1848 und 1849 an 40 Mil=lionen Dollars, Südamerika producirt gegen 42,000 Mark; Afrika 615,000 Dukaten. Die Ausbeute Australiens war 1852 über 14 Millionen Pfd. Sterling. Es wurden Klumpen von 69, 77 und 134 Pfund gefunden. — Auf der ganzen Erde werden jährlich gegen 4000 Ctr. Gold gewonnen*). — Der Werth eines Pfundes Gold beträgt 900 Fl.

Vom Silber wird das Gold in der neuern Zeit im Großen durch Schwefelsäure geschieden, worin sich im Sieden das Silber auflöst und das Gold zurückbleibt. Dieses geschieht in Platinkesseln oder auch in gußeiser=nen Kesseln. Das Silber wird durch Kupferplatten aus der Aufl. gefällt und diese dann auf Kupfervitriol benützt. — Das Gold, welches in Kupfer=kies und andern Kiesen fein eingesprengt enthalten ist, wird öfters durch Zusammenschmelzen des Rohsteins mit geröstetem Bleiglanz, Aussaigern und Abtreiben gewonnen. Manches in Sand fein zertheilte Gold wird durch Amalgamation gewonnen, indem der Sand mit Quecksilber in Tonnen lange genug geschüttelt wird. Das Quecksilber wird dann durch Zwilch gepreßt und der Rückstand durch Erhitzen und Abbestilliren des Quecksilbers zersetzt, wobei das Gold zurückbleibt.

Das Gold hat durch seine Unveränderlichkeit in der Luft, im Wasser und in einfachen Säuren, durch seine Eigenschaft, im Feuer nicht oxydirt zu werden, seine schöne Farbe und außerordentliche Dehnbarkeit, abgesehen von aller Convention, einen hohen Werth. Sein Gebrauch zu Münzen,

---

*) Vergl. Geschichte der Metalle von Zippe.

Schmuckgegenständen, zur Feuer= und galvanischen Vergoldung ꝛc. ist bekannt. Es dient ferner zur Bereitung des Goldpurpurs für die Glas-
färberei.

Sylvanit. Schrifterz.

Krystem: klinorhombisch (n. v. Kokscharow). Es finden sich
schmale Prismen, gestrickt und reihenförmig gruppirt. Spltb. in
einer Richtung vollkommen. Br. uneben. Lichte stahlgrau, im
Striche grau. H. 1,5. Milbe. G. 5,7. V. d. L. auf Kohle sehr
leicht schmelzbar = 1, die Flamme lichte grünlichblau färbend und
die Kohle mit Tellurrauch beschlagend. Mit Soda einen Regulus
von Goldsilber gebend. In Salpetersalzsäure mit Ausscheidung
von Chlorsilber aufl. Die Aufl. giebt mit Eisenvitriol ein bräunliches Präc. von Gold. Mit concentrirter Schwefelsäure
gelinde erhitzt, eine schöne rothe Aufl. gebend. (Ag Au) Te².
Tellur 59,40, Gold 26,30, Silber 14,30.

Offenbanya und Naghyag in Siebenbürgen und im Calaverasgebirg in
Californien. Hierher das sog. Weißtellur. — Sylvanit von Transsylvanien.
Ein ähnliches Erz mit 41 pr. Ct. Silber ist der Petzit v. Naghyag,
ein, nur 3½ Silber gegen 41 Gold ist der Calaverit aus Californien.

Außerdem kommt Gold auch in dem Naghyagit (s. Ordn. Blei)
vor und soll sich in Brasilien mit Palladium und in Mexiko mit
Rhodium verbunden finden. Ein Goldamalgam aus dem colum-
bischen Platinerz, in weißen, leicht zerdrückbaren Kugeln, enthält:
Quecksilber 57,40, Gold 38,39, Silber 5,00. Ein ähnliches zu
Mariposa im südlichen Californien.

IX. Ordnung. Iridium.

Platin=Iridium.

Krystisation hexagonal, Rhomboeder von 84° 52′. Gewöhnlich
in abgerundeten Körnern. Spltb. unvollkommen. Silberweiß ins
Platingraue, außen ins Gelbe. Starker vollkommener Metallglanz.
H. 6—7. Wenig dehnbar. Sehr schwer zerspringbar. G. 23.
V. d. L. unveränderlich. Nach dem Schmelzen mit Salpeter in
Salzs. zum Theil mit blauer Farbe aufl. Das am Ural vorkom-
mende enthält gegen 20 pr. Ct. Platin, das brasilianische 55
pr. Ct. Platin.

Es findet sich im Platinsande des Urals bei Nischne=Tagilsk und
Newiansk und auch in Brasilien. — Das Iridium wurde 1803 von

Tennant zuerst entdeckt und nach der Iris benannt, wegen der verschiedenen Farben seiner Oxyde und Salze.

Newjanskit. Iridosmin.

Krystem: hexagonal. Stf. Rhomboeder von 84° 52' nach G. Rose. Spltb. basisch, schwer aber deutlich. Metallglanz, Zinn= weiß — bleigrau. H. 7. G. 19,4 — 21,1. V. d. L. unver= änderlich. Im Kolben mit Salpeter geschmolzen, einen unange= nehmen Geruch von Osmiumoxyd entwickelnd. Nach dem Schmelzen mit Salpeter und Behandlung mit Salpetersäure in der Wärme ebenfalls Osmiumgeruch verbreitend. Aus wechselnden Mengen von Iridium und Osmium bestehend. Iridium bis zu 50 pr. Ct., Osmium bis zu 80 pr. Ct.

Krystalle selten deutlich, hexag. Pyramiden von 124° Randktw. mit den bas. Fl., die letztern vorherrschend. — Newjanskit von Newjansk in Sibirien.

Findet sich im Platinsand des Urals und in Brasilien.

X. Ordnung. Platin.

Gediegen Platin.

Krystem: tesseral. Stf. Hexaeder. Br. hackig. Metallglanz. Stahlgrau — platingrau. H. 5,5. Geschmeidig und dehnbar. G. 17,5 — 19. V. d. L. unveränderlich. Nur in Salpetersalz= säure zu einer blutrothen Flüssigkeit auflösl. Kalisalze bringen darin einen gelben Niederschlag hervor. Das natürlich vorkommende Platin ist immer mit 14 — 26 pr. Ct. von andern Metallen ver= unreinigt, wovon 5—13 pr. Ct. Eisen, das übrige Iridium, Rhodium, Palladium, Kupfer und Iridosmin. Manches Platin vom Ural ist stark polarisch magnetisch. Krystalle sehr selten, gewöhnlich zu= gerundete Geschiebe und Körner.

In geringer Menge findet es sich mit Gold in Syenit von Santa= Rosa in Antioquia, in Diorit und Serpentin am Ural. Das meiste kommt im Schuttland vor zu Choco und Barbacoas in Columbien und zu Villa Rica in Brasilien, vorzüglich aber bei Nischne=Tagilsk im Ural. Es sind daselbst mitunter Stücke bis zu 20 und 23 Pfund gefunden worden. Man kann die Platinausbeute des Urals jährlich zu 20 Centnern annehmen. In der neuesten Zeit hat man auch Platin auf Borneo ge= funden, dessen jährliche Ausbeute etwa 6—8 Ctnr. beträgt. — Das Pla= tin kam zuerst 1741 aus Brasilien nach Europa und wurde von Scheffer in Stockholm als ein eigenthümliches Metall erkannt. 1822 wurde es im Ural entdeckt. Es wird durch Schlemmen des Platinsandes gewonnen. Seine Unschmelzbarkeit in gewöhnlichem Feuer und seine Unangreifbarkeit von einfachen Säuren machen es zu einem, namentlich für den Chemiker, höchst werthvollen Metall. Es hat, wie das Eisen, die Eigenschaft, sich schweißen zu lassen. Um es verarbeiten zu können, wird der gereinigte Platinsand in Königswasser aufgelöst und das Platin mit Salmiak präcipitirt. Der Niederschlag giebt beim Ausglühen den sog. Platinschwamm, ein sehr fein zertheiltes Platin. Dieser wird in hölzernen Mörsern zerrieben und feucht in einem Metallcylinder gepreßt. Das gepreßte Stück wird dann der heftigsten Hitze ausgesetzt und glühend auf dem Ambos mit einem schweren Hammer geschlagen, wodurch die Theilchen zusammenschweißen. Die zusammenhängende Masse kann dann ausgehämmert und gewalzt werden. Sainte-Claire Deville und Debray haben aber neuerlich mit einem Gebläse von Leuchtgas und Sauerstoff in Gefäßen von Gaskohle Massen Platin bis zu 12 Kilogramm geschmolzen. Außer dem Gebrauch zu chemischen und physikalischen Geräthen wurde es früher in Rußland zu Münzen geprägt. (Der Werth zwischen Silber, Platin und Gold steht ohngefähr in dem Verhältnisse von 1 : 3 : 15.) Ein Pfund rohes Platin kostet gegen 180 Fl., das verarbeitete das Doppelte. — Der Name Platin vom span. platinja, silberähnlich.

XI. Ordnung. Palladium.

Gediegen Palladium.

Küsystem: tesseral nach Haidinger. Gewöhnlich in Körnern und Blättchen vorkommend. Nicht spaltbar. Metallglanz. Stahlgrau ins Silberweiße. H. 4,5 — 5. Geschmeidig und dehnbar. G. 11,5 — 11,8. Unschmelzbar. In Salpeters. langsam aufl. zu einer braunrothen Flüssigkeit, leichter in Salpetersalzs.; die Aufl. giebt mit kohlensaurem Kali ein bräunliches, in Ueberschuß aufl. Präc. Wird eine Aufl. von Jod in Alkohol auf Palladium eingetrocknet, so wird es schwarz, was bei Platin nicht der Fall ist.

Findet sich im Platinsand in Brasilien. Wird in Blechen und Drähten verwendet. — Das Palladium wurde 1803 von Wollaston entdeckt und nach der Pallas benannt.

Nach Wöhler findet sich im Platinsand von Borneo Schwefelruthenium, mit Kali und Salpeter geschmolzen in Wasser mit prächtig orangegelber Farbe löslich. Er nennt es Laurit.

XII. Ordnung. Quecksilber.

V. d. L. flüchtig, im Kolben mit Soda oder Eisenpulver metallisches Quecksilber gebend.

Merkur. Gediegen Quecksilber.

Bei gewöhnlicher Temperatur flüssig. Bei — 40° C. erstarrend und in Oktaedern krystallisirend. Zinnweiß. G. 13,5. In concentrirter Salpetersäure sehr leicht aufl. Hg. Enthält zuweilen Silber aufgelöst.

Findet sich eingesprengt und in Höhlungen in Thonschiefer und Sandstein zu Idria in Krain, Almaden in Spanien, Wolfsstein, Mörsfeld und Moschellandsberg im Zweibrückschen, Peru, China rc.

Das meiste Quecksilber wird aus dem Zinnober, Schwefelquecksilber, bereitet. Dabei wird der Zinnober in gußeisernen Retorten mit Kalk oder Eisenhammerschlag der Destillation unterworfen, wobei Schwefelcalcium, schwefelsaurer Kalk, Schwefeleisen rc. gebildet wird. Das Quecksilber wird in thönernen oder eisernen Vorlagen aufgefangen. So in Rheinbayern. Oder es wird der Zinnober durch Flammenfeuer unter Luftzutritt erhitzt und der Quecksilberdampf in Kammern oder einer Reihe von Vorlagen condensirt. So in Idria und Almaden. Die Ausbeute von Almaden soll gegen 20,000 Centner betragen. Idria producirt gegen 3000 Centner. Californien 36,000, Peru 3,200. Das Quecksilber dient zum Füllen der Barometer und Thermometer, zu Amalgamen, worunter das Zinnamalgam zum Spiegelbelegen, zur Vergoldung und Versilberung, zur Darstellung von Zinnober und mannigfaltigen chemischen und pharmaceutischen Präparaten, ferner zur Bereitung des Knallquecksilbers für die Zündhütchen der Percussionsgewehre.

Zinnober.

Krystallsystem: hexagonal. Stf. Rhomboeder von 71° 48′ und 108° 12′. Spltb. prismatisch ziemlich vollkommen. Br. uneben. Pellucid. Diamantglanz. Cochenilleroth, manchmal ins Bleigraue. Strich scharlachroth. H. 2,5. G. 8,1. V. d. L. verflüchtigend und nach schweflichter Säure riechend. Im Kolben als schwarzer Beschlag sublimirend, der beim Reiben rothe Farbe annimmt. Das Pulver mit Eisenpulver gemengt und in Kupferfolie gewickelt, giebt in einer Glasröhre erhitzt, Quecksilber. Von einfachen Säuren und Kalilauge nicht merklich angegriffen. In Salpetersalzsäure aufl.

Hg. Schwefel 13,86, Quecksilber 86,14. — Krystalle meistens sehr klein, rhomboedr. Comb. mit der basischen Fläche, gewöhnlich tafelartig, derb, eingesprengt rc.

Auf Lagern mit geb. Quecksilber rc. in Alpenkalk, altem Sandstein und Steinkohlengebirg an denselben Fundorten, die beim gediegenen Quecksilber angegeben wurden.

Das Lebererz und Branderz ist ein dunkel bräunlichrother Zinnober, manchmal ins Bleigraue übergehend, welcher mit thonigen und bituminösen Theilen und dem sogen. Idrialin (einer eigenthümlichen Kohlenwasserstoff-Verbindung) verunreinigt ist.

Der Zinnober dient als Malerfarbe, zum Färben des Siegellacks und zur Darstellung des Quecksilbers.

Sehr selten und in geringer Menge kommen vor:

Kalomel, quabratisch, Diamantglanz, graulichweiß, grau, H. 1,5. Hg Cl. Chlor 15,05, Quecksilber 84,95. Moschellands= berg, Almaden, Jbria. Der Name von καλός, schön und μέλι, Honig.

Tiemannit (Selenquecksilber), stahlgrau — schwärz= lichbleigrau. V. d. L. Selengeruch, im Kolben mit Soba ober Eisenpulver Quecksilber gebend. Clausthal am Harz. — Der Name nach bem Entdecker Tiemann.

Hier schließen sich an das Selenquecksilberblei (Lehrbachit) unb Selenquecksilberzint, welche als Seltenheiten zu Tilkerobe am Harz vorgekommen sind.

XIII. Ordnung. Silber.

Die Mineralien dieser Ordnung geben v. d. L. auf Kohle mit Soba ein Silberkorn. Die salpeters. Aufl. giebt mit Salzs. ein weißes, käsiges Präc., welches am Licht schnell bunkel bläulich und grau gefärbt wird.

Gediegen Silber.

Krystem: tesseral. Stf. Heraeber. Br. hackig. Metallglanz. Silberweiß, gelblich und graulich anlaufend. H. 2,5. Dehnbar und geschmeibig. G. 10,4. V. d. L. schmelzbar = 2—2,5. In Salpeters. leicht aufl. Die Aufl. färbt die Haut schwarz. Ag. Enthält gewöhnlich Spuren von Kupfer, Eisen, Gold c. — Krystalle selten deutlich, Würfel und Comb. des Würfels und Oktaebers, selten und untergeordnet Tetrakisheraeder und Trape= zoeber. Draht= und blechförmig, benbritisch, eingesprengt und derb.

Auf Gängen im ältern Gebirg. Ausgezeichnete Funborte sind das Erzgebirg (Freiberg, auf ber Grube Himmelsfürst zuweilen in centnerschweren Massen, Schneeberg, Marienberg, Annaberg, Johanngeorgenstadt, hier an= geblich auf St. Georg eine Masse von 100 Centnern), ber Harz, Wittichen im Schwarzwald, Schemnitz in Ungarn, Kongsberg in Norwegen, hier 1834 eine Masse von 7½ Centnern, Peru, Meriko, Chili c. Sehr reich an Silber ist der Altai, in welchem der berühmte Schlangenberg. Seit mehr als 50 Jahren beträgt das etatsmäßige Quantum an 70,000 Mark. — Das Silber wird theils aus den eigentlichen Silbererzen, gediegen Silber und die folgenden Species, gewonnen, theils aus silberhaltigem Bleiglanz, Kupferkies c. Aus letztern wird theils unmittelbar, theils durch Zusam= menschmelzen mit Blei und Ausseigern silberhaltiges Werkblei gewonnen, welchem noch reiche Silbererze beigeschmolzen werden, worauf es abge=

trieben*) wird. Aus Erzen, welche nur wenig Blei und Kupfer enthalten, gewinnt man das Silber auch durch den Amalgamationsproceß. Dabei werden die Erze zuerst mit Zusatz von 10 pr. Ct. Kochsalz in einem Flammofen geröstet, wobei Chlorsilber gebildet wird. Das Erz wird nun in Tonnen mit Wasser und kleinen Stücken Stabeisen umgetrieben und dann Quecksilber hinzugebracht. Bei lange fortgesetztem Umtreiben wird das Chlorsilber durch das Eisen, welches Chloreisen wird, reducirt und amalgamirt. Das Quecksilber läßt man durch Zwilchbeutel laufen, wobei das meiste Amalgam zurückbleibt. Dieses wird in einem eisernen Kasten durch Hitze zersetzt, das Quecksilber auf geeignete Weise condensirt und das Silber dann in Graphittiegeln umgeschmolzen.

In neuerer Zeit wendet man zur Silberscheidung aus silberhaltigen Kupfererzen oder aus dem Kupferstein ein Rösten mit Kochsalz an und extrahirt das Chlorsilber mit gesättigter Kochsalzlösung oder man laugt den durch sorgfältiges Rösten gebildeten Silbervitriol mit heißem Wasser aus. —

Die jährl. Silberproduction schätzt man gegenwärtig auf 1 Million Kilogramm (20,000 Centner) im Werth von 200 Mill. Franken. Von letzterer Summe kommen auf den norddeutschen Bund 4 Millionen, auf Oesterreich 5,7, Frankreich 0,35, England 4,5, Schweden und Norwegen 1,2, Rußland 4,1, Spanien 8,2, Nordamerika 118 Millionen, Südamerika 52 ꝛc. — Die Legirungen des Silbers mit Kupfer dienen zu Münzen und Silbergeräthen, das Amalgam zur Feuerversilberung, der Silbersalpeter als Aetzmittel, als Reagens, zum Färben der Haare ꝛc. — 1867 wurden allein in Berlin mehr als 115 Centner Silber als Silbersalpeter für die Photographie verarbeitet.

Argentit. Glaserz.

Krystallsystem: tesseral. Stf. Oktaeder. Br. uneben. Schwärzlich bleigrau. Strich glänzend. H. 2,5. Geschmeidig, läßt sich schneiden wie Blei. G. 7. V. d. L. schmelzbar = 1,5 mit Schäumen und Blasenwerfen. Mit Soda leicht rebucirbar und Hepar gebend. In concentr. Salpeters. mit Ausscheidung von Schwefel aufl. Ag. Schwefel 12,9, Silber 87,1. Häufig in Krystallen, Oktaeder und Hexaeder, oft wie geflossen und zerfressen, auch drahtförmig, derb ꝛc.

Auf Gängen im ältern Gebirg im sächsischen und böhmischen Erzgebirge, Schemnitz, Kongsberg und an denselben Fundorten, die beim gediegen Silber angegeben.

Der Akanthit hat die Mischung des Argentit, aber nach Kenngott rhombische Krystallisation. Freiberg, Joachimsthal.

Der Jalpait von Jalpa in Mexiko, tesseral, geschmeidig, ist 3 Ȧg + C̊u, enthält nach Richter: Schwefel 14.18, Silber 71,76, Kupfer 14,06. —

Der Stromeyerit, isomorph mit Chalkosin, ist Ȧg C̊u. Schwefel 15,80,

---

*) Das Abtreiben geschieht durch Erhitzen des Bleies auf einem schüsselförmigen Herd von Mergelerde unter Luftzutritt. Das Blei oxydirt sich, fließt theils als Glätte ab oder wird von dem Herd eingesogen und das Silber bleibt zurück.

Silber 53,11, Kupfer 31,09. Schlangenberg in Sibirien, Rudelstadt in Schlesien. Name nach dem Chemiker Stromeyer.

Stephanit. Sprödglaserz.

Krystem: rhombisch. Stf. Rhombenpyr. 130° 16'; 96° 6' 28''; 104° 19'. Spltb. undeutlich prismatisch und brachydiagonal. Br. uneben, muschlig. Eisenschwarz, schwärzlichbleigrau. Strich schwarz. H. 2,5. Milde. G. 6,3. V. d. L. schmelzbar = 1,5, auf Kohle geringen Antimonbschlag gebend. Von Salpeters. leicht zersetzt. Von Kalilauge wird Schwefelantimon extrahirt, welches beim Neutralisiren der Lauge in braunrothen Flocken gefällt wird.

$\dot{A}g^5 \dddot{S}b$. Schwefel 15,80, Antimon 13,19, Silber 71,01. — In Krystallen, meist rhomb. Prismen von 115° 39' mit der brachydiag. und bas. Fläche und durch Verkürzung tafelartig. Hemitropieen und Zwillinge, die Fläche des rhomb. Prisma's als Zusammensetzungsfl., die Krystalle meistens klein, zellig gruppirt ꝛc., derb und eingesprengt.

Vorzüglich im Erzgebirg, Freiberg, Schneeberg ꝛc., am Harz, Schemnitz und Kremnitz ꝛc. — Der Name Stephanit nach dem Erzherzog Stephan von Oesterreich.

Formation der Silberblende. Krystem: hexagonal. Stf. Rhomboeder. $\dot{A}g^3 \ddot{R}$; $\dddot{R} = \dddot{A}s$, $\dddot{S}b$.

a. Proustit. Arsensilberblende.

Stf. Rhomboeder von 107° 50'. Spltb. primitiv zuweilen deutlich. Br. muschlig — uneben. Pellucid. Diamantglanz. Cochenill — karmesinroth. H. 2,5. Etwas milde. G. 5,5. V. d. L. auf Kohle anfangs verknisternd, schmelzbar = 1 mit Arsenikrauch, bei längerem Blasen reducirbar. Mit Kalilauge wird das Pulver beim Erwärmen sogleich schwarz und bei längerem Kochen Schwefelarsenik ausgezogen, der durch Salzs. in gelben Flocken gefällt wird.

$\dot{A}g^3 \dddot{A}s$. Schwefel 19,40, Arsenik 15,19, Silber 65,41. — Krystallisirt, derb und eingesprengt. In den Comb. finden sich mehrere Rhomboeder, spitze Skalenoeder und das hex. Prisma.

Auf Gängen im Urgebirge, ausgez. zu Joachimsthal, Schneeberg, Freiberg ꝛc. im Erzgebirge, Markirch im Elsaß, Wolfach in Baden ꝛc. Syn Lichtes Rothgiltigerz. — Proustit nach dem französischen Chemiker J. L. Proust.

b. Pyrargyrit. Antimonsilberblende.

Stf. Rhomboeder von 108° 42'. Spltb. primitiv. Br. muschlig, uneben. An den Kanten durchscheinend. Glanz metallähnlich, diamantartig. Karmesinroth — schwärzlichbleigrau. Strich kar-

mefinroth. H. 2,5? Etwas milde. G. 5,8. B. b. L. verkni=
fternb, fchmelzbar = 1, Antimonrauch entwickelnb. Mit Kalilauge
wirb das Pulver balb fchwarz unb Schwefelantimon ausgezogen,
welches durch Salzf. in braunrothen Flocken gefällt wirb. $\overset{...}{Ag^3} \overset{...}{Sb}$
Schwefel 17,77, Antimon 22,28, Silber 59,95. In Krystallen
unb berb. Die Comb. finb gewöhnlich vom hexag. Prisma unb
ftumpfen Skalenoebern gebildet. Defters auch in Hemitropieen nach
einem Schnitt parallel ber Fläche ober auch ber Schtlkte. bes Rhom=
boebers von 137° 58' (welches bie Schtlkten. ber Stf. abftumpft).

An benfelben Funborten, wie bie vorige Species. — Syn. bunkles
Rothgiltigerz. — Der Name von πῦϱ, Feuer, unb ἀϱγυϱός, Silber.

Selten vorkommenb finb folgenbe Verbinbungen von Schwe=
felfilber:

Myargyrit. Klinorhombifch. Eifenfchwarz. Strich bunkel=
kirfchroth. $\overset{'''}{Ag} \overset{'''}{Sb}$. Schwefel 21,89, Antimon 41,16, Silber
36,95. Bräunsborf bei Freiberg. Myargyrit von μείων, weniger
unb ἀϱγυϱός, Silber, im Vergleich zum Pyrargyrit.

Xanthokon. Hexagonale Tafeln. Diamantglanz. Pome=
ranzgelb. $\overset{...}{Ag^3} \overset{''}{As} + 2 \overset{...}{Ag^3} \overset{...}{As}$ = Schwefel 21,09, Arfenik
14,86, Silber 64,05. Freiberg. — Der Name von ξανϑός,
gelb, unb κόνις, Pulver.

Polybafit. Hexagonal. Eifenfchwarz, Strich fchwarz.
$\left.\begin{matrix} \overset{...}{Ag^9} \\ \overset{'}{Cu^9} \end{matrix}\right\} \begin{matrix} \overset{...}{Sb} \\ \overset{...}{As} \end{matrix}$. Var. aus Mexiko nach H. Rofe: Schwefel 17,04,
Antimon 5,09, Arfenik 3,74, Silber 64,29, Kupfer 9,93, Eifen
0,06. — Schemnitz unb Freiberg. (Eugenglanz.) Polybafit von
πολύς, viel, unb βάσις, Grunblage, chem. Bafis.

Sternbergit. Rhombifch. Dunkel tombakbraun, Strich
fchwarz. Anal. von Zippe: Schwefel 30,0, Eifen 36,0, Silber
33,2. — Joachimsthal in Böhmen. — Der Name nach bem
Grafen Sternberg.

Freieslebenit (Schilfglaserz). Klinorhombifch. Stahl
— fchwärzlich bleigrau. Anal. von Wöhler: Schwefel 18,71, An=
timon 27,05, Blei 30,08, Silber 23,76. Im fächf. Erzgebirge.

Der **Brongniarbit** (von Damour) ift eine Verbinbung von
Schwefelantimon, Schwefelfilber unb Schwefelblei. Mexiko.

Kerargyr. Chlorsilber.

Krystem: tesseral. St. Hexaeder. Br. flachmuschlig. Fett=
glanz, diamantartig. Perlgrau, graulichweiß, Strich weiß glänzend.
H. 1,5. Geschmeidig. Durchscheinend. G. 5,5. Schmelzbar = 1,
leicht rebucirbar. Auf Kohle mit Kupferoxyd zusammengeschmolzen,
die Flamme schön blau färbend. Von Salpeterf. wenig angegriffen.
Ag Cl. Chlor 24,75, Silber 75,25. Meistens derb.

Mit andern Silbererzen im sächsischen und böhmischen Erzgebirge, zu
Kongsberg, Kolywan in Sibirien und (manchmal in bedeutenden Massen)
in Peru und Mexiko. Kerargyr von *κέρας*, Horn, und *ἀργυρός*, Silber.

Jodsilber, Jodit, ist dem Kerargyr sehr ähnlich. Wenn man
eine sehr kleine Menge davon auf einem Zinkblech mit Wasser be=
feuchtet und den Tropfen in verdünnte Stärkmehllösung spült,
so entsteht auf Zusatz gewöhnlicher Salpetersäure (welche etwas
salpetrige Säure enthält) eine schöne blaue Färbung. Mexiko.

In geringer Menge hat man in Mexiko und Chili auch Bromsilber,
Bromargyrit, und zu Copiapo in Chili Bromchlorsilber, **Embolit**, ge=
funden.

Amalgam.

Krystem: tesseral. Stf. Rhombendodekaeder. Br. muschlig —
uneben. Silberweiß. H. 3,5. Spröde in geringem Grade. G. 14.
V. d. L. im Kolben kocht und spritzt es, giebt Quecksilber und hinter=
läßt Silber. In Salpeterf. leicht aufl. Es sind bis jetzt zwei
Verbindungen bekannt mit: Quecksilber 65,2 und 73,75, Silber
34,8 und 26,25. Das silberreichste Amalgam ist der **Arquerit**
mit 86,5 pr. Ct. Silber.

Oefters in Krystallen, Comb. von 13, 1 und 10, derb, in
Blechen angeflogen 2c.

Mit Quecksilbererzen am Stahlberg und Moschellandsberg im Zwei=
brückschen, Almaden in Spanien, Ungarn, Chili (Arqueros). — Amalgam
von *ἁμαλός*, weich, und *γάμος*, Verbindung.

Diskrasit. Antimonsilber.

Krystem: rhombisch. Es finden sich rhomb. Prismen von
118° 4' 20''. Spltb. basisch und nach einem Doma deutlich. Br.
uneben. Silberweiß, gelblich und graulich anlaufend. H. 3,5.
Spröde in geringem Grade. G. 9,4 — 9,8. V. d. L. schmelzbar
= 1,5, die Kohle mit Antimonrauch beschlagend und ein Silber=
korn gebend, mit Soda kein Hepar. Ag^2 Sb. Antimon 23, Sil=
ber 77. Auch Ag^3 Sb mit 83,41 Silber soll vorgekommen sein
(Wolfach). Aus Atakama in Peru kennt man noch andere Ver=
bindungen mit 4, 6 und 18 At. Silber, letztere mit 94,2 pr. Ct.
Silber.

Krystalle selten, gewöhnlich derbe, körnige Massen.

Findet sich sparsam zu Wolfach im Fürstenbergschen, Andreasberg am Harz, Spanien, Peru, Chili. — Diskrasit von δίς, doppelt, und κρᾶσις, Mischung.

Sehr selten sind noch folgende Silber = Verbindungen:

Naumannit (Selensilber), tesseral, eisenschwarz, geschmei=
big. V. b. L. mit Soda und Borax ein Silberkorn gebend und
Selenrauch entwickelnd. Selen 26,79, Silber 73,21. Tilkerode
am Harz und Tasco in Mexiko. — Der Name zu Ehren des
Mineralogen Naumann.

Eukairit. Krystallinisch körnig. Bleigrau. Anal. von
Berzelius: Selen 26,00, Silber 38,93, Kupfer 23,05, erdige
Theile 8,90. Skrikerum in Schweden, Atakama in Peru. Der
Name von εὔκαιρος, zur rechten Zeit, nämlich zur Zeit der Ent=
deckung des Selens aufgefunden.

Heßit (Tellursilber). Grobkörnige Massen. Zwischen
blei= und stahlgrau. (Geschmeidig. V. b. L. reducirbar und Tellur=
rauch gebend. Ag Te. Tellur 37,37, Silber 62,63. Altai und
Nagyag. Der Name nach dem russischen Chemiker G. Heß.

Ein Wismuthsilber $Ag^6 Bi$ mit 84,7 Silber und 15,3
Wismuth findet sich n. Domeyko zu S. Antonio in Copiapo.

Außerdem findet sich auch Silber im Stromeyerit und für
Kupfer vicarirend in manchen Fahlerzen. S. b. Ordn. Kupfer.

XIV. Ordnung. Kupfer.

Die Mineralien dieser Ordn. färben, nach dem Schmelzen auf
Kohle mit Salzs. befeuchtet, die Löthrohrflamme schön blau. Die
meisten sind mit Soda zu Kupfer reducirbar. Die salpeters. Aufl.,
mit Aetzammoniak in Ueberschuß versetzt, giebt eine lasurblaue
Flüssigkeit. Wird diese blaue Flüssigkeit mit Schwefels. sauer ge=
macht, so wird durch ein blankes Eisenblech metall. Kupfer gefällt.
Kalilauge bringt darin bei gehöriger Verdünnung ein blaues Präc.
hervor, welches beim Kochen bräunlichschwarz wird und v. b. L.
ein Kupferkorn giebt.

Gediegen Kupfer.

Krsystem: tesseral. St. Oktaeder. Br. hackig. H. 3. Dehn=
bar. Kupferroth, oft bräunlich angelaufen. G. 8,5—9. V. b. L.
schmelzbar = 3. In Salpeters. leicht zur blauen Flüssigkeit aufl.

Cu. Krhstalle selten deutlich, Würfel, Tetrakishexaeder, dendritisch, in Drähten, blechförmige Krusten, derb ꝛc. — Findet sich in den Gebirgen aller Formationen auf Gängen und Lagern.

Ausgezeichnet zu Kammsdorf in Thüringen, Siegen und Eiserfeld, Rheinbreitenbach am Rhein, Cornwallis, Chessy bei Lyon, Libethen in Ungarn, Sibirien, Schweden, Norwegen, China, Japan, Lake Superior in Nord-Am.

Das meiste Kupfer wird aus seinen Oxyd- und Schwefelverbindungen, die in den folgenden Species beschrieben, gewonnen. Die Oxydverbindungen (Rothkupfererz, Malachit ꝛc.) werden ganz einfach mit Kohlen und Schlacken in einem Schachtofen reducirt und das erhaltene Schwarz- kupfer auf dem Saarherde in einem Flammofen noch einmal geschmol- zen, wodurch die beigemengten, leicht oxydirbaren Metalle, Eisen, Blei ꝛc. und Schwefel durch zuströmende Luft oxydirt mit Schlackentheilen auf die Oberfläche steigen. Das reine Kupfer wird dann in einen Tiegel abge- stochen und die erstarrenden Rinden in Scheiben abgehoben. Diese heißen rosettes — Rosettenkupfer.

Die Schwefel-Verbindungen, vorz. Kupferkies, Buntkupfererz, Kupfer- glanz ꝛc. werden zuerst geröstet, dann mit Kohlen und Zuschlägen im Schachtofen geschmolzen, wobei Kupferstein, eine niedere Schwefelungs- stufe von Kupfer, erhalten wird. Dieser giebt nach abermaligem Rösten und Umschmelzen das Schwarzkupfer, welches gaar gemacht, oder, wenn es silberhaltig, zuvor der Saigerung unterworfen wird (s. Silber).

Der Gebrauch des Kupfers ist bekannt. Vielfach werden seine Legi- rungen mit Zinn (Glockenmetall), mit Zink (Messing), mit Nickel und Zink (Argentan, Neusilber) gebraucht. Seine Oxydverbindungen geben Maler- farben, dienen (Kupfervitriol) in der Galvanoplastik ꝛc.

Die Kupferproduction Englands beträgt jährl. 237,400 Ctnr., Oester- reich producirt 45,000 Ctnr., Schweden 40,000, Frankreich 34,253, Belgien 16,400, Preußen 33,200, Toskana 3000, Spanien 10,000, Rußland 83,000 Ctnr. Nordamerika ist sehr reich an Kupfer. Am Obern See kommt es öfters mit gediegenem Silber vor und 1853 hat man eine ge- diegene Masse von 40′ Länge angetroffen im Gewicht zu 4000 Ctnr. — 1857 kam in einer Grube von Minnesota eine Masse v. gediegen Kupfer vor, 45 Fuß lang, 22 breit und 8 dick, gegen 420 Tonnen (8400 Ctnr.) geschätzt. Südaustralien ist ebenfalls sehr reich an Kupfer.

Cuprit. Rothkupfererz.

Kfystem: tesseral. Stf. Oktaeder. Spltb. primitiv. Br. muschlig—uneben. Pellucid. Diamantglanz. Cochenilleroth, öfters dunkel. Strich bräunlichroth. H. 3,5. Spröde. G. 5,7—6. V. b. L. für sich leicht reducirbar. In Salzf. zu einer bräunlichgrü- nen Flüssigkeit aufl., welche mit Wasser ein weißes Präc. von Kupferchlorür giebt. Cu. Sauerstoff 11,21, Kupfer 88,79. In Krhstallen, Stf. und Rhombendodekaeder, derb, manchmal erdig und mit Eisenoxyd gemengt. (Ziegelerz.) Selten in haarförmigen Krhstallen. Diese sind nach Kenngott rhombisch.

Schöne Var. finden sich zu Chessy bei Lyon, Moldawa im Banat, Cornwallis, Ekatharinenburg, Rheinbreitenbach, Kammsdorf, Saalfeld ꝛc.

Seltner findet sich an denselben Fundorten der Tenorit Kupferoxyd, meistens unrein als eine bräunlichschwarze erdige Substanz, Ku-
pferschwärze. Verhält sich v. d. L. wie die vorige Species, die salzsaure Aufl. wird aber von Wasser nicht getrübt. Am Vesuv und in Cornwallis kommt er in stahlgrauen Blättern krystallisirt vor; früher fand er
sich in großer Menge am Obern See in Nord-Amerika. — Tenorit nach
dem neapolitanischen Gelehrten Tenore.

Kupferoxyd-Verbindungen.

Malachit.

Krystystem: klinorhombisch. Stf. Hendyoeder; 103° 42'; 111°
48'. Spltb. sehr vollkommen nach der Endfl. Br. bei dichten
Var. uneben. Wenig pellucid. Auf Krystallflächen Glasglanz,
fasrig, Seidenglanz, dicht zum Wachsglanz. Grün, smaragdgrün,
in mancherlei Abänderungen.

V. d. L. auf Kohle schnell schwarz werdend, schmelzbar = 2,
mit Geräusch sich reducirend. In Säuren mit Brausen auflösbar.
$\overset{\sim}{Cu} \overset{..}{C} + \overset{.}{Cu} \overset{..}{H}$. Kohlensäure 20,0, Kupferoxyd 71,9, Wasser 8,1.
Deutliche Krystalle äußerst selten, nadelförmig, haarförmig in
Büscheln und fasrigen Massen, dicht mit nierförmiger, kuglicher
Oberfläche 2c.

Deutliche Krystalle zu Rheinbreitenbach am Rhein, krystallinisch zu
Kammsdorf und Sangerhausen in Thüringen, Chessy, Cornwallis, Schwatz,
Moldawa im Banat, Sibirien 2c. Der dichte sibirische Malachit wird zu
Dosen, Belegplatten 2c. geschliffen. Aus dem Gumeschewskischen Gruben
befindet sich in Petersburg ein Block von 3 Fuß 6 Zoll Höhe und fast
eben so breit. Er wird auf 525,000 Rubel geschätzt. — Malachit von
μαλάχη, Malve.

Nach Delesse gehört der Aurichalcit (Buratit) zur Formation des
Malachits als ein Mittelglied von Zink- und Kupfermalachit ($\overset{.}{Cu}^2$, $\overset{.}{Zn}^2$,
$\overset{.}{Ca}^2$) $\overset{..}{C} + \overset{..}{H}$. Findet sich zu Loktefskoi am Altai, Retzbanya in Ungarn,
Chessy bei Lyon 2c. — Der Name von aurichalcum, Messing, wegen des
Gehalts an Kupfer und Zink. Eine malachitähnliche Verbindung mit Chlor-
kupfer ist der Atlasit aus Chili.

Azurit. Kupferlasur.

Krystystem: klinorhombisch. Stf. Hendyoeder; 99° 32'; 91°
47' 38". Spltb. klinodomatisch unter 59° 14' ziemlich deutlich.
Br. muschlig—uneben. Pellucid. Glasglanz. Lasurblau, smalteblau. H. 3,5. G. 3,8.

Chem. wie Malachit. $2 \overset{\sim}{Cu} \overset{..}{C} + \overset{.}{Cu} \overset{..}{H}$. Kohlens. 25,56,
Kupferoxyd 69,22, Wasser 5,22. In Krystallen, Stf., krystalli-
nisch, strahlig, blättrig, dicht und erdig.

Ausgezeichnete Var. zu Chessy bei Lyon, Orawitza und Moldawa im
Banat, Saalfeld und Kammsdorf in Thüringen, Schwatz, Sibirien 2c.

Als Seltenheit kommt auch wasserfreier Malachit, Mysorin $= Cu^2\ddot{C}$, als schwärzlichbraune Substanz vor. Mysore in Hindostan.

Chalkanthit. Kupfervitriol.

Klsystem: klinorhomboidisch. Stf. klinorhomboidisches Prisma: $m : t = 123^0\ 10'$; $p : m = 127^0\ 40'$; $p : t = 109^0\ 15'$. Br. muschlig. Pellucid. Glasglanz. Dunkel himmelblau. Strich weiß. H. 2,5. G. 2,2. V. b. L. leicht schmelzbar und reducir= bar. In Wasser aufl. Die Aufl. fällt mit salzsaurem Baryt — schwefelsauern Baryt und mit Eisen metall. Kupfer. $Cu\ddot{S} + 5\dot{H}$. Schwefels. 32,07, Kupferoxyd 31,85, Wasser 36,08. — In Kry= stallen, stalaktitisch, als Ueberzug, derb.

Durch Zersetzung schwefelhaltiger Kupfererze entstanden, auf Gängen zu Andreasberg am Harz, Kapnik in Ungarn, Fahlun in Schweden, Markirch ꝛc. z. Thl. in Grubenwässern aufgelöst, woraus man dann das Kupfer durch Eisen niederschlägt (Cementkupfer). — Chalkanthit von χάλ-κανϑον, Kupferblüthe.

Hier schließt sich der seltene **Brochantit** (Krisuvigit) an. Sma-ragdgrün, in Wasser unaufl. $2(Cu^3\ddot{S} + \dot{H}) + Cu\dot{H}^3$, Schwefelsäure 19,85, Kupferoxyd 68,99, Wasser 11,16. Rezbanya in Siebenbürgen, Ekatharinenburg, Krisuvig in Island, Chili. — Der Name nach dem französischen Mineralogen Brochant de Villiers. Eine ähnliche Verbindung ist der Langit aus Cornwallis.

Eine Verbindung von Kupferoxyd- und Thonerdesulphat ist der **Lett-somit** (nach dem englischen Mineralogen Lettsom) oder das Kupfersammeterz von Moldawa im Banat und der **Woodwardit** aus Cornwallis.

Libethenit.

Klsystem: rhombisch. Gewöhnlich in rhomb. Prismen von $92^0\ 20'$ mit einem brachydiag. Doma von $109^0\ 52'$. Wenig spaltb. Br. uneben — muschlig. Wenig durchscheinend. Fett — Glasglanz. Dunkel olivengrün. H. 4. G. 3,7. V. b. L. schmelz= bar = 2, leicht rebucirbar. Von Kalilauge wird Phosphorsäure ausgezogen und die mit Essigsäure neutral. Lauge giebt mit Silber-aufl. ein gelbes Präc. $Cu^4\ddot{P} + \dot{H}$. Phosphorsäure 29,72, Kupfer-oxyd 66,51, Wasser 3,77.

In kleinen Krystallen zu Libethen (daher der Name) in Ungarn und zu Tagilsk im Ural. Bildet mit dem Olivenit eine chem. Formation.

Lunnit. Phosphorochalcit.

Klsystem: klinorhombisch. Hendyoeder von $141^0\ 4'$. Spltb. orthodiag. unvollkommen. Br. muschlig — uneben. An den Kan-ten durchscheinend. Fett — Glasglanz. Dunkel spangrün. H. 4,5. G. 4,3. Chem. wie die vor. Spec. $Cu^6\ddot{P} + 3\dot{H}$. Phosphors. 21,11, Kupferoxyd 70,87, Wasser 8,02.

Gewöhnlich in strahligen und fasrigen Massen. — Rheinbreitenbach am Rhein und Hirschberg im Voigtlande. — Lunnit nach dem Chemiker Lunn. — Sehr nahe steht der Dihydrit von Tagilsk.

Aehnliche seltene Phosphate sind:

der **Tagilith** von Tagilsk im Ural $= \dot{C}u^4 \overset{...}{P} + 3 \overset{..}{H}$;

der **Thrombolith** von Libethen in Ungarn $= \dot{C}u^3 \overset{...}{P}^3 + 6 \overset{..}{H}$ (von *θρόμβος*, geronnen);

der **Ehlit** von Ehl am Rhein und Tagilsk $= \dot{C}u^3 \overset{...}{P} + 3 \dot{H}$.

Olivenit.

Kristsystem: rhombisch. Rhomb. Prismen von 92° 30′ mit einem brachydiag. Doma von 110° 50′. Undeutlich spaltb. Br. uneben. Wenig pellucid. Glas — Fettglanz. Olivengrün — lauchgrün. H. 3. G. 4,4. V. d. L. leicht schmelzbar $= 2$ zu einer mit prismat. Krystallen bedeckten Kugel. Auf Kohle mit Detonation und Arsenikrauch ein weißes, sprödes Arsenikkupfer gebend. Von Kalilauge wird Arseniksäure extrahirt. Die neutral. Lauge giebt mit Silberaufl. ein bräunlichrothes Präc.

$$\dot{C}u^4 \left\{ \begin{matrix} \overset{...}{A}s \\ \overset{...}{P} \end{matrix} \right. + \overset{..}{H}.$$ Arseniksäure 35,70, Phosphors. 3,69, Kupferoxyd 57,40, Wasser 3,21. — Krystalle nadelförmig, strahlig, fasrig, dicht. Redruth in Cornwallis.

Hier schließen sich als arseniksaure Kupferoxyd = Verbindungen folgende, sehr selten vorkommende Species an:

Euchroit. Rhombisch. Smaragdgrün. $\dot{C}u^4 \overset{...}{A}s + 7 \overset{..}{H}$. Arsenikf. 34,21, Kupferoxyd 47,09, Wasser 18,70. — Libethen in Ungarn. — Name von *εύχροος*, von schöner Farbe.

Erinit. Derb. Smaragdgrün. $\dot{C}u^5 \overset{...}{A}s + 2 \overset{..}{H}$. Arsenikf. 34,75, Kupferoxyd 59,82, Wasser 5,43. — Limerik in Irland. — Name von Erin, dem alten Namen von Irland.

Tirolit (Kupferschaum). Strahlig — blättrig. Apfel — spangrün. In Ammoniak mit Hinterlassung von kohlens. Kalk aufl. $(\dot{C}u^5 \overset{...}{A}s + 10 \overset{..}{H}) + \dot{C}a \overset{..}{C}$. Arsenikf. 25,36, Kupferoxyd 43,67, Wasser 19,82, Kohlens. Kalk 11,14. — Falkenstein in Thyrol.

Chalkophyllit (Kupferglimmer). Hexagonal. Dünne, tafelförmige Krystalle, spaltbar basisch vollkommen. Smaragd — spangrün.

$\dot{C}u^6 \overset{...}{A}s + 12 \overset{..}{H}$. Arsenikf. 24,9, Kupferoxyd 51,7, Wasser

14

23,4. — Cornwallis, Ural. — Name von χαλκός, Kupfer, und φύλλον. Blatt.

Lirokonit (Linsenerz). Klinorhombisch. Himmelblau. Arsenilf. 26,59, Kupferoxyd 36,61, Thonerde 1$\ddot{4}$,87, Wasser 24,93. — Cornwallis. Name von λειρός, bleich, und κονία, Staub (Strich).

Abichit (Strahlerz). Klinorhombisch. Strahlige Massen. Dunkel spangrün ins Himmelblaue. $\dot{C}u^6 \ddot{A}s + 3 \ddot{H}$. Arsenilf. 30,30, Kupferoxyd 62,59, Wasser 7,11. Cornwallis*). Name nach dem Mineralogen Abich.

Andere seltene wasserhaltige Kupferarseniate sind: der **Trichalcit** aus Sibirien, der **Konichalcit** aus Andalusien, der **Cornwallit** aus Cornwallis, der **Chenevixit** (mit 25 pr. Ct. $\dot{F}e$) und der **Bayldonit** (mit 30 pr. Ct. $\dot{P}b$) ebendaher.

Eine sehr seltene Verbindung von Kupferoxyd und Manganoxyd $\dot{C}u^2 \ddot{M}n^2$ ist der **Crednerit** (nach dem sächsischen Mineralogen Credner) von Friedrichsrode in Thüringen und ein vanadins. Kupferoxyd mit Kalkerde und Wasser, der **Volborthit** (nach dem russischen Mineralogen Volborth) ebendaher.

Dioptas.

Krystsystem: hexagonal. Stf. Rhomboeder von 126° 17'. Spltb. primitiv. B. muschlig — uneben. Pellucid. Glasglanz. Smaragdgrün. H. 5. G. 3,4. Unschmelzbar. Mit Säuren gelatinirend. $\dot{C}u^3 \ddot{S}i^2 + 3 \ddot{H}$. Kieselerde 38,76, Kupferoxyd 49,92, Wasser 11,32. — In Krystallen, Stf. und hexag. Prisma. Die Krystallreihe ist interessant durch das Erscheinen von Rhomboedern in abnormer Stellung.

Kirgisensteppe in Sibirien. — Name von διόπτομαι, durchsehen.

Chrysokoll. Kieselmalachit.

Amorph. Br. muschlig, eben. An den Kanten durchscheinend. Wenig wachsglänzend. Himmelblau, spangrün. H. 3. G. 2,1. Unschmelzbar. Von Säuren mit Ausscheidung von Kieselerde zerlegt, ohne zu gelatiniren. $\dot{C}u^3 \ddot{S}i^2 + 6 \ddot{H}$. Kieselerde 34,82, Kupferoxyd 44,83, Wasser 20,35.

Häufig mit Opal und Malachit gemengt. — Moldawa im Banat, Sibirien, Neu Jersey, Saalfeld, Harz 2c. — Der Name von χρυσόκολλα, Goldleth, ein dazu gebrauchter Kupfereocker.

Das sog. Kupferpecherz von Turinsk im Ural ist ein Gemeng von Chrysokoll und Limonit.

---

*) Der sog. Conburrit ist ein Gemenge von Rothkupfererz, arsenichter Säure und metallischem Arsenik. Cornwallis.

Der **Asperolith** Hermann's aus Tagilst ist $\dot{C}u^3 \ddot{S}i^2 + 9 \dot{H}$ (27 pr. Ct. Wasser.

Atakamit.

Krystem: rhombisch. Es finden sich rhomb. Prismen von 67° 40' mit einem brachydiag. Doma von 105° 40'. Spltb. brachybiagonal vollkommen. Durchscheinend. Glasglanz. Lauchgrün, schwärzlichgrün. H. 3,5. G. 4,2. V. b. L. für sich die Flamme ausgezeichnet schön blau färbend und leicht rebucirbar. Cu Cl + 3 $\dot{C}u$ $\dot{H}$. Chlor 16,61, Kupfer 14,86, Kupferoxyd 55,55, Wasser 12,68. — Strahlig, dicht.

Chili und Wüste Atakama in Peru. Vesuv.

Nahestehend der **Tallingit** v. Cornwallis und der **Percylit** (bleihaltig) von Sonora in Mexiko.

Kupfersulphuride und Kupfersulphurid=Verbindungen.

Challosin. Kupferglanz. Kupferglaserz.

Krystem: rhombisch. Stf. Rhombenpyr. 79° 41'; 126° 54'; 125° 22'. Spltb. prismatisch unvollkommen (119° 35'). Br. muschlig — uneben. Schwärzlich bleigrau — stahlgrau. Strich schwarz. H. 2,5. Milde. G. 5,6. V. b. L. schmelzbar = 2, auf Kohle mit Kochen und Spritzen in der äußern Flamme, in der innern sogleich erstarrend. Mit Soda ein Kupferkorn und Hepar gebend. $\dot{C}u$. Schwefel 20,14, Kupfer 79,86. Vorwaltende Form ist ein sechsseitiges Prisma von 119° 35' (2 Stktw.) und 120° 12' 30" (4 Stktw.). Zwillinge mit der Fläche des Prisma's von 119° 35' als Zusammensetzungsfl. — Derb.

Auf Lagern und Gängen in Cornwallis, Nassau — Siegen, Kupferberg in Schlesien, Frankenberg in Hessen, im Mannsfeldischen in bituminösen Mergelschiefer eingesprengt (Kupferschiefer), Schweden, Norwegen, Sibirien, Massachusetts (Nordamerika). — Der Name von χαλκός, Kupfer.

Nach Breithaupt kommt $\dot{C}u$ auch hexagonal vor, **Cuprein**, häufig zu Freiberg in Sachsen, Schmiedeberg in Schlesien, Ungarn, Cornwallis ꝛc. Nahestehend ist der **Digenit** (von διγενής, von zweifachem Geschlecht) = $\dot{C}u$ $\dot{C}u^1$. Von Sangerhausen und aus Chile.

Ein anderes Sulphuret, der **Covellin** (Kupferindig) ist $\dot{C}u$. Schwefel 33,5, Kupfer 66,5. Findet sich sparsam, indigblau, fettartig schimmernd, derb und in runblichen Massen zu Hausbaben in Württemberg, Leogang im Salzburg'schen, Vesuv, Chile, in großer Menge auf der Insel Kawau in Australien. — Name nach dem neapolitanischen Mineralogen Covelli.

Formation des Fahlerzes. Kryſtalliſation teſſeral, ge=
neigt hemiedriſch. $\dot{R}^4 \ddot{\ddot{R}} + 2 \dot{R} \ddot{\ddot{R}}$. $\dot{R}$ = Schwefeleiſen, Schwefel=
zink, Schwefelqueckſilber, $\dot{\dot{R}}$ = Schwefelkupfer, Schwefelſilber,
$\ddot{\ddot{R}}$ = Schwefelarſenik, Schwefelantimon. Nach Rammelsberg
ſind die Fahlerze eine Gruppe iſomorpher Miſchungen $\dot{R}^4 \ddot{\ddot{R}}$. Es
gehören hierher

a. Tennantit. Arſenikalfahlerz.

Stf. Tetraeder. Br. uneben — muſchlig. Stahlgrau. Strich
graulichſchwarz, zuweilen mit einem Stich ins Röthliche. H. 3,5.
Spröde. G. 4,5. V. d. L. z. Thl. verkniſternd, ſchmelzbar = 1,5
mit geringem Aufwallen und Entwicklung von Arſenikrauch zu einer
ſtahlgrauen magnetiſchen Schlacke. Von Salpeterſ. zerſetzt Von
Kalilauge wird Schwefelarſenik ausgezogen, welcher beim Neutra=
liſiren der Lauge in citrongelben Flecken gefällt wird. Oefters iſt
ein Theil des Schwefelarſeniks durch Schwefelantimon vertreten.
Anal. einer Var. von Redruth in Cornwallis von Rammels=
berg: Schwefel 26,61, Arſenik 19.03, Kupfer 51,62, Eiſen 1,95.

In Kryſtallen, Tetraeder, Trigondodekaeder, Rhombendode=
kaeder, derb, eingeſprengt.

Freiberg in Sachſen, Schwatz in Tyrol, Kremnitz in Ungarn, Mar=
tirch im Elſaß, im Mannsfeldiſchen ꝛc. — Tennantit nach dem Chemiker
Smithſon Tennant, dem Entdecker des Osmium und Iridium.

b. Tetraedrit. Antimonialfahlerz.

Klliſation wie bei a. Eiſenſchwarz. Spröde. G. 4,9 — 5.
Schmilzt leicht mit Entwickelung von ſtarkem Antimonrauch, ge=
wöhnlich auch etwas Arſenikgeruch verbreitend. Von Kalilauge
wird vorzugsweiſe Schwefelantimon ausgezogen, welches beim
Neutraliſiren der Lauge gelbroth oder bräunlichroth gefällt wird.
Anal. einer Var. aus dem Dillenburgiſchen von H. Roſe: Schwefel
25,03, Antimon 25,27, Arſenik 2,26, Kupfer 38,42, Eiſen 1,52,
Zink 6,85, Silber 0,83. In Kryſtallen wie a. und derb.

Kapnik in Ungarn, Klausthal am Harz, Wolfach im Fürſtenbergiſchen,
Toslana, Mexiko ꝛc.

c. Polytelit. Silberfahlerz.

Klliſation wie bei a. Lichte ſtahlgrau. Spröde. G. 5. V.
d. L. leicht mit Antimonrauch ſchmelzend, durch Behandlung mit
Soda und Borax ein Silberkorn gebend. Die ſalpeterſ. Aufl.
giebt mit Salzſ. ein ſtarkes Präc. von Chlorſilber, mit Ammoniak
in Ueberſchuß eine laſurblaue Flüſſigkeit. Es iſt gegen b. in

dieſer Species ein größerer oder geringerer Theil des Kupfers durch Silber vertreten. Anal. einer Var. von Freiberg von H. Roſe: Schwefel 21,17, Antimon 24,63, Kupfer 14,81, Silber 31,29, Eiſen 5,98, Zink 0,99. Kryſtalliſirt und derb.

Wolſach im Fürſtenbergiſchen, Freiberg in Sachſen, Kremnitz in Ungarn, Peru ꝛc. — Polytelit von πολυτελης, koſtbar.

Das ſog. lichte Weißgiltigerz von Freiberg enthält nach Rammelsberg nur 5,8 pr. Ct. Silber und 0,32 Kupfer, dagegen 38 pr. Ct. Blei, welche er als weſentlich anſieht. Es iſt K̇⁴S̈b.

d. Spaniolith. Queckſilberfahlerz.

Eiſenſchwarz. Strich dunkelrothbraun. G. 5,1. Mit Soda im Kolben Queckſilber gebend, übrigens wie b. ſich verhaltend. Anal. einer Var. von Kotterbach in Ungarn von Scheidthauer: Schwefel 23,70, Antimon 18,50, Arſenik 4,10, Kupfer 35,87, Queckſilber 7,52, Eiſen 5,05, Zink 1,02, Quarzſand 1,82. In einer Var. von Poratſch in Ungarn fand Hauer 16,69 pr. Ct. Queckſilber.

Selten, Val di Caſtello in Toskana, Ungarn zu Kotterbach und Poratſch, Gant bei Landeck in Tyrol. — Der Name von σπάνιος, ſelten, und λιθος, Stein.

Kobalthaltiges Fahlerz (mit 3—4 pr. Ct. Co) kommt vor zu Kaulsdorf in Bayern und im würtembergiſchen Schwarzwald. Der Stylotyp v. Copiapo in Chile iſt K̇³S̈b mit 28 pr. Ct. Kupfer und 8 pr. Ct. Silber (bildet eine chem. Formation mit dem Bournonit).

Chalkopyrit. Kupferkies.

Kryſtem: quadratiſch. St. Quadratpyr. von 109° 53′ und 108° 40′. Spltb. wenig deutlich. Br. muſchlig — uneben. Meſſinggelb, öfters angelaufen. Strich grünlichſchwarz. H. 3,5. Wenig ſpröde. G. 4,3. V. d. L. ſchmelzbar = 2 unter Entwicklung von ſchweflichter Säure zu einer magnetiſchen Kugel. Von Salpeterſ. zerſetzt, auf Eiſen und Kupfer reagirend. Ċu F̈e. Schwefel 34,89, Eiſen 30,52, Kupfer 34,59. — Kryſtalle ſelten deutlich, derb. Die Stammf. oft hemiedriſch als Sphenoeder.

Auf Gängen und Lagern in ältern und jüngern Formationen in Sachſen, Thüringen, am Harz, Mannsfeld, Baden, Cornwallis, Irland, Schweden ꝛc. Sehr verbreitet. Chalkopyrit von χαλκός, Kupfer, und πυρίτης, in der Bedeutung Eiſenkies.

Der Barnhardtit von Barnhardts Land in NKarolina iſt Ċu²F̈e. Schwefel 30,43, Kupfer 48,27, Eiſen 21,30. Dahin gehört der Homichlin, ſpeisgelb, binnen 24 Stunden goldgelb anlaufend.

Bornit. Buntkupfererz.

Krystem: tesseral. Stf. Hexaeder. Spltb. oktaebr. Spuren. Br. muschlig — uneben. Kupferroth ins Gelbe, bunt anlaufend. Strich schwarz. H. 3. Milde. G. 5. Chem. wie Kupferkies, $\dot{C}u^5 \ddot{F}e$. Schwefel 25,77, Kupfer 63,36, Eisen 10,86. (Manche dieser Erze sind $\dot{C}u^3 \ddot{F}e$, $\dot{C}u^9 \ddot{F}e^2$). Sehr selten in Krystallen, gewöhnlich derb.

Redruth in Cornwallis, Freiberg, Saalfeld und Kammsdorf, Orawitza im Banat, Fahlun in Schweden, Sibirien 2c. Der Name nach dem österreichischen Metallurgen J. v. Born († 1791).

Dem Bornit ähnlich ist der Castellit aus Mexiko, enthält 4⅛ pr. Ct. Silber.

Der **Enargit** Breithaupt's, rhombische Krst. metallglänzend, eisenschwarz, ist nach Plattner $\dot{C}u^3 \ddot{A}s$ = Schwefel 32,6, Arsenik 19,1, Kupfer 48,3. In großen Massen zu St. Franzisko in den Cordilleren von Peru. — Der Name von ἐναργής, deutlich, in Betreff der Spaltbarkeit.

Der **Dufrenoysit** v. Binnenthal in der Schweiz ist $\dot{C}u^3 \ddot{A}s$.

Sehr selten sind folgende Species:

Chalkostibit (Kupferantimonglanz). Rhombisch. Bleigrau ins Eisenschwarze. $\dot{C}u \ddot{S}b$. Schwefel 25,08, Antimon 50,26, Kupfer 24,66. Wolfsberg am Harz, Guadix in Granada. Name von χαλκός, Kupfer und στίβι, Antimon.

Wittichit (Kupferwismutherz). Büschelförmig zusammengehäufte Prismen. Lichte bleigrau ins Stahlgraue. Wesentlich $\dot{C}u^3 \ddot{B}i$. Schwefel 19,50, Wismuth 42,08, Kupfer 38,42. Wittichen im Fürstenbergischen. Der **Emplektit** (Tannenit) v. Schwarzenberg in Sachsen ist $\dot{C}u \ddot{B}i$, der **Klaprothit** von Wittichen im Fürstenbergischen ist $\dot{C}u^3 \ddot{B}i^2$.

Stannin (Zinnkies). Tesseral. Stahlgrau ins Messinggelbe. $\left.\begin{array}{l} \dot{F}e^2 \\ \dot{Z}n^2 \end{array}\right\} \ddot{S}n + \dot{C}u^2 \ddot{S}n$. Anal. von Kubernatsch: Schwefel 29,64, Zinn 25,55, Kupfer 29,39, Eisen 12,44, Zink 1,77. Cornwallis, Zinnwald im Erzgebirge. Name von stannum, Zinn.

Berzelin (Selenkupfer). Derb. Silberweiß. Geschmeibig. V. b. L. mit Selenrauch reducirbar. Cu² Se. Selen. 38,46, Kupfer 61,54. Strikerum in Schweden. Benannt nach Berzelius.

Der **Crookefit** Nordenskiölds, dicht, bleigrau, ist **Thal=liumhaltiges** Selenkupfer mit 17 pr. Ct. Thallium. Findet sich zu Strikerum.

Domeykit (**Arsenikkupfer**). Metallglänzend weiß. Spröde. Cu³ As. Arsenik 28,36, Kupfer 71,65. Coquimbo und Copiapo in Chili und Mexiko. Name nach dem amerikanischen Chemiker Domeyko.

Der **Algodonit** von Algodones in Chile ist Cu⁶ As, mit 83,5 Kupfer.

Der **Withneyit** von Houghton in Michigan ist Cu⁹ As, mit 88· pr. Ct. Kupfer.

XV. Ordnung. Uran.

V. b. L. geben die Min. dieser Ordn. mit Phosphorsalz im Oxydationsfeuer ein gelbes, im Reductionsfeuer schön grünes Glas. Die salpetersaure Aufl. giebt mit Aetzammoniak ein gelbes Präc. von Uranoxyd=Ammoniak, in kohlensaurem Ammoniak löslich. (Vergl. Chalkolith.)

Nasturan. Uranpecherz.

Derb, amorph. Br. flachmuschlig — uneben. Undurchsichtig. Metallähnlicher Fettglanz. Pechschwarz, graulichschwarz. Pulver grünlichschwarz. H. 5,5. Spröde. G. 6,5. V. b. L. unschmelz= bar. Wahrscheinlich Ü Ü. Sauerstoff 15,21, Uran 84,79. Ge= wöhnlich mit Kieselerde, Eisenoxyd, Kalkerde, auch Vanadinoxyd ꝛc. verunreinigt.

Im Urgebirge zu Johanngeorgenstadt, Annaberg, Marienberg in Sach= sen, Joachimsthal in Böhmen, Cornwallis. — Klaproth entdeckte 1787 in diesem Mineral das Uran. — Außer zu chem. Präparaten in der Por= cellanmalerei für schwarze Farben gebraucht. — Nasturan von ναστός, dicht und wegen des Gehalts an Uran (nach dem Uranus).

Sehr selten kommt damit Uranoxyd, Uranocker, Ü, als schwefel= gelbe erdige Substanz vor.

Chalkolith.

Krystsystem: quadratisch. Stf. — Quadratpyr. 95° 46′; 143° 2′. Spltb. basisch sehr vollkommen. Pellucid. Glas —

Perlmutterglanz.. Smaragd — grasgrün. H. 2,5. G. 3,6. B. b. L. im Kolben Wasser gebend. In der Pincette schmelzbar = 2,5, die Flamme bläulichgrün färbend. In Salpeterf. leicht aufl. Aetzammoniak giebt ein bläulichgrünes Präc. und eine blaue (kupferhaltige) Flüssigkeit. Von Kalilauge wird Phosphorf. ausge= zogen. $\dot{C}u^2\ddot{\ddot{P}} + \ddot{U}^4\ddot{\ddot{P}} + 16\,\dot{H}$. Phosphorf. 15,15, Uranoxyd 61,14, Kupferoxyd 8,42, Wasser 15,29. Die Krystalle meistens tafelförmig, als dünne quadrat. Blätter.

Johanngeorgenstadt, Schneeberg, Eibenstock in Sachsen, Redruth in Cornwallis, Wölsendorf in der Oberpfalz. Der Name von χαλκός, Kupfer, und λιθός, Stein.

Uranit.

Die Krystallif. ist der des Chalkolith sehr ähnlich, nach Des= cloizeaux aber rhombisch. Citrongelb, schwefelgelb. H. 2. G. 3,19. B. b. L. schmelzbar = 2, sonst wie Nasturan. Von Kalilauge wird Phosphorf. ausgezogen. $\dot{C}a^2\ddot{\ddot{P}} + \ddot{U}^4\ddot{\ddot{P}} + 24\,\dot{H}$. Nach der Analyse von Pisani: Phosphorf. 14,6, Uranoxyd 59,0, Kalk 5,8, Wasser 21,2. In Blättern und blättrigen Partien, sel= tener als Chalkolith, bei Autun und Limoges in Frankreich.

Sehr selten sind:

Johannit. Klinorhombisch. Schön grasgrün. Wasserhaltiges schwefelsaures Uranoxyd und Kupferoxyd. Joachimsthal in Böhmen. — Benannt nach dem Erzherzog Johann von Oesterreich.

Liebigit. Ein grünes Mineral von Adrianopel, kohlenf. Uran= oxydul mit kohlenf. Kalk und Wasser. — Der Name nach dem Chemiker Liebig.

Uranophan (n. Websky) v. Kupferberg in Schlesien ist ein wasser= haltiges Uranoxydsilicat, ein ähnliches ist der Uranotil v. Wölsendorf in der Oberpfalz. (Borich).

Das sog. Gummierz und der Eliasit bestehen aus unreinem Uran= oxydhydrat.

XVI. Ordnung. Wismuth.

Die Mineralien dieser Ordn. sind v. b. L. für sich oder mit Soda reducirbar und geben einen z. Thl. orangegelben, leicht flüchtigen Beschlag. In einer offenen Glasröhre geschmolzen, um= giebt sich der Regulus mit geschmolzenem Oxyd, welches in der Hitze braun, nach dem Erkalten gelb ist. Mit Schwefel und dann mit Jodkalium zusammengeschmolzen geben die Wismutherze auf Kohle einen ¼ Thl. hoch gelbrothen Beschlag. Die concentr. salpeterf. Aufl. giebt mit Wasser ein weißes Präc.

Gediegen Wismuth.

KHSystem: hexagonal. Stf. Rhomboeder von 87° 40′. Schiktw. nach G. Rose (isomorph. mit As, Sb ꝛc. Spltb. basisch vollkommen und nach dem Rhomboeder von 69° 28′. Br. uneben. Metallglanz. Röthlich silberweiß, gewöhnlich graulich, röthlich und bläulich angelaufen. H. 2,5. Sehr milde. G. 9,8. V. d. L. schmelzbar = 1, die Kugel bleibt ziemlich lange weich, allmählig verdampfend und die Kohle gelb beschlagend. Bi. Oefters mit Arsenik verunreinigt. — Krystalle selten deutlich, körnig, blättrig, federartig, eingesprengt.

Auf Gängen im Urgebirge, im sächsischen Erzgebirge zu Johanngeorgenstadt, Annaberg, Altenberg, Schneeberg ꝛc., zu Wittichen im Schwarzwald, Bieber in Hessen, Steyermark, Schweden, Norwegen ꝛc.

Es ist das vorzüglichste Wismutherz und man gewinnt das Metall durch Aussaigern in geneigten Röhren, welche erhitzt werden, wo dann das Wismuth von dem Gestein abfließt und in eisernen, mit Kohlenstaub gefüllten Schaalen gesammelt wird. — Das Wismuth dient zu verschiedenen Legirungen mit Zinn und Blei, welche z. Thl. sehr leichtflüssig sind, daher zum Abklatschen gebraucht werden, als Schnelloth zu Sicherheitsventilen für Dampfkessel ꝛc. — Das basische Chlorwismuth dient als weiße Schminke. — Das Wismuth wird zuerst 1520 von Agricola unter den Metallen angeführt. — Sachsen producirt jährlich gegen 100 Ctnr.

Bismuthin. Wismuthglanz.

KHSystem: rhombisch. Es finden sich rhombische Prismen von ohngefähr 91° 30′. Spltb. brachydiagonal und basisch deutlich. Br. unvollkommen muschlig. Lichte bleigrau ins Stahlgraue, auch ins Zinnweiße. H. 2. Milde. G. 6,54. V. d. L. schmelzbar. = 1 mit Kochen und Spritzen und reducirbar. In Salpeterf. mit Ausscheidung von Schwefel aufl. B̶i. Schwefel 18,75, Wismuth 81,25. — Krystalle meistens spießig und nadelförmig, strahlige Partieen, derb.

Nicht häufig. Im Erzgebirge zu Johanngeorgenstadt, zu Joachimsthal in Böhmen, Riddarhyttan in Schweden, Cornwallis ꝛc.

Selten und in geringer Menge kommen vor:

Wismuthocker. Wismuthoxyd. B̶i. Erbig, strohgelb. Mit gediegen Wismuth vorkommend.

Karelinit (n. d. Entdecker Karelin), bleigrau, in einer Richtung vollkommen spaltbar. Bi S + Bi. Sawodinsk am Altai.

Der **Alloklas** v. Orawicza in Ungarn ist eine Verbindung von Schwefel, Arsenik, Wismuth (30 pr. Ct.), Kobalt (10 pr. Ct.) und Eisen.

Eulytin (Wismuthblende). Tesseral. Tetraeder. Braun, ins Gelbe. Gelatinirend. Anal. von Kersten: Kieselerde 22,23, Wismuthoxyd 69,38, Phosphors. 3,31, Eisenoxyd 2,40, Manganoxyd 0,30, Flußsäure und Wasser 1,01. — Schneeberg in Sachsen. Der Name von εὔλυτος, leicht löslich.

Tetradymit. Rhomboedrisch. Spltb. basisch sehr vollkommen. Sehr lichte bleigrau. Bi Te³. Tellur 48,06, Wismuth 51,94. Färbt concentr. Schwefels. bei gelindem Erhitzen sehr schön roth. — Schemnitz, Retzbanya, Virginien, San Jose in Brasilien. Letzteres Joseit enthält nach Damour 79 pr. Ct. Wismuth.

Der **Cosalit** aus Mexiko ist n. Genth 2 Pb + Bi, der **Montanit** aus Californien ist nach demselben wasserhaltiges tellursaures Wismuthoxyd.

Außerdem kommt Wismuth vor im Wittichit, Belonit, Chiviatit, Kobellit, Saynit. S. d. Ordn. Kupfer, Blei und Nickel.

XVII. Ordnung. Zinn.

Kassiterit. Zinnstein.

Küstystem: quadratisch. Stf. Quadratpyr. 121° 40'; 87° 7'. Spltb. prismatisch und diagonalprismatisch unvollkommen. Br. unvollkommen muschlig — uneben. An dünnen Kanten durchscheinend. Diamantglanz, auf dem Bruche fettartig. Braun und gelblich, graulich. H. 6,5. G. 6,8—7. V. d. L. in der Pincette unschmelzbar. Auf der Kohle mit Cyankalium leicht rebucirbar. Von Säuren nicht angegriffen. Sn. Sauerstoff 21,88, Zinn 78,62.

Krystalle, häufig die Stf. mit den beiden quadrat. Prismen gewöhnlich hemitropisch nach einem Schnitte parallel mit den Scheitelkanten der Stf. Fig. 57. Derb. — Selten fasrig (Kornisch Zinnerz, Holzzinn).

Im Urgebirge vorz. im Erzgebirge zu Zinnwald, Schlackenwalde, Ehrenfriedersdorf, Altenberg ꝛc., in Cornwallis, St. Leonhard in Frankreich, Malacca, Siam, Sumatra, China, Mexiko, Brasilien ꝛc. 3. Thl. im aufgeschwemmten Lande. Kassiterit von χασσίτερος, Zinn. — Zur Gewinnung des Zinns (der Zinnstein ist das einzige Zinnerz, aus welchem Zinn gewonnen wird) wird das gepochte und geschlemmte Erz zuerst in Flammöfen geröstet, um das beibrechende Schwefeleisen, Arsenikies ꝛc. mürber und leichter zu machen, dann abermals gepocht und geschlemmt und der Schlich mit Schladenzusatz und Kohle im Schachtofen reducirt. Das so erhaltene, noch unreine Zinn wird in Platten gegossen und dann noch der Saigerung unterworfen. Das reine Zinn fließt zuerst ab, weniger reines bei fortgesetztem Erhitzen. Letzteres wird noch dadurch gereinigt, daß man es in einem eisernen Gefäße eine Zeitlang im Flusse erhält, nach dem Wegnehmen der Oxydhecke schöpft man das Zinn aus und gießt es in Formen. Blockzinn. — Das reinste Zinn ist Malacca-Zinn.

Der Gebrauch des Zinns ist bekannt. Es dient zu mancherlei Legirungen, mit Kupfer zum Kanonengut und zur Glockenspeise, mit Blei zum Schnellloth, mit Quecksilber zum Spiegelamalgam; zum Verzinnen ꝛc.

Die jährliche Zinnproduction Englands beträgt gegen 279,000 Centner, Sachsen liefert 3000 Ctr., Böhmen 1000. — Auf Sumatra, Malacca, Banka ꝛc. werden jährlich über 23,500 Ctr. gewonnen. Nach Hermann kommt gediegen Zinn als Seltenheit in kleinen Körnern im sibirischen Goldsande vor.

XVIII. Ordnung. Blei.

Die Min. dieser Ordn. sind vollkommen oder theilweise in Salpeters. aufl. Die nicht zu saure Aufl. giebt mit Schwefels. ein weißes v. d. L. leicht zu Blei rebucirbares Präc. Viele Verbindungen sind mit Soda rebucirbar. Alle geben einen grünlich-gelben Beschlag der Kohle.

Gediegenes Blei kommt nur äußerst selten in der Natur vor. Man hat es in kleinen Partien mit Galenit zu Zomelahuacan in Vera Cruz gefunden, zu Bogoslowsk im Ural, Carthagena in Murcia, Ören See in Nordamerika, in Schweden, auf Madeira. Auch die Bleioxyde kommen nur sehr sparsam vor. Das rothe Bleioxyd Ṗb Mennig, findet sich zuweilen mit andern Bleierzen am Schlangenberg in Sibirien, zu Badenweiler in Baden, Eifel ꝛc. Bleisuperoxyd Ṗb, scheint der Plattnerit. ein schwarzes Mineral von Leadhills, zu sein. Dagegen finden sich zahlreiche Bleioxy-Verbindungen.

Das wichtigste Bleierz aber ist das Schwefelblei, der Galenit oder Bleiglanz, und von den Oxydverbindungen das kohlensaure Bleioxyd, Weißbleierz. Aus dem Bleiglanz wird das Blei entweder durch die Röst- oder Niederschlagarbeit gewonnen. Bei der erstern wird das Erz geröstet und dann mit Kohlen in Schachtöfen niedergeschmolzen. Das durch das Rösten gebildete Bleioxyd und schwefelsaure Bleioxyd wirken auf den unzersetzten Bleiglanz und es wird Blei unter Bildung von schweflichter Säure abgeschieden.

Theilweise wird aber wieder Schwefelblei, der Bleistein, gebildet, welcher neuerdings geröstet wird und in Arbeit kommt.

Bei der Niederschlagbarkeit wird der Bleiglanz mit granulirtem Roheisen und Frischschlacke geschmolzen, wobei Schwefeleisen gebildet und Blei ausgeschieden wird. Das so erhaltene Blei heißt Werkblei. Wenn es silberhaltig ist, so wird es abgetrieben (s. Silber) und dann die Glätte mit Kohlen in einem Schachtofen reducirt.

Die Verwendung des metallischen Blei's zu Röhren, Flintenkugeln, Schrot ꝛc. ist bekannt. Es dient ferner für die Bleikammern in den Schwefelsäurefabriken, zum Dachdecken ꝛc., mit Antimon und Wismuth legirt zu Typen. Das gelbe Oxyd (Massicot, Bleiglätte) wird in der Glasfabrikation für Krystall= und Flintglas gebraucht, zu Glasuren ꝛc. Mehrere Bleisalze (vorzügl. das kohlens. Bleioxyd, Bleiweiß) dienen als Malerfarbe, zu Reagentien, in der Medicin ꝛc.

England producirt jährlich über 1 Mill. Ctr. Blei, Spanien 500,000 Ctr., Preußen 128,800 und 15,000 Glätte, Oesterreich 93.000 und 21,600 Glätte, Frankreich 41,890 und 10,500 Glätte. Belgien 23,500 Blei, Schweden 5000, Hannover 87.000 und Sachsen 10,000. Die Produktion von Nord-Amerika mag gegen 500,000 Ctr. betragen.

Bleioxyd=Verbindungen.

Glanz nichtmetallisch. V. d. L. mit Soda reducirbar. In viel Kalilauge auflöslich.

Ceruffit. Weißbleierz. Bleicarbonat.

Krsystem: rhombisch. Stf. Rhombenpyr. 92° 18'; 130°; 108° 31'. Spltb. prismatisch ziemlich deutlich und brachydiagonal domatisch unter 110° 42'. Br. muschlig. Pellucid. Diamantglanz, auf dem Bruche zum Fettglanz. Weiß, graulich. H. 3,5. Spröde. G. 6,5. V. d. L. stark verknisternd, leicht schmelzbar = 1 und reducirbar. In Salpeters. mit Brausen aufl. Pb C̈. Kohlens. 16,47, Bleioxyd 83,53. — In den Kr. =Comb. häufig das Doma von 108° 14' vorwaltend, auch das Prisma der Stf. mit 117° 14', Hemitropien, Zwillinge und Drillinge wie beim Aragonit, mit welchem das Min. zu einer chem. Formation gehört. Die Krystalle oft nadelförmig; derb, körnig, dicht und erbig; letztere Var. öfters mit Thon, Eisenoxyd ꝛc. verunreinigt (Bleierde).

Auf Gängen im Ur= und Uebergangsgebirge, auch auf Lagern in Flötzkalk, ausgezeichnet im Erzgebirge (Freiberg, Johanngeorgenstadt, Mies, Przibram), Harz (Klausthal, Zellerfeld), England, Schottland, Sibirien ꝛc. Ceruffit von cerussa, Bleiweiß.

Der Iglesiasit (Zinkbleispath) von Monte Poni bei Iglesias in Sardinien enthält 7 pr. Ct. kohlens. Zinkoxyd, das Uebrige kohlens. Bleioxyd.

Anglesit. Bleivitriol.

Krystallsystem: rhombisch. Stf. Rhombenpyr. 89° 38'; 128° 48'; 112° 40'. Spaltb. domatisch unter 76° 17'. — Br. muschlig — uneben. Pellucid. Diamantglanz. Weiß, graulich ꝛc. H. 3. Spröde. G. 6,4. V. b. L. verknisternd, schmelzbar = 1,5, mit Soda Hepar und ein Bleikorn gebend. In Salpeter wenig aufl.

$\dot{P}b\,\ddot{S}$. Schwefels. 26,39, Bleioxyd 73,61. — Die Krystallisation ist die des schwefels. Baryts. Die vorwaltende Comb. bildet das Doma von 76° 17' und ein Prisma von 78° 46'. Die Krystalle erscheinen daher oft als Rectangulärpyramide; derb, körnig.

Cornwallis, Wanlotheab, und Leadhills in Schottland, Zellerfeld, Wolfach ꝛc. Der Name von Anglesea in Schottland.

Hier schließen sich als Seltenheiten an:

Lanarkit. Klinorhombisch. $\dot{P}b\,\ddot{C} + \dot{P}b\,\ddot{S}$. Kohlens. Blei= oxyd 47, schwefels. Bleioxyd 53. Leadhills in Schottland. Der Name von der Grafschaft Lanark in Schottland.

Leadhillit. Rhombisch. $3\,\dot{P}b\,\ddot{C} + \dot{P}b\,\ddot{S}$. Kohlens. Blei= oxyd 72,6, schwefels. Bleioxyd 27,4. Leadhills. Dieselbe Mischung kommt auch hexagonal (rhomboedrisch) vor, Susannit, v. d. Grube Susanna zu Leadhills.

Caledonit. Rhombisch. $\dot{C}u\,\ddot{C} + 2\,\dot{P}b\,\ddot{C} + 3\,\dot{P}b\,\ddot{S}$. Schwe= fels. Bleioxyd 55,8, kohlens. Bleioxyd 32,8, kohlens. Kupferoxyd 11,4. Dunkel spangrün. — Leadhills. Der Name von Caledonia, dem römischen Namen eines Theils von Schottland.

Linarit (Kupferbleispath). Klinorhombisch. $\dot{P}b\,\ddot{S} + \dot{C}u\,\dddot{H}$. Schwefelsaures Bleioxyd 75,71, Kupferoxyd 19,80, Wasser 4,49. Dunkel lasurblau. — Leadhills, Ural und Linares in Spanien, woher der Name.

Formation des Pyromorphits. Hierher aus der I. Klasse der Apatit.) $\bar{R}\,\bar{R} + 3\,\dot{R}^3\,\ddot{K}$. Als $\bar{R}$ kommen vor: Blei und Calcium. Als $\bar{R}$ Chlor und Fluor, als $\dot{R}$ Bleioxyd und Kalk= erde, als $\ddot{K}$ Phosphorsäure und Arseniksäure.

a. Pyromorphit. Grün= und Braunbleierz z. größten Thl.

Krystallsystem: hexagonal. Stf. Hexagonpyr. 142° 12' 36''; 80° 44'. Spltb. primitiv undeutlich. Br. muschlig — uneben. Pellucib. Fettglanz — Diamantglanz. In lichten Abänderungen von Grün und Braun. H. 3,5. G. 7. V. d. L. schmelzbar = 1,5, aus dem Schmelzflusse krystallisirend und für sich auf Kohle nicht rebucirbar. Mit Soda ein Bleikorn gebend. In Salpeterf. leicht auflösl. Pb $\dot{C}$l $+$ 3 $\dot{P}$b^3 $\ddot{\ddot{P}}$. Phosphorf. 15,79, Bleioxyd 73,91, Chlor 2,62, Blei 7,68. — Vorwaltende Form hexag. Prisma. Krystalle oft nabelförmig, die Prismen zuweilen hohl, stänglich, derb.

Ausgez. zu Przibram und Bleistadt in Böhmen, Hofsgrund in Baden, Zellerfeld am Harz, Huelgoet in Frankreich, Cornwallis ꝛc. Der Name von πῦρ, Feuer, und μορφή, Gestalt, wegen des Krystallisirens aus dem Schmelzfluß.

b. Mimetesit. Arsenikfaures Bleioxyd.

Krystallisation wie bei a. (Randkttw. 80° 58'). Pellucib. Fettglanz. Gelblichgrün, graulichgrün, bräunlich, gelb. H. 3. G. 7,2. V. d. L. in der Pincette schmelzbar = 1 und in der äußern Flamme krystallisirend. Auf Kohle mit Arsenikrauch rebucirbar. In Salpeterf. auflösl. Pb $\dot{C}$l $+$ 3 $\dot{P}$b^3 $\ddot{\ddot{As}}$. Arsenikf. 23,22, Bleioxyd 67,44, Chlor 2,37, Blei 6,97. Vorwalt. Form das hexag. Prisma. In Krystallen und derb, nierförmig, traubig ꝛc.

Johanngeorgenstadt im Erzgebirge, Cornwallis, Zacatecas. — Name von μιμητής, Nachahmer, in Bezug auf die Aehnlichkeit mit der vorhergehenden Species.

Sehr selten sind:

c. **Polysphärit.** Kuglig und traubig. Braun, graulich.

$$\left.\begin{array}{l} \text{Pb } \dot{C}\text{l} \\ \text{Ca F} \end{array}\right\} + 3 \left.\begin{array}{l} \dot{P}\text{b}^3 \\ \dot{C}\text{a}^3 \end{array}\right\} \ddot{\ddot{P}}.$$ Nach Kersten: Chlorblei 10,84, Fluorcalcium 1,09, phosphorf. Bleioxyd 77,01, phosphorf. Kalk 11,05. — Grube Sonnenwirbel bei Freiberg. Name von πολύ, viel, und σφαῖρα, Kugel.

d. **Hedyphan.** Graulichweiß. Pb $\dot{C}$l $+$ $\left\{\begin{array}{l} \dot{P}\text{b}^3 \ddot{\ddot{As}} \\ \dot{C}\text{a}^3 \ddot{\ddot{P}} \end{array}\right.$ Nach Kersten: Chlorblei 10,29, arsenikf. Bleioxyd 60,10, arsenikf. Kalk 12,90, phosphorf. Kalk 15,51. — Langbanshyttan in Schweden. — Name von ἡδυφανής, lieblich glänzend.

Der Bindheimit von Nertschinsk in Sibirien ist $\dot{P}$b^3 $\ddot{\ddot{Sb}}$ $+$ 4 $\ddot{H}$.

Krokoit. Rothbleierz.

Krystsystem: klinorhombisch. Stf. Hendyoeber. 93° 44'; 124°. Spltb. nach den Seitenfl. deutlich. Br. muschlig — uneben. Pellucib. Diamantglanz. Morgenroth, hyazinthroth. Strich orangegelb. H. 3. Milde. G. 6,1. V. d. L. mit Soda rebucirbar, die Flüsse chromgrün färbend. Wird das Pulver mit concentrirter Salzs. gekocht und Weingeist zugesetzt, so erhält man beim Concen=triren unter Ausscheidung von Chlorblei eine smaragdgrüne Flüssig-keit, die beim Verdünnen mit Wasser grün bleibt (während sie sich bei Vanadinit, Aräcxen etc. in Blau verändert. Pb C̈r. Chrom=säure 31,7, Bleioxyd 68,3. — Die Endfl. der Stf. gewöhnlich durch ein Klinodoma von 119° verdrängt; stänglich, derb.

Beresowst in Sibirien und Conchonas do Campo in Brasilien. Der Name von Κρόχος, Saffran.

Zu Beresowst kommt noch eine andere Species, der **Phönicit** (von φοινίχεος, purpurroth), vor, welcher Pb³ C̈r², Chromf. 23,6, Bleioxyd 76,4. Cochenillroth, im Striche ziegelroth.

Hier schließt sich ferner von demselben Fundorte der **Vauquelinit** an. Dunkelgrün. 2 Pb³ C̈r² + C̈u³ C̈r². Chromf. 28,42, Bleioxyd 60,78, Kupferoxyd 10,80. Der Name nach dem Chemiker Vauquelin.

Beide Min. sind selten.

Stolzit. Scheelsaures Bleioxyd.

Gehört mit der folgenden Spec. zur Formation des Scheelits. Krystem: quadratisch. Stf. Quadratpyr. 99° 43'; 131° 30'. Spltb. primitiv wenig. Br. muschlig. Pellucid. Fettglanz. Gelb=lich, bräunlich. H. 3. G. 8,1. V. d. L. auf Kohle schmelzbar zu einer metallisch glänzenden, krystallinischen Perle; mit Soda rebucirbar. In Salpeterf. mit Hinterlassung eines citrongelben Rückstandes (von Scheelsäure) aufl. Pb W̄. Wolfram= oder Scheelsäure 51, Bleioxyd 49.

Selten zu Zinnwald im böhmischen Erzgebirge und in den Bleigruben v. Southampton, mit hemiedrischem Typus wie der Scheelit. Der Name nach dem ersten Bestimmer Dr. Stolz.

Wulfenit. Molybdänsaures Bleioxyd. Gelbbleierz.

Krisation wie bei der vor. Spec. Pellucid. Fettglanz. Wachsgelb, honiggelb, pomeranzengelb. H. 3. G. 6,7. V. d. L. stark verknisternd, mit Soda auf der Kohle rebucirbar. Wird das Pulver in einer Porcellanschale mit concentr. Schwefelf. erhitzt und dann nach etwas Abkühlen Weingeist zugesetzt und angezündet, so färbt sich die Flüssigkeit, besonders an den Wänden der Schale, lasurblau. Wird das Pulver mit Salzf. gekocht, so nimmt die ziemlich verdünnte Aufl. beim Umrühren mit Stanniol eine blaue Farbe an. Pb. M̄o. Molybdänsäure 38,55, Bleioxyd 61,45. — Krystalle meistens tafelförmig durch Ausdehnung der vorkommenden baf. Fläche, blättchenförmig, derb etc.

In Alpenkalk. Ausgez. zu Bleiberg und Windischkappel in Kärnthen, Rezbanya in Ungarn, Badenweiler in Baden, Partenkirchen in Oberbayern, Mexiko ꝛc. Der Name nach Hrn. Wulfen, der eine Monographie des Min. schrieb.

Zu Pamplona in Süd-Amerika kommt noch eine andere Verbindung, Pb³ M̅o, vor.

Selten und in geringer Menge kommen Verbindungen von Vanadinsäure und Bleioxyd vor und gehören hierher der Vanadinit und Decloizit. Der Vanadinit zeigt Isomorph. mit Pyromorphit (daher Kenngott vorschlägt, die Vanadinsäure als V̅ zu betrachten). Die Analysen geben 17 pr. Ct. Vanadinsäure, 76 pr. Ct. Bleioxyd, 2,23 pr. Ct. Chlor. Die salzsaure Lösung mit Zusatz von Weingeist concentrirt, giebt eine smaragdgrüne Flüssigkeit, die bei Zusatz von Wasser sich himmelblau färbt. — Wiklow in Irland, Mexiko, Beresowsk. — Der Name nach dem Gehalt an Vanadium, dieses von Vanadis, einem Beinamen der nordischen Göttin Freya. Das Vanadium wurde von del Rio (1801) und Sefström (1830) entdeckt. Der Descloizit (nach dem Mineralogen Descloizeaux benannt) hat die Mischung des Vanadinit, krystallisirt aber rhombisch. Mexiko, Böhmen.

Eine Verbindung von vanadins. Bleioxyd und Zinkoxyd ist der Dechenit (Aräoxen, Eusynchit) von Dahn in der Rheinpfalz und von Freiburg im Breisgau.

Cotunnit. Chlorblei.

In nadelförmigen, diamantglänzenden Krystallen von weißer Farbe. Sehr leicht schmelzbar und sublimirbar, die Flamme blau färbend, mit Soda viele Bleikörner gebend. In Salpeters. leicht aufl., die Aufl. giebt mit Silberaufl. ein starkes Präc. von Chlorsilber. Pb Cl. Chlor 26, Blei 74. Findet sich am Vesuv. — Name nach dem neapolitanischen Arzte Cotunnia.

Hier schließen sich die seltenen Min. Mendipit, Matlockit und Kerasin an. Die ersteren sind Chlorblei mit Bleioxyd und finden sich zu Mendip=Hill in Sommersetshire und Matlock in Derbyshire, der Kerasin (von κέρας, Horn) ist Chlorblei mit Pb C̈ und kommt zu Matlock in Derbyshire vor.

Eine Verbindung von Chlorblei (23), Jodblei (18,7) u. Bleioxyd (17), findet sich nach Domeyko bei Paposo in Atakama in nicht unbeträchtlicher Menge.

Schwefelblei und Verbindungen des Schwefelblei's.

Metallglänzend. Mit Soda Hepar gebend und Blei oder Bleibeschlag auf der Kohle.

Galenit. Bleiglanz.

Krystem: tesseral. Stf. Hexaeder. Spltb. primitiv vollkom=
men. Metallglanz. Bleigrau. H. 2,5. Milde. G. 7,5. V. b. L.
schmelzbar = 1—1,5, nach schweflichter Säure riechend und mit
Soda leicht rebucirbar. Pb. Schwefel 13,3, Blei 86,7. Zuweilen
etwas silber= und antimonhaltig. — Die gewöhnlichen Comb. sind
die des Hexaeders und Oktaeders. Körnig, körnig strahlig, auch
ins Dichte. (Bleischweif.)

Auf Gängen in Ur= und Uebergangsgebirgen, auf Lagern im Ueber=
gangs= und Flötzkalk. Sehr verbreitet. Ausgez. Krystalle finden sich zu
Clausthal und Zellerfeld am Harz, Freiberg und Johanngeorgenstadt,
Mies in Böhmen, Schemnitz in Ungarn, Bleiberg, Leadhills, Derbyshire,
Schweden, Norwegen c. Galenit von galena, Bleierz.

Das Schwefelblei kommt in mehreren Verhältnissen mit Schwe=
felantimon verbunden vor. Diese Verbindungen sind von bleigrauer
— eisenschwarzer Farbe, geben v. b. L. auf Kohle Blei= und An=
timonbeschlag und von Kalilauge wird beim Kochen Schwefelantimon
aufgelöst und Schwefelblei bleibt als schwarzes Pulver zurück (der
Antimonglanz nimmt mit Kalilauge sogleich eine ockergelbe Farbe
an, was bei diesen Verb. nicht der Fall ist). Die mit Salzsäure
neutralisirte Lauge fällt gelbrothe und bräunlichrothe Flocken.

Die bekannten Verbindungen dieser Art, welche sämmtlich
nur in kleinen Mengen vorkommen, sind:

Zinkenit. $\dot{P}b$ $\ddot{S}b$. Schwefel 22,23, Antimon 41,80, Blei
35,97. Hexagonal. — Wolfsberg am Harz. Benannt nach dem
hannöverschen Bergrath Zinken.

Boulangerit. $\dot{P}b^3$ $\dddot{S}b$. Schwefel 18,21, Antimon 22,83,
Blei 58,69. Kurzfasrige Massen. Molières in Frankreich, Ner=
tschinsk, Oberfahr in Sahn=Altenkirch. Benannt nach dem fran=
zösischen Chemiker Boulanger. Ein $\dot{P}b^4$ $\dddot{S}b$ ist der Mene=
ghinit v. Bottino in Toskana. Der Epiboulangerit von
Altenberg in Schlesien ist nach Websky $\dot{P}b^3$ $\dddot{S}b + 3\,\dot{P}b^3$ $\ddddot{S}b$.

Geokronit. $\dot{P}b^5$ $\dddot{S}b$. Schwefel 16,7, Antimon 15,7,
Blei 67,6. Derb, nicht spaltbar. Manchmal ein Theil von $\dddot{S}b$
durch $\dddot{A}s$ vertreten. Sala in Schweden, Meredo in Asturien. —
Name von γῆ, Erde, und κρόνος, Saturn für Blei.

15

Kilbrickenit. $Pb^6 \ddot{Sb}$. Schwefel 16,26, Antimon 13,58, Blei 70,16. Blättrig, erdig. Kilbricken in Irland (daher der Name).

Jamesonit (Plumosit). $Pb^2 \dddot{Sb}$. Schwefel 19,64, Antimon 29,53, Blei 50,83. Rhombisch. Stänglich, blättrig. Cornwallis, Catta franca in Brasilien, Arany=Idka in Oberungarn. — Der Name nach dem schottischen Geologen Jameson.

Plagionit. $Pb^4 \dddot{Sb}^3$. Schwefel 21,16, Antimon 36,71, Blei 42,13. Klinorhombisch. Wolfsberg am Harz. Der Name von πλάγιος, schief.

Verbindungen von Pb u. $\ddot{As}$ kommen ebenfalls mehrere vor; bei diesen wird von Kalilauge $\ddot{As}$ extrahirt und aus der Lösung mit Salzsäure in citrongelben Flocken gefällt. Diese Verbindungen sind z. Th. Analoga zu denen mit $\ddot{Sb}$, so der **Ekleroklas** $Pb^2 \ddot{As}$ analog dem Jamesonit; der **Arsenomelan** $Pb \ddot{As}$ analog dem Zinkenit. Der **Blynnit** ist $Pb^2 \ddot{As}$. Diese Species kommen vor im Binnenthal in der Schweiz.

Bournonit. Schwarzspießglanzerz.

Krystallsystem: rhombisch. Es finden sich rhombische Prismen von 93° 40' mit mehreren Domen. Spltb. nach den Diag. undeutlich. Br. muschlig — uneben. Stahlgrau — eisenschwarz. H. 2,5. Spröde. G. 5,7. V. d. L. schmelzbar (1), die Kohle weiß und grünlichgelb beschlagend und nach längerem Blasen mit Soda ein Kupferkorn gebend. Die salpeters. Aufl. giebt mit Schwefels.

ein Präc. von schwefels. Bleioxd. $Pb^4 \ddot{Sb} + \ddot{Cu}^2 \ddot{Sb}$. Schwefel 19,72, Antimon 24,71, Blei 42,54, Kupfer 13,03. — Krystalle öfters in Zwillingen, die Fl. des angegebenen Prisma's als Zusammensetzungsfl., radförmig aggregirt, derb.

Kapnik und Offenbanya in Siebenbürgen, Wolfsberg, Pfaffenberg und Neudorf am Harz, Cornwallis 2c. Bournonit nach dem französischen Krystallographen Grafen v. Bournon.

Hier schließt sich der **Wölchit** an. Rhombisch. Schwärzlichbleigrau. Nach Schrötter: Schwefel 28,60, Antimon 16,65, Arsenit 6,04, Blei 29,90, Kupfer 17,35, Eisen 1,40. Wölch bei St. Gertraud in Kärnthen.

Belonit. Nadelerz.

Nadelförmige und schilfförmige Krystalle und derb. Spltb. in einer Richtung deutlich. Stahlgrau, öfters gelblich 2c. anlaufend. Strich schwärzlichgrau. H. 2. Milde. G. 6,12. V. d. L. sehr leicht schmelzbar, die Kohle weiß und schwefelgelb beschlagend.

Nach längerem Blasen mit Soda ein Kupferkorn und Bleibeschlag gebend. Die salpeterf. Aufl. giebt mit Wasser ein weißes Präc., mit Schwefelf. wird schwefelf. Bleiorhd gefällt.

$Pb^4 \ddot{B}i + \acute{C}u^2 \ddot{B}i$. Anal. von Frick: Schwefel 16,11, Wismuth 36,45, Blei 36,05, Kupfer 10,59.

In geringer Menge zu Beresowsk in Sibirien. Der Name von βελόνη, Nadel.

Hier schließt sich Setterberg's Kobellit an. Schwefelantimon 12,70, Schwefelblei 46,36, Schwefelwismuth 33,18, Schwefeleisen 4,72.

$(\dot{P}b, \ddot{F}e)^3 \ddot{B}i, \ddot{S}b)$. Sehr selten. Nerike in Schweden.

Der Chiviatit von Chiviato in Peru ist nach Rammelsberg $(\dot{P}b, \acute{C}u)^2 \ddot{B}i^3$.

Der Cuproplumbit aus Chile ist $\acute{C}u \, Pb^2$, der Alisonit ebendaher $\acute{C}u^3 \dot{P}b$. Der Huascolit v. Huasco ist $\dot{P}b + 1\frac{1}{2} \acute{Z}n$.

Clausthalit. Selenblei.

Kristem: tesseral. Körnig blättrige Massen, auch dicht. Blei= grau, lichte. Metallglanz. H. 2,7. Milde. G. 8,5. B. b. L. verknisternd, auf der Kohle unter Verbreitung von Selengeruch verflüchtigend, ohne zu schmelzen. In Salpeterf. aufl., Schwefelf. fällt schwefelf. Bleiorhd. Pb Se. Selen 27,3, Blei 72,7.

Bisher nur zu Tillerode und Clausthal (woher der Name) am Harz gefunden.

Hier schließen sich, ebenfalls sehr selten, das Selenkobaltblei, Selen- bleikupfer und Selenquecksilberblei an, welche mit dem Selenblei zu Tillerode vorkommen.

Nagyagit. Blättererz.

Kristem: quadratisch. Stf. Quadratpyr. 96° 43′; 140°. Spltb. basisch sehr vollkommen. Metallglanz. Schwärzlichbleigrau. H. 1,5. Milde, in dünnen Blättchen biegsam. G. 7,0. B. b. L. auf Kohle schmelzbar = 1, die Flamme bläulich färbend, rauchend und die Kohle gelb beschlagend. In einer offenen Röhre Tellur= rauch gebend. Mit concentr. Schwefelf. gelinde erhitzt, eine braun= gelbe oder hyazinthfarbene Flüssigkeit gebend, die sich, mit Wasser verdünnt, sogleich entfärbt und ein graues Präc. von Tellur fällt. Nach Klaproth: Tellur 32,2, Blei 54,0, Gold 9,0, Silber 0,5, Kupfer 1,3, Schwefel 3,0. Krystalle tafelförmig, blätterförmig.

Kommt in geringer Menge zu Nagyag in Siebenbürgen vor.

Reines Tellurblei, Altait, findet sich als Seltenheit zu Sawodinski am Altai. Spltb. hexaedrisch. Zinnweiß. Tellur 38,1, Blei 61,9.

XIX. Ordnung. Zink.

Die Min. dieser Ordnung geben v. b. L. für sich oder mit Soda auf Kohle anhaltend erhitzt einen Beschlag, welcher in der Hitze gelb ist, beim Erkalten sich bleicht und, mit Kobaltaufl. befeuchtet und erhitzt, eine grüne Farbe annimmt.

Die wichtigsten Zinkerze sind das kohlensaure und kieselsaure Zinkoxyd, welche gewöhnlich Galmey heißen, und das Schwefelzink oder Zinkblende. Nach gehörigem Brennen und Rösten werden die pulverisirten Erze mit Kohlen und Koaks in verschlossenen Destillirgefäßen, Tiegel oder Röhren von Thon oder Gußeisen, reducirt. Durch angebrachte Röhren werden die Zinkdämpfe (das Zink ist in der Weißglühhitze flüchtig) in den Verdichtungsraum geleitet, wo das Zink in die Vorlagen tropft.

Das Zink liefert mit Kupfer die bekannte Legirung Messing. Es dient zum Dachdecken, Schiffsbeschlag und zu den galvanischen Batterieen etc.

Belgien producirt jährlich gegen 900,000 Centner Zink, Preußen 780,000 Ctr., Oesterreich 40,000, England 150,000.

Zinkoxyd-Verbindungen.

Smithsonit. Zinkspath. Galmey z. Th.

Krsystem: hexagonal. Stf. Rhomboeder von 107° 40'. Spltb. primitiv. Br. uneben. Durchscheinend — undurchsichtig. Glasglanz — Perlmutterglanz. Weiß, gelblich, grünlich ꝛc. H. 5. G. 4,5. V. b. L. unschmelzbar, mit Kobaltaufl. beim Glühen schön grün. In Salzsäure mit Brausen aufl. Żn C̈. Kohlens. 35,19, Zinkoxyd 64,81. — Krystalle selten deutlich, krystallinisch körnig, fasrig, dicht und erdig.

Im ältern und neuern Gebirge, vorz. Flötzkalk. Bleiberg und Raibel in Kärnthen, Aachen und Iserlohn, Tarnowitz in Schlesien, Miedzana, Gora in Polen, Rauschenberg bei Reichenhall, Schottland, Nertschinsk im Ural ꝛc. Smithsonit nach dem englischen Chemiker Smithson.

Zu Bleiberg und Raibel in Kärnthen findet sich noch eine andere wasserhaltige kohlensaure Verbindung, der Hydrozinkit (Zinkblüthe), Kohlens. 13,5, Zinkoxyd 71,4, Wasser 15,1. Der Monheimit ist Żn C̈ + Ḟe C̈. Siehe die Ordnung: Eisen.

Calamin. Kieselgalmey.

Krsystem: rhombisch. Es finden sich rhombische Prismen von 104° 6', gewöhnlich mit einem brachydiag. Doma von 129° 2'. Spltb. nach den Fl. des Prisma's von 104° 6'. Br. uneben. Durchscheinend. Glas — Perlmutterglanz. Weiß, gelblich ꝛc. H. 5.

G. 3,5. Durch Erwärmen stark elektrisch. V. b. L. fast unschmelz=
bar, mit Kobaltaufl. blaue, nur stellenweise grüne, Farbe an=
nehmend. Mit Säuren gelatinirend. $2 \dot{Z}n^3 \ddot{S}i + 3 \dot{H}$. Kiesel=
erde 25,59, Zinkoxyd 66,93, Wasser 7,48. — Klle. gewöhnlich
tafelartig, stänglich, körnig 2c. An den Krystallen ist öfters Hemi=
morphismus zu bemerken.

An denselben Fundorten wie die vorige Species. Calamin von lapis
calaminaris, Galmey.

Der **Moresnetit** v. Altenberg bei Aachen ist ein wasserhaltiges Zink=
silicat mit 13,68 pr. Ct. Thonerde.

Hier schließt sich der ziemlich seltene **Willemit** an, welcher $\dot{Z}n^3 \ddot{S}i$.
Kieselerde 27,53, Zinkoxyd 72,47. Krystallisirt hexagonal rhomboedrisch.
Gelatinirend. — Franklin in Ney=Persey, die Schweiz, Raibel in Kärn=
then, Aachen. — Der Name nach dem ehemaligen Könige der Niederlande
Wilhelm I. — Hierher gehört (mit 9 pr. Ct. $\dot{M}n$, $\dot{F}e$) der **Troostit** von
Sterling in N. Jersey.

Der **Danalit** v. Rockport in Massachusetts ist ein eisenhaltiges Zink=
silicat mit 14 pr. Ct. Berillerde (Coole).

Gahnit. Automolith.

Klsystem: tesseral. Stf. Oktaeder. Spltb. primitiv. Br.
muschlig. An den Kanten durchscheinend. Glasglanz zum Fett=
glanz. Dunkel lauchgrün. H. 7,5. G. 4,2—4,4. V. b. L. un=
veränderlich. Von Säuren nicht angegriffen. Das feine Pulver
mit saurem schwefels. Kali geschmolzen und in Wasser gelöst, giebt
mit Aetzammoniak in Ueberschuß ein Präc. Wird dieses filtrirt,
so giebt Schwefelammonium im Filtrat ein weißes Präc. von
Schwefelzink.

$\left. \dot{Z}n \atop \dot{M}g \right\}$ $\ddot{A}l$. Analyse einer Var. von Fahlun von Abich: Thon=
erde 55,14, Zinkoxyd 30,02, Talkerde 5,25, Eisenoxydul 5,85,
Kieselerde 3,84.

Fahlun und Stor=Tuna in Schweden, Neu=Persey, Querbach in
Schlesien. — Der Name nach dem schwedischen Chemiker Gahn. — Gehört
zur chem. Formation des Spinells. Ebenso der **Kreittonit** von Boden=
mais in Bayern ($\dot{Z}n$, $\dot{F}e$, $\dot{M}g$) ($\ddot{A}l$ $\ddot{F}e$), der **Dysluit** von Ster=
ling in N. Jersey ($\dot{Z}n$, $\dot{F}e$, $\dot{M}n$) ($\ddot{A}l$ $\ddot{F}e$) und der **Franklinit** von
Franklin in Neu=Jersey, welcher ($\dot{Z}n$, $\dot{F}e$, $\dot{M}n$) ($\ddot{F}e$, $\ddot{M}n$).

Außer diesen kommen noch in geringer Menge vor:

Goslarit (Zinkvitriol), isomorph mit Bittersalz. Farblos, weiß. $\dot{Z}n \ \bar{S} + 7 \ \dot{H}$. Schwefelsäure 27,97, Zinkoxyd 28,09, Wasser 43,94. In Wasser auflösl. Rammelsberg bei Goslar, Fahlun, Schemnitz ꝛc.

Köttigit, wesentlich arsenik. Zinkoxyd mit 23 pr. Ct. Wasser. Schneeberg. Eine ähnliche Verbindung mit $4\frac{1}{2}$ pr. Ct. Wasser (isomorph mit Olivenit) ist der **Adamin** v. Chanarcillo in Chili.

Zinkit (Horoklas). Morgenroth, blutroth, durchscheinend. Im reinsten Zustande aus Zinkoxyd bestehend, gewöhnlich mit Manganoxyd gemengt. — Franklin. Zuweilen in ansehnlichen Massen.

Schwefelzink und Schwefelzink-Verbindungen.

Sphalerit. Zinkblende.

Krystsystem: tesseral. Stf. Rhombendodekaeder. Spltb. primitiv sehr vollkommen. Pellucid. Diamantglanz. Grün, gelb, roth, braun und schwarz in mancherlei Abänderungen. Strich gelblichweiß — braun. H. 3,5. G. 4. V. d. L. meistens unschmelzbar, mit Soda Zinkrauch und Hepar gebend. In concentr. Salpetersäure mit Ausscheidung von Schwefel auflösl. $\dot{Z}n$. Schwefel 33, Zink 67. Die strahlige Blende von Przibram enthält 1,5 Cadmium. — In Krystallen, geneigtflächig hemiedrisch, Rhombendodekaeder, Oktaeder, Tetraeder, Trigondodekaeder, selten auch Trapezdodekaeder, Würfel in mannigfaltigen Combin. Häufig Hemitropieen, Drehungsfl. die Oktaederfl., derb, körnig, strahlig, selten dicht.

Im ältern Gebirge, sehr verbreitet. Ausgez. Var. kommen vor zu Schemnitz, Felsobanya, Kapnik ꝛc in Ungarn. Freiberg in Sachsen, Andreasberg am Harz. Nassau, Derbyshire und Cumberland, Bodenmais in Bayern, Raibel in Kärnthen ꝛc. Sphalerit von σφαλερός, betrügerisch.

Selten und in geringer Menge kommen vor:

Marmatit. Blättrig, schwarz. In Salzs. mit Entwicklung von Schwefelwasserstoff auflösl. $\dot{Fe} + 3\,\dot{Z}n$. Schwefelzink 77,1. Schwefeleisen 22,9. Marmato in der Provinz Popayan und Botino in Toskana. Aehnliche Verbindungen sind: der **Christophit** v. Breitenbrunn in Sachsen und der **Rahtit** v. Duktown in Tennessee, der letztere mit 14 pr. Ct. Kupfer.

Voltzit. Als Ueberzug, schmutzig blaßroth, gelblich. In Salzs. aufl. 4 Žn + Žn. Schwefelzink 82,77, Zinkoxyd 17,23. Rosiers im Depart. Puy de Dome, Joachimsthal. — Der Name nach dem französischen Minenchef Voltz.

Selenquecksilberzink findet sich nach Del Rio zu Culebras in Mexiko.

XX. Ordnung. Cadmium.

Greenockit. Schwefelcadmium.

Krystem: hexagonal. Stf. Hexagonpyr. von 139° 38′ 31″ und 87° 13′ 44″. Spltb. hexagonal prismatisch und basisch Pellucid. Diamantglanz. Honig — orangegelb. Strich röthlichorangegelb. H. 4. G. 4,9. V. d. L. mit Soda auf Kohle einen braunrothen Ring von Cadmiumoxyd gebend. In Salzs. mit Entwicklung von Schwefelwasserstoff aufl. Čd. Cadmium 77,60, Schwefel 22,40. — In Krystallen, Comb. mehrerer Hexagonpyr.

Bis jetzt nur zu Bishopton in Renfrewshire in Schottland gefunden. Der Name nach Lord Greenock. — Das Cadmium kommt außerdem in geringen Mengen in den Zinkerzen vor und wurde 1817 fast gleichzeitig von Herrmann und Stromeyer entdeckt.

XXI. Ordnung. Nickel.

Die Mineralien dieser Ordnung sind in Salpeters. oder Salpetersalzs. aufl. Mit Salpetersalzsäure anhaltend gekocht und dann mit Aetzammoniak in Ueberschuß versetzt, erhält man eine sapphirblaue Flüssigkeit, in welcher Kalilauge ein apfelgrünes, v. d. L. mit Soda zu magnetischem Nickel reducirbares Präc. hervorbringt*).

Das vorzüglichste Nickelerz ist der Arseniknickel oder Rothnickelkies. Zur Darstellung des Nickels wird das gepochte Erz mit Schwefel und Pottasche zusammengeschmolzen, es bildet sich Schwefelarsenik, welcher mit dem entstandenen Schwefelkalium, verbunden mit Wasser, ausgelaugt wird. Das rückständige Schwefelnickel wird in einem Gemische von Schwefel- und

---

*) Mit Borax zeigen die Nickelerze v. d. L. häufig einen Kobaltgehalt.

Salpetersäure aufgelöst, das Nickeloxyd mit Pottasche als kohlensaure Verbindung gefällt und dann mit Kohle in heftigem Feuer reducirt. — Der norddeutsche Bund producirt 6500 Ctr. Nickelerze, Oesterreich 1800, Belgien 900, Frankreich 650 ꝛc.

Durch Zusammenschmelzen von Nickel, Kupfer und Zink erhält man das Argentan, Packfong oder Neusilber. — Das Nickel wurde 1751 von Kronstedt im Rothnickelkies entdeckt.

Millerit. Haarkies.

Krystallsystem: hexagonal. Haarförmige Krystalle. Messinggelb. H. 3. G. 5,27. V. d. L. auf Kohle zu einer schwarzen magnetischen Kugel schmelzbar. In Salpetersalzsäure aufl. Die Aufl. reagirt auf Schwefels. und Nickeloxyd. Ni. Schwefel 35,54, Nickel 64,46.

Selten. Johanngeorgenstadt, Oberlahr in Altenkirchen, Joachimsthal und St. Austle in Cornwallis. — Der Name nach dem englischen Mineralogen Miller.

Von Schwefelnickel-Verbindungen kommen sehr selten vor:

Saynit (Nickelwismuthglanz). Tesseral, lichte stahlgrau; die concentr. salpeters. Aufl. wird mit Wasser weiß gefällt. Schwefel 38,5, Nickel 40,6, Wismuth 14,1, Fe, Cu ꝛc. Das Nickel auch theilweise durch Kobalt vertreten. Grünau in der Grafschaft Sayn-Altenkirch.

Pentlandit (Eisennickelkies). Tombackbraun. Ni + 2 Fe. Schwefel 36,54, Eisen 41,07, Nickel 22,39. Lillehammer in Norwegen. Scheint zur Formation des Pyrrhotin zu gehören.

Linnéit (Siegenit), tesseral, Oktaeder, röthlich silberweiß. H. 5,5. G. 4,9. V. d. L. mit Entwicklung von schweflichter Säure zu einer im Innern broncegelben Kugel schmelzend. In Salpetersäure vollkommen auflöslich. Ni N̈i mit Co C̈o. Eine Var. von Müsen bei Siegen gab nach den Anal. von Ebbinghaus: Schwefel 42,30, Nickel 42,64, Kobalt 11,00, Eisen 4,69. Müsen, Finksburg in Maryland, Missouri.

Formation des Nickelglanzes.

a. Gersdorffit. Nickelarsenikglanz.

Krystallsystem: tesseral. Stf. Hexaeder. Spltb. primitiv vollkommen. Lichte blaugrau, dem Zinnweißen sich nähernd. H. 5,5.

Spröde. G. 6,1. V. b. L. auf Kohle mit Arsenikrauch schmelzbar = 2 zu einer magnetischen Masse. In Salpeterf. mit Ausscheidung von Schwefel zu einer grünen Flüssigkeit aufl.

Ni² $\begin{cases} As^3 \\ S^3 \end{cases}$. Meine Anal. einer Var. von Lichtenberg gab:

Schwefel 14,00, Arsenik 45,34, Nickel 37,34, Eisen 2,50. — Gewöhnliche Comb. Oktaeber mit den Flächen des Pentagondodekaeders. Derb. Ziemlich selten.

Loos in Schweden, Ramsdorf, Sparnberg und Lichtenberg bei Steben, Schlabming in Steyermark. — Benannt nach dem österreichischen Hofrath Gersdorff.

b. Ullmannit. Nickelantimonglanz.

Krystallisation wie a. Bleigrau ins Stahlgraue. H. 5. G. 6,4. V. b. L. mit Antimonrauch zur magnetischen Kugel schmelzend. In Salpeterf. mit Ausscheidung von Schwefel und Antimonoxyb zur grünlichen Flüssigkeit aufl.

Ni² $\begin{cases} Sb^3 \\ S^3 \end{cases}$. Anal. einer Var. v. Landskrone im Siegen'schen v.

H. Rose: Schwefel 15,98, Antimon 55,76, Nickel 27,36. — Krcomb. wie bei a, derb.

Sahn-Altenkirch, Landskrone im Siegen'schen, Harz. Benannt nach dem churhessischen Mineralogen Ullmann.

Ein Mittelglied zwischen Gersdorffit und Ullmannit ist der Korynit v. Olsa in Kärnthen.

Verbindungen des Nickels mit Arsenik.

Nickelin. Rothnickelkies. Kupfernickel.

Krystystem: hexagonal. Hexagonale Prismen selten. Gewöhnlich derb. Br. uneben — muschlig. Lichte kupferroth, bräunlich anlaufend. Pulver bräunlichschwarz. H. 5,5. Spröde. G. 7,7. V. b. L. starken Arsenikrauch entwickelnd, dann schmelzbar = 2 zu einer nicht magnetischen Kugel. In Salpeterf. zu einer lichtgrünen Flüssigkeit aufl. Ni As. Arsenik 56,44, Nickel 43,56.

Im Urgebirge zu Schneeberg, Annaberg, Freiberg ꝛc. in Sachsen, Joachimsthal in Böhmen, Schlabming in Steyermark, Riechelsdorf und Bieber in Hessen, Wittichen und Wolfach in Baden, Harz, Cornwallis ꝛc.

Chloanthit. Weißnickelkies.

Krystystem: tesseral. Br. uneben. Zinnweiß. H. 5,5. G. 7,1. Chem. wie die vorige Spec. Ni As². Arsenik 72,15, Nickel 27,85. (Zur Formation des Smaltin gehörend.)

Schneeberg, Schladming in Steyermark, Kammsdorf bei Saalfeld. Oefters ist ein Theil des Nickels durch Eisen und Kobalt vertreten. Der Name von χλοανθης, grün ausschlagend.

Der **Chatamit** v. Chatam in Connecticut u. v. Andreas=berg ist wesentlich Ni As² + 2 Fe As².

Sehr selten ist der **Breithauptit** (Antimonnickel). Lichte kupferroth ins Violette. Ni Sb. Antimon 67,46, Nickel 32,54. — Andreasberg am Harz. (Gehört zur Formation des Nickelin.) Der Name nach dem sächs. Mineralogen Breithaupt.

Nach Genth kommt in Stanislaus=Mine in Californien Tellur=nickel vor, welches er **Melonit** nennt.

Ebenfalls selten und in geringer Menge kommt der **Anna=bergit** vor, mit dem Erythrin eine chemische Formation bildend. Meistens als erbige, apfelgrüne Substanz. Ni³ Äs + 8 Ḣ. Arseniksäure 38,4, Nickeloryd 37,6, Wasser 24,8. Annaberg am Harz, Saalfeld, Riechelsdorf ꝛc.

Der **Pyromelin** ist ein unreiner Nickelvitriol. Lichtenberg im Bayreutischen. Zu Riechelsdorf findet sich Nickelvitriol von der Formel Ni S̈ + 6 Ḣ.

Der sogen. **Nickelsmaragd** von Texas ist Ni³ C̈ + 6 Ḣ. Kohlensäure 11,76, Nickeloryd 58,37, Wasser 28,87. Daselbst kommt auch Ni Ḣ² vor. Auf Chromit.

Ein Nickelorydsilicat mit Talkerde und Wasser ist der **Nickelgymnit** v. Texas und der **Rewdanskit** vom Ural.

Der **Konarit** v. Röttis in Sachsen ist wesentlich: Kiesel 43,6, Nickeloryd 35,8, Wasser 11,1. Hieher der **Röttisit**.

XXII. Ordnung. Kobalt.

Die Min. dieser Ordnung ertheilen v. d. L. dem Borar und Phosphorsalz eine schöne sapphirblaue Farbe. Die salpeters. Aufl. ist meistens rosenroth und giebt, stark verdünnt mit Kali und Wasserglasaufl., ein himmelblaues Präc. oder färbt sich himmel=blau.

Die Darstellung des Kobaltmetalls ist der des Nickels ähnlich, die wichtigste Anwendung der Kobalterze betrifft aber die Bereitung der S m a l t e. Dazu werden vorzüglich Speißkobalt oder Glanz= kobalt anfangs geröstet und der so erhaltene S a f f l o r oder Z a f f e r dann mit Quarz und Pottasche zu Glas zusammengeschmolzen, welches eine schöne blaue Farbe besitzt. Das Glas wird noch flüssig mit eisernen Löffeln geschöpft und in Wasser gegossen, um es rissig und zerreiblich zu machen, dann gemalen und geschlemmt. Die farbreichern Theile heißen F a r b e, die ärmern E s c h e l.

Dieses blaue Glaspulver dient als Malerfarbe, zum Färben des Papiers 2c.

Durch Erhitzen eines Gemenges von Thonerdehydrat, Kobaltoxydhydrat oder phosphorsaurem Kobaltoxyd erhält man ebenfalls eine schöne blaue Farbe (Thénard's Blau), durch Erhitzen von Zinkoxyd mit ähnlichen Ko= baltpräparaten eine grüne Farbe (das R i n n m a n n' s c h e G r ü n), wo= von besonders erstere in der Porcellanmalerei gebraucht wird. — Die Be= reitung der Smalte kennt man schon vom 16. Jahrhundert an. Das Metall wurde zuerst von dem schwed. Chem. B r a n d t 1733 dargestellt.

Die meisten Erze liefern: Sachsen 8200 Centner, Böhmen 4000, Hessen 2000 und Norwegen 2600.

Erythrin. Kobaltblüthe.

Kſyſtem: klinorhombisch. Stf. Hendyoeber: 130° 10'; 121° 13'. Spltb. klinodiagonal vollkommen. Pellucid. Glasglanz — Perlmutterglanz auf den Spaltfl. Karmesin — cochenille — pfirsich= blüthroth. Strich pfirsichblüthroth. H. 1,5. Milde. G. 2,9—3,1. V. d. L. im Kolben Wasser gebend, auf Kohle sehr leicht mit Ar= senikrauch zur grauen Metallkugel schmelzend. In Salzſ. leicht zur rosenrothen Flüssigkeit aufl. $\overset{..}{Co^3} \overset{..}{As} + 8 \overset{..}{H} =$ Arseniſ. 38,25, Kobaltoxyd 37,35, Wasser 23,90. Oefters ein Theil $\overset{.}{Co}$ durch $\overset{.}{Ni}$ vertreten. — Vorwaltende Form: schiefes rectanguläres Prisma strahlig, erbig.

Mit andern Kobalterzen zu Saalfeld in Thüringen, Schneeberg in Sachsen, Riechelsdorf in Hessen, Joachimsthal. Wittichen 2c. Manchmal mit arsenichter Säure gemengt. — Der Name von ἐρυθρός, roth.

Asbolan. Erdkobalt.

Erdige Massen, traubig, nierförmig 2c. Matt, auf dem Striche fettglänzend. Schwärzlich, braun, gelb 2c. Weich. G. 2,24. V. d. L. im Kolben Wasser gebend, theils schmelzbar, theils unschmelz= bar. In Salzſ. mit Chlorentwicklung zur rothen Flüssigkeit aufl. $\overset{.}{Co} \overset{..}{Mn^2} + 4 \overset{..}{H}$. Meistens unrein. Die Anal. einer schwarzen Var. von Kammsdorf bei Saalfeld von Rammelsberg gab: Man=

ganoxydul 40,05, Sauerstoff 9,47, Kobaltoxyd 19,45, Kupferoxyd 4,35, Eisenoxyd 4,56, Baryt 0,50, Kali 0,37, Wasser 21,24.

An denselben Fundorten wie die vorige Species. — Asbolan von ἀσβόλη, Ruß. — Der Nabbionit enthält 5 pr. Ct. Čo, 45 F̄e, 14 Ču, M̄n, N̄n. Nischne-Tagilsk.

Sehr selten kommt der Bieberit (Kobaltvitriol) vor. Rosenroth. In Wasser aufl. Nach Winkelblech: Schwefelsäure 29,05, Kobaltoxyd 19,90, Wasser 46,83, Talterde 3,86. — Bieber im Hanau'schen.

Smaltin. Speißkobalt. Kobaltkies.

Krystem: tesseral. Stf. Hexaeder. Spltb. primitiv in Spuren. Br. uneben. Zinnweiß — lichte stahlgrau, grau anlaufend. H. 5,5. Spröde. G. 6,4 — 6,6. V. d. L. starken Arsenikrauch entwickelnd, zuletzt schmelzend zu einer magnetischen Perle. In Salpeters. mit Ausscheidung von arsenichter Säure aufl. Salzs. Baryt giebt ein Präcipitat, welches sich in Salmiaklösung leicht auflöst. Co As^2. Arsenik 71,81, Kobalt 28,19. — Vorwaltende Comb. Würfel und Oktaeder, derb, gestrickt, staubenförmig 2c.

Auf Gängen im Urgebirge, vorzügl. im sächs. Erzgebirge, zu Riechelsdorf in Hessen. Bieber im Hanau'schen, Sayn und Siegen, Schladming, Cornwallis 2c.

Eine zu derselben Formation gehörende Species ist der Safflorit (Eisenkobaltkies), in welchem ein großer Theil des Kobalts durch Eisen vertreten ist. Kommt zu Schneeberg vor.

Eine andere Verbind. Co As^3 kommt zu Skutterud in Norwegen vor. Enthält Arsenik 79,26, Kobalt 20,74.

Kobaltin. Glanzkobalt.

Krystem: tesseral. Stf. Hexaeder. Spltb. hexaedrisch sehr deutlich. Br. unvollkommen muschlig - uneben. Lebhafter Metallglanz. Röthlich silberweiß. Strich graulichschwarz. H. 5,5. Spröde. G. 6,3. V. d. L. mit Arsenikrauch zu einer magnetischen Kugel schmelzend. In Salpeters. mit Ausscheidung von arsenichter Säure zu einer schön rothen Flüssigkeit aufl., worin salzs. Baryt ein starkes Präc. hervorbringt, welches in Salmiaklösung unlöslich oder nur z. Thl. gelöst wird. Co As^2 + Co S^2. Schwefel 19,14, Arsenik 45,00, Kobalt 35,86. Gewöhnlich in ausgebildeten Krystallen, Comb. von Hexaeder, Oktaeder und Pentagondodekaeder, letztere vorherrschend Fig. 22.

Auf Lagern im Urgebirge zu Tunaberg und Hakanbo in Schweden und Skutterud in Norwegen, Querbach in Schlesien, Siegen.

Hier schließt sich der **Glaukobot** v. Huasco in Chili und Hakansbö in Schweden an, welcher rhombisch krystallis. und isomorph mit Arsenopyrit. Der **Danait** ist ein Glaukobot mit geringem Kobaltgehalt

Ein **Schwefelkobalt**, **Synpoorit** $\dot{C}o$ = Schwefel 34,78, Kobalt 65,22, soll bei Raiportanah in Hindostan vorkommen. Der **Carollit** von Caroll in Maryland ist nach Smith und Brush $\dot{C}u\ \ddot{C}o$ (ein Kupferkobaltlinnéit) = Schwefel 41,4, Kobalt 38,1, Kupfer 20,5.

XXIII. Ordnung. Eisen.

Die Mineralien dieser Ordn. wirken nach dem Schmelzen oder anhaltenden Glühen im Reduktionsfeuer auf die Magnetnadel. Mit Borax geben sie im Oxydationsfeuer ein dunkelrothes Glas, welches beim Abkühlen gelblich wird, im Reductionsfeuer ein bouteillengrünes, welches sich beim Erkalten bleicht.

Die wichtigsten Eisenerze, welche zur Darstellung des Eisens benützt werden, sind: Magneteisenerz, Roth- und Brauneisenerz, Eisenspath oder Spatheisenstein, Thoneisenstein. Diese Erze werden mit Zuschlägen (Kalkstein, Quarz, Thon) und Kohlen oder Koaks lagenweise in den Hochofen eingetragen und verschmolzen. Die Zuschläge werden angewendet, um die Bergart, welche den Eisenerzen beigemengt ist, in eine schmelzbare Schlacke zu verwandeln, wodurch auch die Erze in innigere Berührung mit den Kohlen gebracht und reducirt werden.

Das Eisen geht aber während der Reduction eine Verbindung mit dem Kohlenstoff der Kohlen ein und man erhält daher durch dieses Schmelzen im Hochofen **Kohlenstoffeisen**, welches **Roheisen** oder **Gußeisen** heißt, leichtflüssig ist und entweder zum Gusse in Formen geleitet oder in Flöße oder Gänze geformt wird.

Man erhält zwei Arten von Roheisen, das **weiße** und das **graue**. Das erstere enthält mehr chemisch gebundenen Kohlenstoff als das letztere, welches aber mehr Kohlenstoff als Graphit beigemengt enthält.

Um **Schmiede-** oder **Stabeisen** zu erhalten, wird das Roheisen, vorzüglich das weiße, in die **Frischarbeit** genommen oder **gefrischt**. Das Frischen besteht vorzüglich darin, den Kohlenstoff, Silicium, Schwefel, Phosphor 2c. des Roheisens durch Oxydation theils zu verflüchtigen, theils in der sog. Frischschlacke abzusondern.

Es geschieht dieses durch Schmelzen unter Zusatz von Eisenhammerschlag und basischem Eisenoxydulsilicat (Gaarschlacke) auf Heerden oder in Flammöfen, wo die gehörig zugeführte Luft die Verbrennung des Kohlenstoffs 2c. vermittelt. Das entkohlte Eisen bildet einen körnigen Klumpen, welcher zur Auspressung der Schlacke unter dem Hammer geschlagen und dann in Stäbe gestreckt wird. Der Gebrauch des Eisens, als Gußeisen, Schmiedeeisen und Stahl (Eisen mit $^1/_{100}$ Kohlenstoff) ist bekannt.

Die Production an Roheisen auf der ganzen Erde kann auf 185 bis 190 Millionen Centner veranschlagt werden. Auf den Kopf der Bevölkerung kommt folgender Eisenverbrauch: in England 77 Kilogramm, in

Belgien 50 Kilog., in der nordamerik. Union 46, Frankreich 34, norddeut=
scher Bund 30, Schweden 26, süddeutsche Staaten 18, Oesterreich 10,
Spanien 7, Italien 6,5, Rußland 3.

Gediegen Eisen.

Krystem: tesseral. Stf. Oktaeder. Br. hackig, manches je=
doch ist ausgezeichnet hexaedr. spltb. Lichte stahlgrau, bräunlich und
schwärzlich angelaufen. H. 5,5. Geschmeidig und dehnbar. G.
7,5 — 7,8. Stark magnetisch. Unschmelzb. In Salzs. leicht
aufl. Durch Aetzen einer angeschliffenen Fläche mit Salpetersäure
entstehen regelmäßige Zeichnungen, Dreiecke 2c., die sog. Widman=
stätt'schen Figuren. Fe. Enthält gewöhnlich 4 - 16 pr. Ct. Nickel,
auch Spuren von Kobalt, Chrom und Schwefel. — In mannig=
faltig gebogenen, ästigen, löchrigen Massen, welche öfters Chryso=
lith einschließen. Außerdem eingesprengt in den Meteorsteinen.
Diese bestehen aus rundlichen oder unförmlichen Massen mit abge=
rundeten Kanten und Ecken, zeigen im Innern eine aschgraue oder
graulichweiße Farbe und sind mit einer schwarzen, geflossenen
Rinde umgeben. Das spec. Gew. der Hauptmasse ist 3,43 — 3,7.
Die Meteorsteine sind Gemenge von Silicaten: Chrysolith, Augit=
und Feldspathähnlichen Verbindungen; Chromeisen, gediegen Eisen,
Magneteisen, Schwefeleisen 2c. Die durch die Analyse darin ge=
fundenen Elemente machen ¼ der bekannten aus. Nach Wöhler
ist einiges gediegenes Eisen passiv und reducirt kein Kupfer aus
einer neutralen Kupfervitriollösung. Wenn es aber unter der
Lösung mit gewöhnlichem Eisen berührt oder die Lösung mit einem
Tropfen Säure versetzt wird, so reducirt es. So das Pallas'sche
Eisen, das von Braunau, Bohumilitz 2c.

Fast alles gediegen Eisen wird als meteorischen Ursprungs angesehen,
wozu mehrere Umstände berechtigen. Man findet es nämlich meistens nur
auf der Oberfläche der Erde in Massen, welche zu dem umgebenden Boden
in keiner, eine terrestrische Bildung anzeigenden, Beziehung stehen; es
kommt fast in allen Meteorsteinen eingesprengt vor und die 71 Pfund
schwere Masse von gediegen Eisen von Agram in Croatien, welche im
Wiener Kabinet aufbewahrt wird, wurde 1751 am 26. Mai Abends gegen
6 Uhr unter starkem Krachen als Bruchstück einer Feuerkugel vom Himmel
fallend beobachtet. Ebenso die 1847 am 14. Juli gefallenen Massen von
Braunau in Schlesien von 42 Pfd. und 30 Pfd. u. a.

Die merkwürdigsten Meteoreisenmassen sind: die von Pallas bei Kras=
nojarsk am Jenisey gefundene von 1400 Pfd., eine in Mexiko von 20—
30 Centnern, eine bei Olumba in Peru von 300 Centnern, am Bache
Bendego in Brasilien eine Masse von 140 Centnern, am Red=River in
Nord=Amerika eine von 30 Centnern, zu Bohumilitz in Böhmen eine von
103 Pfunden 2c.

Nur in sehr geringer Menge, in Körnern und eingesprengt, ist ged.
Eisen tellurischen Ursprungs vorgekommen, zu Mühlhausen in Thüringen

in Pyrit, in Smaland in Schweden, Canaan in Connecticut, in manchen Basalten.

Der Fall der Meteorsteine ist sehr häufig beobachtet worden. Man hat Angaben darüber bis 500 v. Chr.

Bei Verona fielen 1672 zwei Meteorsteine von 200—300 Pfd., in Thüringen 1581 ein Stein von 39 Pfd. Bei Aigle in Frankreich fielen 1803 am 26. April gegen 2000 Steine, bei Jochnow im Gouvern. Smolensk 1807 am 13. Mai ein Stein von 160 Pfd. In Bayern fielen Steine im Eichstädtschen 1785 am 19. Februar, bei Eggenfelden 1803 am 13. December, im Mindelthale am 25. December 1846 ein Stein von $14\frac{1}{4}$ Pfd. und zu Krähenberg in der Pfalz am 5. Mai 1869 ein Stein von $31\frac{1}{4}$ Pfd. — Die Meteorsteine kommen gewöhnlich mit Lichterscheinung und Explosion zur Erde und man hat sie häufig noch heiß auf dem Boden gefunden. — Sie werden als kosmische Körper angesehen. — Die größte Sammlung von Meteoriten ist die Kaiserliche in Wien mit 136 Steinen und Eisenmassen von verschiedenen Fundorten.

Eisenoxyde und Eisenoxyd-Verbindungen.

Magnetit. Magneteisenerz.

Krystem: tesseral. Stf. Oktaeder. Spltb. primitiv, manchmal deutlich. Br. uneben — muschlig. Eisenschwarz ins Stahlgraue. Strich schwarz. H. 6. G. 4,9—5,2. Sehr magnetisch, öfters polarisch. V. d. L. sehr schwer schmelzbar. In concentrirter Salzs. aufl. $Fe\overline{Fe}$. Eisenoxyd 69, Eisenoxydul 31. — Oktaeder und Rhombendodekaeder, die Fläche nach der langen Diagonale gestreift, vorwaltend; derb, körnig ꝛc. Gehört zur chem. Formation des Spinells.

In Urfelsarten, oft in ungeheuren Massen, wie in Skandinavien zu Arendal, Egersund, Dannemora, Taberg ꝛc. und im Ural zu Nischne-Tagilsk. In schönen Krystallen zu Traversella im Piemontesischen, Pfitsch und Greiner in Tyrol, Kraubat in Steyermark ꝛc. Die Eisengruben von Dannemora sind seit dem Jahre 1481 bekannt. Die Gruben sind so groß und weit, daß man in die eine gar nicht hinunterzusteigen braucht, um die Menschen unten trotz der Tiefe arbeiten zu sehen. Es werden jährlich 300,000 Ctr. Erze gewonnen.

Der Magnoferrit vom Vesuv ist nach Rammelsberg $Mg\,\overline{Fe}$, mit $\overline{Fe}$ gemengt. $Mg\,\overline{Fe} = 80\,\overline{Fe}\ 20\,Mg$. Wenn kein eingemengtes Eisenoxyd angenommen wird, ist die Mischung $Mg^1\overline{Fe}^4$ und hat ein Analogon an manchem Magnetit.

Der Titanmagnetit von Meiches im Vogelsgebirg ist nach Knop $Fe\,\overline{Ti}$ mit 25 pr. Ct. Titanoxyd. Der Jakobsit (Damour) vom $\overline{Fe}$ Jakobsberg in Schweden ist wesentlich $Mn\,\overline{Fe}$.

Hämatit. Rotheisenerz. Eisenglanz. Eisenglimmer.

Krystem: hexagonal. Stf. Rhomboeder von 86°. Spltb.

primitiv in Spuren. Br. muschlig — uneben. Eisenschwarz — stahlgrau, Pulver kirschroth. H. 6. G. 4,8—5,3. V. d. L. im Reduktionsfeuer schwarz und magnetisch werdend. Sehr schwer schmelzbar. In conc. Salzs. auflösl. Fe. Sauerstoff 30, Eisen 70. — Häufig krystallisirt, Comb. mehrerer Rhomboeder und einer hexag. Pyr., derb, körnig und häufig fasrig mit nierförmiger, traubiger und stalaktitischer Gestalt. Dicht und erbig (rother Eisenocker). Zuweilen in lose verbundenen Schuppen, Rotheisenrahm. — Oefters mit Quarz und Thon gemengt; rother Thoneisenstein.

Sehr verbreitet. Ausgez. Var. finden sich auf Elba, zu Framont in Lothringen, Altenberg in Sachsen, Fichtelgebirge, Schweden, Norwegen, Vesuv ꝛc. Hämatit von $\alpha\iota\mu\alpha$, Blut.

Bildet als Eisenglimmerschiefer eine Felsart in Minas Geraes.

Goethit. Nadeleisenerz. Lepidokrokit.

Krystsystem: rhombisch. Stf. Rhombenpyr. 126° 18'; 121° 5'; 83° 48'. Es finden sich rhomb. Prismen von 94° 53' und ein anderes von 130° 40'. Spltb. brachydiagonal vollkommen. Unvollkommener Diamantglanz. Durchscheinend mit hyazinthrother Farbe — undurchsichtig und in Masse schwärzlichbraun. Strich ockergelb. H. 5. G. 4,2. V. d. L. im Kolben Wasser gebend, das geglühte Pulver ist roth. Schwer schmelzbar und magnetisch werdend. In Salzs. auflösl. $\ddot{Fe}$ Ḧ. Wasser 10, Eisenoxyd 90. — Krystalle nadelförmig, schuppig, strahlig, derb in Formen von tess. Eisenkies und aus diesem entstanden.

Findet sich ausgez. zu Eiserfeld und Hollerterzug auf dem Westerwald, im Zweibrück'schen, Böhmen, Ungarn, Ural ꝛc. Benannt nach Goethe.

Hier schließt sich der Stilpnosiderit oder das Pecheisenerz an, wahrscheinlich Goethit im amorphen Zustande.

Limonit. Brauneisenerz. Brauneisenstein.

Krystallisation unbekannt. Fasrige Massen, dicht in mannigfaltiger Gestalt, traubig, stalaktitisch, zapfenförmig ꝛc. Glanz seidenartig, unvollkommen fettartig. Undurchsichtig. Braun. Strich ockergelb. H. 5. G. 3,6—4,2. Chem. sich verhaltend wie die vorige Species. $Fe^2 \ddot{H}^3$. Wasser 14,44, Eisenoxyd 85,56. — Oft mit 10—40 pr. Ct. Thon verunreinigt, besonders der dichte und concentr. schaalige.

Es gehören hierher der gelbe Thoneisenstein, die Eisenniere, das Bohnerz und die Gelberde.

Die sog. Sumpferze, Wiesenerze und Raseneisensteine sind Gemenge von Limonit, Thon und Sand, Manganoxydhydrat, phosphorsaurem Eisenoxyd und phosphorsaurem Kalk.

Der Limonit ist sehr verbreitet. Er findet sich auf Gängen im ältern Gebirg, ausgez. im Erzgebirge, Saalfeld und Kammsdorf in Thüringen, Amberg, Naila, Klausthal am Harz, Eisenerz in Steyermark, Cornwallis, Schottland ꝛc. Limonit von Limus, Sumpf (Sumpferz).

Das Bohnerz in Sandstein und Flötzkalk zu Wasseralfingen und Aalen in Würtemberg, Eichstädt, Bodenwöhr, Sonthofen ꝛc.

Der sogen. Raseneisenstein bildet sich noch täglich und findet sich im Alluvium oft in mächtigen Lagern in der Lausitz, Niederschlesien, Mecklenburg, Polen ꝛc.

Der Xanthosiderit von Ilmenau in Thüringen, fasrig, schön gelb, ist nach Schmid $Fe\ H^2$. Eisenoxyd 81,64, Wasser 18,36. — Name von ξανϑός, gelb, und σιδηρος, Eisen.

Der Hydrohämatit (Turgit) Breithaupt's scheint $Fe^2\ H$ zu sein $= Fe$ 94,67 H 5,33. Braun, mit rothem Strich. Hof am Fichtelgebirg, Horhausen, Ural.

Siderit. Eisenspath. Spatheisenstein.

Krsystem: hexagonal. Stf. Rhomboeder von 107°. Spltb. primitiv vollkommen. Br. muschlig — uneben. Durchscheinend — undurchsichtig. Glasglanz, auch perlmutterartig. Weiß, gelb, roth ꝛc. H. 4. G. 3,6. 3,9. V. d. L. stark verknisternd, wird schnell schwarz und magnetisch. In Salzs. mit Brausen in der Wärme aufl. $Fe\ \ddot{C}$. Kohlensäure 37,93, Eisenoxydul 62,07. Gewöhnlich mit kleinen Mengen von kohlens. Kalk, Talkerde, Manganoxydul gemengt. — In Krystallen, Stammform und derb, strahlig, fasrig; letztere Var. meist mit kugliger, nierförmig. Oberfläche (Sphärosiderit).

Im Ur- und Uebergangsgebirg und im Flötzkalk, oft in ungeheuern Massen, wie zu Eisenerz in Steyermark. Schöne Var. kommen vor zu Neudorf im Bernburgischen, Iberg und Klausthal am Harz, Siegen, Hüttenberg in Kärnthen, Freiberg, zellig porös zu Eulenloch in Oberfranken ꝛc. Der Sphärosiderit findet sich (in Basalt) zu Steinheim bei Hanau, zu Bodenmais ꝛc. Siderit von σιδηρος, Eisen.

Hier schließen sich von sehr ähnlicher Krystallisation und Habitus an:

Mesitin. Rhomboeder von 107° 15'. $Fe\ \ddot{C} + Mg\ \ddot{C}$; $Fe\ \ddot{C}$ 58 $Mg\ \ddot{C}$ 42. Flachau im Salzburg'schen (Pistomesit), Tinzen in Graubünten, Traversella*) (öfters mit $Mg\ \ddot{C}$ gemengt. Name von μεσιτης, Vermittler (Mittelglied).

Ankerit. Rhomboeder von 106° 12'. $Fe\ \ddot{C} + Ca\ \ddot{C}$; $Fe\ \ddot{C}$ 53,7 $Ca\ \ddot{C}$ 46,3 (mit Dolomit gemengt) am Rathhausberg bei Gastin u. a. mehreren

---

*) Das Min. muß wohl auch zu Traversella vorkommen, denn daß sich Stromeyer bei einer so einfachen Analyse im Eisenoxydulgehalt um 11 pr Ct. (gegen die Anal. von Fritzsche, der statt 35 nur 24 Fe angiebt) geirrt haben sollte, ist nicht anzunehmen.

Orten in Steyermark. — Benannt nach dem steyermärkischen Professor Anker.

Oligonit. Rhomboeder von 107° 3'. $Fe\ddot{C} + Mn\ddot{C}$; $Fe\ddot{C}$ 50,17 $Mn\ddot{C}$ 49,83, gewöhnlich $Fe\ddot{C}$ gemengt. Ehrenfriedersdorf im sächs. Erzgebirge. Der Name von ὀλίγος, wenig, wegen geringerem spec. G. (3,71) als mancher Siderit (3,9).

Monheimit. Rhomboeder von 107° 7'. $Fe\ddot{C} + Zn\ddot{C}$; $Fe\ddot{C}$ 48,12 $Zn\ddot{C}$ 51,68, gewöhnlich mit $Zn\ddot{C}$ gemengt; Altenberg bei Aachen. — Benannt nach dem Chemiker Monheim, der diese Verbindung zuerst untersucht hat.

Melanterit. Eisenvitriol.

Kristallsystem: klinorhombisch. Stf. Hendyoeder 82° 21'; 99° 22' 48''. Spltb. nach der Endfl. deutlich. Br. flachmuschlig — uneben. Pellucid. Glasglanz. Spangrün. H. 2. G. 1,9. Geschmack herbzusammenziehend. V. d. L. im Kolben Wasser gebend, unvollkommen zu einer magnetischen Masse schmelzend. In Wasser leicht aufl., mit salzs. Baryt auf Schwefels. reagirend. $Fe\overset{=}{S} + 7\dot{H}$. Schwefels. 28,8, Eisenoxydul 25,9, Wasser 45,3. — An der Luft verwitternd.

In der Natur meistens als Efflorescenz durch Zersetzung von Eisenkiesen. Rammelsberg am Harz, Silberberg bei Bodenmais, Tschermig in Böhmen, Herrengrund in Ungarn, Insel Milo ꝛc. — Findet mannigfaltige techn. Anwendung in der Färberei ꝛc., zur Bereitung der Dinte, des Berlinerblau's, der Schwefelsäure ꝛc. — Melanterit nach dem bei Plinius vorkommenden Namen Melanteria.

Nach Volger soll an der Windgälle im Kanton Uri ein Eisenvitriol von der Form des Epsomit vorkommen. Er nennt ihn **Tauriscit.**

Selten vorkommende Eisenoxydsulphate mit Wasser sind:

Coquimbit; hexagonal, in Wasser löslich. $Fe\overset{=}{S}{}^3 + 9\dot{H}$. Schwefels. 42,72, Eisenoxyd 28,48, Wasser 28,80. Coquimbo in Chili. **Copiapit** $Fe^2\overset{=}{S}{}^5 + 12\dot{H}$ von Copiapo in Chili, **Styp ticit** $Fe\overset{=}{S}{}^2 + 10\dot{H}$ ebendaher. Ferner der **Fibroferrit, Apatelit, Glockerit, Pastréit, Karphosiderit, Raimondit, Pettkoit** und mancher **Pissophan.**

Dergleichen Sulphate mit einem Kaligehalt sind: Der **Voltait** und der **Jarosit**; mit einem Gehalt an Talkerde und Kalk der **Botryogen** und (mit 2 pr. Ct. Zinkoxyd) der **Römerit.**

Vivianit. Eisenblau.

Kristallsystem: klinorhombisch. Stf. Hendyoeder: 111° 6'; 118° 50'. Spltb. klinodiagonal sehr vollkommen. Durchscheinend. Glas

— metallähnlicher Perlmutterglanz. Indigblau, smalteblau. Strich lichte smalteblau. H. 1,5. G. 2,7. V. b. L. im Kolben Wasser gebend. Schmelzbar = 1,5 zu einer magnetischen Kugel. In Salzs. leicht aufl. Von Kalilauge wird Phosphorsäure ausgezogen, die mit Essigsäure neutral. Aufl. giebt mit Silberaufl. ein eiergelbes Präc. Anal. von Rammelsberg: Phosphors. 28,6, Eisenoxydul 34,5, Eisenoxyd 11,9, Wasser 27,5. (Ursprünglich wahrscheinlich $\ddot{Fe}^3 \ddot{P}$ + 8 $\dot{H}$, weiß, zur Formation des Erythrin gehörend). Die Krystalle gewöhnlich klinorectanguläre Prismen, nadelförmig 2c.

Bodenmais in Bayern, St. Agnes in Cornwallis, Siebenbürgen, Grönland 2c. Benannt nach dem englischen Mineralogen Vivian.

Seltner vorkommende Phosphate von Eisenoxydul und Eisenoxyd mit Wasser sind der Anglarit, Kraurit (Dufrenit), Delvaurit, Diadochit, Kakoxen, Globosit, Beraunit, Borickit und Melanchlor. Mit Thonphosphat der Childrenit, mit Bleiphosphat der Dernbachit.

Triphylin.

Krystem: rhomb. Gewöhnl. derb, nach 4 Richtung. (zwei unter 94°) spltb. Fettgl. Durchschein. Grünlichgrau, das Pulver graulichweiß. H. 5. G. 3,6. V. b. L. ruhig schmelzbar = 2 zu einer magnetischen Perle. In Salzs. aufl. Wird die Aufl. mit Zusatz von Salpetersäure abgedampft und dann Weingeist darüber angezündet, so brennt dieser, besonders zum Kochen erhitzt, mit schöner purpurrother

Flamme. $\left.\begin{array}{c} 3\ \dot{Fe}^3 \\ \dot{Mn}^3 \end{array}\right\}\ \ddot{P} + \dot{L}^3\ \ddot{P}.$ Anal. von Oesten: Phosphors. 44,19, Eisenoxydul 38,21, Manganoxydul 5,63, Lithion 7,69, Talkerde 2,39....

Findet sich nesterweise im Quarz 2c. zu Rabenstein bei Bodenmais. Ein ähnliches Mineral mit mehr $\dot{Mn}$ zu Norwich in Massachusetts.

Lievrit. Ilvait.

Krystem: rhombisch. Stf. Rhombenpyr. 138° 26'; 107° 34'; 77° 49'. Spltb. unvollkommen nach den Diagonalen der Basis. Br. muschlig — uneben. Undurchsichtig. Metallähnlicher Fettglanz. Bräunlichschwarz. Pulver schwarz. H. 5,5. G. 4,1. V. b. L. sich etwas aufblähend, dann ruhig schmelzend = 2,5 zu einer schwarzen magnetischen Perle. Mit Salzs. gelatinirend.

$\bar{F}^2\ \ddot{Si} + 3 \left\{\begin{array}{c} \ddot{Ca}^3\ \ddot{Si} \\ \ddot{Fe}^3\ \ddot{Si} \end{array}\right.$ Kieselerde 28,98, Eisenoxydul 33,06,

Eisenoxyd 24,56, Kalkerde 13,40. — In den Comb. sind rhomb.

Prismen von 111° 12' (Basis der Stf.) und 107° 44' herrschend, die Krystalle stark vertical gestreift. Stänglich, derb.

Ausgezeichnet auf Elba, zu Sleen in Norwegen, Kupferberg in Schlesien, Sibirien ꝛc. Anschließend der Wehrlit aus Ungarn, von Säuren nur unvollkommen zersetzt.

Der Thuringit aus der Gegend von Saalfeld in Thüringen hat die

$$\text{Mischung } Fe^4 \ddot{S}i + \left.\begin{matrix} Fe^2 \\ \ddot{A}l^2 \end{matrix}\right\} \ddot{S}i + 4 \dot{H}. \text{ Gelatinirt.}$$

Fayalit. Eisenchrysolith.

Gewöhnlich in blättrigen Massen. Undurchsichtig. Schwach metallisch glänzend. Dunkelbraun, bräunlich — graulichschwarz. Magnetisch, nach Fischer von eingemengtem Magnetit. H. 4. G. 4,1. B. d. L. leicht schmelzbar. Mit Salzs. gelatinirend. $Fe^3 \ddot{S}i$. Kieselerde 30, Eisenoxydul 70.

Findet sich auf den Azoren, Insel Fayal, und zu Slavearrah in Irland.

Der Grunerit = $Fe^3 \ddot{S}i^2$ ist wenig gekannt. Als Fundort ist Collobrières angegeben.

Pyrosmalith.

Krystem: hexagonal. Gewöhnlich in hexagonalen Prismen und Tafeln, und derb. Spltb. basisch vollkommen. Br. uneben. Wenig durchscheinend — undurchsichtig. Glas — Perlmutterglanz. Gelblichbraun ins Grünliche und Grauliche. H. 4. G. 3,0. B. d. L. schmelzbar = 2 zu einer magnetischen Perle. Von Salpeters. mit Ausscheidung von Kieselerde zersetzt. Die Aufl. giebt mit Silberaufl. ein Präc. von Chlorsilber. Kieselerde 35,85, Eisenoxydul 21,81, Manganoxydul 21,14, basisches Eisenchlorid 14,09, Kalkerde 1,21, Wasser 5,89.

Findet sich zu Nordmarken in Wermeland. Name von πῦρ, Feuer, und ὀσμή, Geruch, weil er beim Erhitzen einen sauren Geruch verbreitet.

Andere wasserhaltige Eisensilicate von beschränktem Vorkommen (meistens durch Salzsäure zersetzbar) sind: Cronstedtit v. Przibram in Böhmen, Sideroschisolith aus Brasilien, Thraulit und Jollyt von Bodenmais, Hisingerit, Gillingit, Scotiolit, Neotokit, Stratopäit, Wittingit, Ekmannit, sämmtlich aus Schweden, Chloropal, Pinguit, Chamoisit, Stilpnomelan, Chalcodit, Chlorophäit, Melanolith, Voigtit, Glaukonit.

Von Säuren nicht zersetzbar sind der Krokydolith von lavendel — schwärzlichblauer Farbe vom Kap, Grönland, Golling im Salzburgischen und der Seladonit von seladon- und dunkelolivengrüner Farbe von Verona und Cypern. Der Krokolith enthält außer dem Eisensilicat 7 pr. Ct. Natrum. Der Name von *Κροκός*, Faden, und *λίθος*, Stein.

Der Seladonit (Grünerde) enthält 6 pr. Ct. Kali und 2 pr. Ct. Natrum. Wird als Malerfarbe gebraucht.

Skorodit.

Krystem: rhombisch. Stf. Rhombenpyr. 114° 34'; 103° 5'; 110° 58'. Spltb. brachydiagonal in Spuren. Br. muschlig — uneben. Pellucid. Glasglanz. Lauchgrün, grünlichblau. Strich grünlichweiß. H. 3,5. G. 3,2. V. d. L. schmelzbar = 2 mit Arsenikrauch. In Salzs. leicht aufl. Das Pulver färbt sich mit Kalilauge schnell röthlichbraun und es wird Arseniksäure extrahirt. $\overset{...}{Fe} \overset{...}{As} + 4 \overset{.}{H}$. Arseniksäure 49,84, Eisenoxyd 34,59. Wasser 15,57. — In kleinen Krystallen, Stf. mit einem rhomb. Prisma von 119° 2' ꝛc. und derb.

Brasilien, Cornwallis, Schwarzenberg in Sachsen, Vaulon, Depart. Haute-Vienne. Zu Nertschinsk sinterartig amorph.
Der Name von *σκόροδον*, Knoblauch, wegen des Geruchs v. d. L.

Pharmakosiderit. Würfelerz.

Krystem: tesseral. Stf. Hexaeder. Spltb. primitiv unvollkommen. Br. muschlig — uneben. Pellucid. Glasglanz zum Fettglanz. Oliven — pistaziengrün, bräunlich. Chemisch wie die vorige Species. $\overset{...}{Fe^4} \overset{...}{As} + 15 \overset{.}{H}$, Arseniks. 43, Eisenoxyd 40, Wasser 17. — In kleinen Krystallen, Stf.

Redruth in Cornwallis, Graul in Sachsen, Kahl im Spessart.

Eine nur sparsam vorkommende amorphe neuere Bildung ist der **Pittizit** (Eisensinter), Arseniksäure 30,34, Eisenoxyd 41,23, Wasser 28,43. Enthält immer auch etwas Schwefelsäure und findet sich von bräunlichrother, röthlich- und gelblichbrauner Farbe — weiß. Mehrere Gruben in Sachsen, Rathhausberg in Gastein. Der Name von *πιττίζω*, dem Pech ähnlich sein.

Eine wasserhaltige Verbindung von Arseniksäure, Eisenoxyd und Kalkerde ist der **Arseniosiderit** von Romanèche bei Maçon und arsenils. Eisenoxyd-Bleioxyd der **Carminit** (Carminspath) und mit einem Gehalt an Schwefelsäure der **Beudantit** von Horhausen im Sayn'schen.

Chromit. Chromeisenerz.

Krystem: tesseral. Stf. Oktaeder. Br. unvollkommen muschlig — uneben. Metallglanz, zum Fettglanz geneigt. Eisenschwarz, pechſchwarz. Strich gelblichbraun. H. 5,5. G. 4,4. Auf die Magnetnadel wirkend. Mit den Flüſſen v. d. L. chromgrüne Gläſer gebend. Von Säuren nur wenig angegriffen. Mit Kalihydrat geſchmolzen, beim Auslaugen mit Waſſer eine gelblichgrüne oder gelbe Aufl. gebend. Wird dieſe mit Salpeterſäure neutraliſirt, ſo bringt ſalpeterſ. Queckſilberoxydul ein rothes Präc. herbor, welches beim Glühen grünes Chromoxyd zurückläßt.

$\left.\begin{array}{l}\text{Fe}\\\text{Mg}\end{array}\right\}\left\{\begin{array}{l}\ddot{\text{C}}\text{r}\\\ddot{\text{Al}}\end{array}\right.$ Anal. einer Var. von Baltimore von Abich: Chromoxyd 60,04, Eiſenoxydul 20,13, Talkerde 7,45, Thonerde 11,85.

Nach Moberg iſt ein Theil des Chroms auch als Oxydul Cr enthalten*). — Kryſtalle ſelten, Stf. meiſtens derb.

Baltimore, Dep. du Var in Frankreich, Kraubat in Steyermark, Silberberg in Schleſien, Schottland, Negroponte, Neu - Jerſey.

Vauquelin entdeckte in dieſem Mineral 1797 das Chrom. Das grüne Chromoxyd dient als Malerfarbe, in der Porcellan- und Glasmalerei. Auch das chromſaure Bleioxyd (Chromgelb) und das baſiſchchromſaure Bleioxyd (Chromroth) werden als Malerfarben gebraucht. (Der Chromit mit dem Magnetit ꝛc. zur chemiſchen Formation des Spinells.)

Wolfram.

Kllſyſtem: rhombiſch. Man findet rhomb. Prismen von 101° 45′. Spltb. brachydiagonal vollkommen. Br. uneben. Metallähnlicher Diamantglanz. Graulich — bräunlichſchwarz zum Eiſenſchwarzen. Strich röthlichbraun — ſchwärzlichbraun. H. 5,5. G. 7,2. V. d. L. ſchmelzbar = 2,5 zu einer auf der Oberfläche mit prismatiſchen Kryſtallen bedeckten Kugel, welche magnetiſch iſt. Mit Phosphorſalz im Reductionsfeuer ein dunkelrothes Glas gebend. Wird das feine Pulver mit Phosphorſäure zur Syrupdicke eingekocht, dann die Maſſe mit Waſſer gelöſt und die Löſung ziemlich ſtark verdünnt, ſo nimmt ſie mit Eiſenpulver geſchüttelt eine ſchön blaue Farbe an.

$\left.\begin{array}{l}\dot{\text{Fe}}\\\dot{\text{Mn}}\end{array}\right\}\ddot{\text{W}}.$ Analyſe einer Var. von Harzgerode von Rammelsberg: Wolframſäure 75,56, Eiſenoxydul 20,17, Manganoxydul 3,54. Der Manganoxydulgehalt ſteigt zuweilen bis 20 pr. Ct.**) und verringert ſich der Gehalt an Fe bis zu 9 pr. Ct. In Kryſtallen,

---

*) Damit iſt ein neues Gränzglied des Spinells Cr Ür angekündigt.
**) Der Hübnerit v. Enterprise in Nevada und der Blumit (Megabaſt) v. Sabisdorf in Sachſen ſind weſentlich Mn W.

welche meist wie klinorhombisch erscheinen, da Pyramiden und Domen nur zur Hälfte vorkommen, und derben krystallinischen Massen.

Auf den Zinnerzlagerstätten des Erzgebirges und von Cornwallis, am Harz, zu St. Leonhard in Frankreich, Odontschelon ꝛc. Wolfram soll von Wolfrig stammen, welches bei den Bergleuten soviel als fressend, da das Wolframerz den Zinngehalt beim Zinnschmelzen verringere.

Niobit. (Columbit z. Thl.).

Kstsystem: rhombisch, nach G. Rose isomorph mit Wolfram. Metallglanz, auf dem Bruch zum Fettglanz. Eisenschwarz. Pulver schwarz. H. 6. G. 6,6—7. V. d. L. für sich unveränderlich. Mit Kalihydrat geschmolzen und mit Wasser ausgelaugt giebt die Lösung, mit Salzsäure neutralisirt, ein weißes Präc., welches sich mit Ueberschuß von concentr. Salzsäure und Stanniol gekocht smalteblau färbt, auf Zusatz von Wasser aber farblos wird und keine blaue Lösung giebt. Wesentlich Niob= und Tantalsaures

Eisenoxydul mit etwas $\dot{\text{Mn}}$ und $\ddot{\text{Sn}}$. $\left.\begin{array}{c}\dot{\text{Fe}}\\\dot{\text{Mn}}\end{array}\right\}\begin{array}{c}\ddot{\ddot{\text{Nb}}}\\\ddot{\ddot{\text{Ta}}}\end{array}$. Die Metallsäuren

betragen gegen 83 pr. Ct. mit 30 und mehr pr. Ct. Tantalsäure. — Rhombische und rectanguläre Prismen und Zwillinge nach einem Doma zusammengesetzt. Bodenmais in Bayern. Haddam in N.=A. Der Niobit ist ein Mittelglied zwischen den folgenden Species: Dianit und Tantalit.

Dianit. (Columbit z. Thl.)

Isomorph mit Niobit. Eisenschwarz, das Pulver rothbraun, auch grau. Sp. G. 5,36—5,8. Wie der vorige mit Kalihydrat ꝛc. behandelt, wird die mit concentr. Salzsäure und Stanniol gekochte Metallsäure auch smalteblau gefärbt, löst sich aber auf Zusatz von Wasser zu einer klaren sapphirblauen Flüssigkeit auf. Wesentlich

$\left.\begin{array}{c}\dot{\text{Fe}}\\\dot{\text{Mn}}\end{array}\right\}\ddot{\ddot{\text{N}}}$ ohne oder mit wenig Tantalsäure. Grönland, Boden=

mais, Limoges ꝛc.

Tantalit.

Kstsystem: rhombisch. Stf. Rhombenpyr. 126°; 112° 30′; 91° 42′. Gewöhnlich in Prismen von 122° 53′. Spltb. un= vollkommen nach den Diagonalen und das. Unvollkommener Metallglanz. Undurchsichtig. H. 6—6,5. G. 7—8. Eisenschwarz, Strich braun. Unschmelzbar. $\dot{\text{R}}\ddot{\ddot{\text{Ta}}}$, wesentlich tantalsaures Eisen= oxydul und Manganoxydul. Mit Kalihydrat geschmolzen und mit

Waſſer ausgelaugt, wird durch Neutraliſiren der Lauge die Tan=
talſäure in weißen Flocken gefällt. Sie nimmt mit verdünnter
Schwefelſ. und Zink in Berührung gebracht, verhältnißmäßig gegen
Niobſäure nur eine ſchwach ſmalteblaue Farbe an, verhält ſich
ſonſt wie die Säure des Niobit. Kimito und Tamela in Finn=
land, Finbo und Brobbbo in Schweden.

Menakan. Titaneiſen.

Kſyſtem: hexagonal. Stf. Rhomboeder von 86°. Iſomorph
mit Rotheiſenerz. Br. muſchlig — uneben. Metallglanz. Stahl=
grau — eiſenſchwarz. Strich ſchwarz. H. 6. G. 4,7 — 4,8.
Schwach magnetiſch. B. d. L. unſchmelzbar, mit Phosphorſalz im
Reductionsfeuer ein dunkelrothes Glas gebend. Wird das feine
Pulver mit concentr. Salzſäure gekocht, filtrirt und dann die
Aufl. anhaltend mit Stanniol gekocht, ſo nimmt die Flüſſigkeit

eine ſchöne violette Farbe an. $\left.\begin{array}{c}\overset{...}{Ti}\\ \overset{..}{Fe}\end{array}\right\}$ Titanſesquioxyd und Eiſen=

oxyd, als iſomorph, in wechſelnden Mengen. Der Gehalt des
Titanſesquioxyds von 13—53 pr. Ct. Die meiſten Anal. nähern
ſich $\ddot{Fe} + \overset{...}{Ti}$, indeſſen ſcheinen auch andere Verhältniſſe vorzu=
kommen und neue Unterſuchungen müſſen erweiſen, ob ſie die
Aufſtellung von Species zulaſſen.

Es gehören hierher: Kibbelophan von Gaſtein, Crichtonit von
Oiſans in Dauphiné, Hyſtatit von Arendal, Ilmenit vom Ilmenſee
in Sibirien, Menakan von Egerſund, Baſanomelan aus der Schweiz,
Iſerin von der Iſerwieſe in Böhmen. Die meiſten Var. kommen derb
vor. Außer den genannten Fundorten findet ſich das Mineral noch im
Speſſart, Tyrol, Preußen, Kirchenſtaat ꝛc.

Manches Titaneiſen, ein ſog. Ilmenit aus Norwegen, kann durch den
magnetiſchen Strich magnetiſirt werden und ſteht zwiſchen Eiſen und Stahl
in Beziehung der leichten Magnetiſirbarkeit und des dauerhaften Magne=
tismus.

Verbindungen von Manganoxyd und Eiſenoxyd kommen ſelten zu
Sterling in Maſſachuſetts und zu Neukirch (Neukirchit) im Elſaß vor.

Eiſenſulphuride und Eiſenſulphurid=Verbindungen.

Pyrit. Teſſeraler Eiſenkies. Schwefelkies.

Kſyſtem: teſſeral. Stf. Hexaeder. Spltb. primitiv, ſelten
deutlich. Br. muſchlig — uneben. Metallglanz. Speißgelb, ins
Meſſinggelbe. Pulver dunkel grünlichgrau ins Schwarze. H. 6,5.
Spröde. G. 4,9—5,1. B. d. L. ſchmelzbar = 2 zu einer grauen,

auf der Oberfläche krystallinischen und magnetischen Kugel. Im Oxydationsfeuer nach schweflichter Säure riechend. Von Salzsäure wenig angegriffen, von Salpeters. zersetzt. $\overset{..}{Fe}$. Schwefel 53,33, Eisen 46,67. — In den Kalcomb. oft das Pentagondodekaeder vorkommend, Diakisdodekaeder, Oktaeder. — Derb, strahlig. Defters an der Luft verwitternd zu Eisenvitriol. — Sehr verbreitet.

Ausgez. Var. finden sich auf Elba, St. Gotthardt, Harz, Sachsen, Ungarn (Felsobanya, Schemnitz 2c.), Norwegen, Nord-Amerika 2c. Wird auf Schwefel benützt. S. Schwefel. Pyrit von πυρίτης, bei den Alten für Eisenerz, auch Kupfererz.

Markasit. Rhombischer Eisenkies. Speerkies. Kammkies.

Kristystem: rhombisch. Stf. Rhombenpyr. 115° 2'; 89° 1' 24"; 126° 26'. Spltb. prismatisch. Br. uneben. Speißgelb. Pulver dunkel grünlichgrau. H. 6,5. G. 4,7—4,9. Sonst wie die vorige Species. — Die Krystalle erscheinen gewöhnlich als rhomb. Prismen von 106° 2' mit der basischen Fl. und mit Domen, und in Zwillings=, Drillings= und Vierlingsbildungen, wobei die Fl. des Prisma's die Zusammensetzungsfl. ist. Daraus entstehen dann hahnenkammartige, speerförmige, gekerbte Aggregate. — Findet sich viel weniger häufig als die vorige Species. — Hierher der Kyrosit und wahrscheinlich auch der Lonchidit Breithaupts. — Der Name Markasit vom alten marcasita für den Schwefelkies.

Teplitz und Altsattel in Böhmen, Freiberg, Derbyshire, Andreasberg am Harz 2c.

Durch Oxydation entsteht häufig aus Pyrit und Markasit Eisenvitriol (Melanterit) $\overset{..}{Fe} \overset{...}{S} + 7 \overset{..}{H}$, da diese Eisensulphurete aber Fe S² sind, so wird dabei freie Schwefelsäure ausgeschieden.

Pyrrhotin. Magnetkies.

Kristystem: hexagonal. Stf. Hexagonpyr. 126° 50'; 127°. Spltb. basisch ziemlich vollkommen. Br. uneben — muschlig. Metallglanz. Broncegelb, tombakbraun anlaufend. Pulver graulich=schwarz. H. 4—4,3. Spröde. G. 4,5—4,7. Auf die Magnetnadel wirkend. V. d. L. den vorigen Spec. ähnlich. In Salzsäure großentheils mit Entwicklung von Schwefelwasserstoff aufl. $Fe^5 \overset{...}{Fe}$ nach G. Rose. Schwefel 39,5, Eisen 60,5. — Krystalle sehr selten, meistens derb.

Bodenmais in Bayern, Barèges in Frankreich, Cornwallis, Harz, Freiberg, Schweden, Norwegen, Ural 2c. — Pyrrhotin von πυρρότης, röthlich.

Ein Schwefeleisen = $\overset{'}{Fe}$ kommt krustenartig als schwarze erdige Masse am Vesuv vor, Fe (Troilit) in einigen Meteorsteinen.

Selten und wenig gekannt sind die Verbindungen von Schwefeleisen Fe und Schwefelantimon S̄b, welche man Berthierit genannt hat. Sie sind stahlgrau — broncefarben und schmelzen leicht mit Antimonrauch zur schwarzen magnetischen Schlacke. Mit Salzs. entwickeln sie Schwefelwasserstoff. Chazelles in Auvergne, Freiberg, Arany-Idsla in Oberungarn (Fe S̄b). Der Name nach dem französischen Chemiker Berthier.

Arsenopyrit. Arsenikkies. Prismatischer Arsenikkies.

Kristsystem: rhombisch. Es finden sich rhombische Prismen von 111° 12', gewöhnlich mit einem brachydiagonalen Doma von 146° 28'. Spltb. nach den Seitenfl. ziemlich deutlich. Br. uneben. Metallglanz. Silberweiß ins Zinnweiße und Stahlgraue, öfters graulich und gelblich angelaufen. Pulver graulichschwarz. H. 5,5. Spröde. G. 6,2. V. d. L. starken Arsenikrauch verbreitend, dann schmelzbar = 2 zu einer schwarzen, nach längerem Blasen magnetischen Kugel. Von conc. Salpeters. zersetzt. Fe S^2 + Fe As^2. Schwefel 19,60, Arsenik 46,08, Eisen 34,32. Zuweilen silberhaltig. — In Krystallen und derb, stänglich.

Auf Gängen in Urfelsarten. Sehr verbreitet, Freiberg und andere Gruben im Erzgebirge. Harz, Steyermark, Siebenbürgen, Cornwallis ꝛc. — Wird auf Arsenik benützt. S. Arsenik

Löllingit. Glanzarsenikkies. Axotomer Arsenikkies.

Kristsystem: rhombisch. Es finden sich rhombische Prismen von 122° 26' mit einem makrodiag. Doma von 51° 20'. Spltb. basisch vollkommen. Metallglanz. Silberweiß. H. 5,5. G. 7,3. V. d. L. wie die vorige Spec., aber nur unvollkommen und schwer auf der Oberfläche schmelzend. In Salpeters. mit Ausscheidung von arsenichter Säure aufl. Fe As^2. Arsenik 72,84, Eisen 27,16. — In Krystallen, derb und eingesprengt. (Vergl. Chatamit.)

Reichenstein in Schlesien, Hüttenberg und Löling in Kärnthen, Fossum in Norwegen. Das Mineral von Reichenstein ist nach Karsten und Scheerer Fe^4 As^3.

XXIV. Ordnung. Mangan.

Die Mineralien dieser Ordnung ertheilen v. d. L. dem Boraxglase im Oxydationsfeuer eine amethystrothe Farbe, welche (bei geringem Zusatz der Probe) im Reductionsfeuer gebleicht werden kann. Mit Phosphorsäure zur Syrupdicke eingekocht geben sie entweder unmittelbar eine schön violettrothe (in Wasser mit gleicher Farbe lösliche) Masse, oder es erscheint diese Farbe, wenn Salpeterſäure zugeſetzt wird. Im erſten Falle iſt Manganoxyd oder Hyperoxyd, im letzteren Mangan oder Manganoxydul angezeigt.

Die wichtigſten Manganerze ſind der Pyroluſit, Manganit und Pſilomelan. Sie finden mannigfaltige Anwendung zur Erzeugung des Chlors, zum Entfärben eiſenhaltiger Gläſer, indem ſie, in gehöriger Menge zugeſetzt, durch ihren Sauerſtoff das grün färbende Eiſenoxydul in nicht färbendes Eiſenoxyd verwandeln, zum Färben des Glaſes (amethyſtroth) bei größerem Zuſatz, zur Bereitung des Sauerſtoffs ꝛc. Zu Jlefeld am Harz werden jährlich an 3500 Ctr. Manganerze gewonnen.

Das Mangan wurde durch die Verſuche von Pott 1740, Kaim und Winterl 1770 und Scheele und Bergmann 1774 als ein eigenthümliches Metall erkannt und von Gahn zuerſt dargeſtellt. Es iſt nur ſehr ſchwer rein darzuſtellen, graulichweiß und ſtark metallglänzend, äußerſt ſtrengflüſſig und oxydirt ſich ſchnell an der Luft, zu einem ſchwarzen Pulver zerfallend.

Pyroluſit. Graubraunſteinerz z. Thl.

Kryſtem: rhombiſch. Man findet rhomb. Prismen von 93° 40'. Spltb. unvollkommen. Br. uneben, faſrig. Metallglanz. Eiſenſchwarz. Strich ſchwarz. H. 2,5. G. 4,8—5. V. b. L. unſchmelzbar, im Kolben kein oder nur Spuren von Waſſer gebend.

In Salzſ. mit Chlorentwicklung aufl. Mn. Sauerſtoff 37,21, Mangan 62,79. — Gewöhnlich in ſtänglichen, ſtrahligen und faſrigen Aggregaten.

In großen Mengen zu Oehrenſtock und Ilmenau in Thüringen, Triebau in Mähren, Cornwallis, Devonſhire, Sachſen, Ungarn ꝛc. Pyroluſit von πῦρ, Feuer, und λούω, waſchen, weil er eiſenhaltige Gläſer im Feuer entfärbt.

Der Polianit Breithaupts hat dieſelbe Miſchung und Kryſtalliſation, ſeine Härte iſt aber 6,5—7. Schneeberg, Johanngeorgenſtadt. Breithaupt hält den Pyroluſit für zerſetzten Polianit. Der Name von πολιάνος, grau.

Selten und in geringer Menge kommen vor:

Hausmannit. Kryſtalliſirt in Quadratpyr. von 117° 54' Randktw. Unvollkommener Metallglanz. Bräunlichſchwarz, Strich röthlichbraun. H. 5,5. G. 4,856. Mn + M̄n. Manganoxyd 69, Manganoxydul 31. In Kryſtallen und derb, körnig. Ilefeld am Harz. — Der Name nach dem Mineralogen Hausmann.

Braunit. Kryſtalliſirt in Quadratpyr. von 108° 39' Randkantenw. Unvollkommener Metallglanz. Bräunlichſchwarz, Strich etwas ins Bräunliche. H. 6,5. M̄n. Sauerſtoff 30,77, Mangan 69,23. — In Kryſtallen und derb.

Elgersburg in Thüringen, Ilmenau, Wunsiedel. Der Name nach dem Kammerrath Braun in Gotha.

Manganit.

Kr.system: rhombisch. Stf. Rhombenpyr. von 130° 49'; 120° 54'; 80° 22'. Spltb. brachydiagonal vollkommen. Br. uneben. Metallglanz. Stahlgrau — eisenschwarz. Strich dunkel röthlich=braun. H. 3,5. Spröde. G. 4,335. V. b. L. im Kolben Wasser gebend, sonst wie Pyrolusit. $\bar{M}n$. $\dot{H}$. Manganoxyd 89,65, Wasser 10,35. — Die Krystalle kurz prismatisch, Prismen von 99° 40' und 103° 24'; stänglich, strahlig ꝛc.

Hierher ein Theil des sogenannten Wad oder Braunsteinschaum, erdiger Manganit. Elgersburg und Ilmenau in Thüringen, Kammsdorf und Ilefeld am Harz, Eibenstock und Schwarzenberg in Sachsen, Eiserfeld auf dem Westerwald, Cornwallis ꝛc.

Ein dem Brucit analoges Manganoxydulhydrat $\bar{M}n$ $\dot{H}$ ist der Pyrochroit von Pajsberg in Schweden.

Sehr selten ist das Manganhyperoxydhydrat oder der Groroilith, wohin auch ein Theil des sog. Wad. gehört. Findet sich in löchrigen Stücken, bräunlichschwarz von hell chocoladefarbenem Pulver zu Groroi, Depart. de la Mayenne, zu Viebessos und Cautern in Graubündten.

Psilomelan.

Amorph. Von traubigen, staubenförmigen, nierförmigen Gestalten. Br. flachmuschlig — uneben. Schimmernd metallähnlich. Bläulich — grauschwarz, schwärzlichgrau. Strich schwarz. H. 5,5. Spröde. G. 4,1. V. b. L. im Kolben Wasser gebend, sonst wie Pyrolusit. Mancher reagirt nach dem Glühen alkalisch, der meiste giebt in der salzs. Aufl. mit Schwefels. ein Präc. von schwefels.

Baryt. $\left.\begin{array}{l} \dot{M}n \\ \dot{B}a \\ \dot{K}a \end{array}\right\} \bar{M}n^2 + \dot{H}$. Die meisten Anal. geben: Manganhyperoxyd und Manganoxydul 78—90, Baryterde 0—16, Kali (für die Baryterde eintretend) 0—5,6, Wasser 3—6 pr. Ct.

Häufig zu Schneeberg, Johanngeorgenstadt, Ehrenfriedersdorf im Erzgebirge, Horhausen in Siegen, Ilefeld, Ilmenau ꝛc. — Der Name von ψιλός, kahl, und μέλας, schwarz.

Hier schließt sich das Kupfermanganerz von Kammsdorf und Schladenwald an und gehört vielleicht zum Psilomelan; es hat dieselbe Formel, aber mit 2 $\dot{H}$ und enthält 5—14 pr. Ct. Kupferoxyd. Ist auch phys. dem Psilomelan sehr ähnlich, nur weicher.

Dialogit. Manganspath.

Krystem: hexagonal. Stf. Rhomboeder von 106° 51'—107°. Spltb. primitiv. Br. uneben. Durchscheinend. Glasglanz, perlmutterartig. Rosenroth — röthlichweiß. H. 4. G. 3,5. V. b. L. unschmelzbar, schwarz werdend oder grünlichgrau. In Salzf. bei Einwirkung der Wärme mit Brausen aufl. Mn C̈. Kohlensäure 38,22, Manganoxydul 61,78. Gewöhnlich eisen- und kalkhaltig. — In Krystallen, Stf. und körnig, dicht.

Schöne Var. zu Freiberg, Kapnik in Ungarn, Nagyag und Offenbanya in Siebenbürgen, Vieille in den Pyrenäen. — Der Name von διαλογή, Auswahl.

Triplit, Zwieselit und Hureaulit sind eisenhaltige Manganphosphate, aus welchen Kalilauge Phosphorsäure extrahirt. Die ersten beiden sind wasserfrei und enthalten Fluor, der Triplit von Schlaggenwald und von Limoges 8 und 7 pr. Ct. Fluor und 30—32 pr. Ct. Mn; der Zwieselit von Zwiesel im bayerischen Wald enthält nur 18,6 Mn, dafür 31,6 Fe und 6 F; der Hureaulit von Hureaux bei Limoges enthält 12—18 pr. Ct. Wasser und eine ähnliche Verbindung, der Heterosit, 6 pr. Ct. Wasser und 0,92 Fluor. Der Fauserit v. Herrengrund in Ungarn ist Manganvitriol mit 16 pr. Ct. Wasser; der Chondroarsenit v. Pajsberg in Schweden ist arsenitsaures Manganoxydul mit 7 pr. Ct. Wasser. Der Sufferit v. Suffex in New-Jersey ist nach Brush borsaures Manganoxydul (40 pr. Ct.), mit Magnesia (17) und Wasser 9,6.'

Rhodonit. Rother Mangankiesel.

Krystem: klinorhombisch und mit Augit isomorph. (Nach Descloizeaux klinorhomboidisch.) Derbe Massen, unter 92° 16' spltb. Br. uneben, splittrig. Wenig durchscheinend. Glas-Perlmutterglanz. Rosenroth, pfirsichblüthroth. Pulver röthlichweiß. H. 5,5. G. 3,6. V. b. L. schmelzbar = 3 zu einem, in der innern Flamme durchscheinenden, röthlichen, in der äußern schwärzlichen Glase. Den Flüssen Manganfarbe ertheilend. Von Salzf. nicht merklich angegriffen. Mn³ S̈i². Kieselerde 46,41, Manganoxydul 53,59.

Langbanshyttan in Schweden, Neu-Jersey, Kapnik, Harz, Elatharinenburg in Sibirien ꝛc. — Wird zu Belegplatten, Dosendeckeln ꝛc. geschliffen. — Rhodonit von ῥόδον, Rose. — Hieher gehört der Pajsbergit von Pajsberg in Schweden.

Nach Hermann kommt zu Sterling und Cummington in Massachusetts auch ein Manganamphibol, Cummingtonit, Hermannit vor, spaltbar unter 123° 30'. Descloizeaux rechnet ihn zum Rhodonit.

Andere, selten vorkommende Mangansilicate sind der **Busta=** mit von Puebla in Mexiko, der **Manganchrysolith (Tephroit)** von Franklin und Neu=Jersey (gelatinirt), und der **Fowlerit** von Franklin in Neu=Jersey (mit 5 pr. Et. Zinkoxyd).

Wasserhaltige Mangansilicate sind der schwarze **Mangankiesel** v. Klapperud in Dalekarlien, der **Stübelit** von der Insel Lipari, der **Hydrotephroit** v. Pajsberg in Schweden und der **Klipsteinit** v. Herbornseelbach bei Dillenburg.

Eine sehr eigenthümliche Mischung hat der seltene **Helvin** von Schwarzenberg im Erzgebirge, Ural und Finnland. Er besteht aus einem Silicat von Mangan= und Eisenoxydul und Beryllerde, in Verbindung mit Schwefelmangan (14 pr. Et.). Krystallisirt in Tetraedern von wachs= und honiggelber Farbe, entwickelt mit Salzs. Schwefelwasserstoff und gelatinirt. — Der Name von ἥλιος, sonnengelb.

Alabandin. Manganglanz. Manganblende.

Kristsystem: tesseral. Stf. Hexaeder. Spltb. primitiv. Br. uneben. Undurchsichtig. Metallglanz. Eisenschwarz — dunkelstahlgrau. Strich lauchgrün, dunkel=pistaziengrün. H. 4. Etwas milde. G. 4. V. d. L. schmelzbar = 3 zu einer schwarzen Schlacke. In Salzs. mit Entwicklung von Schwefelwasserstoff aufl. Mn S. Schwefel 36,7, Mangan 63,3. — Krystalle selten, körnige und derbe Massen.

Nagyag in Siebenbürgen, Alabanda in Kleinasien (daher der Name), Gersdorf in Sachsen, Brasilien.

Hauerit.

Kristsystem: tesseral, isomorph mit Pyrit. Spltb. hexaedrisch. H. 4. G. 3,46. Bräunlichschwarz, Strich bräunlichroth. Metallähnlicher Glanz, fast undurchsichtig. V. d. L. giebt er im Kolben viel Schwefel und zeigt dann lichte grünen Strich. In concentr.

Salzs. auflöslich, in verdünnter wenig. Mn. Schwefel 53,69, Mangan 46,31. Altsohl in Ungarn. — Der Name nach dem österreichischen Mineralogen v. Hauer.

XXV. Ordnung. Cerium.

Die Mineralien dieser Ordnung geben v. d. L. mit Borax im Oxydationsfeuer ein dunkel gelbes oder rothes Glas, welches sich beim Erkalten fast ganz bleich und emailartig geflattert werden kann. In Salzf. sind sie z. Thl. aufl. Die nicht zu saure Aufl. giebt mit Kleesäure ein weißes, käsiges Präc., welches beim Glühen ziegelfarben wird und sich wie Cerotyd verhält.

Das Cerotyd wurde 1803 gleichzeitig von Klaproth, Hisinger und Berzelius entdeckt. Die Untersuchungen von Mosander 1839 und 1842 haben aber gezeigt, daß in dem bisherigen Cerotyd noch die Orybe zweier andern Metalle, des Lanthan's und Didym's enthalten seien. Da noch keine sichern Scheidungsmittel dieser Orybe bekannt sind, so sind sämmtliche Analysen der cerhaltigen Mineralien als unvollkommen anzusehen. Diese Mineralien sind auch meistens äußerst selten. Das noch am häufigsten vorkommende ist der

Cerit.

Krystem: hexagonal, meistens derb, feinkörnig — dicht. Br. uneben, splittrig. Wenig durchscheinend — undurchsichtig. Schimmernd, wenig fettartig glänzend. Schmutzig pfirsich = blüth= roth. Pulver graulichweiß. H. 5,5. G. 5. V. d. L. unschmelz= bar, eine lichte, schmutzig = gelbe Farbe annehmend. Im Kolben Wasser gebend. In Salzf. leicht mit Ausscheidung gelatinöser Kieselerde aufl. Die Aufl. giebt mit Aetzammoniak ein weißes, flockiges Präc., welches in viel Kleesäure unauflöslich ist. Ein ähnliches Präc. von Thonerde und Eisenoryd löst sich in Klee= säure auf. Kieselerde 20, Cerorybul 56, Lanthan= und Didym= oryd 8, Wasser 5, Fe, Ca. — Name nach dem Cerium von der Ceres.

Findet sich zu Ribbarhyttan in Schweden.

Sehr selten und chemisch nur unvollkommen gekannt ist der

Allanit. Klinorhombisch. Isomorph mit Epidot (Pistazit). Pechschwarz, grünlichschwarz, leicht schmelzbar, gelatinirend. Kiesel= erde 35, Thonerde 15, Eisenoxybul 15, Cerorybul und Lanthan= oryd 21, Kalkerde 12 (dafür im Orthit z. Thl. Yttererde). Nach Scheerer gehören hierher der Cerin und Orthit, wovon jedoch der Cerin von Säuren nicht zerlegt wird. Nach dem Glühen verhalten sich aber alle gleich und werden nicht mehr von Säuren zerlegt. — Jotum=Fjeld und Snarum in Norwegen, Iglorsoit in Grönland, Schweden, Ural. Auch im Plauenschen Grunde bei Dresden. — Der Name Allanit nach dem schottischen Mineralogen

Allan. Zum Allanit gehören der Pyrorthit v. Fahlun, der Uralorthit vom Ural und der Bagrationit von Achmatowsk.

Anschließende Cersilicate sind der Bodenit und Muromontit von Marienberg in Sachsen, der Tschewkinit vom Ilmengebirge im Ural (mit 20 pr. Ct. Titansäure), der Mosandrit und Tritomit aus Norwegen.

Eine phosphorsaure Verbindung von Cer- und Lanthanoxyd ist der Monazit (Edwarsit, Eremit, Mengit) vom Ural und aus Nord-Amerika mit 32 pr. Ct. Thorerde (n. Hermann), der Kryptolith von Arendal und der Churchit aus Cornwallis. Eine kohlensaure Verbindung dieser Art mit Fluorcalcium (10 pr. Ct.) ist der Parisit aus den Smaragdgruben von Musso in Neu-Granada und der Lanthanit aus Schweden und Nord-Amerika.

Der Aeschynit von Miask im Ural ist wesentlich niobtitansaures Ceroxyd.

Fluorcerium ist zu Finbo in Schweden vorgekommen.

Anhang.

Formeln zur Berechnung der Kryftalle.

Die Kryftallberechnungen geschehen am einfachsten mit An=
wendung der sphärischen Trigonometrie. In den meisten Fällen
hat man es nur mit rechtwinklichen sphärischen Dreiecken zu thun
und die dafür geltenden Formeln finden manche Abkürzung, da
mit Rücksicht auf die Kryftallschnitte öfters Winkel von 60^0, 30^0,
und 45^0 in die Rechnung kommen und $\cos 60^0 = \sin 30^0 = \frac{1}{2}$;
$\tang 45^0 = 1$.

I. Das Rhomboeder.

1) Gegeben der halbe Schtlktw.*) $= \alpha$, gesucht die Neigung
der Scheitelkante zur Are $= c$
$$\cos c = \cot \alpha . \cot 60^0.$$

2) Gegeben der halbe Schtlktw. $= \alpha$, gesucht die Neigung
der Fläche zur Are $= a$
$$\cos a = \frac{\cos \alpha}{\sin 60^0}.$$

3) Gegeben die Neigung der Schtlkt. zur Are $= c$, gesucht
der Schtlktw. $= \alpha$
$$\cot \tfrac{1}{2} \alpha = \cos c . \tang 60^0.$$

4) Gegeben die Neigung der Fläche zur Are $= a$, gesucht
der Schtlktw. $= \alpha$
$$\cos \tfrac{1}{2} \alpha = \cos a . \sin 60^0.$$

5) Gegeben der halbe Schtlktw. $= \alpha$, gesucht der ebene
Winkel am Scheitel $= b$
$$\cos \tfrac{1}{2} b = \frac{\cos 60^0}{\sin \alpha}.$$

*) Hier wie bei den Pyramiden ist Schtlktw. = Scheitelkantenwinkel und
Randktw. = Randkantenwinkel.

17

6) Um die Axenlänge in Beziehung auf die aus der Mitte der Randkante auf die Axe gefällten Normale = 1 zu bestimmen, berechnet man den Winkel c dieser Normale mit der vom Scheitel auf sie gezogenen Linie. tang c giebt die halbe Axenlänge. Es sei die Neigung der Fläche zur Axe = a, so ist

$$\text{tang } c = \cot a. \cos 30^0.$$

II. Die Hexagonpyramide.

1) Gegeben der halbe Randkltw. = α. gesucht der Schtlktw. = β

$$\cos \tfrac{1}{2} \beta = \tfrac{1}{2} \sin \alpha.$$

2) Gegeben der halbe Schtlktw. = β, gesucht der Randkltw. = α

$$\sin \tfrac{1}{2} \alpha = 2. \cos \beta.$$

3) Gegeben der halbe Schtlktw. = α, gesucht die Neigung der Fläche zur Axe = a

$$\cos a = 2 \cos \alpha.$$

4) Gegeben die Neigung der Fläche zur Axe = a, gesucht der Schtlktw. = α

$$\cos \tfrac{1}{2} \alpha = \tfrac{1}{2} \cos a.$$

5) Gegeben der halbe Schtlktw. = α, gesucht die Neigung der Schtlkt. zur Axe = c

$$\cos c = \cot a. \cot 30^0.$$

6) Gegeben die Neigung der Schtlkt. zur Axe = c, gesucht der Schtlktw. = α

$$\cot \tfrac{1}{2} \alpha = \cos c. \text{ tang } 30^0.$$

7) Gegeben der halbe Schtlktw. = α, gesucht der ebene Winkel am Scheitel = b

$$\cos \tfrac{1}{2} b = \frac{\cos 30^0}{\sin \alpha}.$$

8) Gegeben der halbe Randkltw. = α, gesucht der ebene Winkel am Rand = c

$$\cot c = \cos \alpha. \cot 60^0.$$

9) Zur Bestimmung der halben Axenlänge in Beziehung auf die halbe Diagonale der Basis = 1 dient der halbe Winkel zweier an der Basis zusammenstoßender Scheitelkt. = a, dessen tang die verlangte Axenlänge. Wenn der halbe Randkltw. = α, so ist

$$\text{tang } a = \text{tang } \alpha. \sin 60^0.$$

III. Das Skalenoeder.

Es sei der Winkel an der kürzern Scheitelkt. = x, an den längeren = y, an den Randkt. = z.

1) Gegeben x und y, gesucht z
$$\sin \tfrac{1}{2} z = \cos \tfrac{1}{2} x + \cos \tfrac{1}{2} y.$$

2) Gegeben x und z, gesucht y
$$\cos \tfrac{1}{2} y = \sin \tfrac{1}{2} z - \cos \tfrac{1}{2} x.$$

3) Gegeben y und z, gesucht x
$$\cos \tfrac{1}{2} x = \sin \tfrac{1}{2} z - \cos \tfrac{1}{2} y \ \text{(Naumann)}.$$

IV. Die Quadratpyramide.

1) Gegeben der halbe Randktw. = α, gesucht der Schtlktw. = β
$$\cos \tfrac{1}{2} \beta = \cos 45^0. \ \sin \alpha.$$

2) Gegeben der halbe Schtlktw. = β, gesucht der Randktw. = α
$$\sin \tfrac{1}{2} \alpha = \frac{\cos \beta}{\cos 45^0}.$$

3) Gegeben die Neigung der Fläche zur Axe = a, gesucht der Schtlktw. = α
$$\cos \tfrac{1}{2} \alpha = \cos a. \ \sin 45^0.$$

4) Gegeben die Neigung der Schtlk. zur Axe = c, gesucht der Schtlktw. = α
$$\cot \tfrac{1}{2} \alpha = \cos c.$$

5) Gegeben der halbe Schtlktw. = α, gesucht die Neigung der Fläche zur Axe = a
$$\cos a = \frac{\cos \sigma}{\sin 45^0}.$$

6) Gegeben der halbe Schtlktw. = α, gesucht die Neigung der Schtlk. zur Axe = c
$$\cos c = \cot \alpha.$$

7) Gegeben der halbe Schtlktw. = α, gesucht der ebene Winkel am Scheitel = b
$$\cos \tfrac{1}{2} b = \frac{\cos 45^0}{\sin \alpha}.$$

8) Gegeben der halbe Randktw. = α, gesucht der ebene Winkel am Rand = c
$$\cot c = \cos \alpha.$$

9) Um die halbe Axenlänge = a gegen die halbe Diagonale der Basis = 1 zu bestimmen, berechnet man die Neigung der Schtlk. zu dieser Diagonale oder den Winkel A, dessen Tangente die verlangte Axenlänge. Wenn der halbe Randktw. = α, so ist
$$\tan A = \tan \alpha. \ \sin 45^0.$$

17*

V. Das Dioktaeder.

Zur Berechnung der Dioktaeder sind 2 Kantenwinkel erforder=
lich. Sind die halben Schtlkttw. an den schärfern Kanten = a
und an den stumpfern = β, so berechnet man die Neigung der
schärfern Schtlkte. zur Axe = b aus den drei Winkeln des sphär.
Dreiecks a, β und $\gamma = 45^0$ nach der bekannten Formel

$$\cos \tfrac{1}{2} b = \sqrt{\frac{\cos (S - \alpha) \cos (S - \gamma)}{\sin \alpha . \sin \gamma}},$$

wo $S = \tfrac{1}{2} (\alpha + \beta + \gamma)$.

Den erhaltenen Winkel b zieht man von 90 ab und hat
dann im rechtwinkl. sphär. Dreieck

$90^0 - b = a$; $\beta =$ der halbe Schtlkttw. an der schärferen
Schtlkte. Der Randktw. sei = a, so ist

$$\cos \tfrac{1}{2} a = \cos a . \sin \beta.$$

In andern Fällen wird ähnlich verfahren.

VI. Die Rhombenpyramide.

1) Gegeben der halbe Randktw. = a und der halbe spitze
ebene Winkel der Basis = b, gesucht der Neigtw. der Fl. an den
längern (schärferen) Schtlktn. = β

$$\cos \tfrac{1}{2} \beta = \cos b . \sin a.$$

Um den Winkel an den kürzeren Schtlkt. zu finden, ist der
halbe stumpfe Winkel der Basis als b in Rechnung zu bringen.

2) Gegeben einer der halben Schtlkttw. = β und einer der
entsprechenden halben Winkel der Basis = b, gesucht der Randktw.
= a

$$\sin \tfrac{1}{2} a = \frac{\cos \beta}{\cos b}.$$

Die schärferen (längeren) Schtlkt. fallen immer in den spitzen
Winkel der Basis, die stumpferen Schtlkt. in den stumpfen W. d. B.

3) Gegeben der halbe Randktw. = a und der halbe spitze
Winkel der Basis = b, gesucht die Neigung der schärfern Schtlkte.
zur Makrobiagonale = a

$$\tan a = \tan a . \sin b.$$

Für die Neigung der stumpfen Schtlkt. zur Brachobiagonale
wird der halbe stumpfe Winkel der Basis in Rechnung gebracht.

4) Gegeben die Neigung der schärfern Schtlkt. zur Axe = a
und ebenso die der stumpferen = b (oder die Neigung der entspre=

chenden Domen), gesucht die Schtlktw. an den schärferen Kanten = β und an den stumpferen = α

$$\cot \tfrac{1}{2} \beta = \cot b . \sin a; \cot \tfrac{1}{2} \alpha = \cot a . \sin b.$$

5) Gegeben der halbe Randktw. = α und die Neigung der schärfern Schtlkt. zur Basis = a, gesucht der Winkel an den schärferen Schtlkt. = β

$$\sin \tfrac{1}{2} \beta = \frac{\cos \alpha}{\cos a}.$$

Bei gegeb. Neigung der stumpferen Schtlkt zur Basis ist die Rechnung für den Winkel der Fl. an diesen Kanten dieselbe.

6) Gegeben der halbe Randbktw. = α und der halbe spitze Winkel der Basis = b, gesucht der ebene Winkel der Pyramiden= fläche zwischen der schärfern Schtlkte. und Randbkte. = c

$$\cot c = \cot b . \cos \alpha.$$

Für den Flächenwinkel zwischen der stumpferen Schtlkte. und Randbkte. wird der halbe stumpfe W. b. Baf. in Rechnung gebracht.

7) Zur Bestimmung der Dimensionen berechnet man die Neig. der schärfern Schtlkt. zur Makrodiagonale (nach 3). Für die halbe Makrodiagonale b = 1 ist die tang des berechneten Winkels die halbe Hauptaxe = a. Die Tangente des halben spitzen Winkels der Basis bestimmt die halbe Brachydiagonale = c.

VII. Das Hendyoeder.

1) Gegeben der halbe vordere Seitenkantenwinkel = β und die Neigung der Endfl. zur Seitenfl. = α, gesucht die Neigung der Klinobiagonale oder der Endfl. zur Axe = a

$$\cos a = \frac{\cos \alpha}{\sin \beta}.$$

2) Gegeben die Neig. der Endfl. zur Axe = a und der halbe vordere Seitenkantenwinkel = β, gesucht die Neig. der Endfl. zur Seitenfl. = α

$$\cos \alpha = \cos a . \sin \beta.$$

3) Gegeben der halbe Seitenktw. an der Orthobiagonale = α und die Neigung der Endfl. zur Seitenfl. = β, gesucht der spitze ebene Winkel der Seitenfl. = o

$$\cos o = \tan \alpha \cot \beta.$$

4) Gegeben der halbe Seitenktw. an der Orthobiag. = α und die Neigung der Endfl. zur Seitenfl. = β, gesucht der ebene Win= kel der Endfläche an der Orthobiagonale = a

$$\sin \tfrac{1}{2} a = \frac{\sin \alpha}{\sin \beta}.$$

5) Die Dimensionen bestimmt man durch Angabe des Ver=
hältnisses der halben Hauptaxe = a zur halben im klinodiago=
nalen Hauptschnitt liegenden Diagonale des horizontalen Schnit=
tes = b, welche = 1 gesetzt wird und zur halben zweiten
Diagonale dieses Schnittes.

a ist die Tangente des Winkels der Endfl. mit der Diagonale b
und c die Tangente des halben vorderen Seitenkantenwinkels.

VIII. Klinorhomboidische Gestalten.

Diese können nur mit Anwendung der Formeln für schief=
winklige sphärische Dreiecke berechnet werden.

Eine sehr brauchbare Formel für die Berechnung des Winkels λ
im Rhomboid Fig. 83, wenn γ und β gegeben, ist die von Kupffer
mitgetheilte

$$\tan \lambda = \frac{2 . \sin \beta . \sin \gamma}{\sin \beta - \gamma}.$$

IX. Die tesseralen Gestalten.

Die tesseralen Gestalten können mit den vorhergehenden For=
meln leicht berechnet werden, denn es gelten an ihnen für alle
dreiflächigen einkantigen Ecken die Formeln für das Rhomboeder (I.),
für alle 4fl. einkantigen Ecken mit gleicher Flächenneigung zur
Eckenaxe die Formeln für die Quadratpyramide (IV.), für alle 4fl.
Ecken mit abwechselnd gleichen Kanten die Formeln für die Rhom=
benpyramide (VI.), für 6fl. Ecken, je nachdem ihre Kanten gleich
oder nur abwechselnd gleich, die Formeln für die Hexagonpyra=
mide (II.) oder für das Skalenoeder (III.) u. s. w. Einige Bei=
spiele mögen dieses zeigen.

1) Am Triakisoktaeder sei der Winkel an den längeren
Kanten a gegeben und gesucht der Winkel an den kürzeren Kan=
ten b. Man ziehe von a den Oktaederwinkel (109° 28′ 16″) ab,
halbire den Rest und ziehe den erhaltenen Winkel von 90° ab,
so erhält man die Neigung der Fläche zur trigonalen Axe = a,
woraus nach Formel 4 beim Rhomboeder (I.) der verlangte Winkel
an den Kanten b berechnet wird. Ist der Winkel an letztern Kan=
ten gegeben, so verfährt man umgekehrt, um den Winkel der
Kanten a zu finden 2c.

2) Am Tetrakishexaeder sei der Winkel an den längeren
Kanten a gegeben und gesucht der Winkel an den kürzeren Kanten b.
Man zieht vom gegebenen Winkel 90° ab, halbirt den Rest und
berechnet (diesen als halben Randkantenwinkel genommen) nach

Formel 1) IV. ben Winkel ber Kanten b. — Der umgekehrte Fall verſteht ſich, ebenſo bie Berechnung ber ebenen Winkel mit Formel 7) unb 8) IV.

3) Am Trapezoeber ſei gegeben ber Winkel an ben läng= geren Kanten a, geſucht ber an ben Kanten b. Man berechne nach Formel 5) IV. bie Neigung ber Fl. zur Aye = a. Da bie trigonale Aye bieſer Geſtalt, wie am Oktaeber, bie Hauptaye unter 54° 44' 8" ſchneibet, ſo iſt bie Neig. ber Trapeze zur trigonalen Aye = 180° — (54° 44' 8" + a). Aus bem ſo beſtimmten Neigungswinkel wirb ber Winkel an ben Kanten b nach Formel 4) I. berechnet.

4) Am Pentagonbobekaeber ſei ber Winkel an ben ein= zelnen Kanten a gegeben = r unb geſucht ber Winkel an ben Kan= ten b. Man finbet bas Supplement von b = α aus ber Formel

$$\cos \alpha = \tfrac{1}{2} \sin r.$$

5) Am Trigonbobekaeber ſei gegeben ber Winkel an ben längeren Kanten a, geſucht ber an ben Kanten b. Man zieht von bem gegebenen Winkel ben Tetraeberwinkel (70° 31' 44") ab, hal= birt ben Reſt unb berechnet mit beſſen Complement = a (Neig. b. Fl. zur trigonalen Aye), ben verlangten Winkel nach Formel 4) I.

Zum Schluſſe möge noch bie Berechnung ber Ableitungs= coefficienten für bie Naumann'ſchen Zeichen angeführt werben. Dieſe Zeichen ſinb analog benen bes quabrat. Syſtems. Für bas Oktaeber gilt O, für bas Rhombenbobekaeber ∞ O, für bas Heyaeber ∞ O ∞.

Das Triakisoktaeber iſt m O. m > 1. Iſt ber halbe Winkel an ben längeren Kanten = a gegeben, ſo iſt, wie in Formel 9) IV., tang A = m geſucht.

$$\text{tang } A = \text{tang } a . \sin 45°.$$

Um aus bem Ableit.=Coeffic. m ben Winkel ber Fl. an ben längeren Kanten = 2 a zu finben, ſucht man für m, als Tangente genommen, ben zugehörigen Winkel A unb hat bann

$$\cot a = \cot A . \sin 45°.$$

Es kommen vor ⅓ O, 2 O, 3 O.

Das Trapezoeber iſt m O m. m > 1. Gegeben ber halbe Winkel an ben längeren Kanten = a, geſucht m = tang B

$$\cos B = \cot a.$$

Gewöhnliche Varietäten ſinb 2 O 2, 3 O 3.

Das Tetrakishexaeder ist ∞ O n. n $>$ 1. Gegeben der Winkel an den längeren Kanten $=$ C. Es sei $v = \dfrac{C - 90°}{2}$, so ist cot v $=$ n.

Gewöhnliche Var. sind ∞ O $\frac{3}{2}$, ∞ O 2, ∞ O 3.

Das Hexakisoktaeder ist m O n. m und n $>$ 1. Gegeben der Winkel an der mittleren und kürzesten Kante B und C. Es sei a $= \frac{1}{2}$ C; b $= \frac{1}{2}$ B. Man berechne sin A $= \dfrac{\cos a}{\sin b}$, so ist tang (A $+$ 45°) $=$ n.

Um m zu finden, setzt man den berechneten Winkel A $+$ 45° $+$ B', den halben Kantenwinkel B $=$ a, so ist
$$\text{tang A' } = \text{ tang a. sin B' } = m.$$
Die gewöhnlichen Var. sind 3 O $\frac{3}{2}$, 4 O 2, 5 O $\frac{3}{2}$.

Um aus dem Zeichen den Winkel der Fl. an den mittleren Kanten B zu finden, so ist $\frac{1}{2}$ B $=$ a; m $=$ tang A; n $=$ tang B' und
$$\cot a = \cot A. \sin B'.$$

Um den Neigungswinkel der Fläche an den kürzesten Kanten C zu finden, hat man zu n, als Tangente genommen, den zugehörigen Winkel aufzusuchen und davon 45° abzuziehen. Das Compl. des Restes $=$ A und der halbe Winkel $=$ b an den mittleren Kanten B, so ist
$$\cos \tfrac{1}{2} C = \cos A. \sin b.$$

Für diese Rechnung kommen die Formeln für die Rhombenpyramide in Anwendung.

Vergl. meine Schrift „Zur Berechnung der Krystalle", München, 1867. (Joseph Lindauer'sche Buchhandlung, R. Schöpping.)

Register.

6.

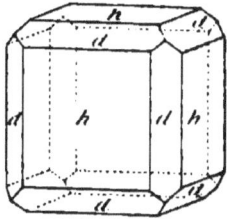

7.

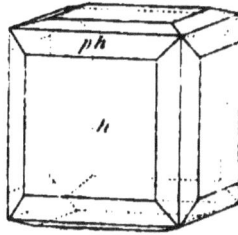

13.

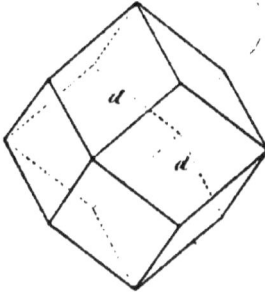

14.

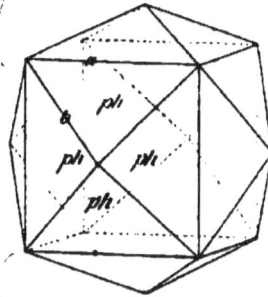

20.

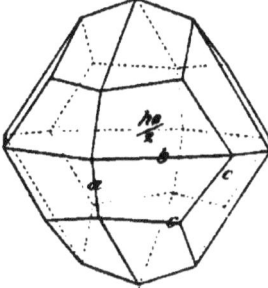

21.

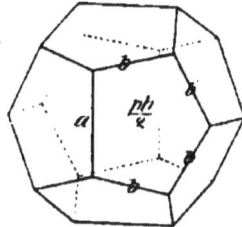

27.

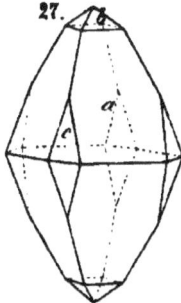

28.

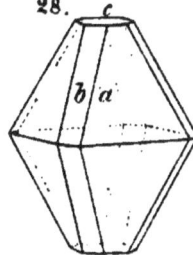

.